机械制图

（第5版）

主编　吕思科　周宪珠
主审　杨　辉

北京理工大学出版社
BEIJING INSTITUTE OF TECHNOLOGY PRESS

图书在版编目(CIP)数据

机械制图 / 吕思科，周宪珠主编. -- 5版. -- 北京：北京理工大学出版社，2022.1(2023.8重印)
ISBN 978-7-5763-0992-8

Ⅰ. ①机… Ⅱ. ①吕… ②周… Ⅲ. ①机械制图－高等学校－教材 Ⅳ. ①TH126

中国版本图书馆CIP数据核字(2022)第027954号

出版发行 / 北京理工大学出版社有限责任公司
社　　址 / 北京市海淀区中关村南大街5号
邮　　编 / 100081
电　　话 / (010)68914775(总编室)
(010)82562903(教材售后服务热线)
(010)68944723(其他图书服务热线)
网　　址 / http://www.bitpress.com.cn
经　　销 / 全国各地新华书店
印　　刷 / 涿州市新华印刷有限公司
开　　本 / 787毫米×1092毫米　1/16
印　　张 / 19.25
插　　页 / 1
字　　数 / 452千字
版　　次 / 2022年1月第5版　2023年8月第5次印刷
定　　价 / 54.00元

责任编辑 / 赵　岩
文案编辑 / 赵　岩
责任校对 / 周瑞红
责任印制 / 李志强

机械制图编写委员会

主　编：吕思科　周宪珠

副主编：周鹏　梁国高　罗素华

编写人员（按姓氏笔画顺序）：

吕思科　刘　文　刘　军　严辉容　苏　明

杜红东　李小龙　李昌贵　陈晓晴　林淑华

罗素华　周宪珠　周敬春　郑　华　赵　虹

胡小青　洪友伦　顾元国　徐洪弛　唐丽君

黄　伟　梁国高　曾　葵　谢泽学　鲜中锐

谭　进　颜　伟

主　审：杨　辉

前　言

为贯彻落实党的二十大精神，更好的适应现代职业教育现状，落实立德树人根本任务，培养造就大批德才兼备的高素质人才，本着“着重职业技术技能训练，基础理论以够用为度”的原则编写了本套《机械制图》《机械制图习题集》教材。

在编写过程中，力求贯彻“少而精”“理论与实践相结合”的指导思想，并尽可能利用现代化手段制作二维、三维图形，让图形更加精美，更加与实际零件接近，使读者在接受有关制图知识教育的同时得到美的享受。

本书是在使用多年后再次修订而成。在修改过程中，保留前版的特色，总结教学经验，遵循教学规律，精练了文字，对以前的遗漏作了增补，并全部启用了新的国家标准。

本书内容包括制图的基本知识、正投影基础、轴测图、立体的表面交线、组合体、机件的常用表达方法、标准件和常用件、零件图、装配图、表面展开图、焊接图、第三角投影法等，且各章内容均有与之配套的习题。计算机绘图的知识已由专门的计算机绘图教材作详细介绍，所以本书没有再介绍该内容。

为了方便广大师生使用本书，本书采用了最新的 AR 技术，将部分二维图形做成 AR 资源，且配有相关动画资源。此外，本书还配有电子教案及电子版本习题解答。

本书出版之际，特向对本书做出贡献的人员表示衷心的感谢。在编写过程中，我们参考了一些同类教材，特向作者们表示感谢。由于编者水平有限，书中错误、缺点在所难免，恳请广大师生和读者指正。

参加本书编写、绘图和技术支持的单位有：四川绵阳职业技术学院、四川工程职业技术学院、四川机电职业技术学院、四川工商职业技术学院、四川交通职业技术学院、四川纺织专科学校、四川建筑职业技术学院、四川泸州职业技术学院、四川绵阳交通学校、四川绵阳财经学校、四川南充职业技术学院、四川内江职业技术学院、运城职业技术学院。

编　者

AR 内容资源获取说明

➡扫描二维码即可获取本书 AR 内容资源！

Step1：扫描下方二维码，下载安装“4D 书城”APP；

Step2：打开“4D 书城”APP，点击菜单栏中间的扫码图标，再次扫描二维码下载本书；

Step3：在“书架”上找到本书并打开，即可获取本书 AR 内容资源！

目　　录

绪　论

大国工匠案例一

一、图样及其用途

在工程技术领域中，根据投影原理及国家标准有关规定绘制的、能准确反映被表达对象的形状、大小及它们在施工或制造中所需要的若干技术要求的资料称为工程图样，简称图样。

不同性质的生产部门，对图样有不同的要求，它们的名称也不一样，如机械图样、建筑图样、水利工程图样等。图样是现代化生产中重要的技术文件，设计者用它表达设计思想，生产者以它为依据加工产品，技术同行之间用它进行技术思想交流……可以说，图样是工程界中人们表达设计意图和交流技术思想的一种特殊工具——工程语言。

机械图样是机械行业中设计、制造、检验、装配产品的依据。对于工科学生而言，学好机械制图这门“工程语言”，既是后续课程学习的基础，也是将来作为工程技术人员应具备的基本能力之一。

二、本课程的主要内容和基本要求

1. 本课程的主要内容

制图基本知识与技能、正投影基本原理、机件的表达方法、零件图和装配图的绘制与识读、展开图的画法、焊接图的画法等。

2. 本课程的基本要求

学习本课程后应达到以下具体要求：

（1）掌握绘图工具和仪器的正确使用，具有较高的绘图能力和技巧。

（2）掌握正投影原理和基本作图方法。

（3）能绘制出中等复杂程度的、符合国家标准规定的零件图和装配图。

（4）培养和发展学生的空间想象能力和分析能力。

（5）培养学生耐心细致的工作作风、严肃认真的工作态度和高度的责任感。

三、我国工程图学发展史简介

工程图学是在生产实践中经过不断的发展和完善而形成的一门独立的学科。在图学发展的历史长河中，我国在天文、地理、建筑、机械图等方面都有过杰出的成就. 自秦汉以来，历代就已根据图样建造皇宫庙宇。宋代李诫所著《营造法式》一书中记载的各种图样与现代的正投影图、轴测图、透视图的画法已非常接近。1977 年，河北省平山县战国中山王墓出土一块“兆域图”铜板，图上文字均用战国时期的文字“金文”书写，图上所有线条符号及文字注写均按对称关系配置，布局严谨；图中的尺寸采用“尺”和“步”两种单位表示，比例尺约为1∶500。此图不仅表明当时的制图水平，还告诉人们当时的建筑是先绘制出平面图，然后施工的。值得一提的是，墓中出土的《兆域图》是已知的我国最早的一幅用正投影法绘制的工程图（距今2300年，世界上最早的正投影图是埃及金字塔的平面图，距今5000年）。

工程图学在我国虽然有悠久的历史，但由于我国长期处于封建社会，科技发展缓慢，所以古代的辉煌未能持续，甚至一度处于停滞不前的状态。

新中国成立以后，在中国共产党的领导下，我国制造业得到了飞速的发展，涌现出了一大批优秀的人物，为社会主义建设做出了突出贡献，中国核潜艇之父黄旭华就是其中之一。我国陆续颁布了制图标准，并不断地修订而且参加了国际标准化组织ISO/TC10，力图尽快与国际接轨。

目前，计算机技术的广泛应用，大大地促进了图学的发展。计算机绘图已广泛应用于我国的制图领域，在机械、航空、冶金、造船、建筑、化工、电子等各行各业的工程设计中，已大量应用计算机绘制各种生产图样。在21世纪中，计算机辅助设计（CAD）技术将大大推动现代制造业的发展。我们深信，工程图学在图学理论、应用图学、计算机图学、制图技术、制图标准、图学教育等诸方面，定能得到更加广泛的应用和更加快速的发展。

大国工匠案例二

第一章　制图的基本知识

§1—1　国家标准关于制图的一般规定

为了便于交流技术思想，绘图时必须严格遵守《技术制图》和《机械制图》国家标准的有关规定。这些统一规定由国家技术监督局制订和颁布实施。

本节介绍的国家标准出自最新的《技术制图》新国标，例如 GB/T 14690—1993《技术制图　比例》，其中“GB”为“国标”（国家标准的简称）二字的汉语拼音字头，“T”为推荐的“推”字的汉语拼音字头，14690 为标准编号，“1993”为该标准颁布的年号。

一、图纸幅面及格式（GB/T 14689—1993）

1. 图纸幅面

绘制技术图样时，应优先采用表 1-1 所规定的基本幅面，其尺寸关系如图 1-1（a）所示。当必要时，也允许选用由基本幅面的短边成整倍数增加后所得出的加长幅面。如图 1-1（b）所示。

表 1-1　图纸幅面　　mm

幅面代号	A0	A1	A2	A3	A4
尺寸 $B\times L$	841×1 189	594×841	420×594	297×420	210×297
a	25				
c	10			5	
e	20		10		
注：a、c、e 为留边宽度，参见图 1-2 和图 1—3。					

2. 图框格式

图框格式分留装订边和不留装订边两种，但同一产品的图样只能采用一种格式。

（1）留装订边的图纸，其图框格式如图 1-2 所示。

（2）不留装订边的图纸，其图框格式如图 1-3 所示。

3. 标题栏

（1）每张图样都必须画出标题栏。标题栏的格式和尺寸应符合 GB/T 10609.1—2008 的规定。在制图作业中标题栏必须放在图的右下方，如图 1-2 和图 1-3 所示。图 1-4 所示为作业推荐标题栏。

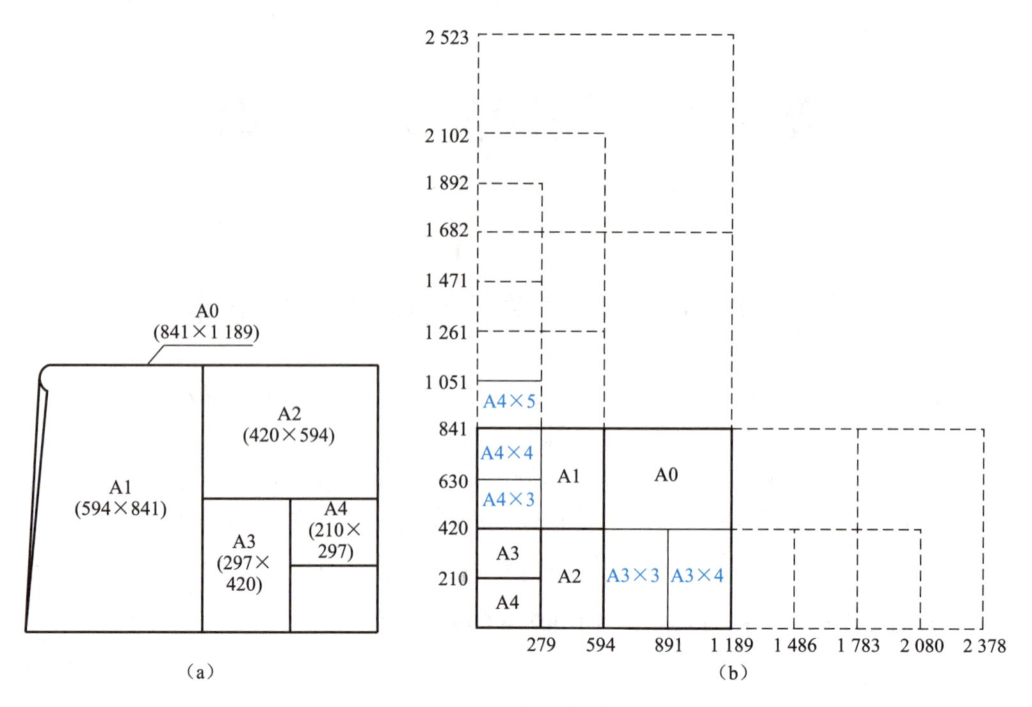

(a)　　(b)

图 1－1　幅面尺寸

(a) 基本幅面；(b) 图纸幅面

(2) 标题栏的长边置于水平方向并与图纸的长边平行时，则构成 X 型图纸，如图 1－2 (a) 和图 1－3 (a) 所示；若标题栏的长边与图纸的长边相垂直时，则构成 Y 型图纸，如图1－2 (b) 和图 1－3 (b) 所示。在上述情况下，看图的方向与标题栏的方向一致。

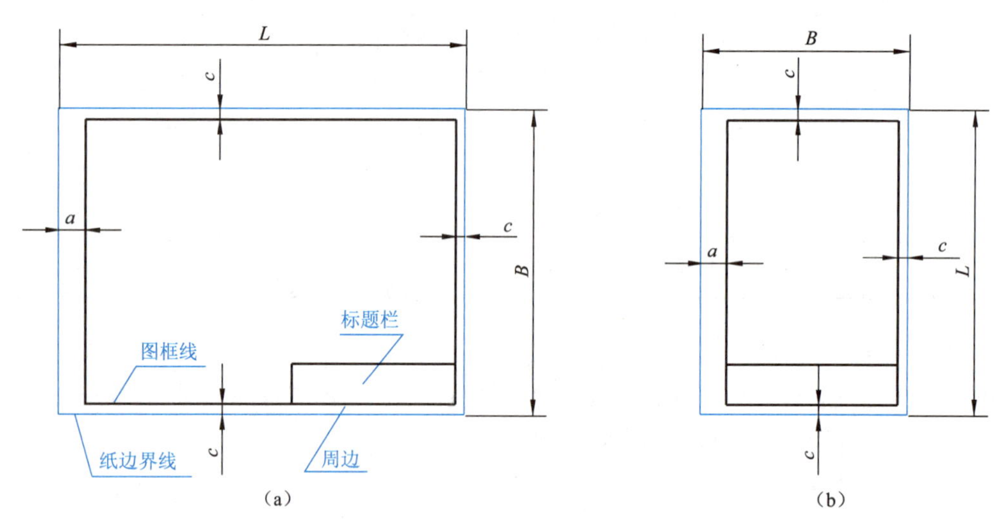

(a)　　(b)

图 1－2　留装订边的图框格式

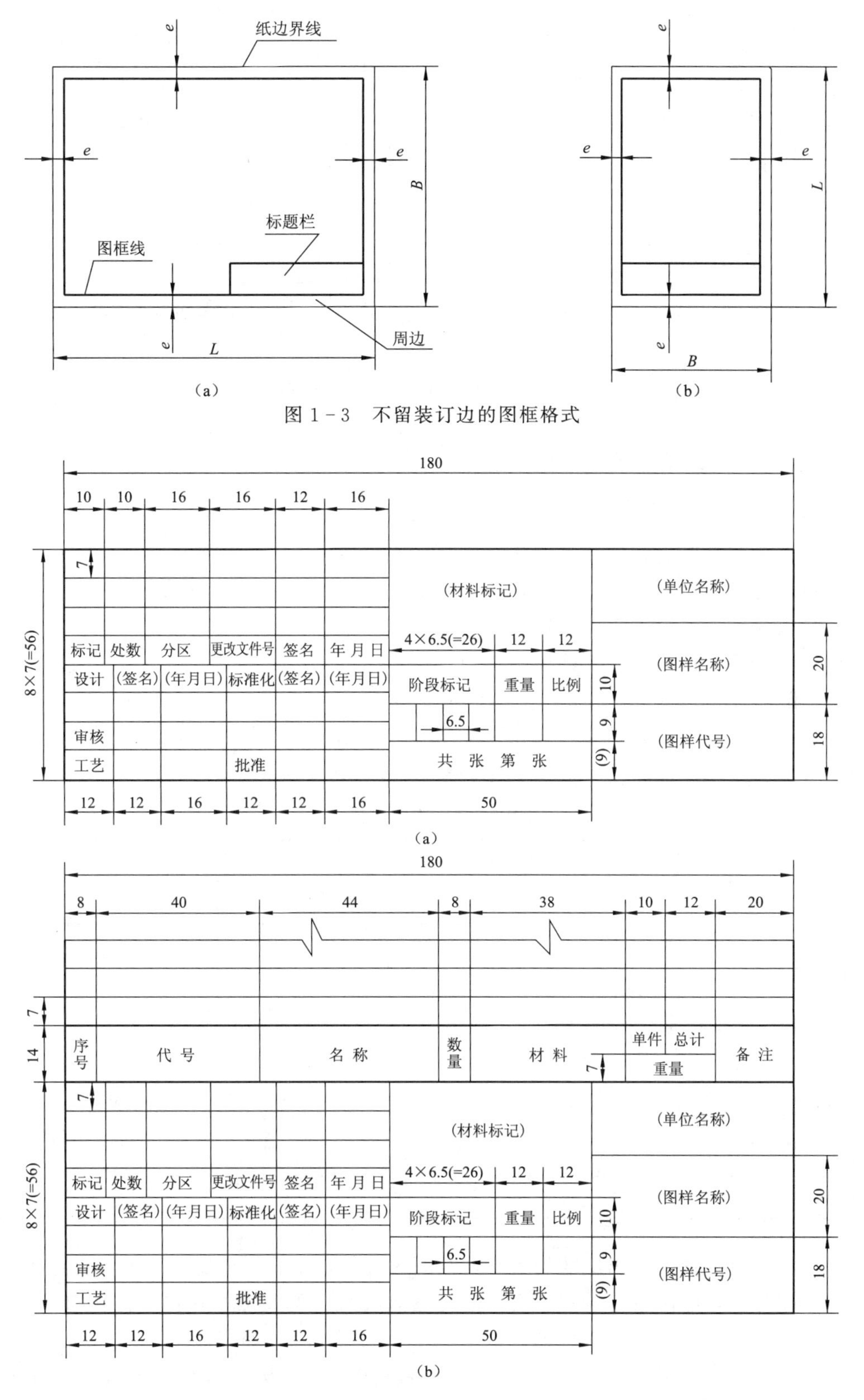

图 1-3　不留装订边的图框格式

图 1-4　制图课作业用标题栏参考格式

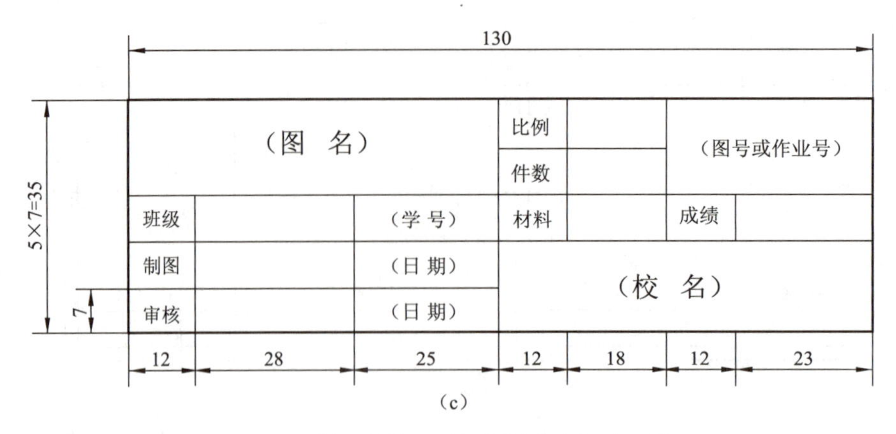

（c）

图1－4　制图课作业用标题栏参考格式（续）

二、比例（GB/T 14690—1993）

1. 术语

比例指图形与其实物相应要素的线性尺寸之比。

（1）原值比例。比值为1的比例，即1∶1。

（2）放大比例。比值大于1的比例，如2∶1等。

（3）缩小比例。比值小于1的比例，如1∶2等。

2. 比例系列

（1）需要按比例绘制图样时，应在表1－2“优先选择系列”中选取适当的比例。

（2）必要时，也允许从表1－2“允许选择系列”中选取。

表1－2　比例系列

种　类	优先选择系列	允许选择系列
原值比例	1∶1	—
放大比例	5∶1　2∶1 5×10^n∶1　2×10^n∶1　1×10^n∶1	4∶1　2.5∶1 4×10^n∶1　2.5×10^n∶1
缩小比例	1∶2　1∶5　1∶10 1∶2×10^n　1∶5×10^n　1∶1×10^n	1∶1.5　1∶2.5　1∶3　1∶4　1∶6 1∶1.5×10^n　1∶2.5×10^n　1∶3×10^n 1∶4×10^n　1∶6×10^n
注：n为正整数。		

为了从图样上直接反映出实物的大小，绘图时应尽量采用原值比例。但因各种实物的大小与结构千差万别，绘图时，应根据实际需要选取放大比例或缩小比例。比例符号以“∶”表示，一般应注在标题栏的比例栏内，如1∶1、1∶5和2∶1等。

应该注意的是：图形无论放大或缩小，在标注尺寸数字时，都必须按机件实际大小标注，比例与角度数字无关，其只确定图形的大小，如图1－5所示。

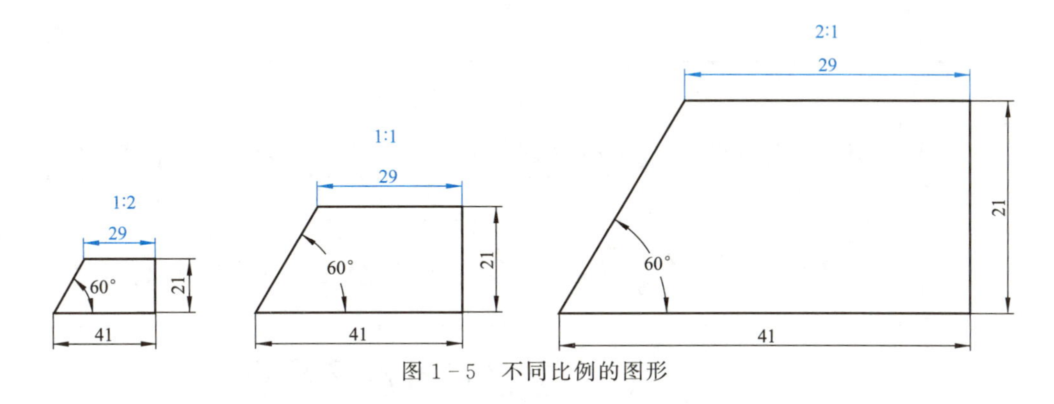

图 1－5　不同比例的图形

三、字体（GB/T 14691—1993）

1. 基本要求

（1）在图样中书写的汉字、数字和字母，都必须做到“字体工整、笔画清楚、间隔均匀、排列整齐”。

（2）字体高度（用 h 表示）的公称尺寸系列为：1.8 mm，2.5 mm，3.5 mm，5 mm，7 mm，10 mm，14 mm，20 mm。如需更大的字，其字体高度应按$\sqrt{2}$的比率递增。字体号数代表字体的高度。

（3）汉字应写成长仿宋体，并采用国家正式公布的简化字。汉字的高度 h 不应小于 3.5 mm，其字宽一般为 $2/3h$。

写长仿宋体字的要领是：横平竖直、起落有锋、结构匀称、填满方格。初学者应打格子书写。先从总体上分析字形及结构，以便书写时布局恰当，一般来说，合体字的部首所占位置要小一些。书写时，各基本笔画应粗细一致，要一笔写成，不宜勾描。另外，由于字型特征不同，要注意满格与缩格，尤其是对笔画少的细长型和扁平字型如日、月、工、四等字，其上、下、左、右则应向格子里适当收进些，否则会使这些字显得大而不匀称。

（4）字母和数字分 A 型和 B 型。A 型字体的笔画宽度 d 为字高 h 的 1/14，B 型字体的笔画宽度 d 为字高 h 的 1/10。在同一图样上，只允许存在一种型式的字体。

（5）数字和字母可写成斜体和直体。斜体字字头向右倾斜，与水平基准线成 75°。

2. 字体示例

汉字、数字和字母的示例见表 1－3。

表 1－3　字　体

字体		示　例
长仿宋体汉字	10 号	字体工整、笔画清楚、间隔均匀、排列整齐
	7 号	横平竖直　起落有锋　结构均匀　填满方格
	5 号	机械制图石油化工电子航天航空工程材料桥梁焊接工艺
	3.5 号	螺纹齿轮锻造加工学习建设经济技术职业学院等份圆周拉口图像制作示例

续表

字体	示例	
拉丁字母	大写斜体	*ABCDEFGHIJKLMNOPQRSTUVWXYZ*
	小写斜体	*abcdefghijklmnopqrstuvwxyz*
阿拉伯数字	斜体	*0123456789*
	直体	0123456789
罗马数字	斜体	*Ⅰ Ⅱ Ⅲ Ⅳ Ⅴ Ⅵ Ⅶ Ⅷ Ⅸ Ⅹ*
	直体	Ⅰ Ⅱ Ⅲ Ⅳ Ⅴ Ⅵ Ⅶ Ⅷ Ⅸ Ⅹ
字体的应用		$\phi30^{+0.012}_{-0.024}$　$8°^{+1°}_{-2°}$　$\frac{3}{4}$　15JS6(±0.04)　M20-5h $\phi20\frac{H5}{m6}$　$\frac{A}{3:1}$　$\frac{Ⅱ}{2:1}$　*Ra*6.3　*R*6　5%　3.50

四、图线（GB/T 17450—1998）

1. 图线

机械图样应用GB/T 17450—1998规定的八种线型绘制而成，见表1－4。图线的应用示例如图1－6所示。

表1－4　图线的应用

图线名称	图线型式	图线宽度	一般应用
粗实线	————————	*d*	图框线 可见轮廓线 螺纹牙顶线 齿轮齿顶线

续表

图线名称	图线型式	图线宽度	一般应用
细实线		0.5d	尺寸线及尺寸界线 剖面线 重合断面的轮廓线 可见过渡线 螺纹的牙底线及齿轮的齿根线 引出线 分界线及范围线 弯折线，辅助线 不连续的同一表面的连线 成规律分布的相同要素的连线
波浪线		0.5d	断裂处的边界线 视图和剖视的分界线
双折线		0.5d	断裂处的边界线 视图和剖视的分界线
细虚线	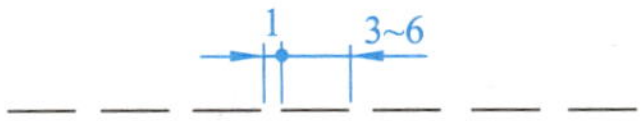 1　3~6	0.5d	不可见轮廓线 不可见过渡线
细点画线	 3　15~25	0.5d	轴线 对称中心线 节圆及节线（分度圆、分度线）
粗点画线		d	有特殊要求的线或表面的表示线
细双点画线	 5　15~25	0.5d	相邻辅助零件的轮廓线 极限位置的轮廓线 轨迹线 坯料的轮廓线或毛坯图中制成品的轮廓线 假想投影轮廓线 试验或工艺用结构（成品上不存在）的轮廓线 中断线

图线宽度共分为八种，其系列为：0.18 mm，0.25 mm，0.35 mm，0.5 mm，0.7 mm，1 mm，1.4 mm，2 mm。

2. 图线画法

（1）图线分粗、细两种。粗线的宽度 d 应按图的大小和复杂程度，一般在 0.5～2 mm 选择，通常为 0.5～1 mm，细线的宽度约为 $d/2$。在同一图样中，同类图线的宽度应保持一致。

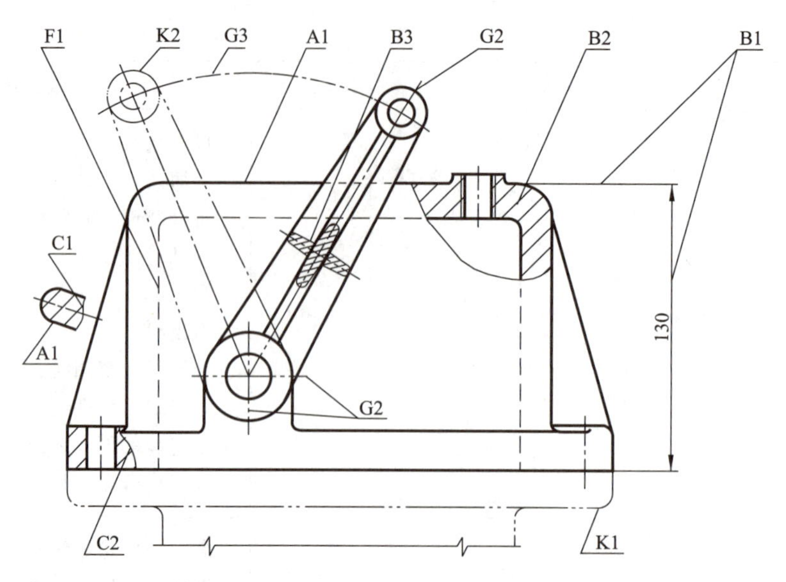

图 1-6　图线的应用示例

A1—可见轮廓线；B1—尺寸线及尺寸界线；B2—剖面线；B3—重合断面的轮廓线；C1—断裂处的边界线；
C2—视图和剖视的分界线；F1—不可见轮廓线；G2—对称中心线；G3—轨迹线；
K1—相邻辅助零件的轮廓线；K2—极限位置的轮廓线

(2) 点画线和双点画线的首末端一般应是长画而不是点，点画线应超出图形轮廓 2～5 mm。当图形较小难以绘制点画线时，可用细实线代替点画线，如图 1-7 所示。

(3) 当不同图线互相重叠时，应按粗实线、虚线、点画线的先后顺序只画前一种图线。点画线或虚线与粗实线、虚线、点画线相交时，应线段相交；当虚线是粗实线的延长线时，虚线与粗实线的分界处应留出空隙，如图 1-8 所示。

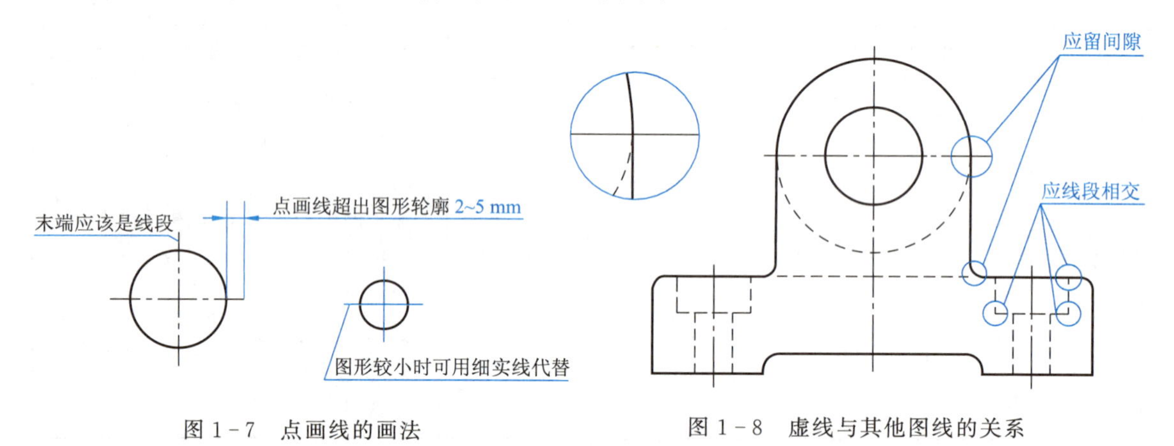

图 1-7　点画线的画法　　图 1-8　虚线与其他图线的关系

(4) 图样中的所有图线“黑、光、亮”程度应一致。

§1—2　尺寸注法（GB/T 4458.4—2003）

机械图样中的图形只能表达机件的结构形状，其真实大小应由尺寸确定。图样中尺寸注写的基本要求为“正确、完整、清晰、合理”。本节主要介绍国家标准有关注写尺寸的一些规定。

一、基本规则

(1) 机件的真实大小应以图样上所注的尺寸数据为依据，与图形的大小及绘图的准确度无关。

(2) 图样中（包括技术要求和其他说明）的尺寸以毫米为单位时，不需标注计量单位的代号或名称；如采用其他单位，则必须注明相应的计量单位的代号或名称。

(3) 图样中所标注的尺寸应为该图样所示机件的最后完工尺寸，否则应另加说明。

(4) 机件的每一尺寸，一般只标注一次，并标注在反映该结构最清晰的图形上。

二、尺寸组成

一个完整的尺寸包括尺寸界线、尺寸线和尺寸数字三要素（图 1－9）。

1. 尺寸界线

尺寸界线用来表示所注尺寸的范围。它用细实线绘制，常见自图形的轮廓线、轴线或中心线处引出，画在图形轮廓之外，有时也可借用轮廓线或轴线作为尺寸界线。尺寸界线一般应与所标注的线段垂直，必要时允许倾斜，但两尺寸界线仍应互相平行。在光滑过渡处标注尺寸时，必须用细实线将轮廓线延长，从它们的理论交点引出尺寸界线，如图 1－10 所示，角度尺寸界线应沿径向引出。弦长的尺寸界线应平行于弦长的垂直平分线，如图 1－11 所示。

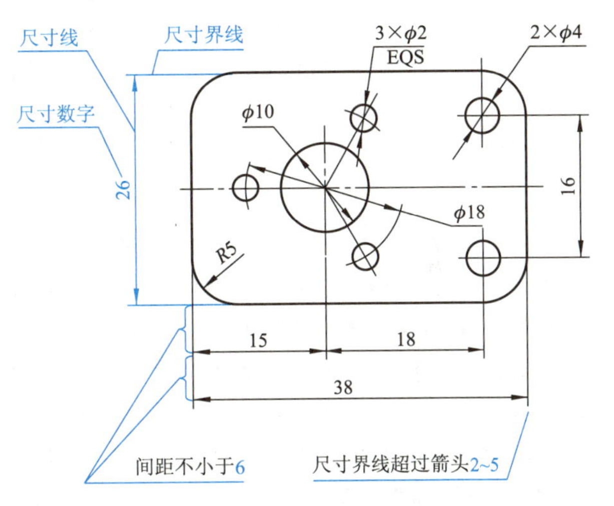

图 1－9　标注尺寸

2. 尺寸线

尺寸线用来表示尺寸度量的方向。它用细实线绘在尺寸界线之间，常与尺寸界线垂直。标注线性尺寸时，尺寸线必须与所标注的线段平行，两端箭头应指到尺寸界线（图 1－10 和图 1－11）；标注角度和弧长时，尺寸线应画成圆弧，圆心是该角的顶点［图 1－11（a）和图 1－11（c）］；弦长和弧长的尺寸线画法如图 1－11（b）和图 1－11（c）所示。尺寸线不能用其他图线代替，也不得与其他图线重合或在其延长线上。标注弧长时，应在尺寸数字前加注符号“⌒”，如图 1－11（c）所示。

尺寸界线应超过尺寸线端部 2～5 mm。

尺寸线两端的形式有箭头、斜线两种，用以表示尺寸的起止，如图 1－12 所示。箭头形式如图 1－12（a）所示，其宽度为 d，长度约为 $4d$。斜线的形式如图 1－12（b）所示，斜线用 45°细实线绘制。机械制图中采用如图 1－12（a）所示的箭头。同一张图样上只能采用同一种形式的箭头，箭头大小应尽可能保持一致。

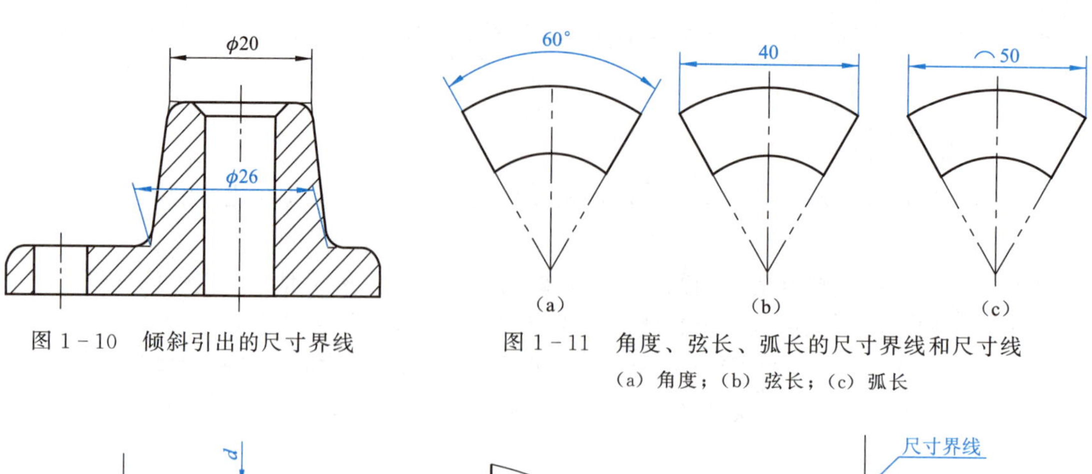

图 1－10　倾斜引出的尺寸界线

图 1－11　角度、弦长、弧长的尺寸界线和尺寸线

（a）角度；（b）弦长；（c）弧长

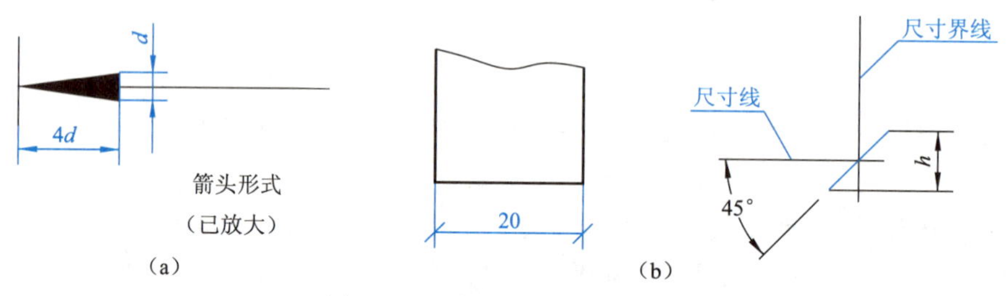

图 1－12　箭头、45°斜线形式

3. 尺寸数字

尺寸数字用以表示所注机件尺寸的真实大小。尺寸数字采用正体或斜体阿拉伯数字，同一图样中数字大小应一致。线性尺寸数字一般应写在尺寸线的上方，也允许注写在尺寸线的中断处，同一张图样上注写方法应一致。

线性尺寸数字的方向，有以下两种注写方法。

方法 1：线性尺寸数字的方向应以图纸右下角的标题栏为基准，使水平数字字头朝上，铅垂数字字头朝左。倾斜尺寸的尺寸数字，都应保持字头有朝上的趋势，即假想将倾斜尺寸线按小于 90°的方向转到水平位置时，字头仍应朝上。图 1－13（a）中所示的 30°范围应尽量不注倾斜尺寸，以免看错。当无法避免时，可如图 1－13（b）所示引出标注。

方法 2：对于非水平方向的尺寸，其数字可水平地注写在尺寸线的中断处，如图 1－13（c）中所示的尺寸 17。

尺寸数字不得被任何图线所穿过，当不可避免时必须把图线断开，如图 1－10 中的 φ26。

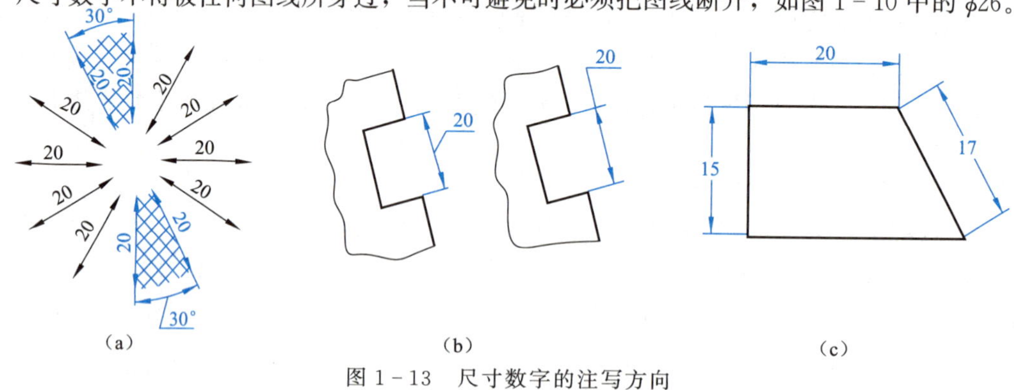

图 1－13　尺寸数字的注写方向

标注尺寸时，应尽可能使用符号和缩写词。常用的符号和缩写词见表 1－5。

表 1－5　常用符号和缩写词

名　　称	符号或缩写词	名　　称	符号或缩写词
直　　径	ϕ	正方形	□
半　　径	R	45°倒角	C
球直径	$S\phi$	深　　度	⊤
球半径	SR	沉孔或锪平	⊔
厚　　度	t	埋头孔	∨
		均　　布	EQS

三、常用尺寸的标注方法

常用尺寸的标注方法见表 1－6。

表 1－6　常用尺寸注法及简化注法示例

内容	示　　例	说　　明
角度	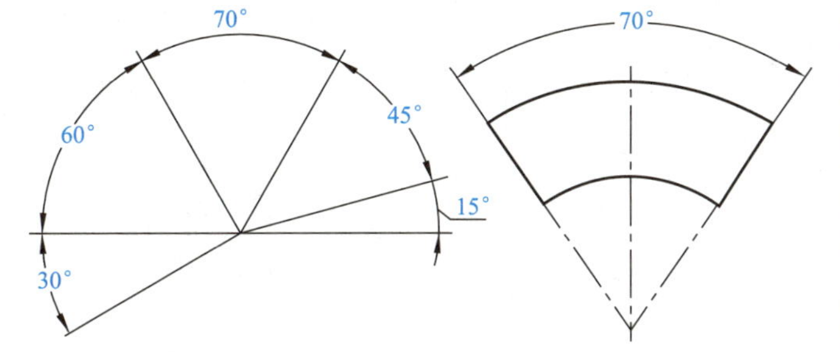	角度的尺寸界线应沿径向引出。尺寸线应画成圆弧，其圆心是该角的顶点。角度尺寸的数字一般应注写在尺寸线的中断处，必要时也可以写在尺寸线的上方、外面或引出标注，并一律水平书写
直径和半径	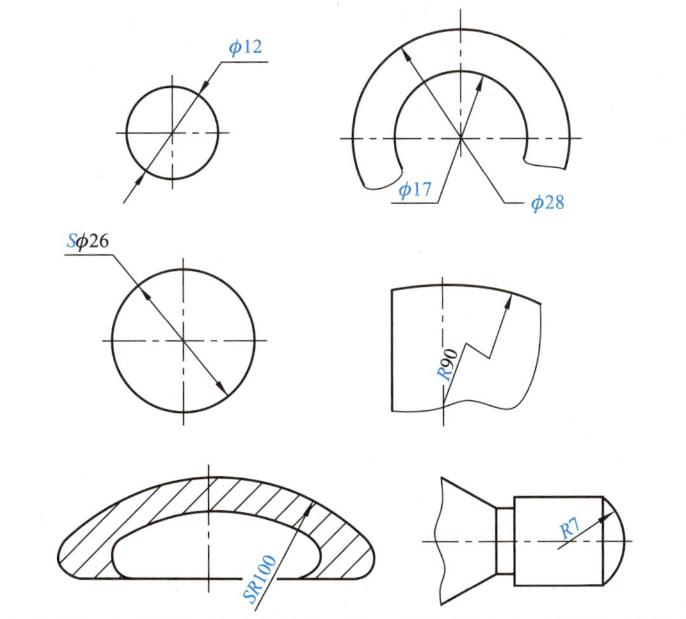	直径、半径的尺寸数字前应分别注出符号“ϕ”“R”。对于球面，应在符号“ϕ”或“R”前注加符号“S”。在不致引起误解时，也允许省略符号“S”。 当圆弧的半径过大或在图纸范围内无法标出其圆心位置时，可用折线形式表示尺寸线。若无需表示圆心位置时，可将尺寸线中断，但尺寸线的方向应通过圆心

续表

内容	示　　例	说　　明
小间隔 小圆弧 小圆	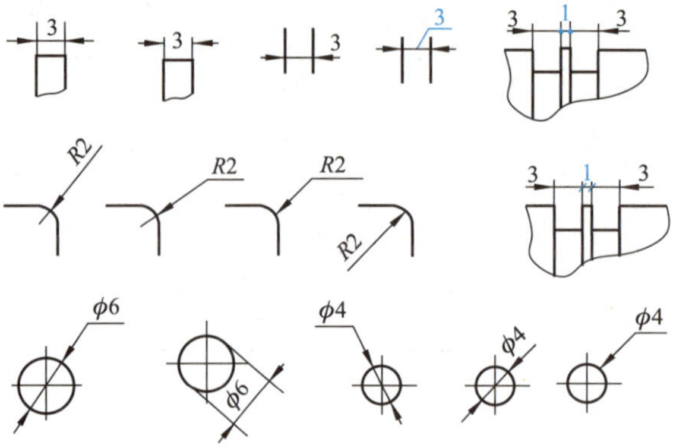 3 3 3 3 3 1 3 R2 R2 R2 R2 3 1 3 φ6 φ6 φ4 φ4 φ4	没有足够位置画箭头或注写尺寸数字时，可按左图形式标注
弦长和 弧长	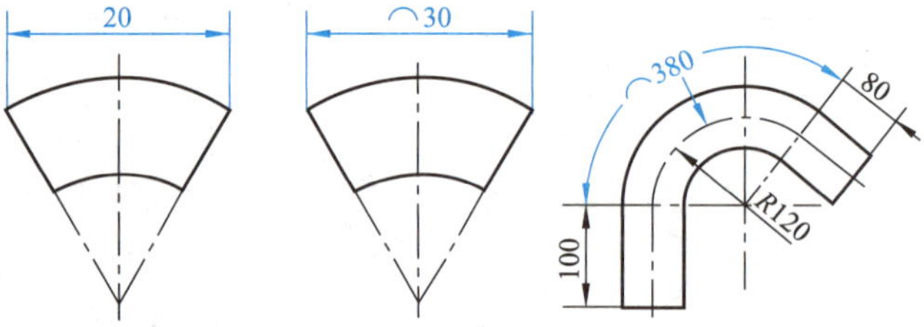 20 ⌒30 ⌒380 80 R120 100	尺寸界线应平行于该弦的垂直平分线。标注弧长尺寸时，尺寸线用圆弧，尺寸数字前应加注符号“⌒”。弧度较大时，尺寸界线可沿径向引出
对称形 及薄板 零件的 厚度	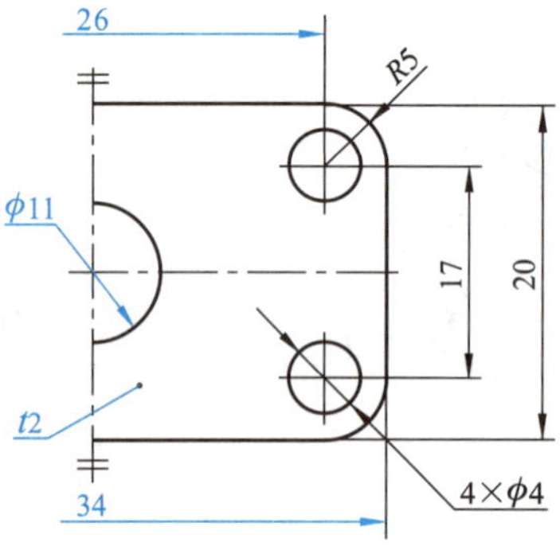 26 R5 φ11 17 20 t2 34 4×φ4	尺寸线应略超过对称中心线或断裂线，且只在有尺寸界线的一端画出箭头。如左图中的尺寸26、34和φ11。 薄板零件的厚度可用引线注出，并在尺寸数字前面加注符号“*t*”
正方形 结构	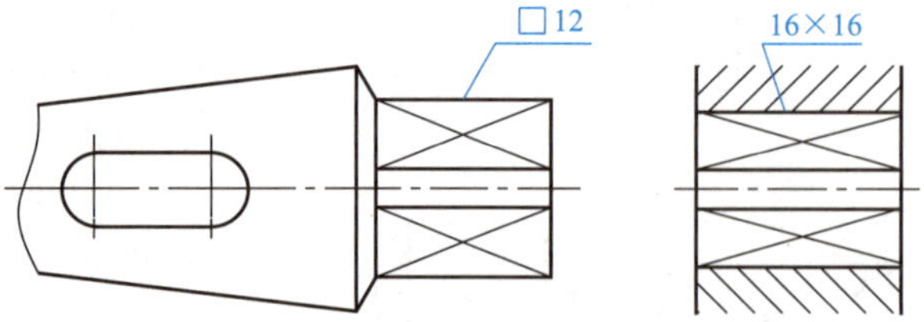 □12 16×16	断面为正方形时，可在正方形边长尺寸数字前加注符号“□”或用“*B*×*B*”注出，*B*为正方形的边长

§1—3　几何作图

熟练掌握常见几何图形的作图方法，对于正确图示机件轮廓形状是非常必要的。本节介绍一些常见几何图形的画法。

一、等分已知线段

【例 1】三等分已知线段 AB，如图 1－14 所示。

作图步骤如下：

(1) 过点 A 任作一直线 AC。

(2) 用分规以任意长度在 AC 上截取三等分得 1，2，3 点。

(3) 连接点 3 和点 B，并作与 $3B$ 平行的线 $2\,2'$、$1\,1'$ 交 AB 于 $1'$、$2'$，即得三等分点。

以上作图原理适用于任意已知线段的等分。

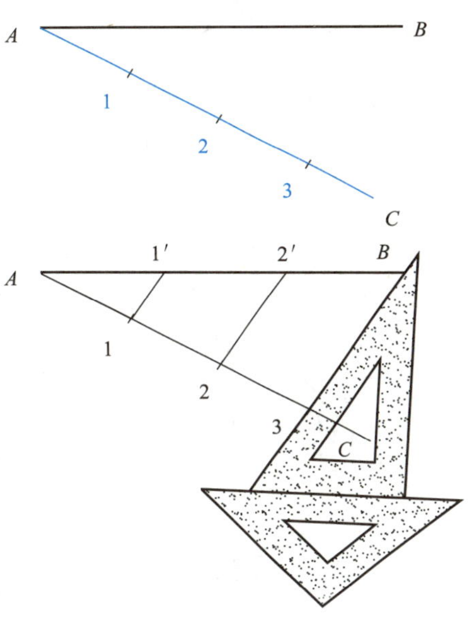

图 1－14　等分已知线段

二、等分圆周及作正多边形

利用三角板、丁字尺和圆规可等分圆周，如三、四、五、六、八、十二等分。下面以正六边形和正五边形为例说明作图方法。

1. 正六边形的画法

已知对角线长度作正六边形，作图方法有两种，如图 1－15 所示。

(1) 以对角线长 D 为直径作圆，以圆的半径等分圆周，依次连接各等分点即得正六边形，如图 1－15 (a) 所示。

(2) 以对角线长 D 为直径作圆，再用 30°、60°三角板与丁字尺配合，作出正六边形，如图 1－15 (b) 所示。

已知对边距离 s 作正六边形，作图方法如下：以对边距离 s 为直径作圆，再用 30°、60°三角板配合，即可作出正六边形，如图 1－16 所示。

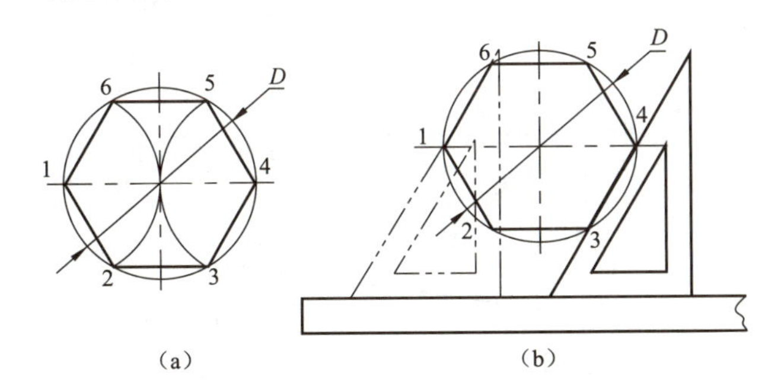

图 1－15　已知对角距作正六边形

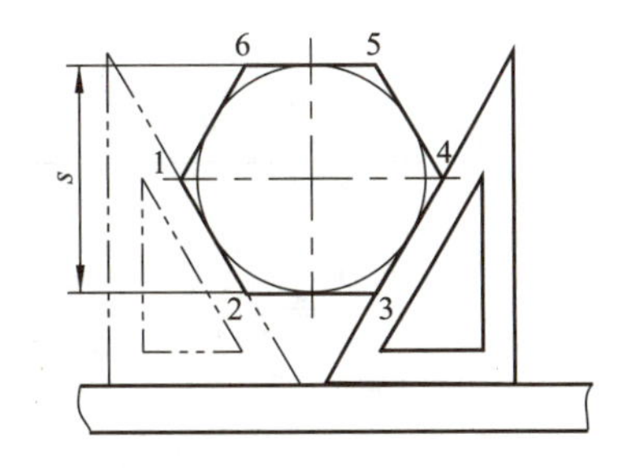

图 1－16　已知对边距作正六边形

2. 正五边形的画法

已知正五边形外接圆直径作正五边形，如图 1－17 所示，作图步骤如下：

（1）以 O 为圆心作圆，并作 OB 的垂直平分线交于点 M，如图 1－17（a）和图 1－17（b）所示。

（2）以 M 点为圆心，MC 为半径画圆弧交 AO 于点 P，如图 1－17（c）所示。

（3）以 CP 为边长等分圆周，得 E、F、G、K 等分点，依次连接即得正五边形。

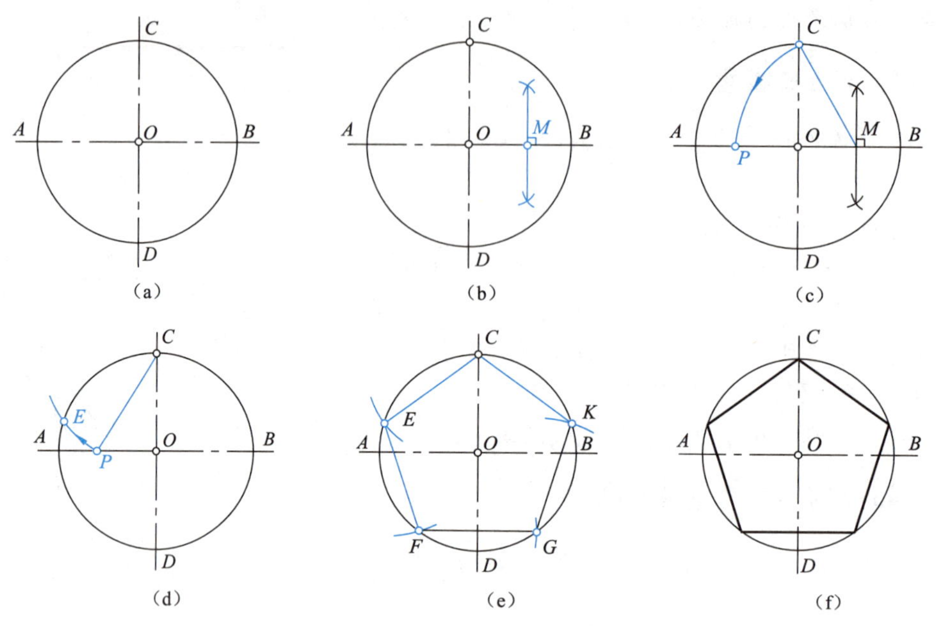

图 1－17　正五边形画法的作图步骤

三、斜度与锥度

1. 斜度

斜度是指一直线或平面对另一直线或平面的倾斜程度。

（1）斜度的画法。斜度大小用两直线或平面间夹角的正切来度量，在图纸上常用比值来表示，并将前项化为1。若求作一直线 AC 对另一已知直线 AB 的斜度为 1∶5，其作图步骤如下（图 1－18）。

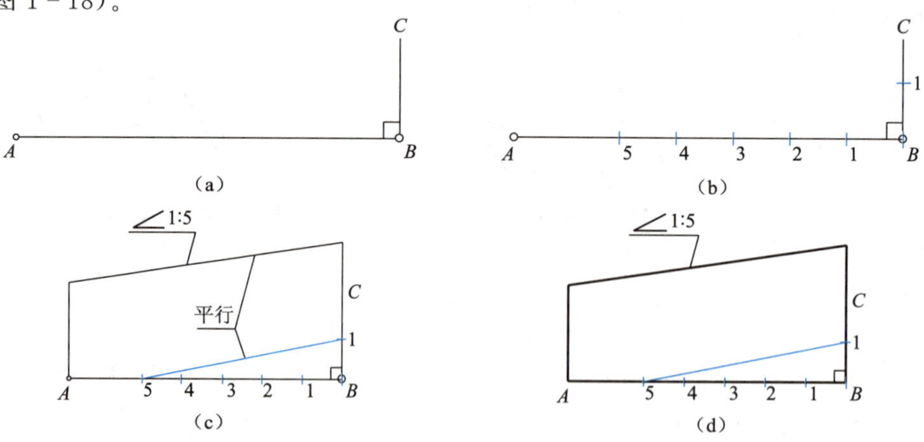

图 1－18　斜度的画法

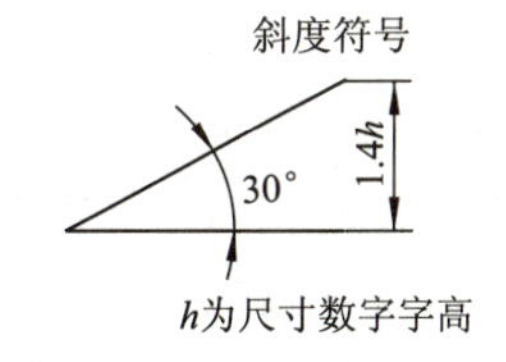

图 1-19　斜度的符号及其标注

（2）斜度的标注。斜度符号按图 1-19 绘制，符号的线粗为 $h/10$（h 为尺寸数字的字高）。标注斜度符号时，符号的倾斜方向应与斜度的方向一致，如图 1-19 所示。

2. 锥度

（1）锥度的画法。锥度是正圆锥底圆直径与其高度之比或圆台两底圆直径之差与其高度之比。在图 1-20 中，锥度 $C=D/L=(D-d)/l$。在图纸上常用比值表示锥度的大小，并将前项化为 1，如 1∶n。如锥度为 1∶5，则可沿轴线方向任取 5 个单位，在末点处作垂线并取 1 个单位，但要对称于轴线双向分布，如图 1-21 所示。

（2）锥度的标注。锥度的符号按图 1-21（a）所示绘制，符号的线粗为 $h/10$。标注锥度时，其符号的方向应与锥度的方向一致，如图 1-21（b）所示。

四、圆弧连接

绘制机件的轮廓形状时，常遇到用一已知半径的圆弧光滑地连接相邻两段直线或圆弧的情况，这种作图方法称为圆弧连接。这个起光滑连接作用的圆弧称为连接弧，如图 1-22 所示中的 $R12$、$R30$。圆弧连接的作图关键是：准确地求出连接弧的圆心和连接点（切点）。下面用轨迹原理来分析圆弧连接的基本原理和作图方法。

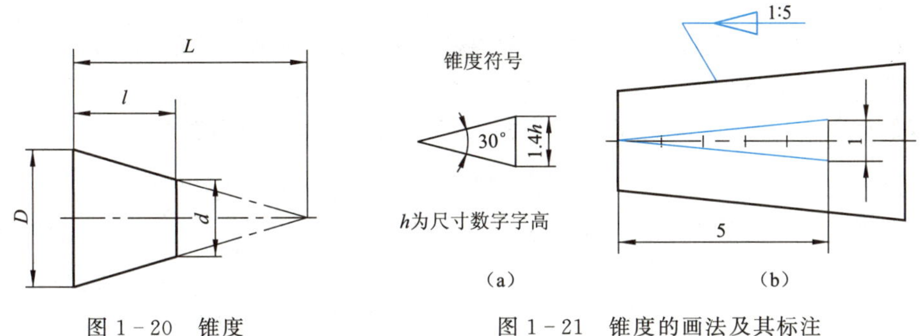

图 1-20　锥度　　图 1-21　锥度的画法及其标注

1. 圆弧连接的作图原理

（1）圆弧连接直线如图 1-23 所示，当一个半径为 R 的连接圆弧与已知直线连接（相切）时，则连接弧圆心 O 的轨迹是与已知直线相距为 R 且平行于已知直线的直线；连接点（切点）即连接弧圆心向已知直线所作的垂足。

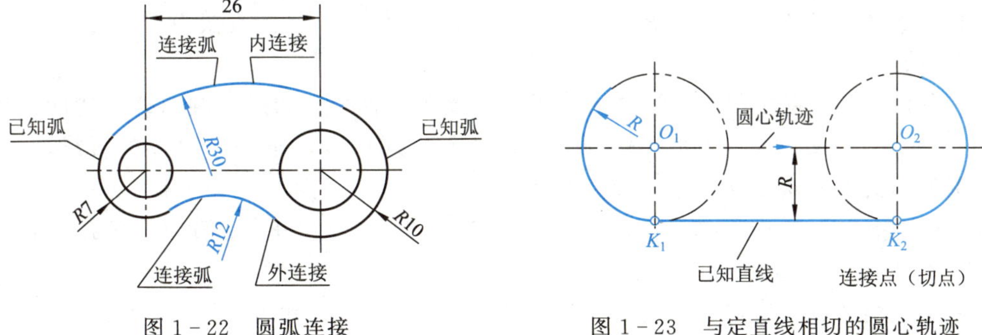

图 1-22　圆弧连接　　图 1-23　与定直线相切的圆心轨迹

（2）圆弧与圆弧连接（外切）如图1-24所示。当一个半径为R的连接圆弧与已知圆弧（半径为R_1）外切时，则连接弧圆心的轨迹是已知圆弧的同心圆弧，其半径为（R_1+R）；切点即两圆心连线与已知圆的交点。

（3）圆弧与圆弧连接（内切）如图1-25所示。当一个半径为R的连接圆弧与已知圆弧（半径为R_1）内切时，则连接弧圆心的轨迹是已知圆弧的同心圆弧，其半径为$R-R_1$；切点即两圆心连线延长后与已知圆的交点。

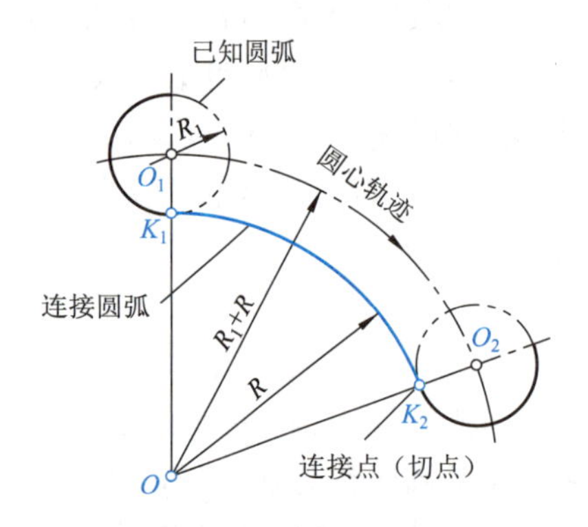

图1-24　与定圆外切的圆心轨迹

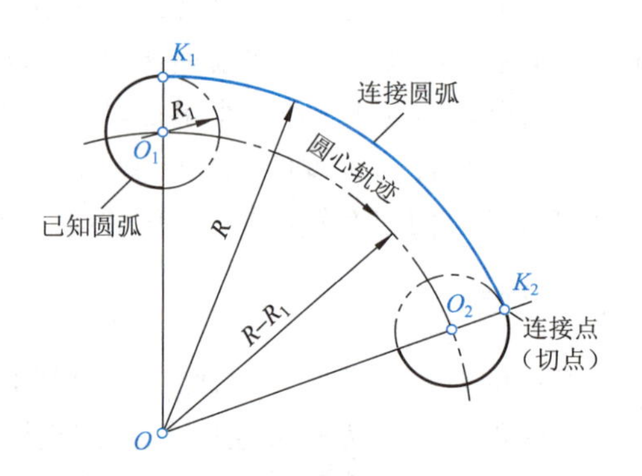

图1-25　与定圆内切的圆心轨迹

2. 圆弧连接的作图方法与步骤

不论哪种形式的圆弧连接，首先应分析连接关系，求出连接圆弧的圆心，然后再定出连接点（切点），最后画出连接圆弧。

【例2】 如图1-26所示，求作连接圆弧与已知圆及已知直线相连接。

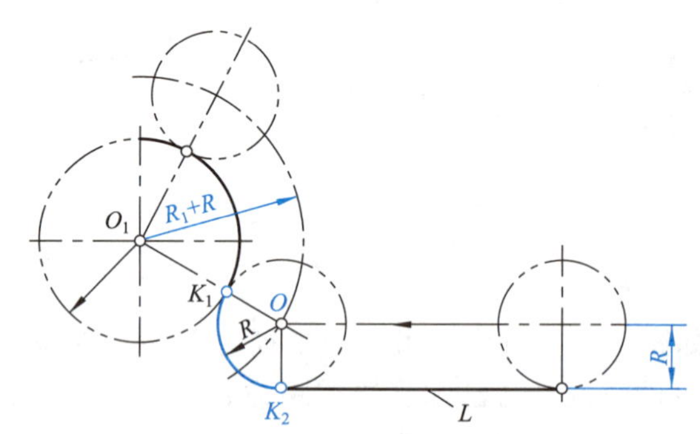

图1-26　圆弧连接的基本作图方法

分析： 已知连接圆弧半径为R，已知圆O_1的半径为R_1，已知直线为L。

作图步骤如下：

（1）分析连接关系求圆心。根据前面所讲的圆弧与直线、圆弧与圆弧外切的两种情况，先以O_1为圆心，（R_1+R）为半径作圆弧；再以距离为R作一条平行于L的直线，此线与所作的圆弧的交点O即所求的连接弧圆心。

（2）定切点。引连心线O_1O交已知圆弧于K_1点，引垂线OK_2交直线L于K_2点，所得K_1和K_2两点即两个切点。

（3）画连接圆弧。以O为圆心、R为半径，在两切点K_1和K_2之间画一段圆弧，就可将已知圆和直线光滑地连接起来。

3. 常见的圆弧连接基本作图

常见的圆弧连接作图方法见表 1-7。

表 1-7　常见的圆弧连接作图

几种连接	已知条件	求圆心位置	求切点	连接并描粗
直线与直线的圆弧连接	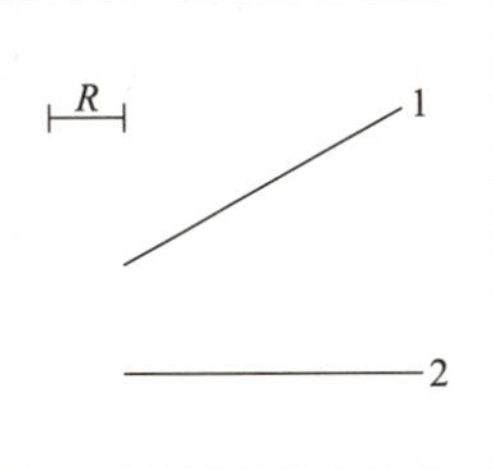 R, 1, 2	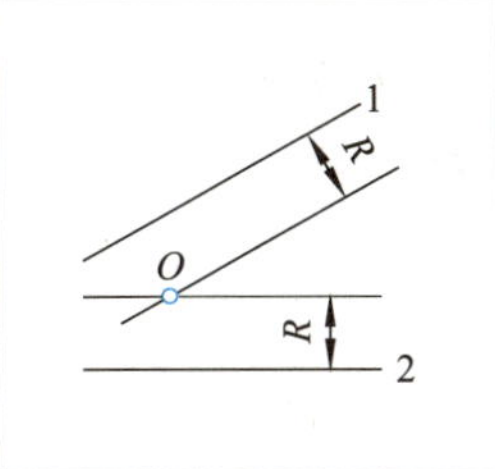 1, R, O, R, 2	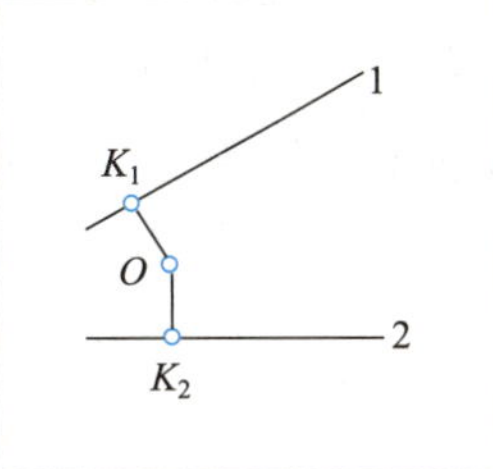 1, K_1, O, K_2, 2	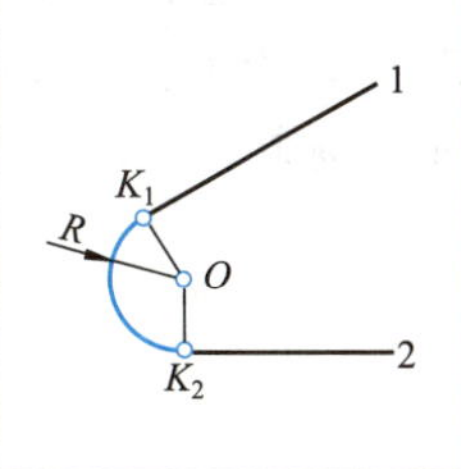 1, K_1, R, O, K_2, 2
直线与圆弧间的圆弧连接	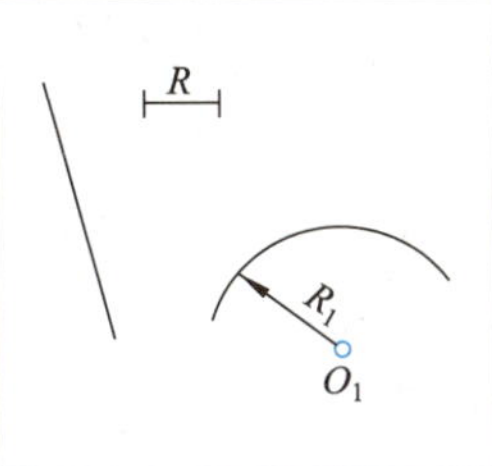 R, R_1, O_1	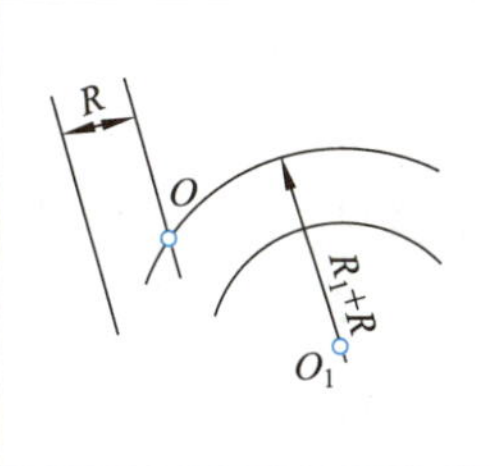 R, O, R_1+R, O_1	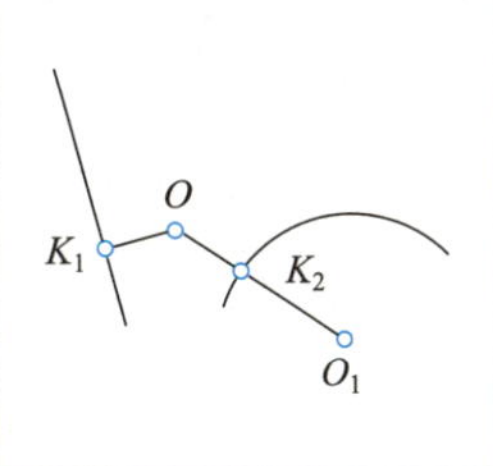 O, K_1, K_2, O_1	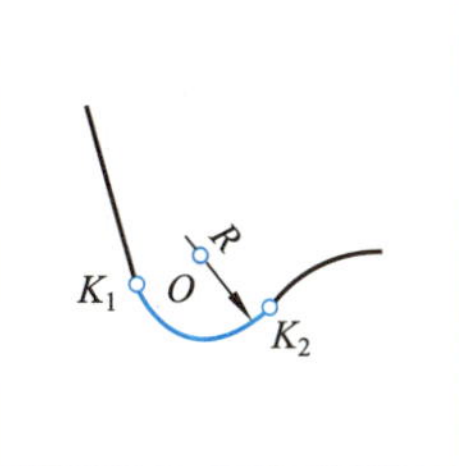 R, K_1, O, K_2
两圆弧间的外切圆弧连接	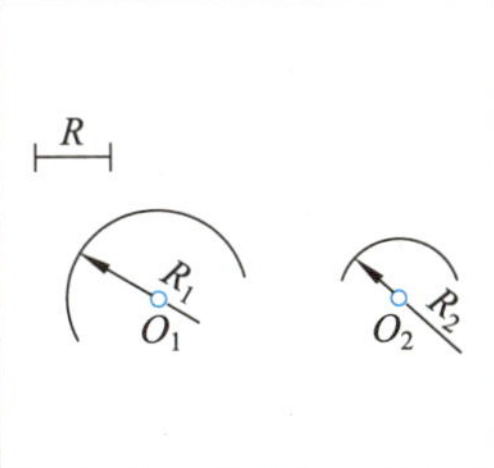 R, R_1, O_1, O_2, R_2	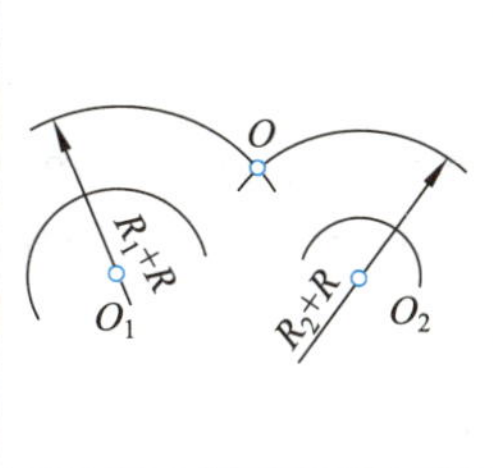 O, R_1+R, O_1, R_2+R, O_2	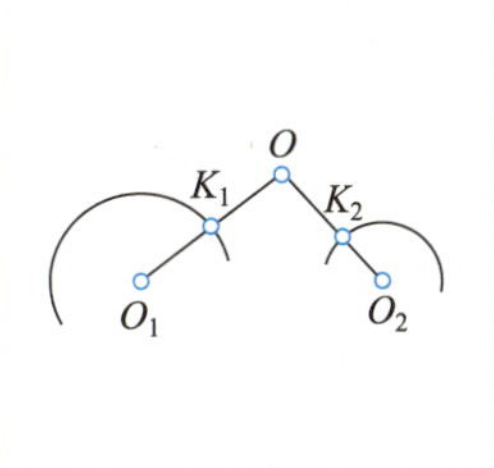 O, K_1, K_2, O_1, O_2	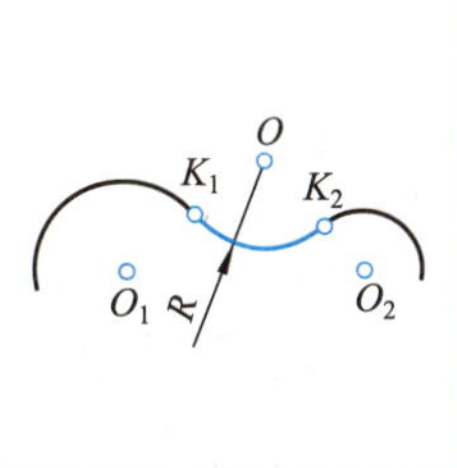 O, K_1, K_2, O_1, R, O_2
两圆弧间的内切圆弧连接	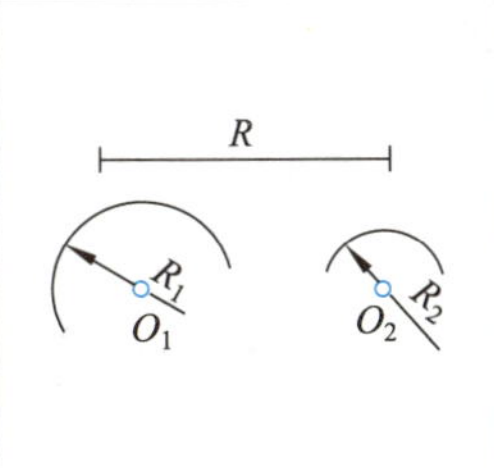 R, R_1, O_1, O_2, R_2	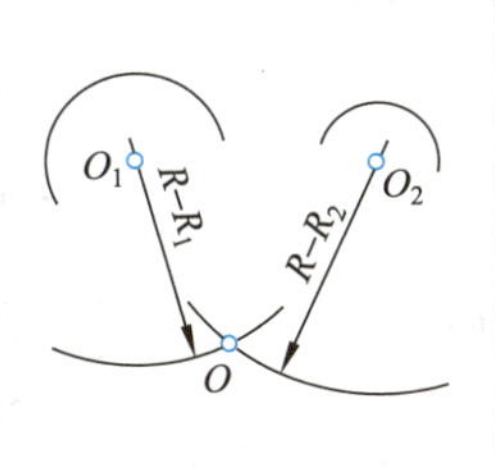 O_1, $R-R_1$, $R-R_2$, O_2, O	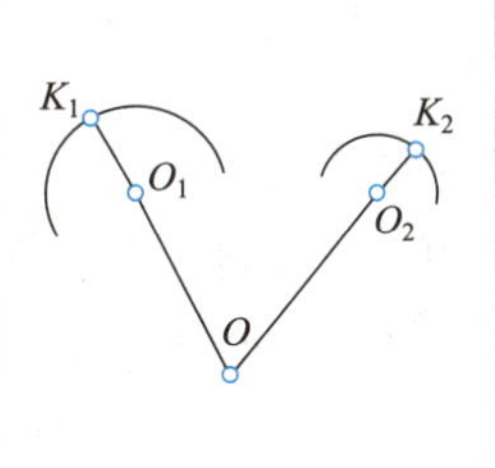 K_1, O_1, K_2, O_2, O	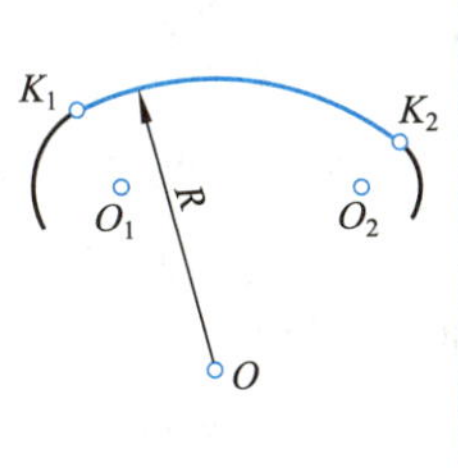 K_1, K_2, O_1, R, O_2, O
两圆弧间的内外切圆弧连接	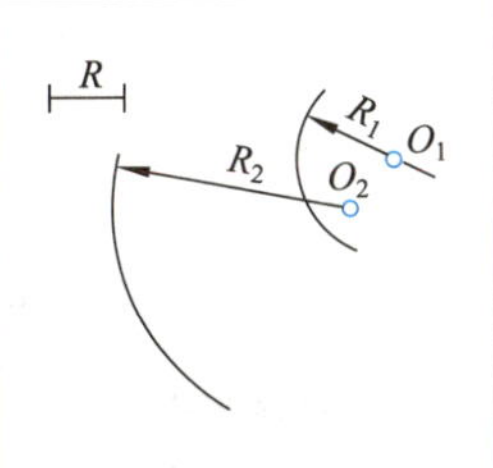 R, R_1, O_1, R_2, O_2	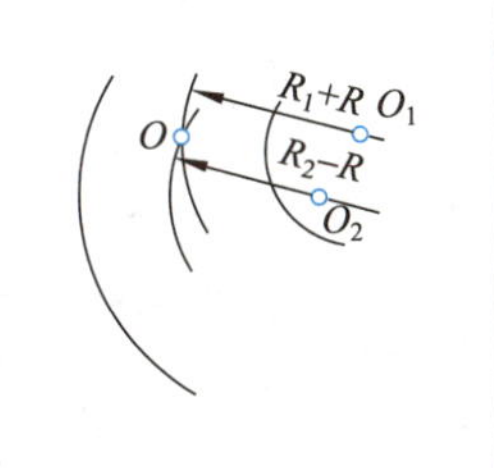 R_1+R, O_1, O, R_2-R, O_2	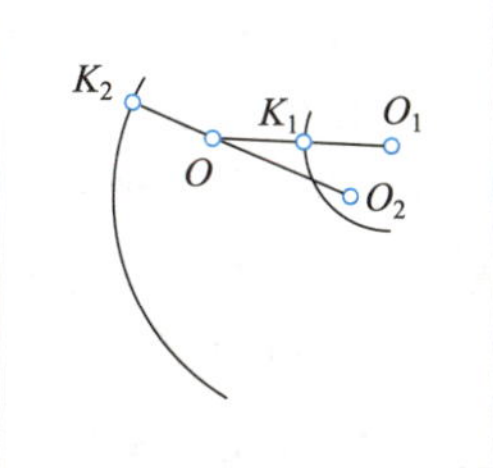 K_2, K_1, O_1, O, O_2	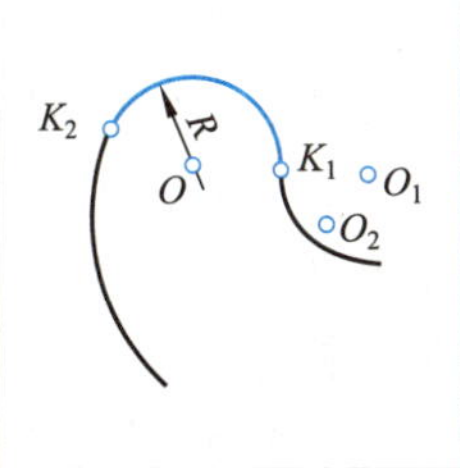 K_2, R, O, K_1, O_1, O_2

五、用四心近似画法画椭圆

椭圆也是一种常见的几何图形。画椭圆的方法很多，下面介绍已知椭圆长、短轴时画椭圆的方法之一——四心近似画法。

画椭圆的步骤和方法如下。

（1）画出椭圆长、短轴，如图1－27（a）所示。

（2）求四心：以O为圆心、OA为半径画弧与OC延长线交于E；连AC，以C为圆心、CE为半径画弧与AC交于F；作AF垂直平分线分别与长、短轴交于O_1、O_2，找取O_1、O_2的对称点O_3、O_4，O_1、O_2、O_3、O_4各点即所求四个圆心，如图1－27（b）所示。

（3）画椭圆：作连心线O_1O_2、O_1O_4、O_3O_2、O_3O_4，并延长；分别以O_1、O_3为圆心，以O_1C为半径在连心线划定的区域内画弧；分别以O_2、O_4为圆心，以O_2A为半径画弧与前述圆弧相切，即得椭圆，如图1－27（c）所示。

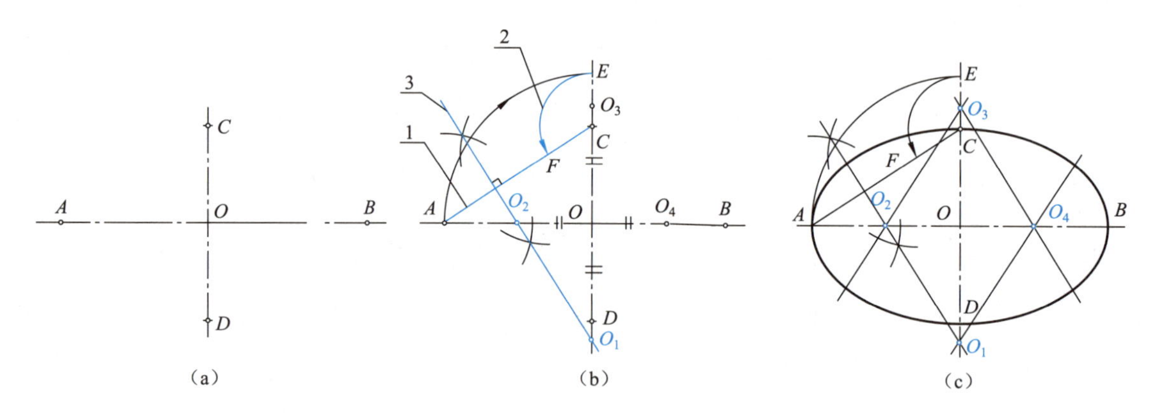

图1－27　椭圆的四心近似画法

（a）画长、短轴；（b）求四心；（c）画椭圆

六、平面图形的画法

完整的平面图形是由线段和尺寸组成的封闭线框。

1. 尺寸分析

平面图形中的尺寸分为两类：

（1）定形尺寸。确定平面图形中各几何元素形状大小的尺寸称为定形尺寸。如直线的长度，圆及圆弧的直径、半径，角度的大小等。图1－28所示的15、ϕ6、ϕ20、R8、R15等尺寸即定形尺寸。

（2）定位尺寸。确定平面图形中几何元素位置的尺寸称为定位尺寸。图1－28所示中的8、80等尺寸即定位尺寸。

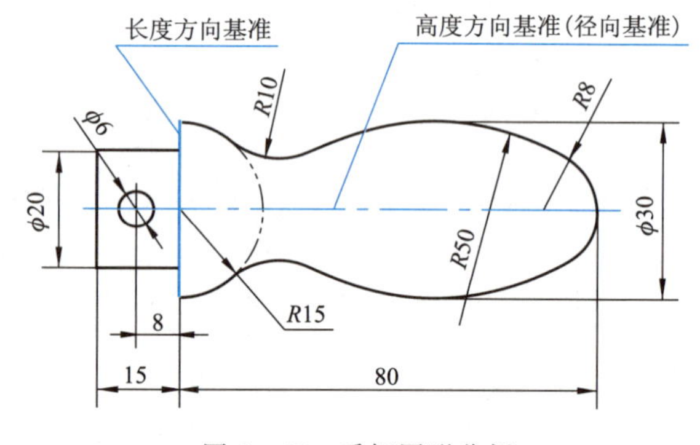

图1－28　手柄图形分析

标注定位尺寸时，必须与尺寸基准相联系。尺寸基准是指标注定位尺寸的起点。对平面图形而言，应有长和高两个方向的基准，通常以图形中的对称线、回转体的轴线，较大的底面、端面等作为尺寸基准，如图1－28所示。

2. 线段分析

完整的平面图形应由三种线段组成，分别是：

（1）已知线段中间线段 即定形、定位尺寸都为已知的线段。如图1—28中的R15、R8

的圆弧。已知线段可直接画出。

（2）中间线段。已知定形尺寸和一个定位尺寸，还需根据相邻线段的连接关系才能确定另一个定尺寸的线段。如图 1—28 中 R50 的圆弧。

（3）连接线段。一般由圆弧充当，所以也叫连接圆弧。连接圆弧是只知道定形尺寸（即半径、直径），定位尺寸（圆心位置）需根据相邻两线段的连接关系画图才能确定。连接圆弧 最后的光滑的封闭图形。

3. 平面图形的作图步骤

综合对图 1－28 中手柄图形的分析，绘制该平面图形的作图步骤如图 1－29 所示。其具体步骤如下。

（1）画基准线 *A*、*B*，如图 1－29（a）所示。

（2）画已知线段：作距离 *A* 为 80 并垂直于 *B* 的直线，画 *R*15、*R*8 及圆 $\phi6$，再画左端矩形，如图 1－29（b）所示。

（3）画中间线段：作Ⅰ、Ⅱ平行高基准且相距均为 50—15＝35；按内切几何条件分别求出中间弧 *R*50 的圆心位置 O_1、O_2；连 OO_1、OO_2，求出切点 K_1、K_2。画出 *R*50 的中间弧，如图 1－29（c）所示。

（4）画连接线段：按外切几何条件分别求出连接弧 *R*12 的圆心位置 O_3、O_4，连接 O_5O_3、O_5O_4、O_2O_3、O_1O_4，求出切点 K_3、K_4、K_5 和 K_6，画出连接圆弧 *R*12，如图 1－29（d）所示。

（5）注尺寸，校核，加深描粗图线，完成全图。

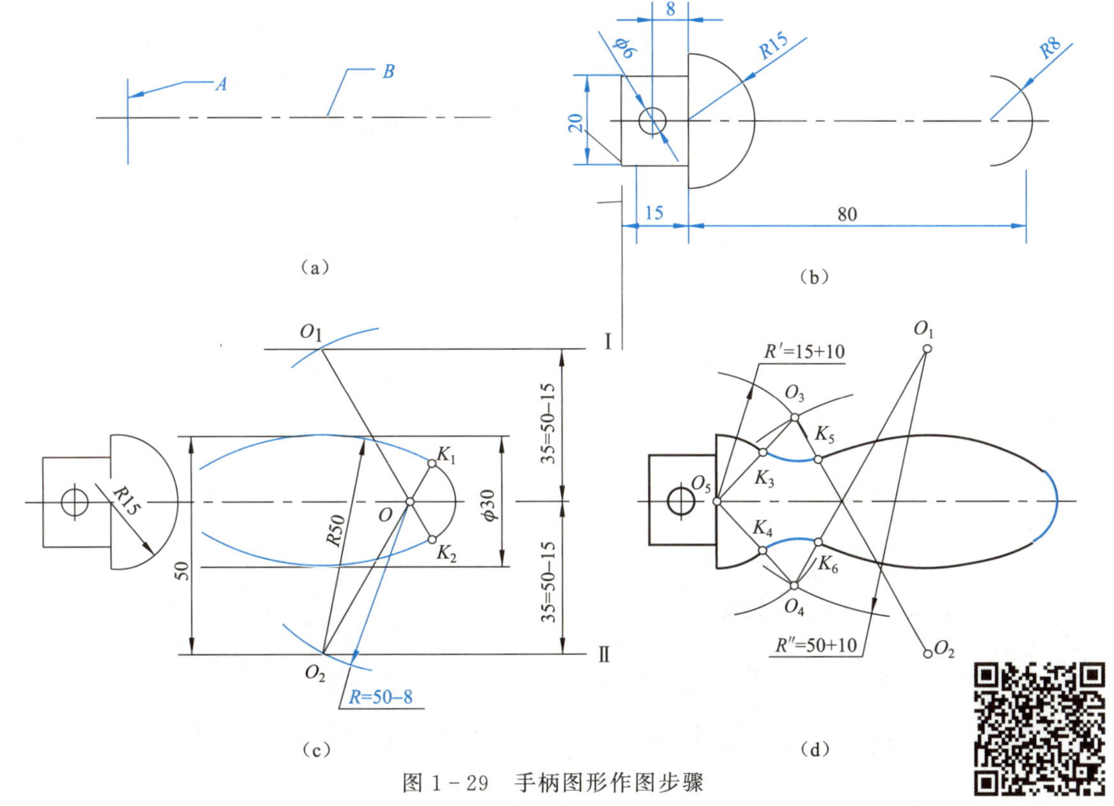

图 1－29　手柄图形作图步骤

（a）画基准线；（b）画已知线段；（c）画中间线段；（d）画连接线段，整理，完成全图

动画资源

§1—4 绘图工具和用品的使用

要确保绘图质量、提高绘图速度，正确地使用制图工具和仪器是重要的前提。本节简要介绍常用的制图工具、仪器及其使用方法。

1. 图板

图板是供铺放、固定图纸用的矩形木板，绘图时图板横放（图1-30）。图板的板面应平整、质硬，工作边（短边）应平直。

2. 丁字尺

丁字尺由尺头和尺身构成，主要利用其工作边画水平线。绘图时，尺头内侧（导边）必须贴紧图板的短边，用左手推动丁字尺上、下移动，如图1-30（a）所示。

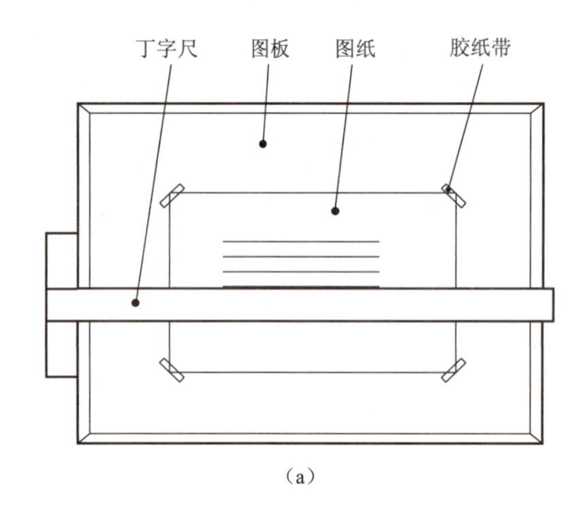

(a)

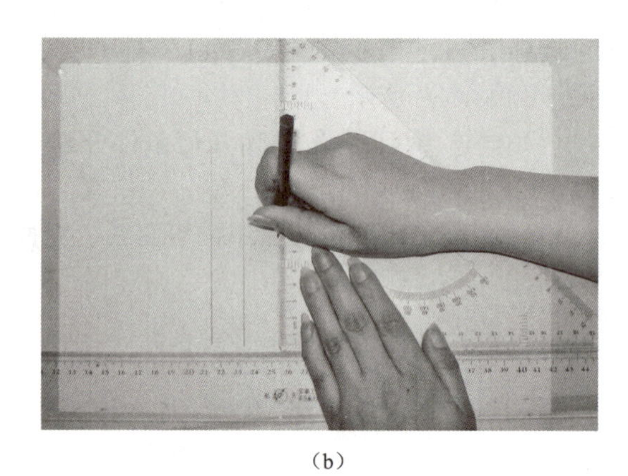

(b)

图1-30 图板、丁字尺、三角板配合画水平线、垂直线

3. 三角板

一副三角板由45°和30°-60°两块合成。三角板与丁字尺配合使用，可作出垂直线、倾斜线（图1-31）和一些常用的特殊角度，如15°、75°、105°等。

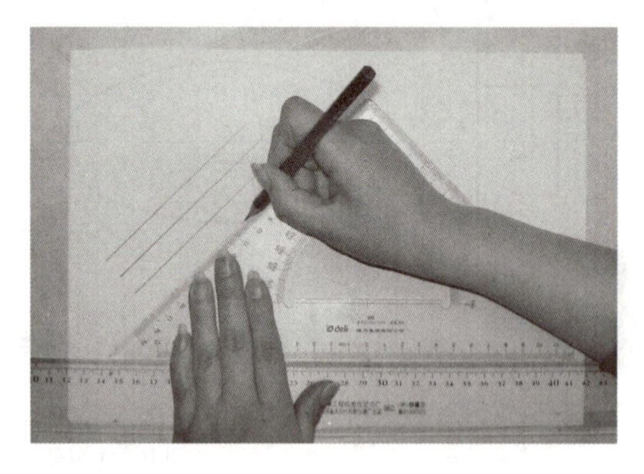

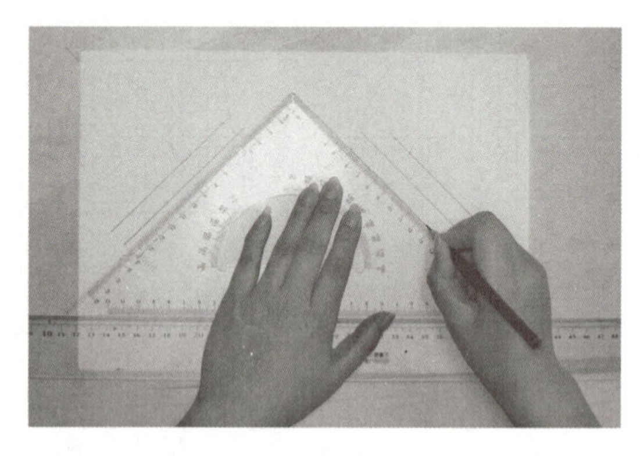

图1-31 图板、丁字尺和三角板配合画倾斜线

4. 圆规

圆规主要用来画圆或圆弧。圆规的附件有钢针插脚、铅芯插脚、鸭嘴插脚和延伸插杆等。画圆时，圆规的钢针应使用有肩台的一端，并使肩台与铅芯尖端平齐。圆规的使用方法如图 1－32 和图 1－33 所示。

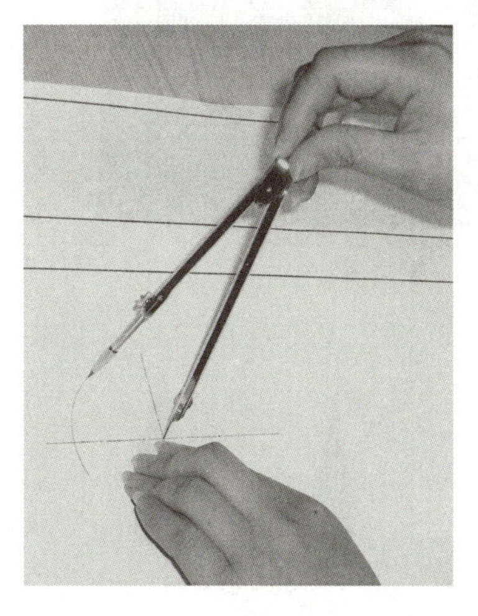

图 1－32　画圆的手法

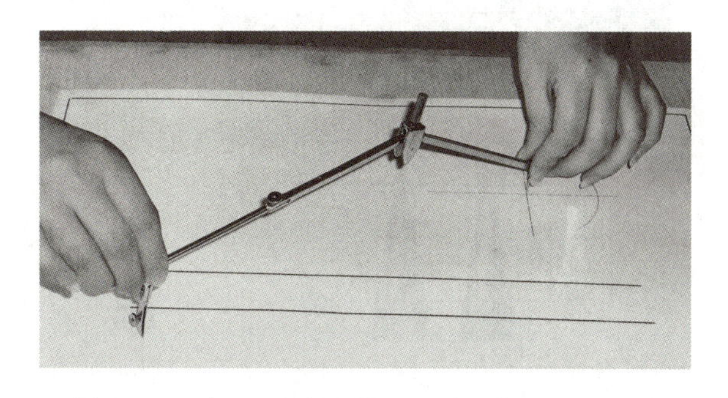

图 1－33　加入延伸插杆用双手画较大半径圆弧

5. 分规

分规是用来截取尺寸、等分线段和圆周的工具。分规的两个针尖并拢时应对齐，如图 1－34（a）所示。用分规截取尺寸的手法如图 1－35 所示。

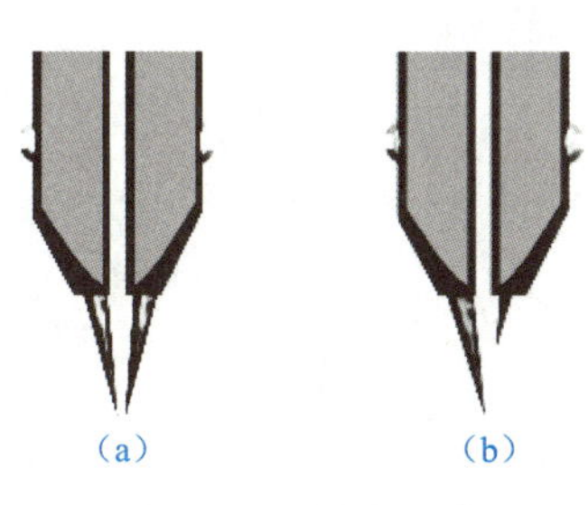

图 1－34　针尖对齐

（a）正确；（b）错误

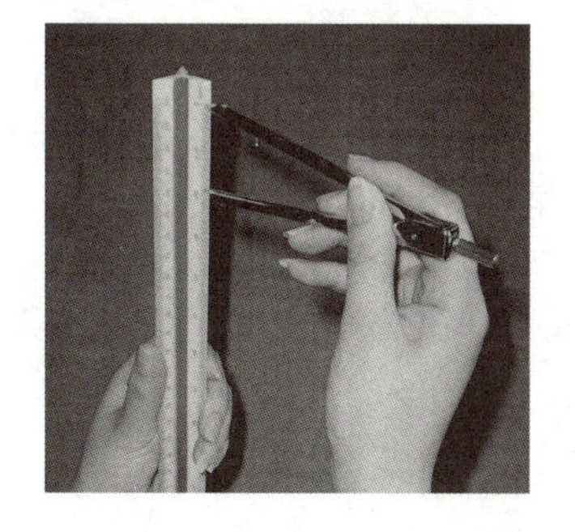

图 1－35　用分规截取尺寸的手法

6. 绘图用品

绘图时还要准备好绘图纸、粘贴图纸的胶纸带、绘图铅笔、擦图片、削笔刀、磨铅芯的砂纸板、橡皮和清洁图的软毛刷等。绘图纸应质地坚实且洁白，绘图时应使用经橡皮擦拭不易起毛的一面。绘图铅笔的铅芯有软硬之分，用标号 B 或 H 来表示，B 字前数字越大表示铅芯越软且黑，H 字前数字越大则越硬且淡，HB 的铅芯软硬适中。

绘图时常用 H 或 2H 的铅笔打底稿，并削成尖锐的圆锥形；用 HB 的铅笔写字、标注尺寸和徒手画图，而加深描粗图线可用铅芯硬度为 B 或 2B 的铅笔，并削磨成四棱柱形，用铅芯的厚度控制线宽。铅笔应从没有标号的一端开始使用，以便保留软硬的标号，如图 1－36 所示。

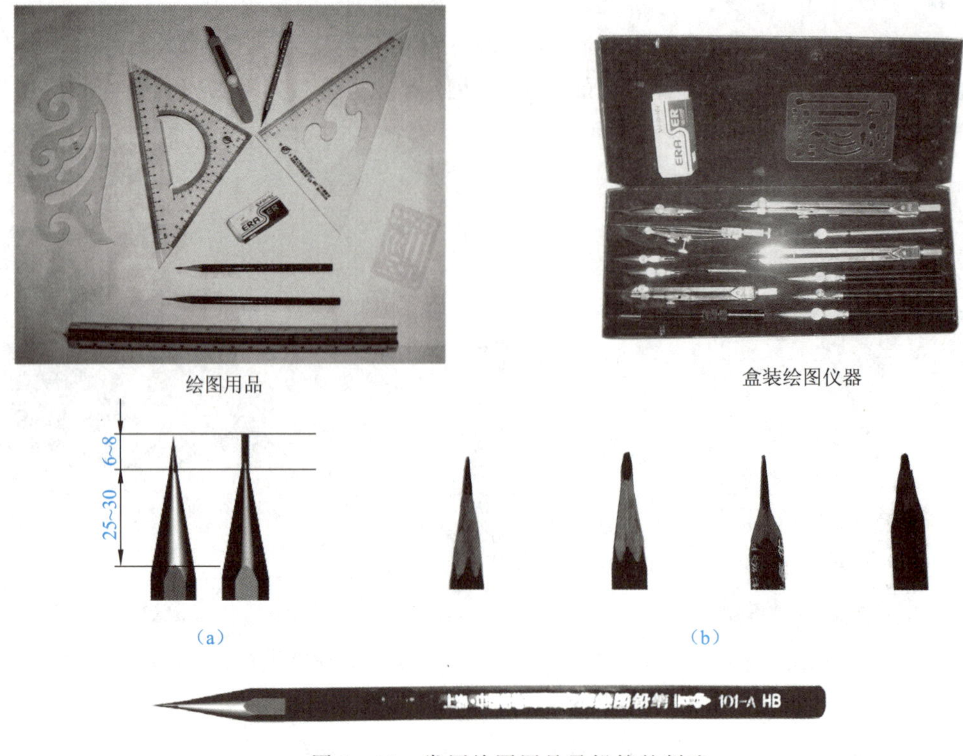

图1-36　常用绘图用品及铅笔的削法

(a) 好；(b) 不好

§1—5　绘图的一般步骤

一、用仪器绘图

1. 准备工作

(1) 将绘图工具和仪器以及图板擦拭干净，磨削好铅笔和铅芯。

(2) 根据图形大小和复杂程度，确定绘图比例和图纸幅面。

(3) 判断图纸正反面，将图纸用胶带纸固定在图板左上方适当位置。

2. 画底稿

(1) 用2H或H铅笔画底稿：图线要画得细而浅，先画图幅边框、图框及标题栏，然后画出各图形的主要基准线，如中心线、对称线、轴线等，确定各图形的位置，并使图形布局尽量匀称。

(2) 按图形分析画出各图形的主要轮廓，然后再画细节。

(3) 校核各图，擦去不必要的图线，完成全图底稿。

3. 加深描粗

用HB或B的铅笔、B或2B铅芯的圆规，按各种图线的画法加深描粗。常按先细后粗、从上至下、从左至右的原则，同一种宽度图线的加深顺序为：圆和圆弧、水平线、铅垂线、倾斜线。

4. 注写文本

画箭头、注写尺寸数字、填写标题栏及其他文字。

5. 整理图纸

校核全图，清洁修饰图面，取下图纸，沿图幅边框裁边。

二、徒手绘制草图

以目测估计图形与实物的比例，徒手（或部分使用绘图仪器）绘制的图称为草图。绘制草图时，虽然无须精确地测量物体各部分的尺寸，也没有严格的比例规定，但要求物体各部分比例协调。徒手绘制草图是一项很有实用价值的基本技能。绘制草图时应做到：图线分明、字体工整、比例匀称、图面整洁。绘制草图一般用 HB 铅笔，铅芯磨削成圆锥形。其方法如下。

1. 画直线

画直线时，执笔要稳，眼睛要注意终点。画较短线时，只运动手腕；画长线时运动手臂。画水平线时，可将图纸放成稍向左下倾斜，从左向右画；画垂直线时，自上而下运笔；画斜线时，可转动图纸，使其成为水平位置来画，如图 1－37 所示。画草图常在方格纸上进行，这样便于控制视图间的投影对应关系及直线的方向。

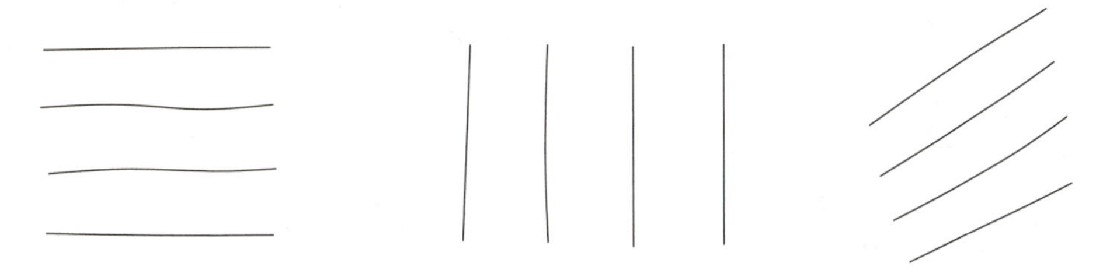

图 1－37　徒手画直线

2. 画圆及圆弧

画圆时，应先定出圆心的位置，过圆心画出中心线。画小圆时，根据半径大小在中心线上目测定出四点，过四点作圆，如图 1－38（a）所示。画较大圆时，可过圆心增画两条 45°的辅助斜线，在线上再定四点，过八点画圆，如图 1－38（b）所示。

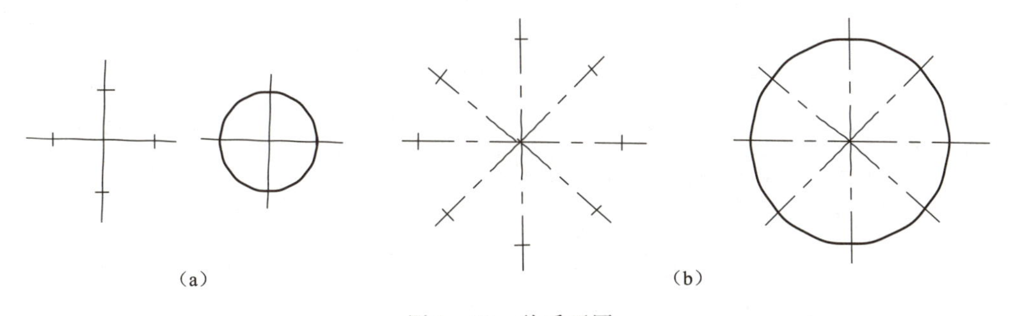

图 1－38　徒手画圆

画圆弧、椭圆等曲线时，同样用目测定出曲线上若干点，光滑连接即可，如图 1－39 所示。

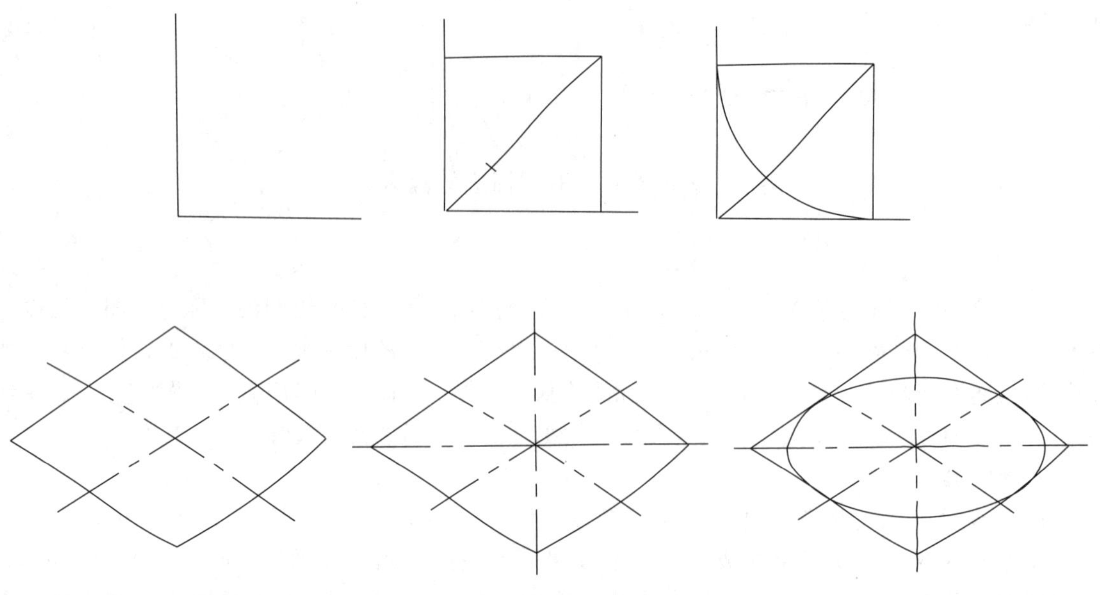

图1-39　徒手画圆角及椭圆

第二章　正投影基础

§2—1　投影法的基本概念

一、投影法

工程图样所采用的绘图方法，是将生活中“光线照射物体可以产生影子”的自然现象经过科学的抽象和改造之后形成的一种科学而严密的图示方法——投影法。简单地说，投影法就是投射线经过形体，在选定的平面上得到图形的方法。用投影法获得的投影图形称为投影（投影图）。投影图所在的那个选定的平面叫投影面，如图 2－1 所示。

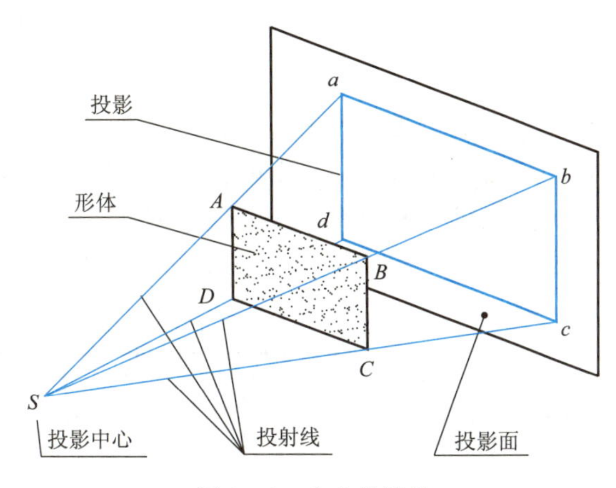

图 2－1　中心投影法

投影法可分两大类：中心投影法和平行投影法。

1. 中心投影法

图 2－1 所示这种所有投射线都汇交于一点的投影方法叫中心投影法。由中心投影法所得到的图形简称中心投影，它符合人的单眼视觉原理，所以直观性强。中心投影法是绘制建筑效果图（透视图）常用的方法。中心投影中图形的大小要随着形体（或投影中心）与投影面距离的改变而改变，其作图复杂且度量性差，故在机械图样中很少采用。

2. 平行投影法

投射线相互平行的投影方法称为平行投影法，简称平行投影。平行投影法又分为斜投影法和正投影法两种，如图 2－2 所示，其投影图形的大小不随着形体与投影面距离的改变而改变，度量性好。不仅如此，当形体表面与投影面平行时，该面的投影即全等于该表面，如图 2－2 中的 $ABCDEF$ 面的投影 $abcdef$，具有真实性。在作图原理上，正投影法比其他投影法简单，便于作图，所以在工程图样中，正投影是应用最广泛的图示法，也是本课程的学习重点。

为简便起见，下文中提到的投影都指正投影，特别指明的除外。

二、正投影特性

投射线垂直于投影面的投影叫正投影。直线或平面与投影面的相对位置不同，将呈现出不同的投影特性：

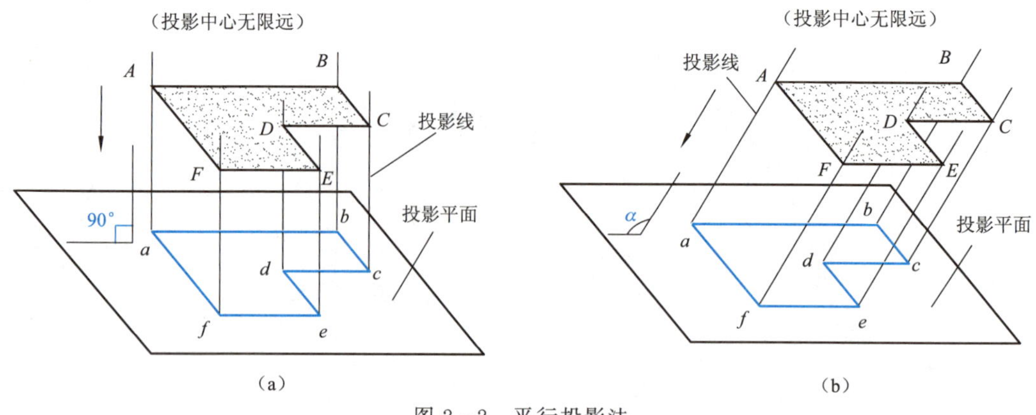

图 2-2 平行投影法
（a）正投影；（b）斜投影

（1）直线或平面垂直于投影面——投影呈现积聚性。
（2）直线或平面平行于投影面——投影呈现真实性。
（3）直线或平面倾斜于投影面——投影呈现类似性。
表 2-1 对上述性质进行了归纳。

表 2-1 正投影特性及记忆口诀

积聚性	真实性	类似性
直线段或平面垂直于投影面	直线段或平面平行于投影面	直线段或平面倾斜于投影面
直线垂直于投影面，投影聚一点	直线平行于投影面，投影实长现	直线倾斜于投影面，投影变短线
平面垂直于投影面，投影聚成线	平面平行于投影面，投影原形现	平面倾斜于投影面，投影面积减

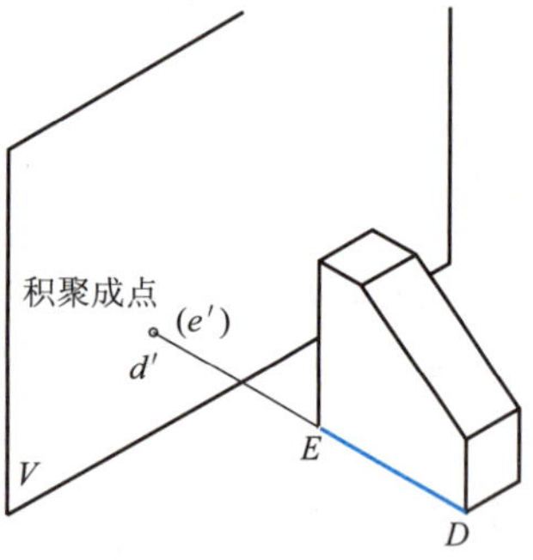

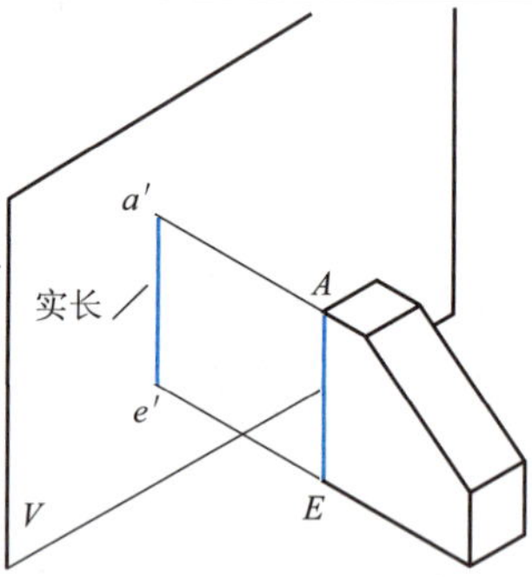

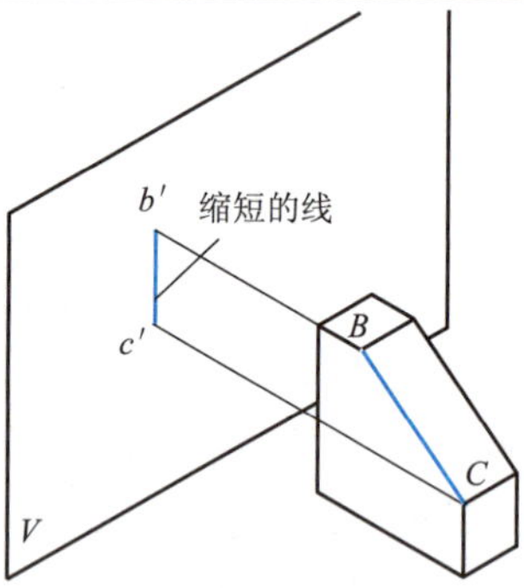

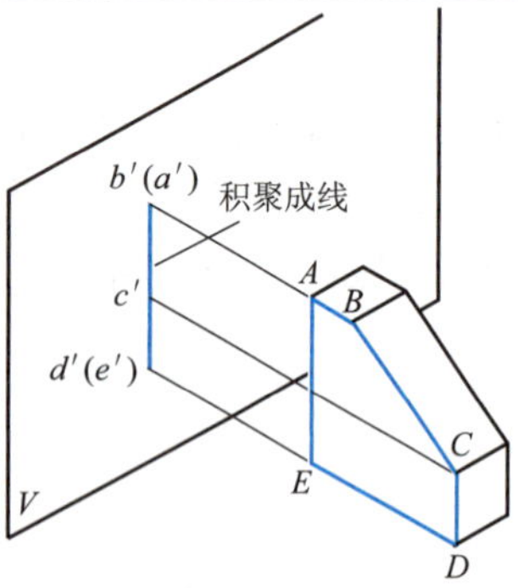

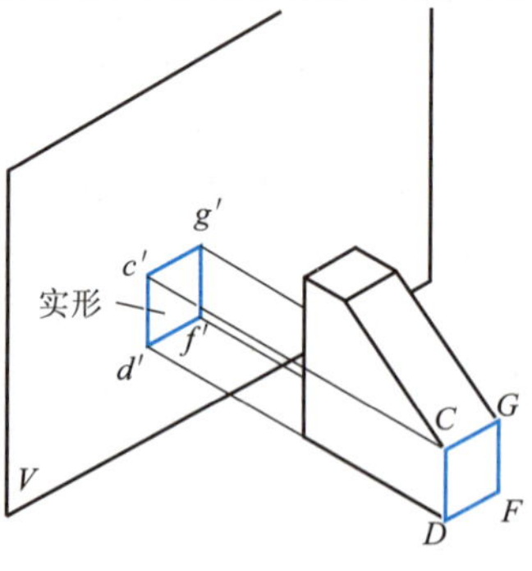

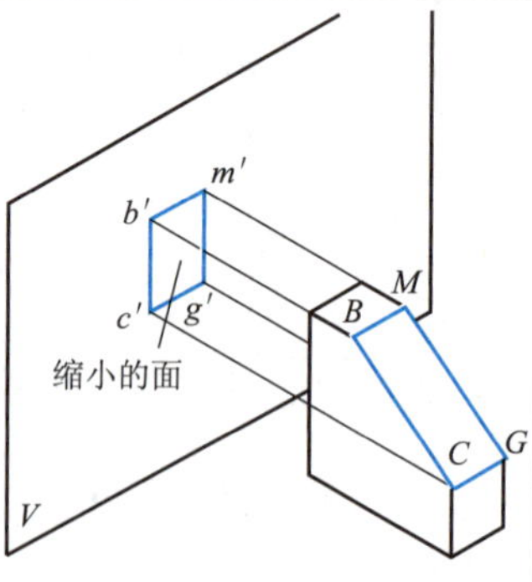

§2—2 三 视 图

根据有关标准和规定，用正投影法所绘制机件形体的图形称为视图。

一、单面正投影和两面正投影的形成

从正投影的特性可知，只要形体和投影面相对位置确定，其正投影图形就唯一确定。那么反过来，知道了形体的一个正投影，可否确定形体的形状及其空间位置呢？

如图 2－3 所示，对单面正投影而言，答案是否定的。因为单面正投影只能反映形体两个方向的信息，即一个二维的图形不可能确定三维形体的形状及空间位置。要确定形体的形状则必须依靠三个方向的信息。如果增加一个与原投影面相垂直的投影面，如图 2－4 所示，情况会有所不同。虽然在 V 面的投影无法将Ⅰ、Ⅱ、Ⅲ这三个形体区别开来，但借助 W 面的投影，却可以将它们区别出来。不仅如此，还可以用这两面投影分析出形体的空间位置。所以形体的两面正投影通常可以确定形体的形状及空间位置。

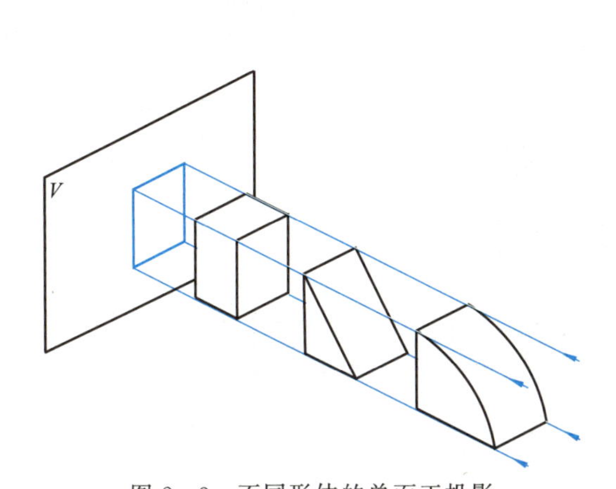

图 2－3 不同形体的单面正投影

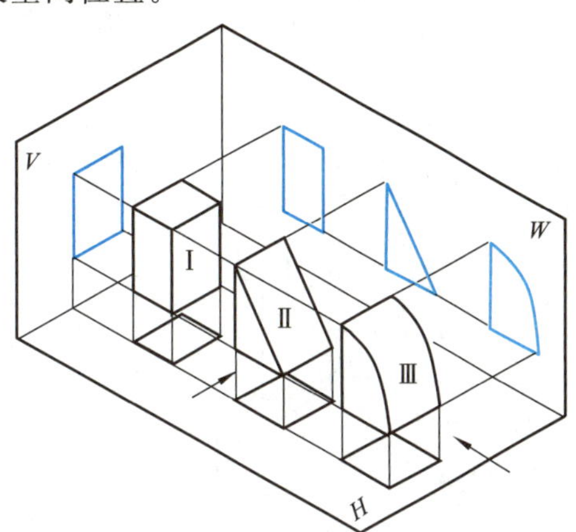

图 2－4 不同形状的两面正投影

在机械制图中一般采用多面正投影的方法，即画出多个不同方向的投影，共同表达一个形体。设置几个投影面，画几个投影图（视图），这需要视形体的复杂程度而定。初学者一般以画三面投影图（三视图）作为基本训练方法。

二、三视图的形成

三视图的形成过程如下。

（1）建立三投影面体系，如图 2－5 所示。分别用 V 面、H 面、W 面表示平面两两垂直相交，其交线分别用 $X/Y/Z$ 轴表示，$X/Y/Z$ 轴的交点叫原点 O。

（2）放入物体，分面投影。分别在 V 面、H 面、W 面获得三个视图，即主视图、俯视图、左视图，如图 2－6（a）所示。

（3）拿走物体，按国家标准的规定保持 V 面不动，将 H 面和 W 面分别绕 OX 轴和 OZ 轴旋转 90，使这两个投影面与 V 面位于同一平面，如图 2－6（b）所示。展开、摊平后，去掉投影面的边框及投影面标记，得到三面正投影图即三视图，如图 2－6（c）所示。

要特别注意的是，Y 轴原本是在垂直于纸面的方向上，展开摊平后则被“一分为二”了：Y_H（竖直）和 Y_W（水平），作图时可以通过45°斜线来帮助保持同一宽度尺寸的相等；还可以用1/4圆弧来保持这两个方向（实质是同为宽度方向）的一致性。

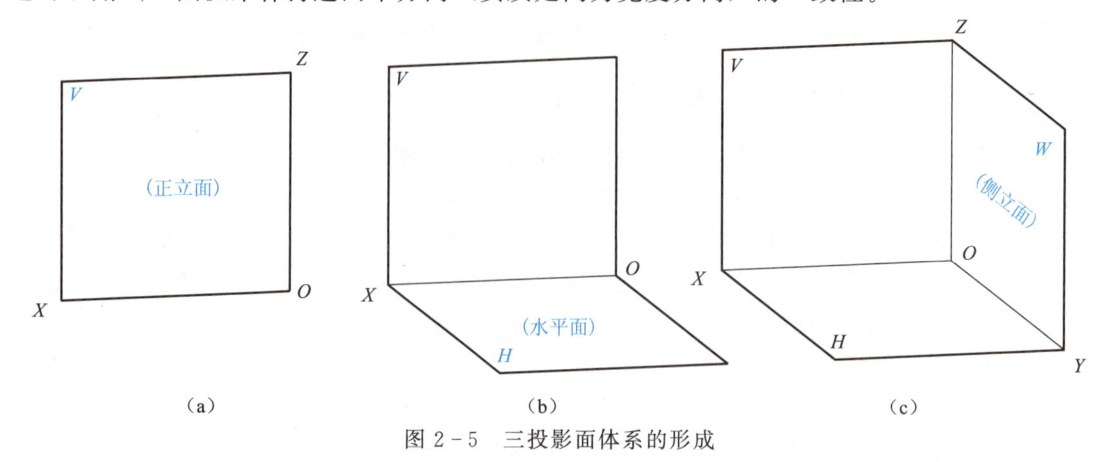

图 2-5　三投影面体系的形成

（a）以正立面为基础；（b）加入水平面与正立面垂直；（c）加入侧立面与 V、H 面垂直

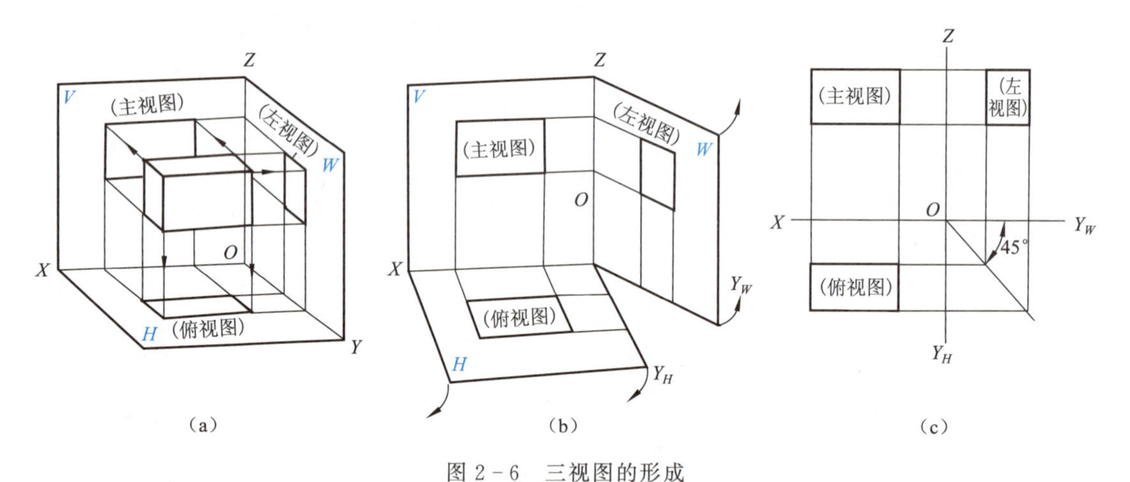

图 2-6　三视图的形成

（a）分面投影；（b）将三面投影展开、摊平；（c）去边框的三视图

三、三视图之间的对应关系（三方向和六方位）

1. 位置关系

在三视图中，以主视图的位置为基准，俯视图画在主视图的正下方，左视图画在主视图的正右方。

2. 方位关系

形体有长、宽、高三个方向以及前、后、左、右、上、下六个方位，长度方向联系着左、右方位；宽度方向联系着前、后方位；高度方向联系着上、下方位，如图2-7所示。

3. 尺寸关系

由图2-8可以看出，三视图之间存在着对应的尺寸关系：主视图和俯视图共同反映物体的长度方向尺寸（X 轴）且俯视图在主视图的正下方，即“主、俯长对正”；主视图和左视图共同反映物体的高度方向尺寸（Z 轴），且左视图在主视图的正右方，即“主、左高平

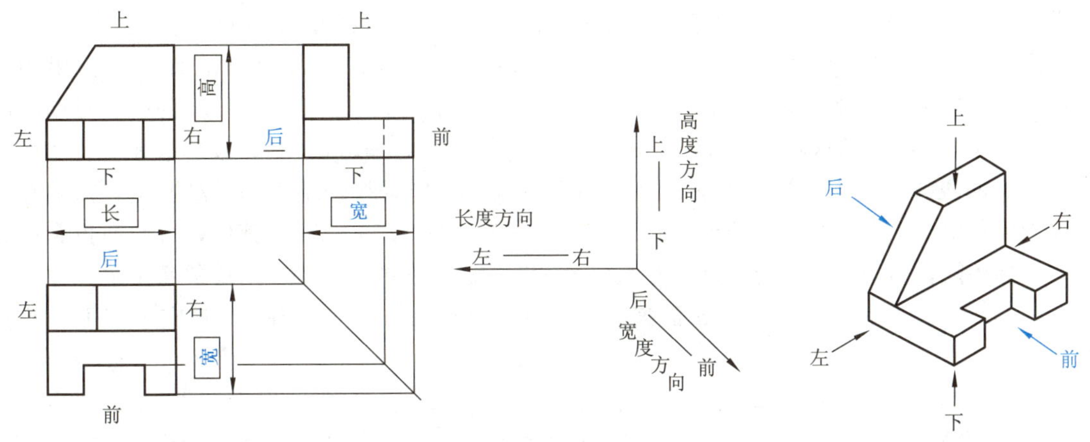

图 2-7　三视图的三方向与六方位

齐”；俯视图和左视图共同反映物体的宽度方向尺寸（Y 轴）“俯、左宽相等”。

将上述关系归纳，即为

$$\left.\begin{array}{l}\text{主、俯视图长对正}\\ \text{主、左视图高平齐}\\ \text{俯、左视图宽相等}\end{array}\right\}\text{三等关系}$$

在绘制三视图时，常不画出投影轴，如图 2-7 和图 2-8 所示，去掉投影轴的三视图叫无轴投影图。这只是为了简化作图和便于视图的布置，但其相互间的方向和方位关系是默认的。因此，读图时仍可以参照投影轴的方向来分析其相互间的方向及方位关系。

如果在作图时需要恢复投影轴，则可根据视图的投影规律将投影轴重新画出来，如图 2-9 所示，可以根据俯视图和左视图“宽相等”的原理，通过俯、左视图任一对应部位作 45°斜线，在斜线上任取一点作为坐标原点 O，从而作出投影轴。

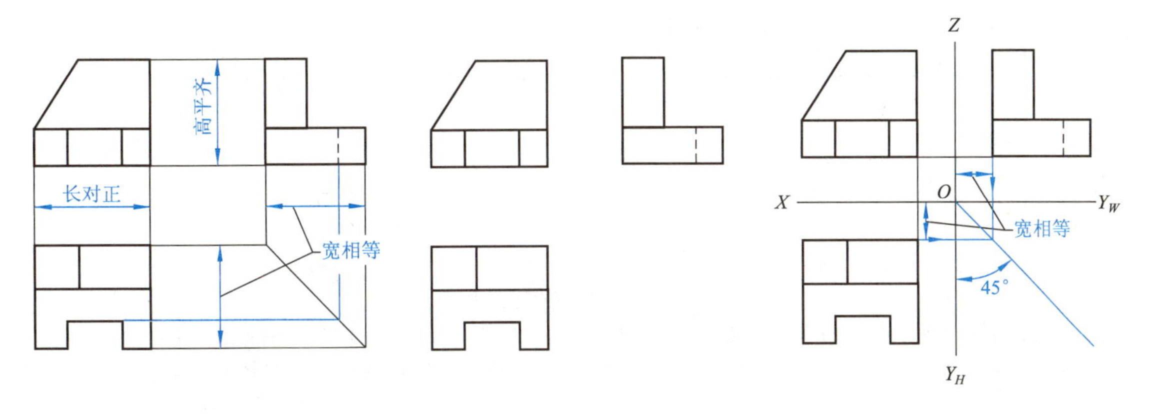

图 2-8　三视图的三等关系　　　　图 2-9　三视图投影轴的恢复

四、点的投影

任何物体都是由点线面几何元素组成的，而点是最基本的几何元素，由初等几何学可知两点可以确定一条直线，不在同一条直线上的三个点可以确定一个平面。因其“单纯”，研究点的投影特性可以为正确表达物体及解决空间几何问题奠定必要的理论基础。同时，对于初学投影者也有助于理解距离和相对位置等在体投影中较难想象的空间问题。

空间点通用大写拉丁字母或罗马字母表示 A、B、C、D...... 表示，而影标记用相应的小写字母或阿拉伯数字表示 a、b、c、...a'、b'、c'、...a''、b''、c''...。表示空间点的准确位置由坐标确定，例如：$A(x, y, z)$，$B(x, y, z)$，$C(x, y, z)$，投影表示如图 2-10 所示。点的投影是将点放进三投影面体系后向各投影面作垂线的结果。不难看出，点的每一面投影反映出了该点的两个坐标值：$a(X, Y)$；$a'(X, Z)$；$a''(Y, Z)$。其中，每两面投影都有一个坐标相同，另一坐标不同，这正好跟前面讨论的三视图的“三等”对应关系一致：

a、a'的 X 坐标相同——a、a'的连线垂直于 X 轴（$aa' \perp OX$ 轴），对应于“主、俯长对正”；

a'、a''的 Z 坐标相同——a'、a''的连线垂直于 Z 轴（$a'a'' \perp OZ$ 轴），对应于“主、左高平齐”；

a、a''的 Y 坐标相同——a、a''的连线垂直于 Y 轴（$aa_X = a''a_Z$），对应于“俯、左宽相等”。

利用上述关系不难画出点的三面投影图。

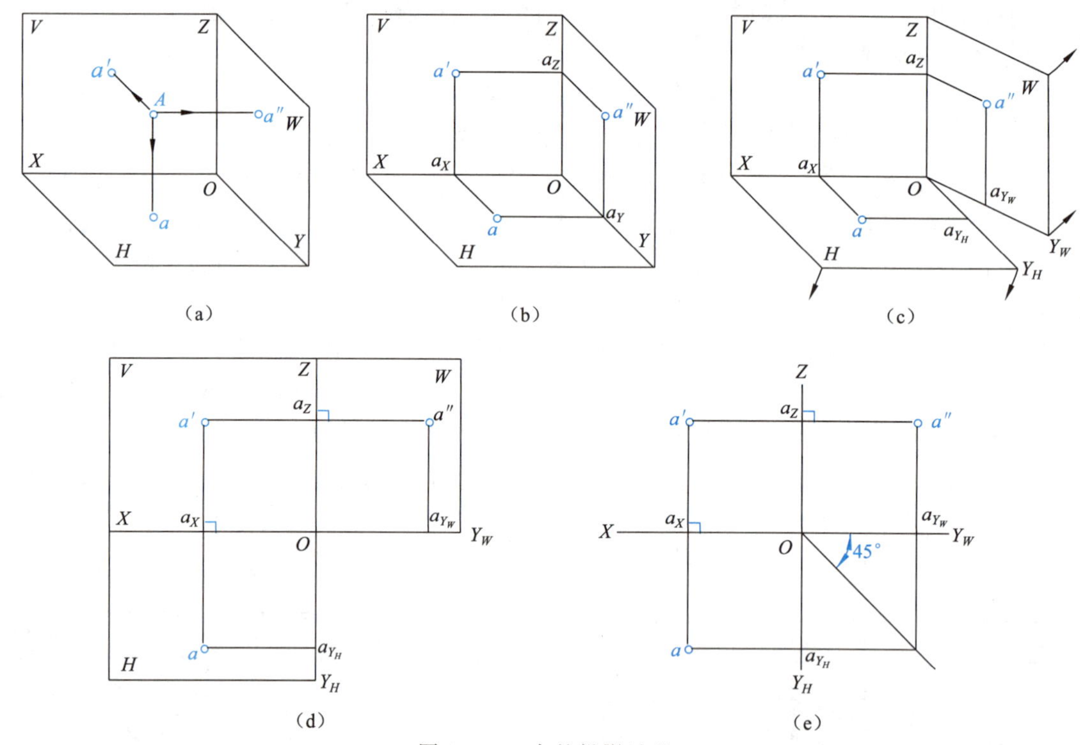

图 2-10　点的投影过程

(a) 过点 A 分别向三个投影面作垂线，垂足即为点的三面投影；(b) 移去空间点并过点的各投影向各投影轴作垂线；(c) 按规定展开三个投影；(d) 摊平；(e) 去边框留轴，并用 45°斜线将 a、a''联系起来

【例 1】 已知点 A 的两面投影 a、a'，求出 a'' [见图 2-11 (a)]。

分析： 只要分别作出 a'、a''连线和 a、a''连线便可得到 a''投影。从前述分析知道它们分别垂直于 Z 轴和 Y 轴，由于 Y 轴在展开、摊平时被一分为二，所以先用 45°斜线将它们联系起来，然后再沿图中箭头方向分别作垂线即可，如图 2-11 (b) 所示。

【例 2】 已知点 A 的三面投影，点 B 在点 A 的右方 15 mm，下方 10 mm，后方 20 mm。求作点 B 的三面投影 [见图 2-12 (a)]。

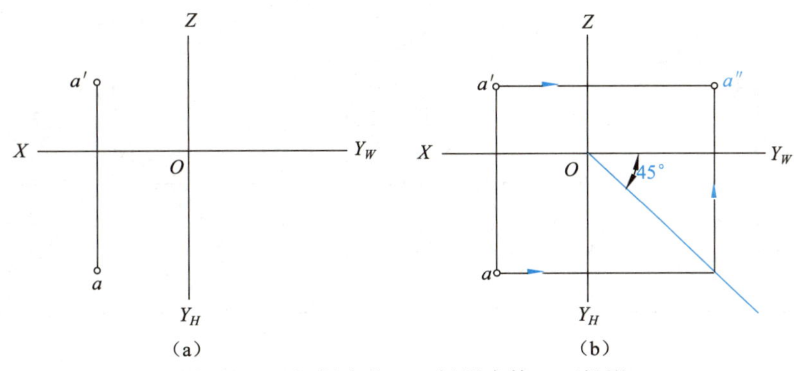

图 2-11　根据点的二面投影求第三面投影

(a) 已知点 A 的投影 a、a'，求 a''；(b) 作 45°斜线，过 a 作 Y_H、Y_W 的垂线（沿箭头方向）；过 a' 作 Z 轴的垂线，两垂线的交点即为所求 a''

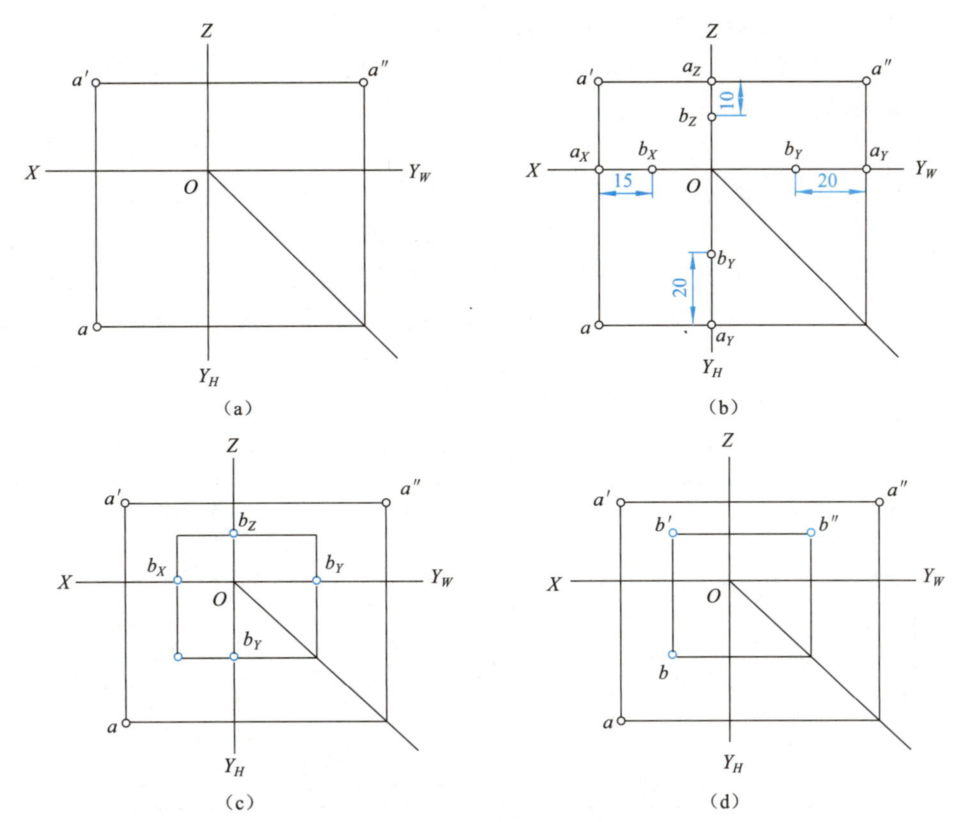

图 2-12　利用两点的相对位置求点的投影

(a) 点 A 的三面投影；(b) 沿 X 轴自 a_X 向右移动 15 mm 得 b_X；沿 Y 轴自 a_Y 向后移动 20 mm 得 b_Y；沿 Z 轴自 a_Z 向下移动 10 mm 得 b_Z；(c) 过 b_X、b_Y、b_Z 作其所在轴的垂线，每两垂线在各投影面上的交点即为点 B 在该投影面上的投影；(d) 按规定标记画上小圆点，并注出字母

五、直线和平面在三投影面体系中的投影特性

1. 直线和平面对一个投影面的投影

直线和平面的投影图形取决于它们与投影面的相对位置。

从图 2-13 可看出直线或平面对一个投影面的投影特性。

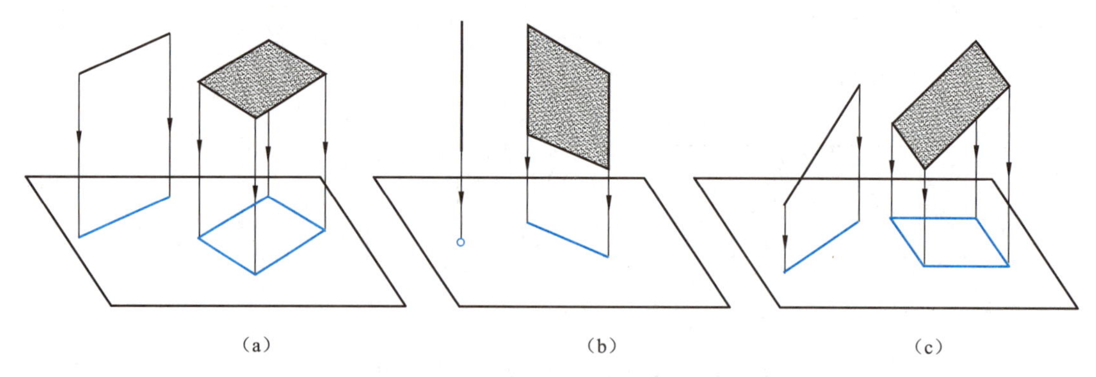

图 2-13　直线和平面与投影面的三种相对位置及其投影

（a）平行时——真实性；（b）垂直时——积聚性；（c）倾斜时——类似性

2. 直线或平面在三投影面体系中的投影特性

如果把直线或平面放进三投影面体系中研究它们的投影，了解并掌握它们的投影特性，对以后读、画形体的三视图是非常有用的。

（1）直线。

① 特殊位置直线。垂直或平行于投影面的直线，称为特殊位置直线。

a. 投影面垂直线。与一个投影面垂直的直线，称为投影面垂直线。垂直于 H 面的直线，称为铅垂线；垂直于 V 面的直线，称为正垂线；垂直于 W 面的直线，称为侧垂线。

由于该类直线与一个投影面垂直而与另两投影面平行，所以其三面投影应为一个面的投影积聚成点，另两面投影反映实长。

各种投影面垂直线的投影特性见表 2-2。

表 2-2　投影面垂直线的投影特性

名称	铅垂线（垂直于 H 面）	正垂线（垂直于 V 面）	侧垂线（垂直于 W 面）
轴测图	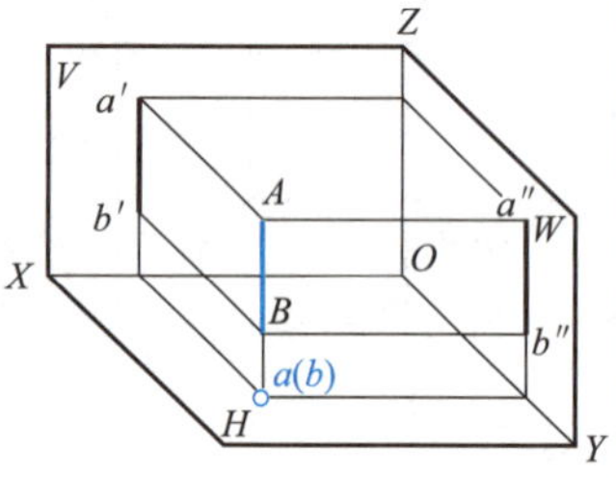	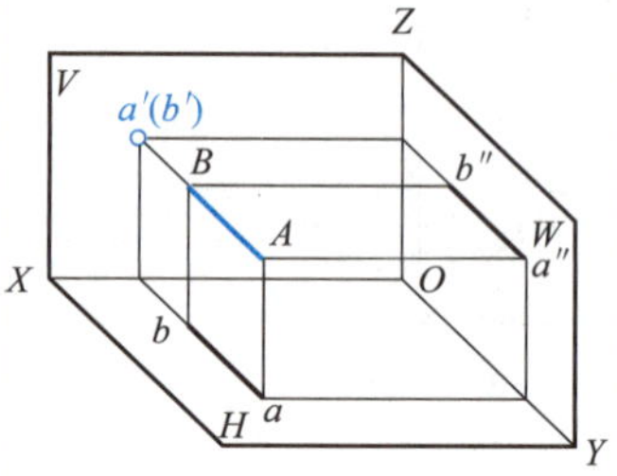	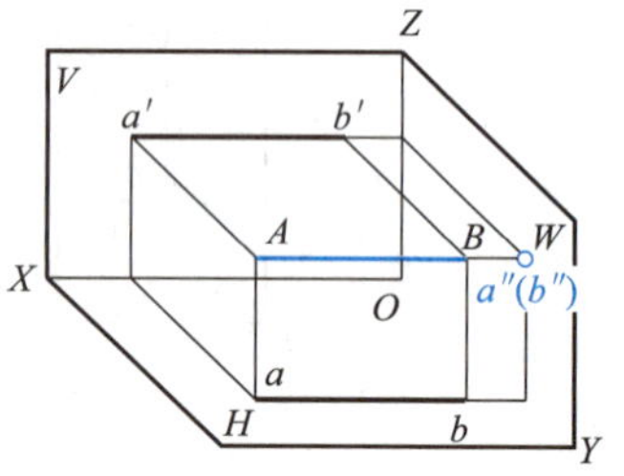
投影图	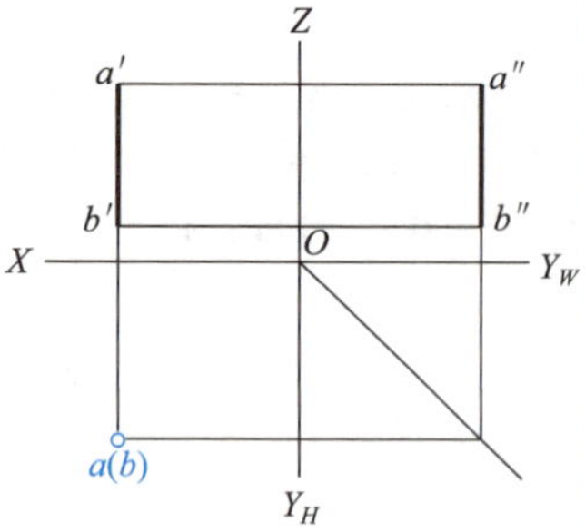	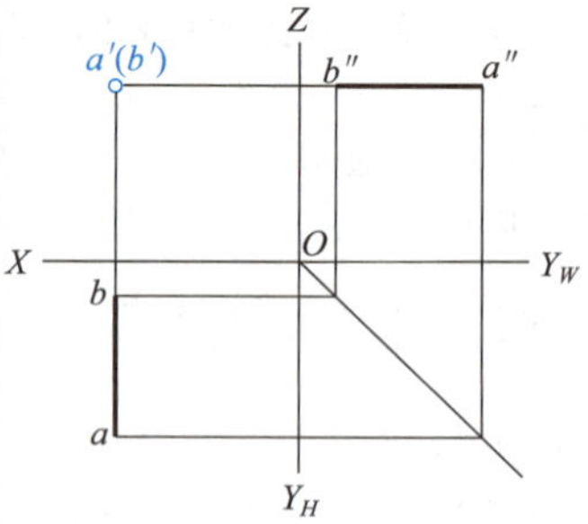	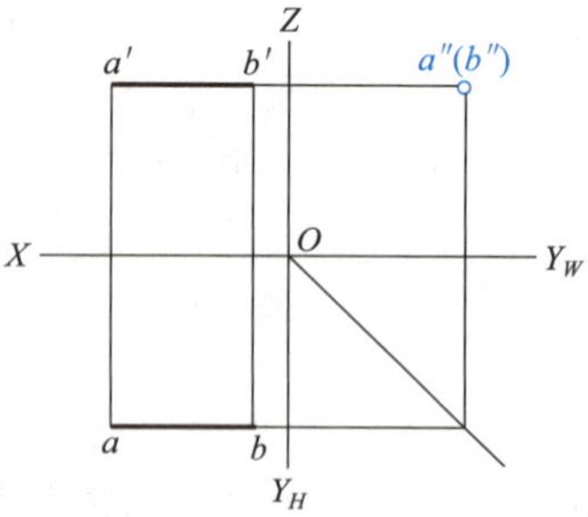

续表

名称	铅垂线（垂直于 H 面）	正垂线（垂直于 V 面）	侧垂线（垂直于 W 面）
直观图	俯视 A B	B A 主视	B A 左视
投影特征	一个投影成一点，另两投影实长		

b. 投影面平行线。只平行于一个投影面而与另两投影面倾斜的直线，称为投影面平行线。只平行于 H 面的直线，称为水平线；只平行于 V 面的直线，称为正平线；只平行于 W 面的直线，称为侧平线。

由于该类直线与一个投影面平行而与另两投影面倾斜，所以其三面投影应为一个投影倾斜且反映实长，另两投影类似（线段缩短）。

各种投影面平行线的投影特性见表 2－3。

表 2－3　投影面平行线的投影特性

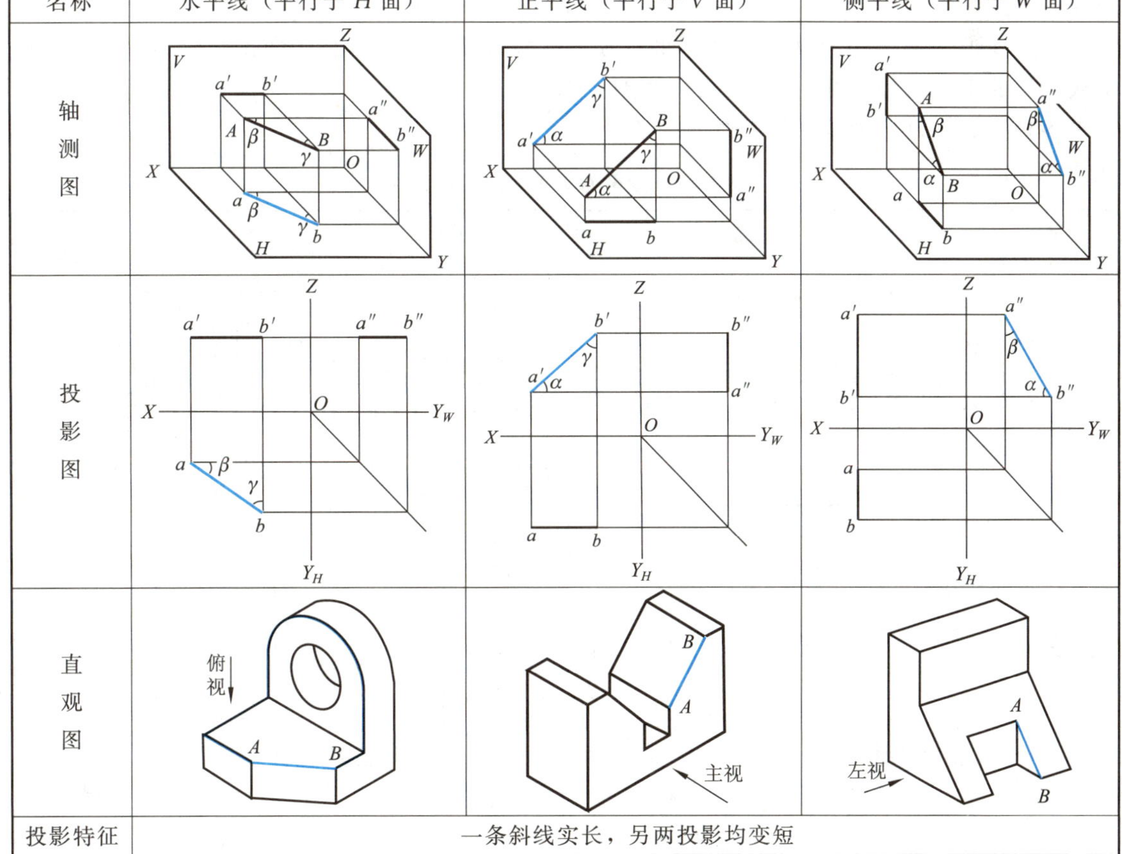

名称	水平线（平行于 H 面）	正平线（平行于 V 面）	侧平线（平行于 W 面）
轴测图			
投影图			
直观图			
投影特征	一条斜线实长，另两投影均变短		

② 一般位置直线。与三个投影面都倾斜的直线，称为一般位置直线。一般位置直线的空间情形及图形特点见表 2-4。

表 2-4　一般位置直线的投影特性

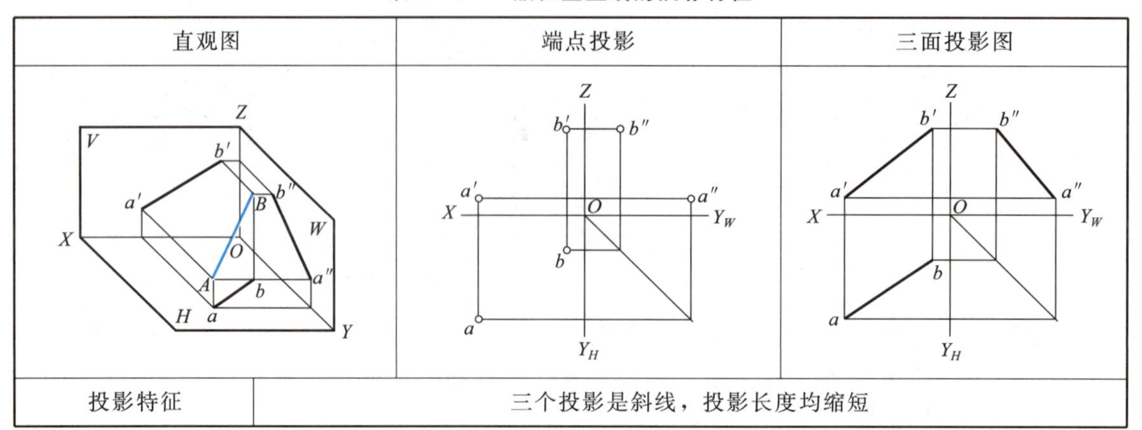

直观图	端点投影	三面投影图
投影特征	三个投影是斜线，投影长度均缩短	

（2）平面。

① 特殊位置平面。与三个投影面中任一个投影面垂直或平行的平面，称为特殊位置平面。

a. 投影面垂直面。只垂直于一个投影面，而与另两投影面倾斜的平面，称为投影面垂直面。垂直于 H 面的平面，称为铅垂面；垂直于 V 面的平面，称为正垂面；垂直于 W 面的平面，称为侧垂面。

由于该类平面与一个投影面垂直而与另两投影面倾斜，所以其三面投影应为一个投影积聚成倾斜的直线（积聚性），另两投影类似（缩小了的类似形）。

各种投影面垂直面的投影特性见表 2-5。

表 2-5　投影面垂直面的投影特性

名称	铅垂面（垂直于 H 面）	正垂面（垂直于 V 面）	侧垂面（垂直于 W 面）
轴测图			
投影图			

续表

名称	铅垂面（垂直于 H 面）	正垂面（垂直于 V 面）	侧垂面（垂直于 W 面）
直观图	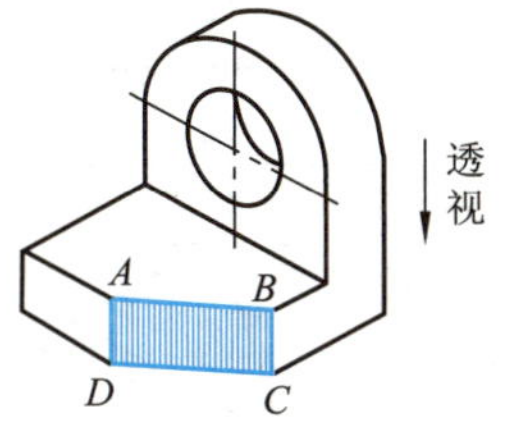 A B D C 透视	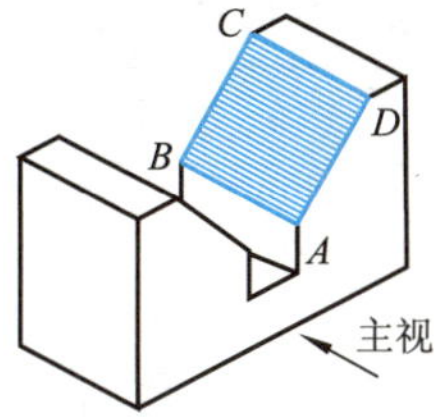 C D B A 主视	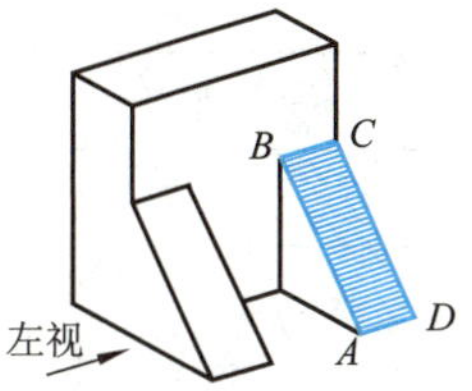 B C D A 左视
投影特征	一个投影呈斜线，另两线框往小变		

b. 投影面平行面。与一个投影面平行的平面，称为投影面平行面。

平行于 H 面的平面，称为水平面；平行于 V 面的平面，称为正平面；平行于 W 面的平面，称为侧平面。

由于该类平面与一个投影面平行而与另两投影面垂直，所以其三面投影应为一个投影真实，另两个投影积聚成直线。

各种投影面平行面的投影特性见表 2-6。

表 2-6　投影面平行面的投影特性

名称	水平面（平行于 H 面）	正平面（平行于 V 面）	侧平面（平行于 W 面）
轴测图	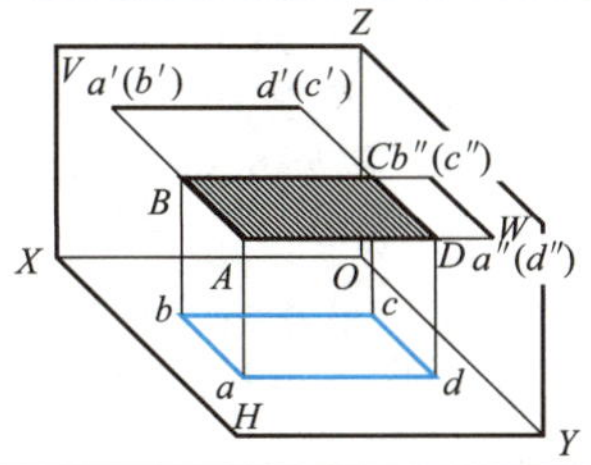	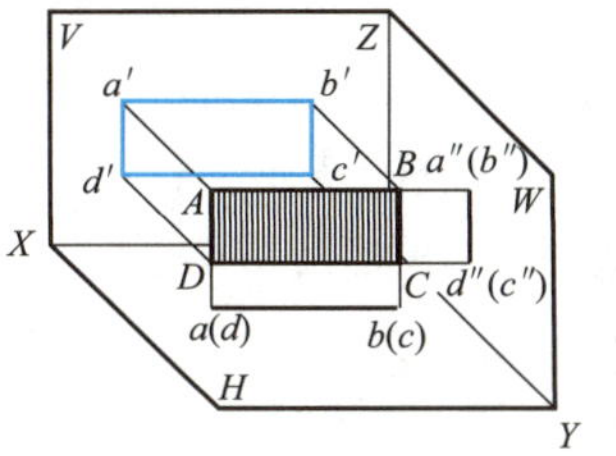	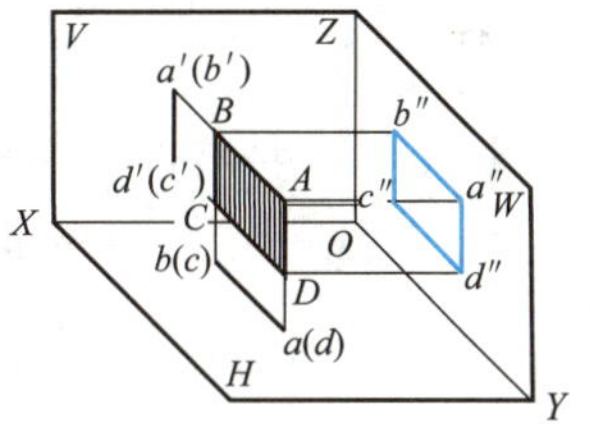
投影图	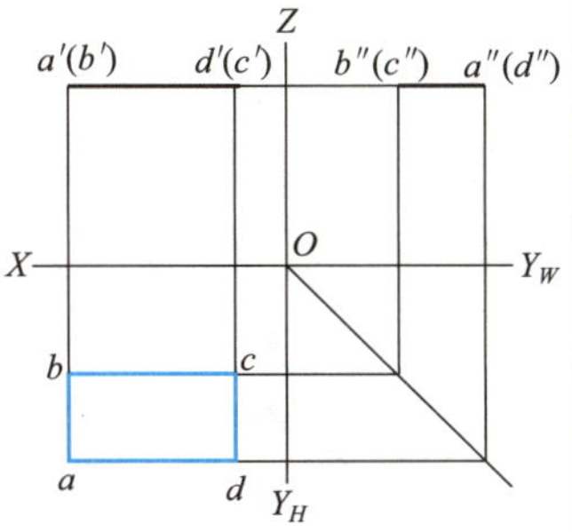	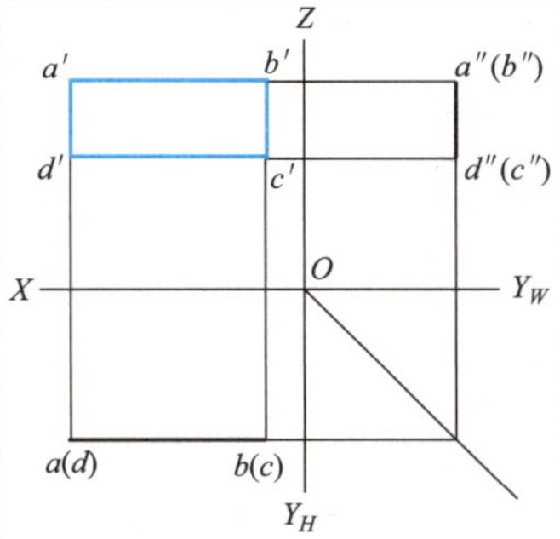	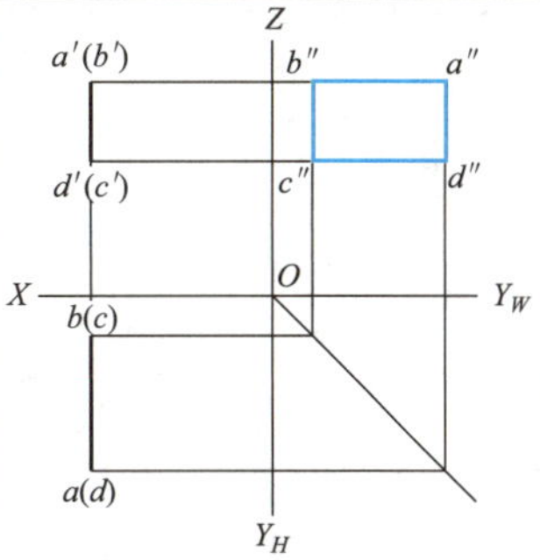
直观图	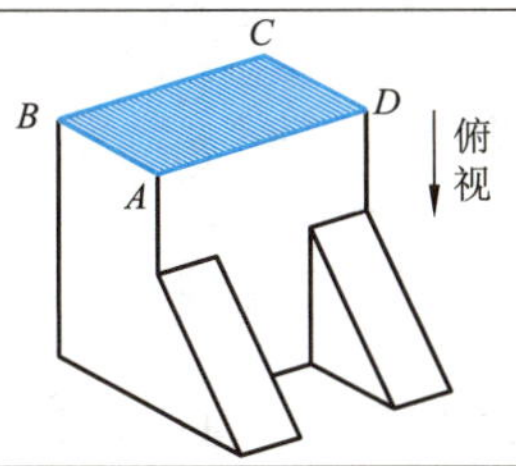 俯视	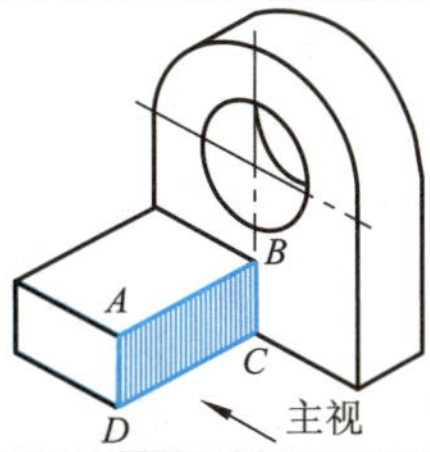 主视	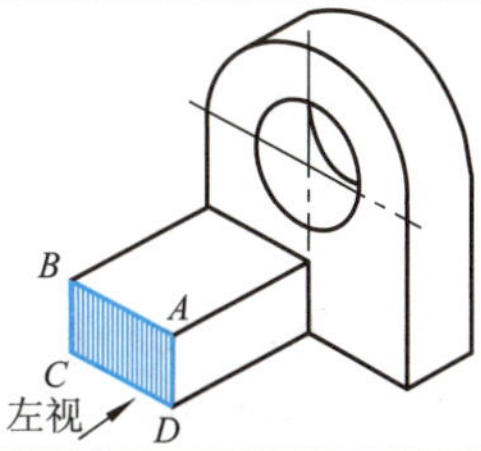 左视
投影特征	一个线框实形，另两投影呈直线		

② 一般位置平面。对三个投影面都倾斜的平面，称为一般位置平面。其空间情形及投影图形特点见表2-7。

表2-7　一般位置平面的投影特性

直观图	端点投影	三面投影图
投影特征	三个投影是线框，形状类似大变小	

3. 直线上的点、平面上的直线和点综合举例

【例3】 求作直线 AB、CD 上所给定点 M、N 的水平投影。如图2-14所示。

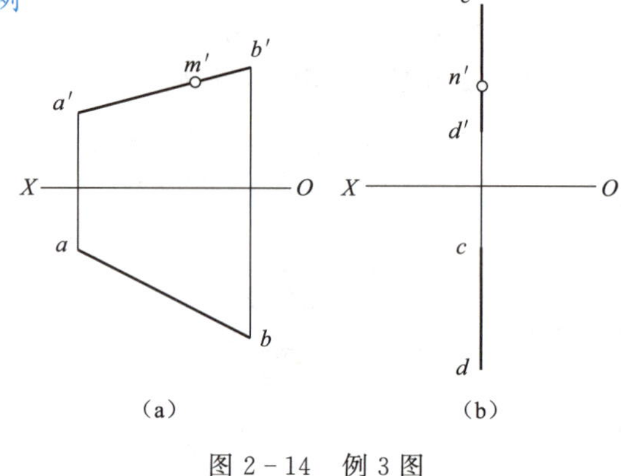

图2-14　例3图

分析： 直线上的点具有两个重要特性，即从属性和定比性。

从图2-15可看出：

① 直线上的点的各个投影必在该直线的各同面投影上，此种特性称为直线上的点的从属性；

② 直线上点的投影将直线的各面投影分割成与空间相同的比例，即$\frac{AC}{CB}=\frac{a'c'}{c'b'}=\frac{ac}{cb}$。

此种性质称为直线上的点的定比性。

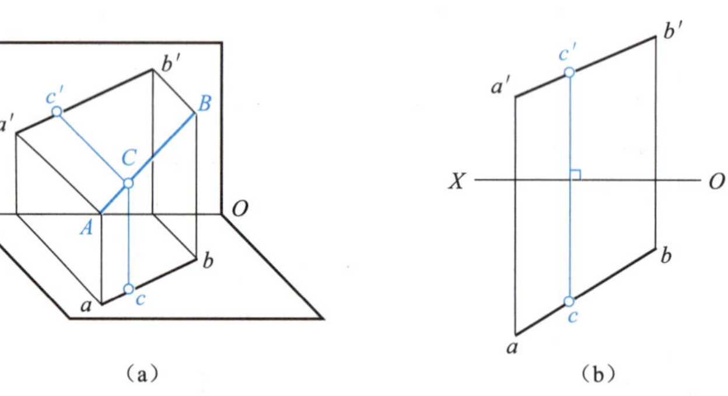

图2-15　直线上的点的从属性和定比性

（a）直线上的点；（b）从属性

例3解答如图2-16所示。

【例4】 已知△ABC 的 V、H 面投影，过点 C 在该平面上任作一直线 CE，（有多解）。

分析： 在平面上作直线是以立体几何中的两个定理为依据的。

（1）若一直线通过平面上的两点，则此直线必在该平面上，如图 2－17（b）所示。

（2）若一直线通过平面上的一点，且平行于平面上的另一直线，则该直线必在该平面上，如图 2－17（e）所示，$c'e' // a'b'$、$ce // ab$。

例 4 解答如图 2－17(d) 和图 2－17(e) 所示。

【例 5】 完成△ABC 内一点 M 的水平投影。

分析： 由初等几何知，如果点在平面内的某一直线上，则该点在该平面上。

所以，取点先取线是在平面上取点的要点。解法如图 2－18 所示。

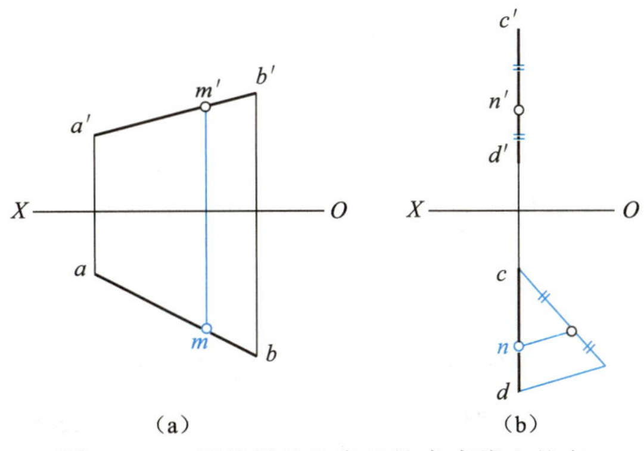

图 2－16　用从属性和定比性求直线上的点

（a）用从属性求解；（b）用定比性求解

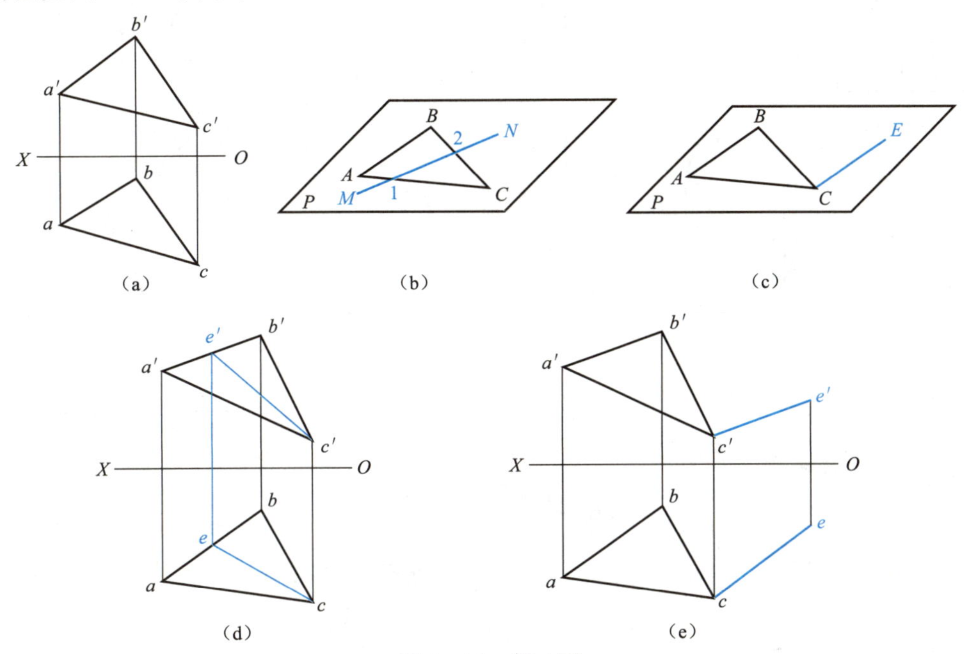

图 2－17　例 4 图

（a）△ABC 的 V、H 面投影；（b）两点定直线（空间分析）；（c）一点一方向定直线（空间分析）；（d）方法一：两点定直线；（e）方法二：一点一方向定直线

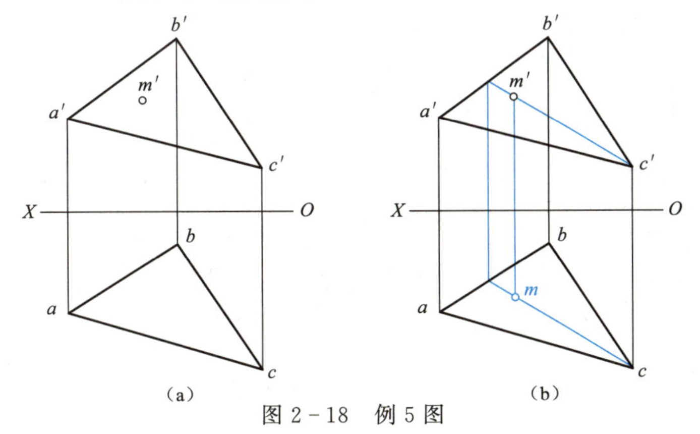

图 2－18　例 5 图

§2-3 基本体三视图

基本体是物体中最基础的部分，任何复杂的物体都可看成是由基本体组合而成的。因此，掌握基本体的三视图是学习复杂形体三视图的基础。

一、基本体的分类

基本体种类较多，但就其几何性质来看，可以分为平面立体和曲面立体两大类。

图2-19列举了部分基本体的直观图和三视图。

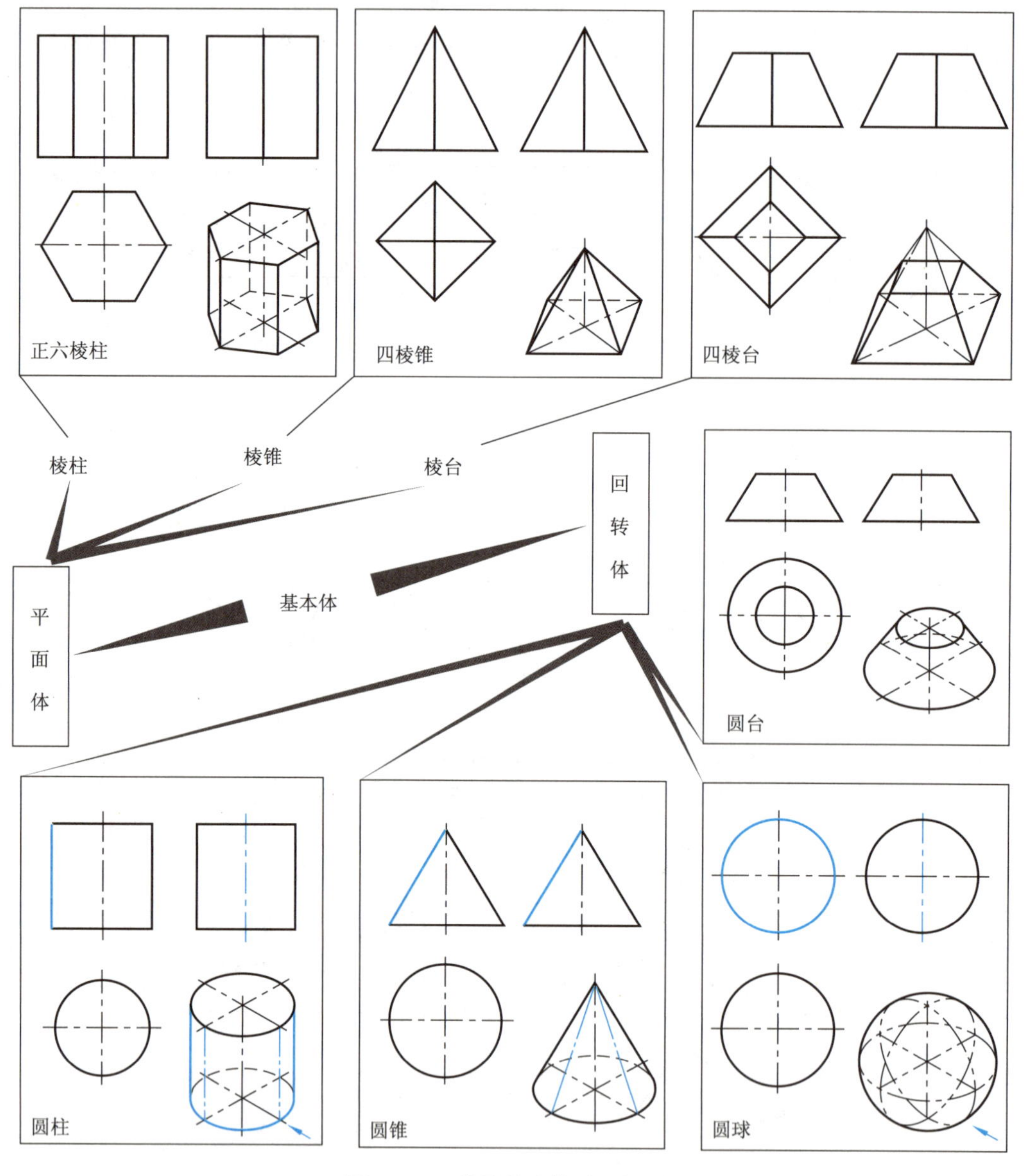

图2-19 常见基本体及三视图

二、平面体的三视图

平面体的表面全部是平面，常用的平面体有棱柱和棱锥两类。

棱柱体有两个全等的底面，且各棱线相互平行；而棱锥则只有一个底面，且棱线汇交于一点。平面体三视图作图步骤见表 2－8。

表 2－8　平面体三视图作图步骤示例

平面体	直观图	作图步骤	
		作图步骤一	作图步骤二
正六棱柱	Z X Y		高平齐 宽相等 长对正
四棱锥	Z X Y		高平齐 宽相等 长对正
说明	正等测轴测图	绘制对称中心线、轴线等作基准线，并绘出底面的三视图	根据“三等”关系绘制其他视图；检查，整理，描深

三、回转体的三视图

常见的回转体有圆柱、圆锥、圆球。它们的共同特点是表面有回转面。回转面可以看做是母线（动线）绕回转轴线（定线）回转而形成的曲面，见表 2－9。曲面上任一位置的直线，称为素线。回转面形成后，表面有一些特殊的素线，它们通常位于最前最后、最左最右或是最上最下这些位置。它们是把回转面分成可见和不可见两部分的界线，且在投影图中具有轮廓意义，我们把它叫做转向素线。如图 2－20 上的直线 AB、CD 分别在圆柱体的最左和最右素线上，它们分圆柱面成前、后两部分，在主视图上，前面部分可见，后面部分不可

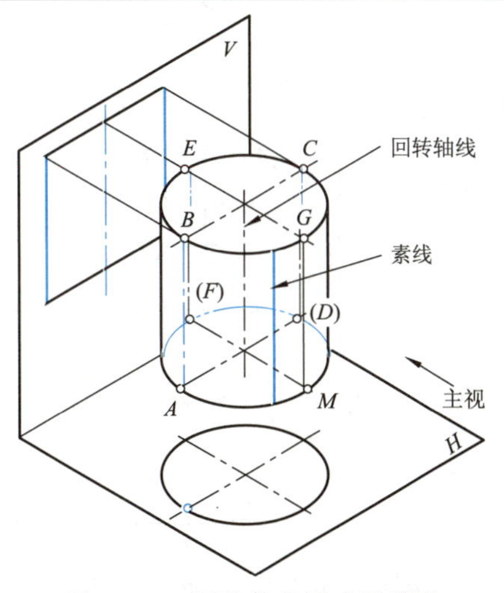

图 2－20　圆柱体的形成及投影

见；而直线 GM、EF 分别在圆柱体的最前和最后素线上，它们分圆柱面成左、右两部分，在左视图上，左半部分可见，右半部分不可见。

表 2-9　曲面体三视图作图步骤示例

回转体	直观图	作图步骤	
		作图步骤一	作图步骤二
圆柱	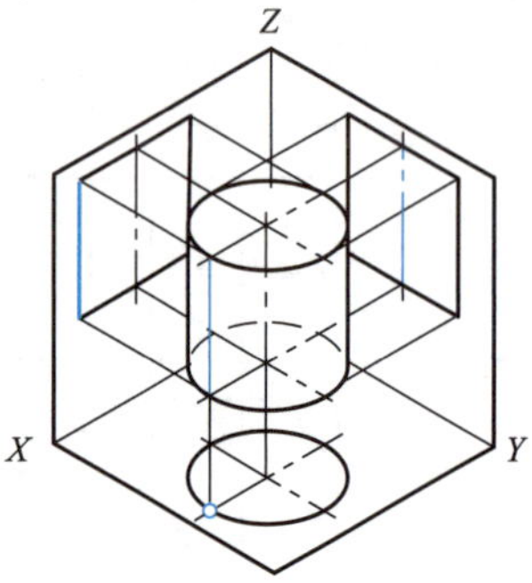 Z X Y	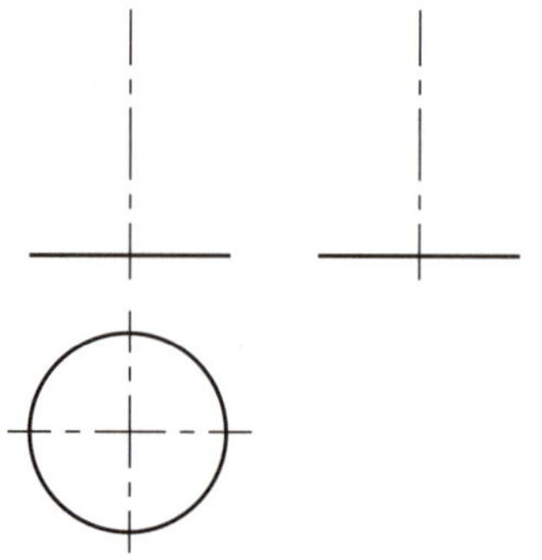	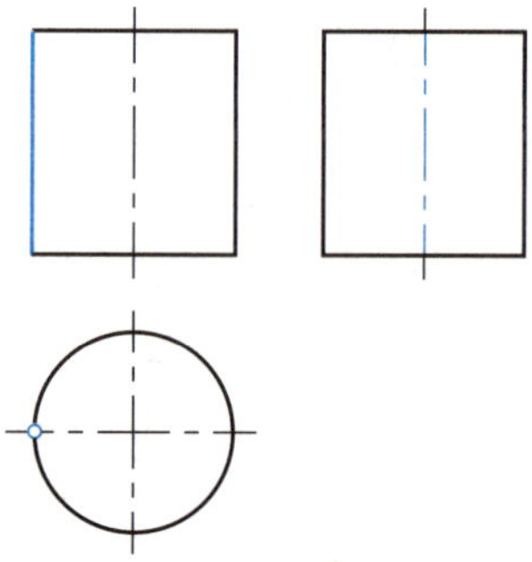
圆锥	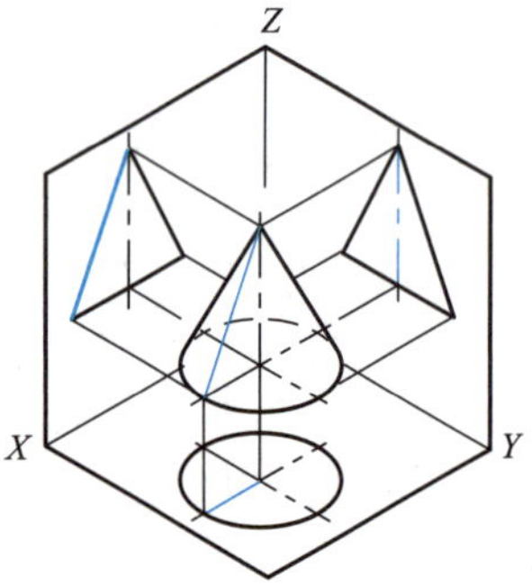 Z X Y	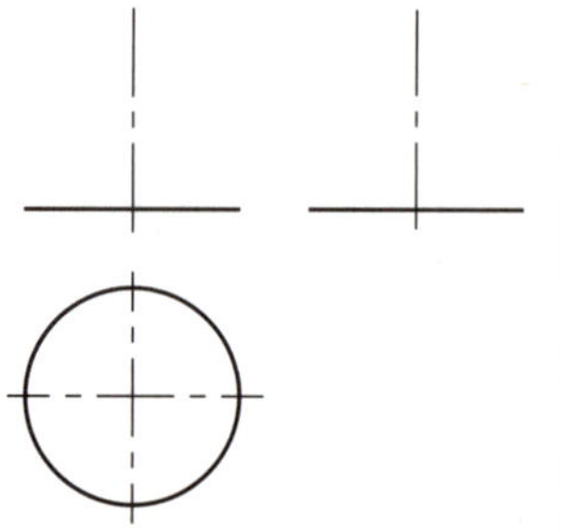	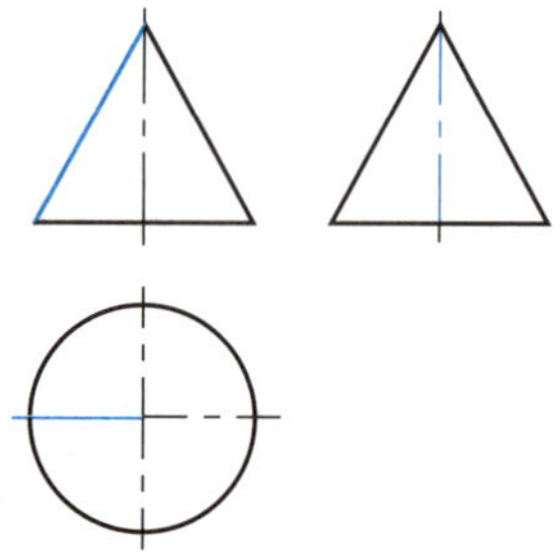
圆球	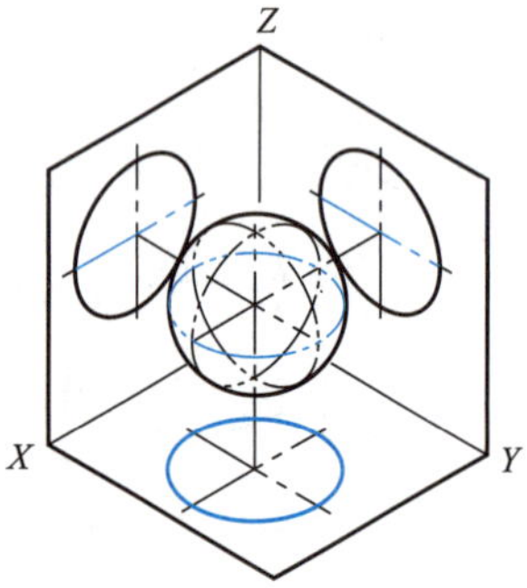 Z X Y	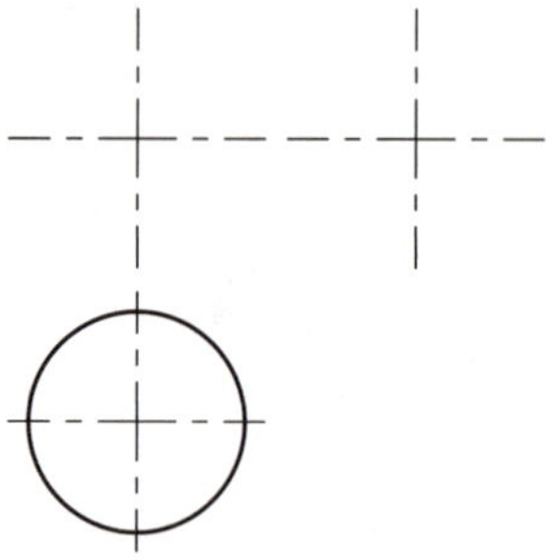	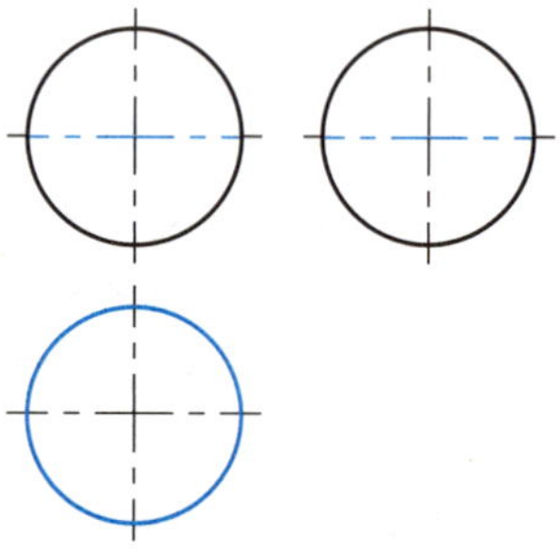
说明		绘制作图基准线及反映底面圆的视图	根据“三等”关系绘制其他视图；检查，整理，描深

回转体三视图画图和读图的关键就在于对其转向素线和轴线的表达与分析。

四、基本体表面取点的方法

1. 柱体（棱柱、圆柱）的共性及表面取点

正棱柱、圆柱是最常见的柱体，它们的共同特性是：棱线或素线彼此平行，正放时其棱面或圆柱面在某一视图中有积聚性。这一性质可用来求作棱柱面或圆柱面上的点的投影。

【例 6】 如图 2-21（a）和图 2-21（b）所示，已知点 A 的正面投影 a'，利用柱面投影积聚性求作其水平投影 a 及侧面投影 a''。

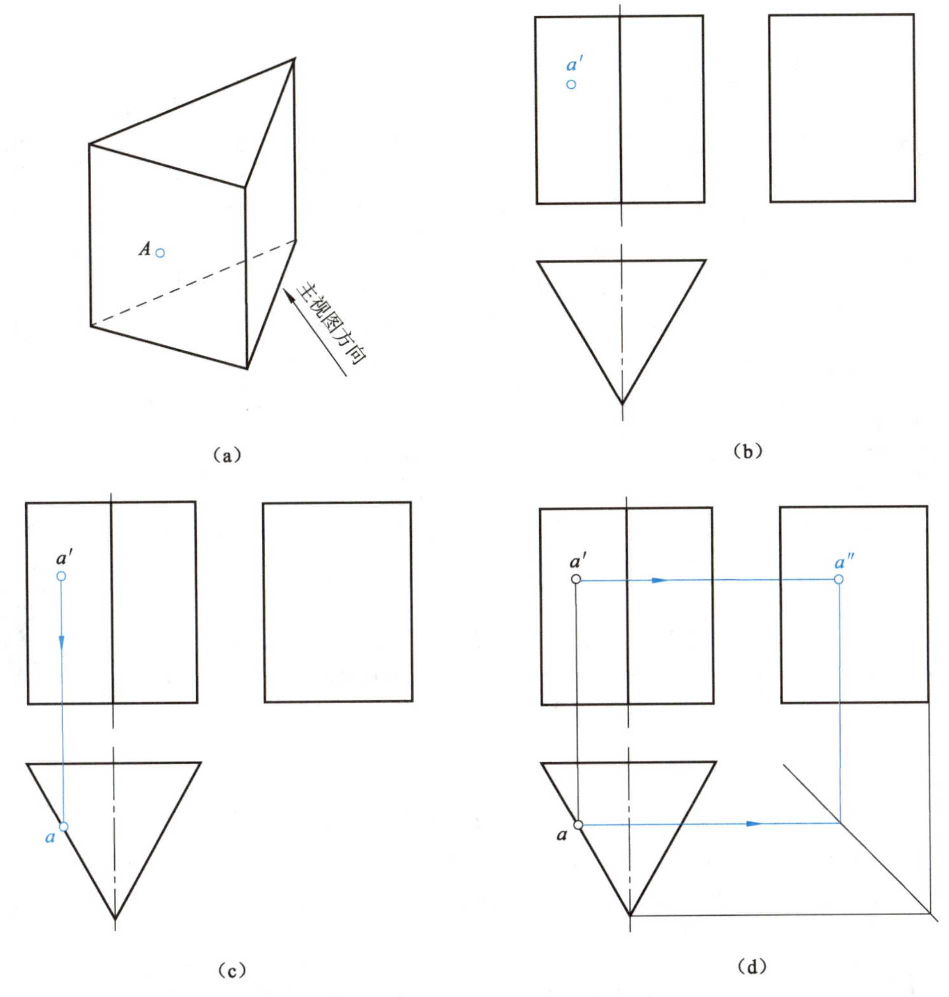

图 2-21　利用投影积聚性求作三棱柱体柱面上点的投影作图步骤

(a) 直观图；(b) 已知点 A 的 V 面投影 a'；(c) 利用积聚投影求作水平投影 a；(d) 利用 a'、a 投影点求作侧投影 a''

【例 7】 如图 2-22（a）和图 2-22（b）所示，已知圆柱面上点 A、B、C 的投影，利用柱面投影积聚性求作另两面投影。

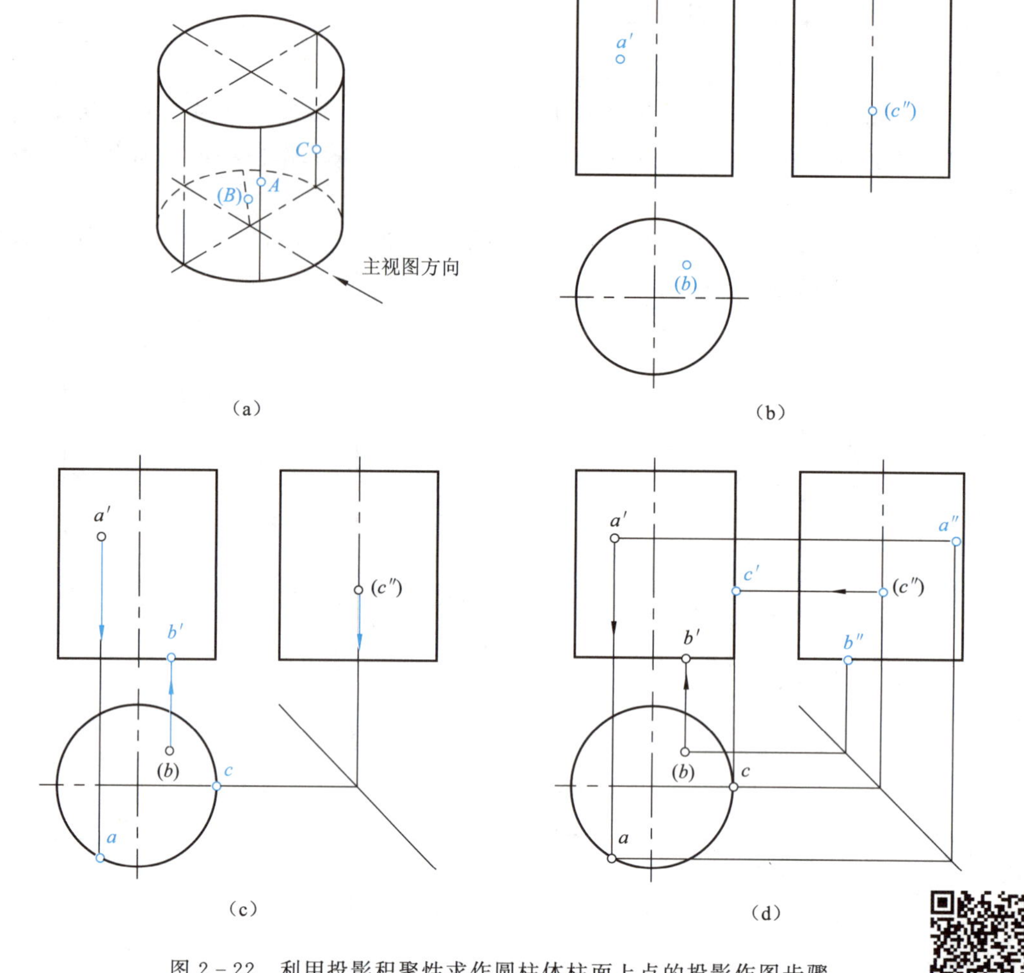

AR资源

动画资源

图 2-22 利用投影积聚性求作圆柱体柱面上点的投影作图步骤

(a) 直观图；(b) 已知点的投影 a'、b、c''；(c) 利用积聚投影求作 a、b'、c 点；(d) 利用两面投影求作第三面投影点 a''、b''、c'

2. 锥体的共性及表面取点

常见的锥体有正棱锥、正圆锥等，它们的共同特性是：棱线或素线汇交于一点，若被与底面平行的截平面截切时，其切口形状与底面形状一致，切口大小随着切平面与底面距离的改变而改变。这一性质也可用来求作锥体表面上点的投影，如图 2-23 和图 2-24 所示。

【例 8】 如图 2-23（a）和图 2-23（b）所示，已知三棱锥表面上点 A 的 V 面投影和点 B 的 H 面投影，求作 A、B 两点的另两面投影。

【例 9】 如图 2-24（a）和图 2-24（b）所示，已知圆锥表面上点 A、B、C 的投影 a'、b、c'，求作另两面投影。

3. 圆球表面取点

如图 2-25 所示，圆球的母线圆在绕轴线回转时，其上任一点的旋转轨迹都是圆，这一系列的圆正是求作圆球表面上点的辅助线。

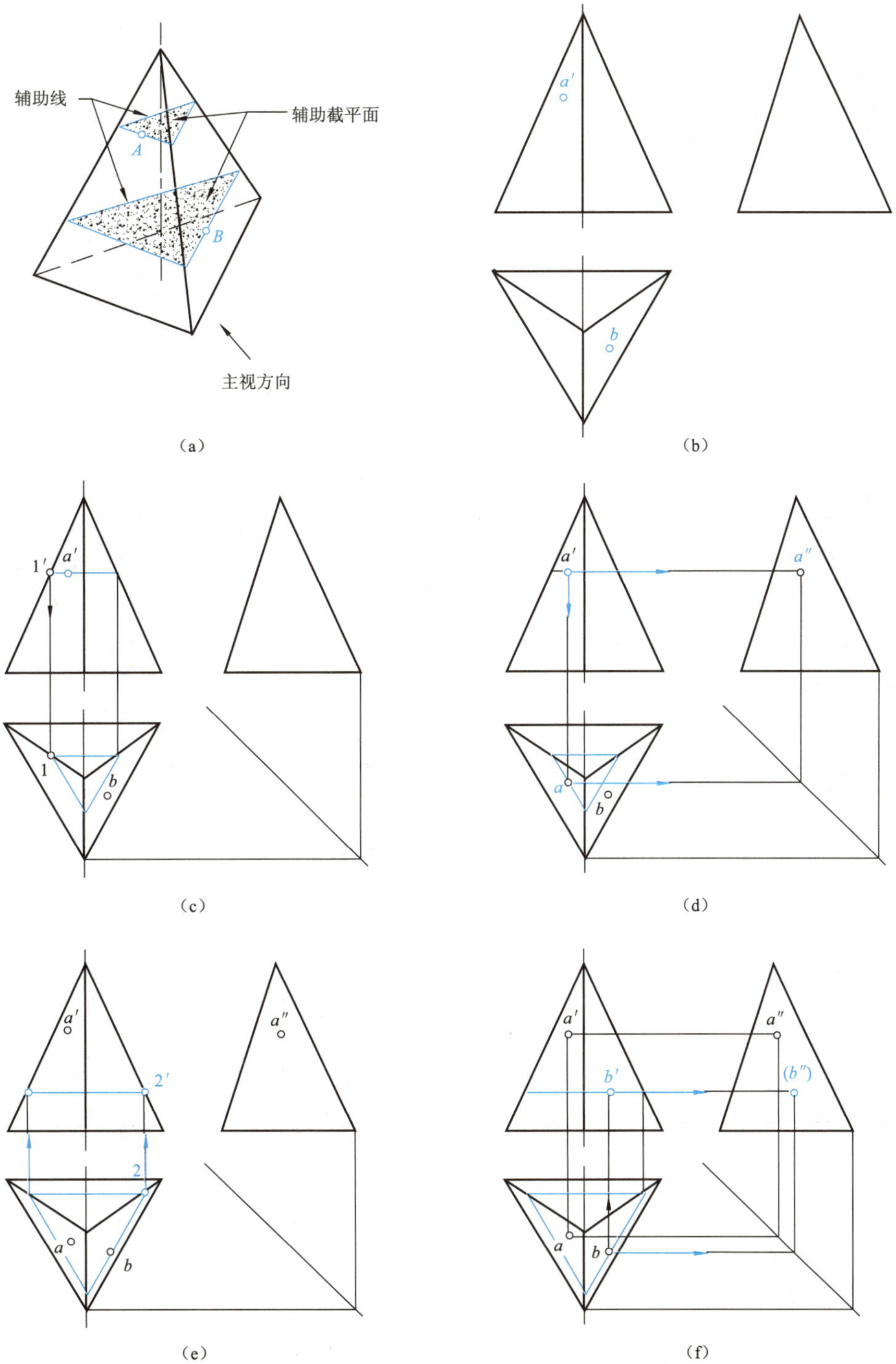

辅助线 辅助截平面 A B 主视方向

(a)

a′ b

(b)

1′ a′ 1 b

(c)

a′ a″ a b

(d)

a′ a″ 2′ 2 a b

(e)

a′ a″ b′ (b″) a b

(f)

图 2-23　利用辅助截平面求作锥体表面上点的投影作图步骤（例 8 图）

(a) 直观图；(b) 已知视图；(c) 过 a' 点作辅助切口的 V、H 面投影；
(d) 求作 H 面投影点 a 及 W 面投影点 a''；(e) 过 b 点作辅助切口的 H、V 面投影；
(f) 求作 V 面投影点 b' 及 W 面投影点 b''，B 点 W 面投影点不可见，用 (b'') 表示

AR资源

动画资源

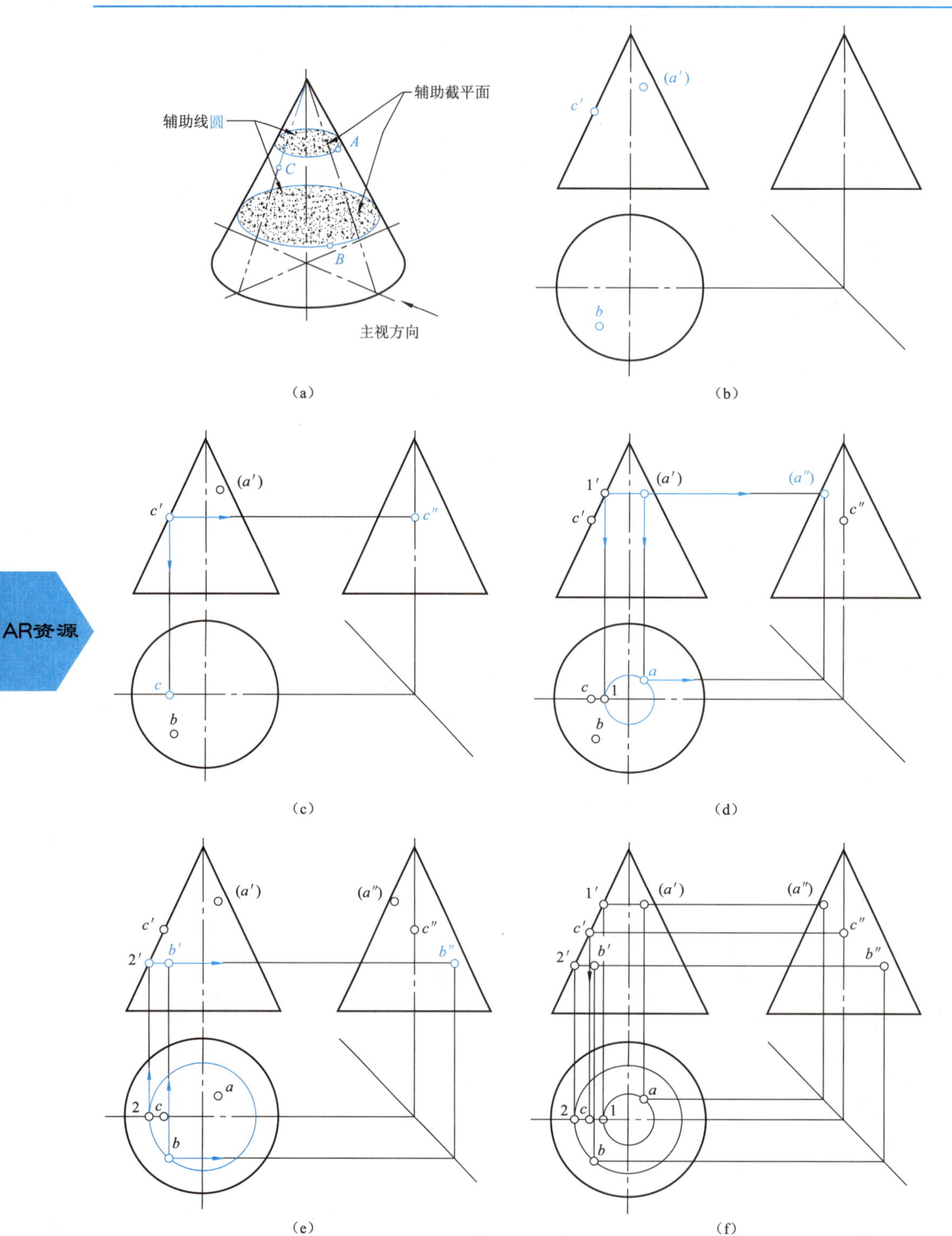

图 2-24　利用辅助截平面求作锥体表面上点的投影作图步骤（例 9 图）

(a) 直观图；(b) 已知视图；(c) 求转向素线上 C 点的 H、W 面投影；(d) 过 (a') 点作辅助圆切口，求作 H 面投影点 a 及 W 面投影点 a''，A 点 W 面投影点不可见，用 (a'') 表示；(e) 过 b 点作辅助圆的 H、V 面投影，求作 b' 及 b''；(f) 完成作图

动画资源

AR资源

【例 10】如图 2－25（a）和图 2－25（b）所示，已知圆球表面上一点 N、M 的投影，求作另两面投影。

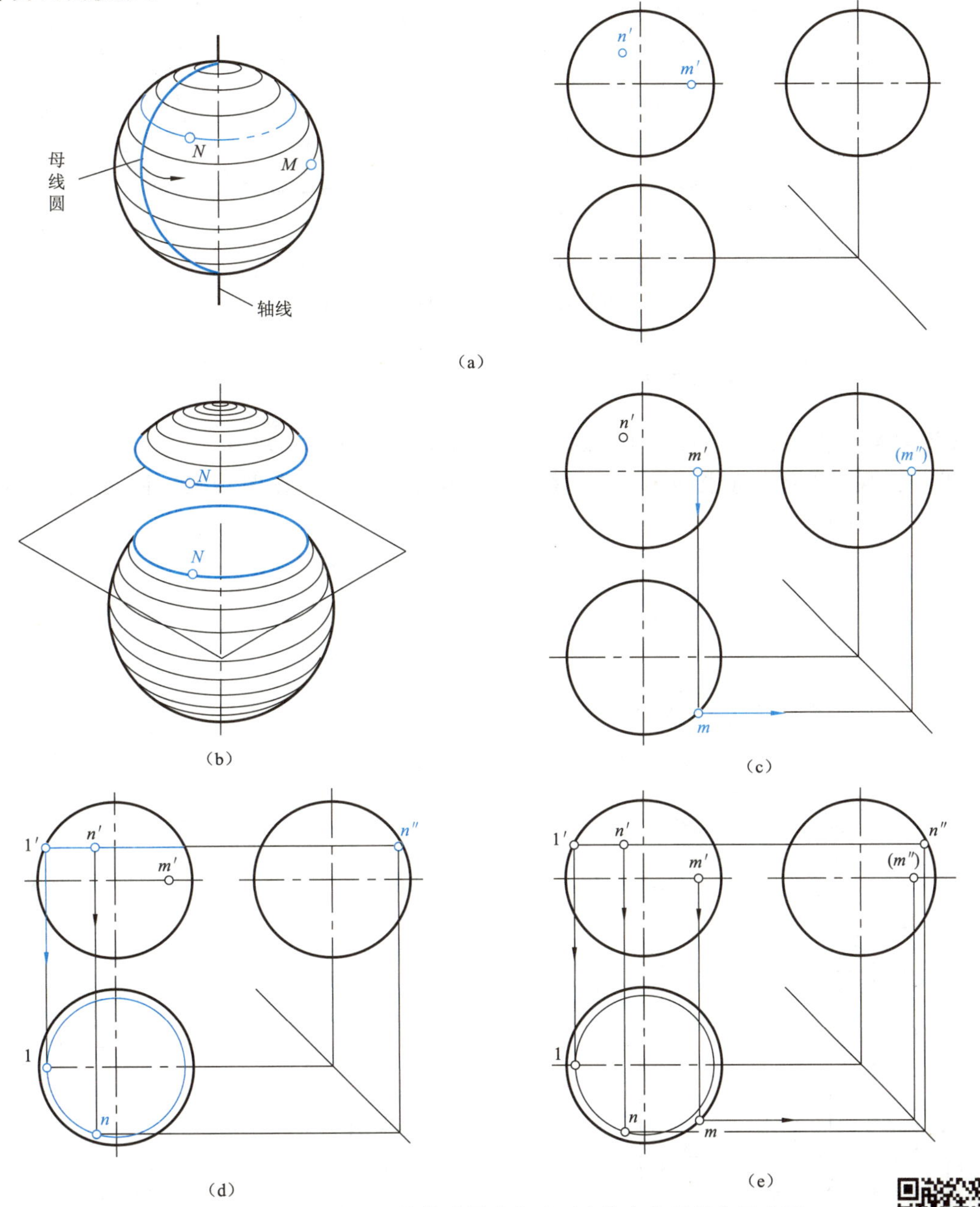

图 2－25　利用球面上的辅助圆求作球面上的点的投影作图步骤

(a) 已知视图；(b) 过 N 点作辅助面；(c) 求作特殊点 M 的 H、W 面投影；(d) 过 n' 点作辅助圆的 V、H 面投影，求作 n 和 n'' 投影点；(e) 完成作图

动画资源

需要补充说明的是，球的轴线有无数条，本例仅以轴线铅垂时为例。如果将轴线设为正垂和侧垂方向，仍可以方便地作出辅助圆，如图 2－26 所示，读者可自行分析。

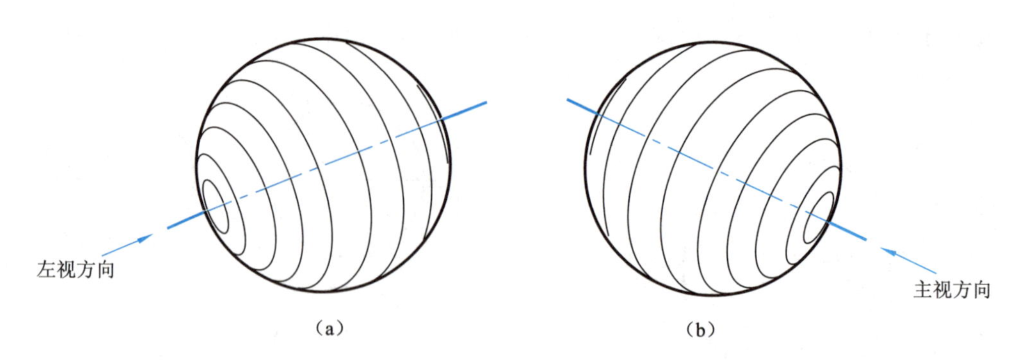

图2-26 圆球轴线设为正垂和侧垂方向时辅助圆的方向
(a) 轴线设为侧垂线；(b) 轴线设为正垂线

五、基本体三视图作图举例

【例11】 根据图2-27 (a) 所示的立体的轴测图，求作其三视图。

分析： 观察立体轴测图可以知道这是一个四棱台。具体作图步骤如图2-27 (b)～图2-27(f) 所示。

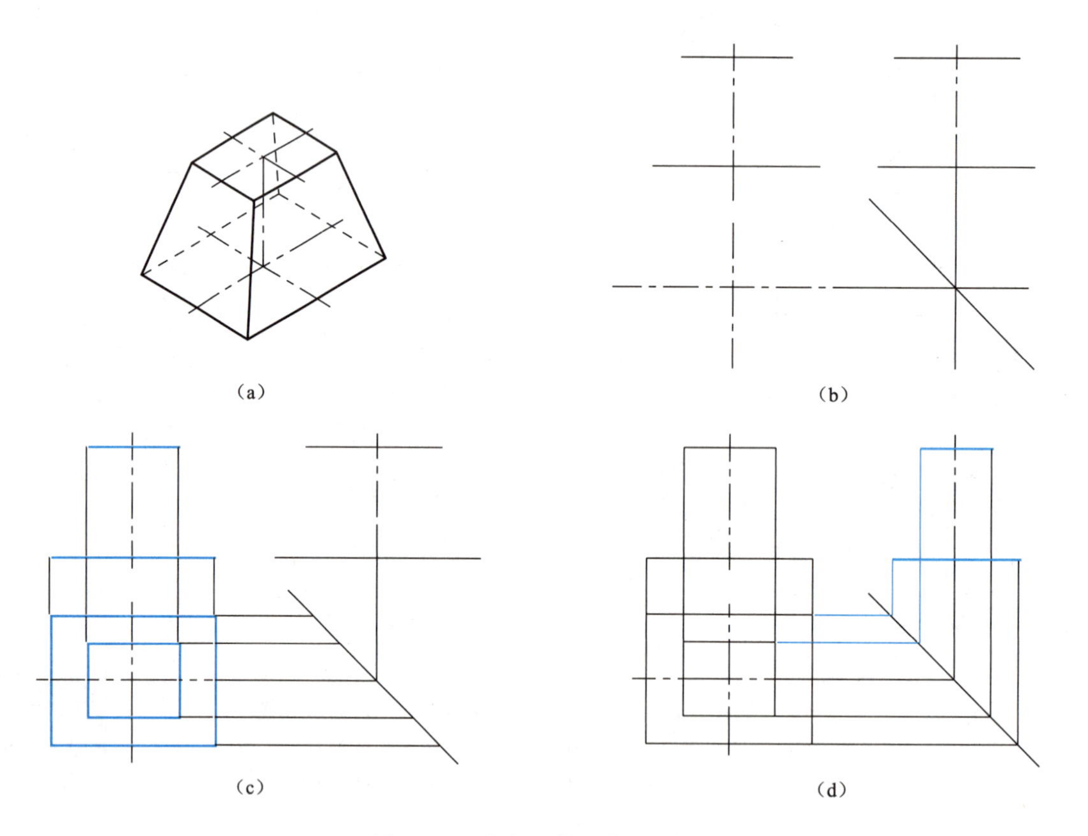

图2-27 根据立体图作三视图
(a) 轴测图；(b) 绘制作图基准线；(c) 绘制反映底面实心形的视图；
(d) 借助45°斜线绘制与俯视图宽相等的左视图

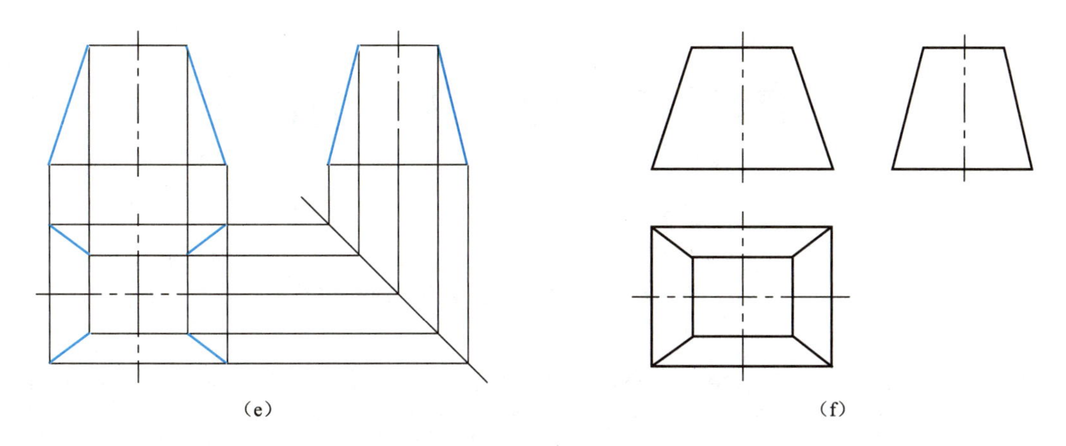

图 2-27　根据立体图作三视图（续）

(e) 连接三个视图上各棱线的投影；(f) 检查、整理、描深加粗

第三章 轴 测 图

§3—1 轴测图基本概念

多面正投影的优点是能准确、完整地表达物体的结构形状，且作图简便，但这种图缺乏立体感。为了帮助读者读懂视图，工程上常采用轴测图作为辅助图样。轴测图是通过改变立体与投影面的相对位置或改变投影线与投影面的相对位置，使之在一个单面投影中得到立体感较强的投影图形的一种图示方法，如图 3-1 所示。

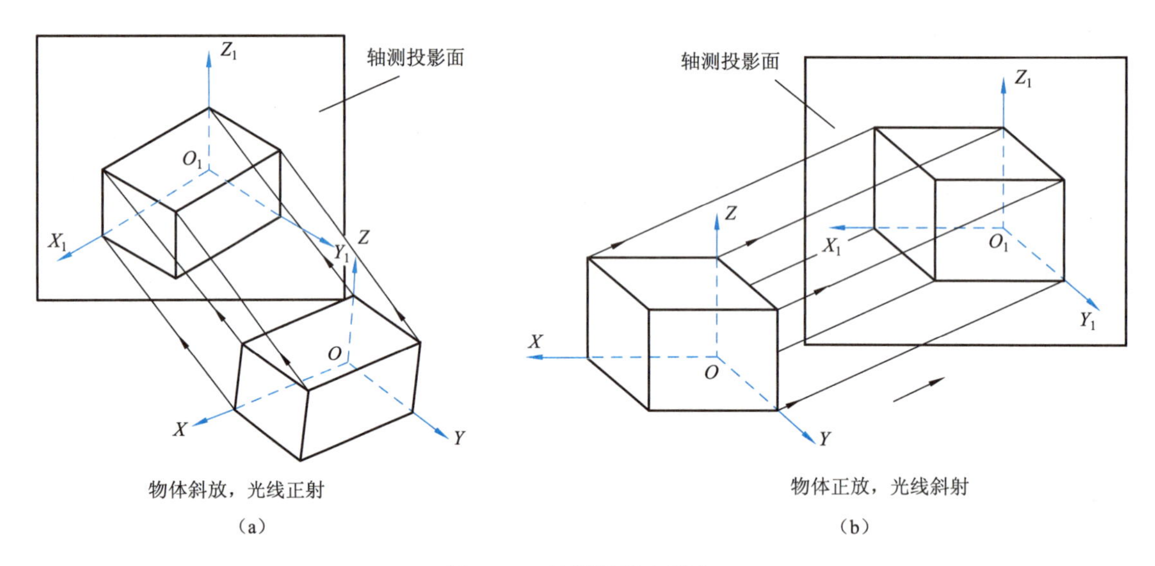

图 3-1 轴测图基本概念

(a) 正轴测图投影；(b) 斜轴测图投影

轴测图有以下特点：

(1) 轴测图为单面投影。

(2) 物体上平行于坐标轴的线段，在轴测投影中对应地平行于相应的轴测轴。

(3) 物体上相互平行的线段，在轴测图中也相互平行。

(4) 不平行于轴测投影面的圆，其轴测投影必为椭圆。

改变立体与投影面的相对位置或是改变投影线的方向，可以得到多种轴测图。国家标准《机械制图》规定了画轴测图的种类，其中常用的有正等测、正二测、斜二测等，本书主要介绍最常用的正等测和斜二测的画法。

§3—2 基本体轴测图的画法

一、正等测图的画法

正等测投影是将物体放置成一个特殊的位置——OX、OY、OZ 轴均与投影面成相同倾角之后向轴测投影面作的正投影。画轴测图的关键是正确定出轴测轴的方向。

如图 3-2 所示，正等测图的轴间角均为 120°，画图时使 O_1Z_1 轴处于竖直位置，O_1X_1、O_1Y_1 均与水平成 30°（可利用三角板上的 30°斜边方便地画出。）

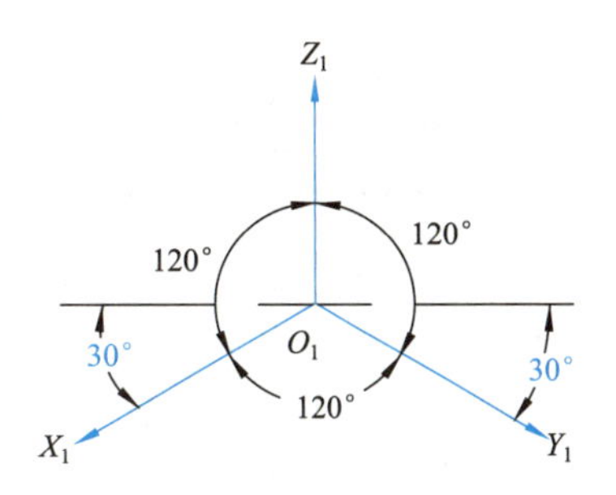

图 3-2 正等测轴测轴

1. 平面立体正等测图的画法

【例 1】 画出长方体的正等测图，如图 3-3 所示。

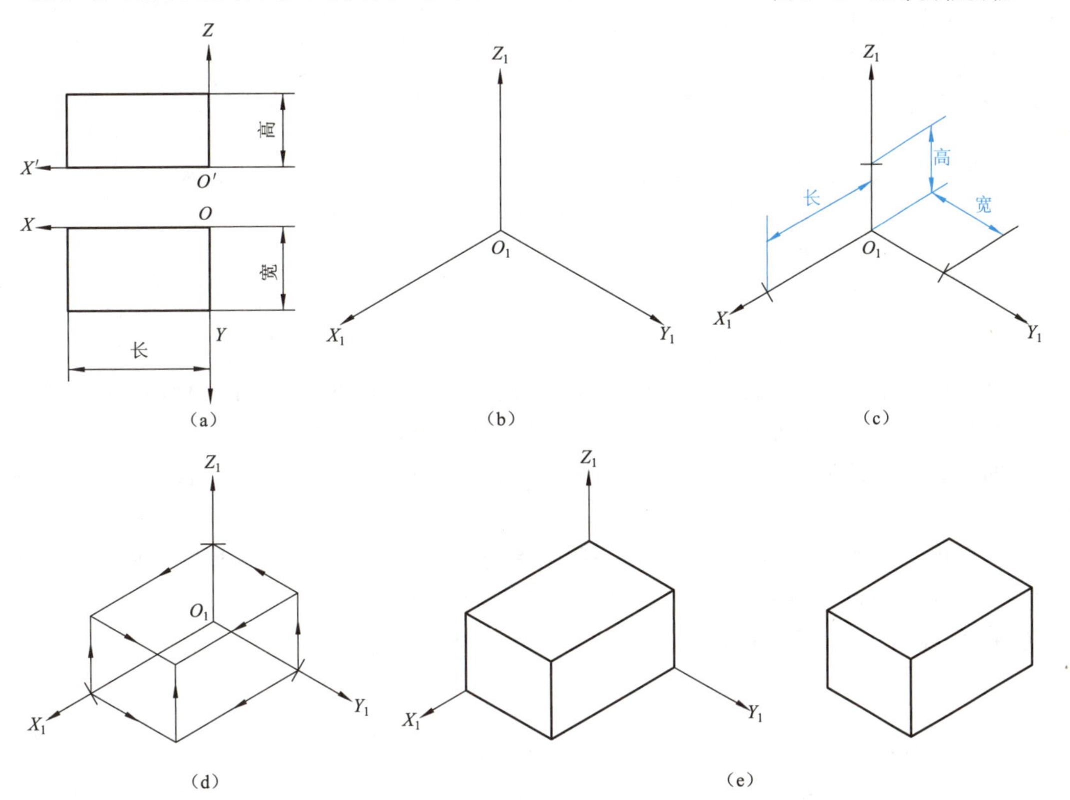

图 3-3 长方体轴测图画法步骤

(a) 视图；(b) 画轴测轴；(c) 沿 X、Y、Z 轴在 X_1、Y_1、Z_1 轴上截取对应的长、宽、高；(d) 过各截取点作相应轴测轴的平行线；(e) 整理，描深

【例 2】 画棱锥截切体的正等测图。

从上例可以看出，形体上凡与轴平行的线段均可沿轴测量、沿轴画图。但一旦形体上出现了斜线（即不平行于任何轴），是绝不能直接量、画轴测图的，只能将斜线端点的 X、Y、Z 坐标在轴测图上求作出来然后方可连线，如图 3-4 所示。

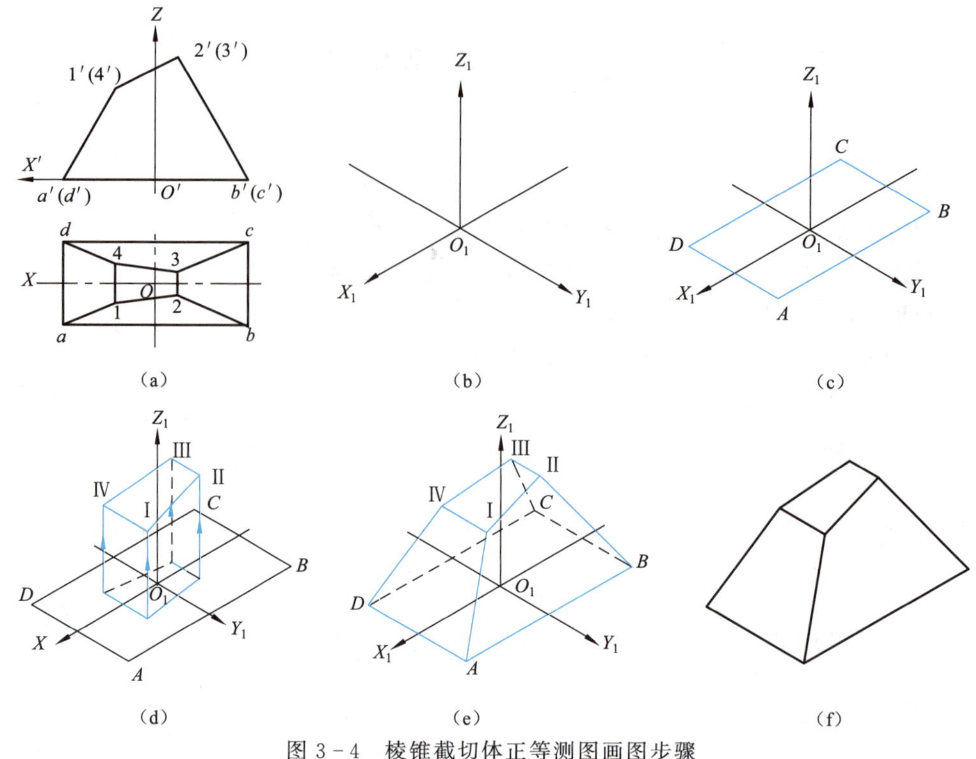

图 3-4　棱锥截切体正等测图画图步骤

(a) 视图；(b) 画轴测轴；(c) 画底面 *ABCD*；(d) 画顶面Ⅰ Ⅱ Ⅲ Ⅳ；

(e) 连接顶、底面各顶点 *A* Ⅰ、*B* Ⅱ…；(f) 整理、描深

2. 回转体正等测图的画法

画回转体的正等测图，较难的是画圆的正等测图。物体上平行于三个坐标面的圆，在正等测图中都是椭圆。画图时关键是正确定出椭圆的长、短轴方向。图 3-5（a）所示为平行于各坐标面的圆的正等测图，图 3-5（b）所示为从图 3-5（a）中取出的椭圆长轴方向，供画图时参考。

画椭圆的方法很多，本节仅介绍正等测图常用的方法之一——用菱形法画椭圆。此方法的优点之一是可通过作菱形很方便地定出椭圆长、短轴的方向。

【例 3】 画图 3-6 所示平行于 *H* 面的圆的正等测图。

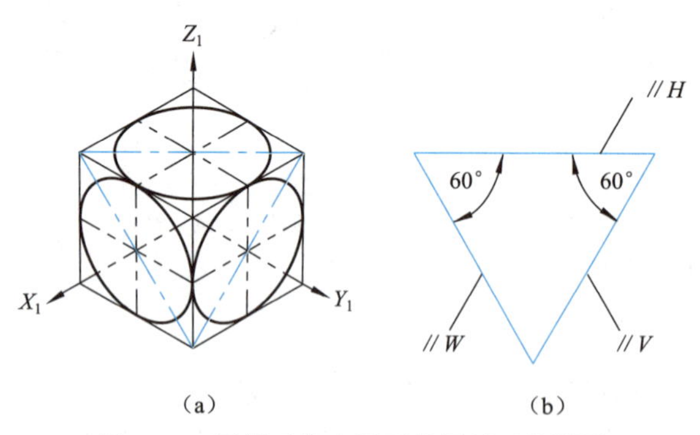

图 3-5　平行于各坐标面的圆的正等测图

(a) 平行于各坐标面的圆；(b) 椭圆的长轴方向

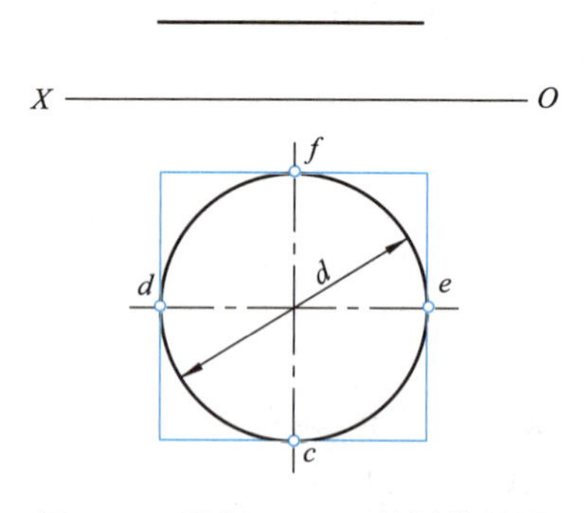

图 3-6　平行于 *H* 面的圆的投影

平行于 H 面的正等测图的画法如图 3－7 所示。

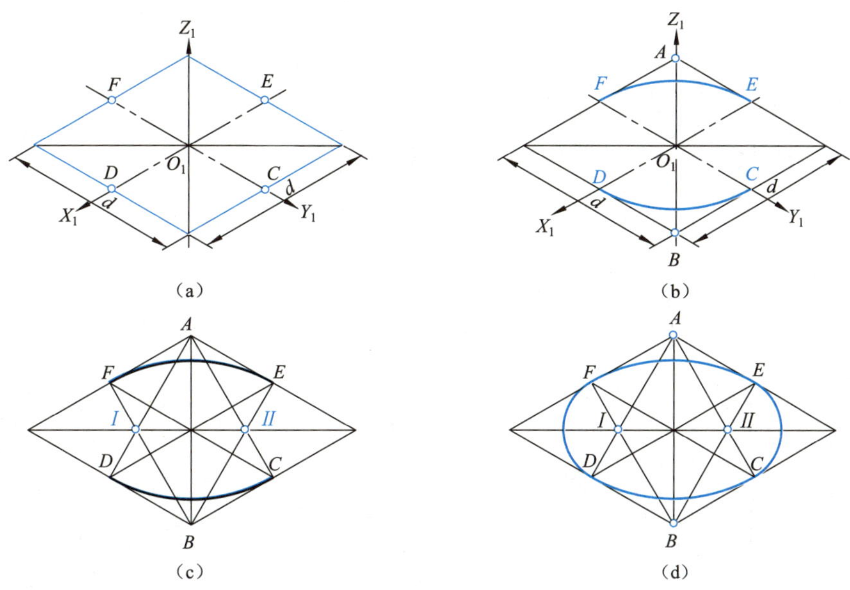

图 3－7　用菱形法画椭圆

(a) 画轴测轴，按圆的外切正方形画出菱形；(b) 分别以 A、B 为圆心，以 AC 为半径画弧 CD、EF；(c) 连 AD 和 AC 交长轴于Ⅰ、Ⅱ两点；(d) 分别以Ⅰ、Ⅱ为圆心，Ⅰ D 为半径画小弧，在 C、D、E、F 处与大弧连接

【例 4】 画圆柱体的正等测图，如图 3－8 所示。

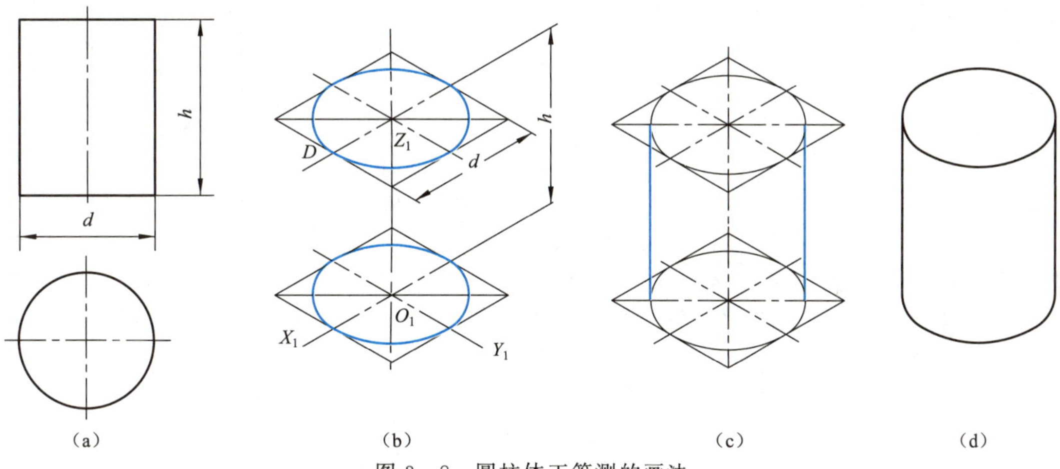

图 3－8　圆柱体正等测的画法

(a) 视图；(b) 画轴测轴，定上、下底圆中心，画上、下底椭圆；
(c) 作出两边轮廓线（注意切点）；(d) 整理、描深，并完成全图

【例 5】 画圆锥台的正等测图，如图 3－9 所示。

3. 平板圆角正等测图的画法

物体上矩形底板的转角处常被加工成圆角，其正等测图画法如图 3－10 所示。

二、斜二测图的画法

将物体上平行于 XOZ 坐标面的平面放置成与轴测投影面平行，让投影方向与轴测投影

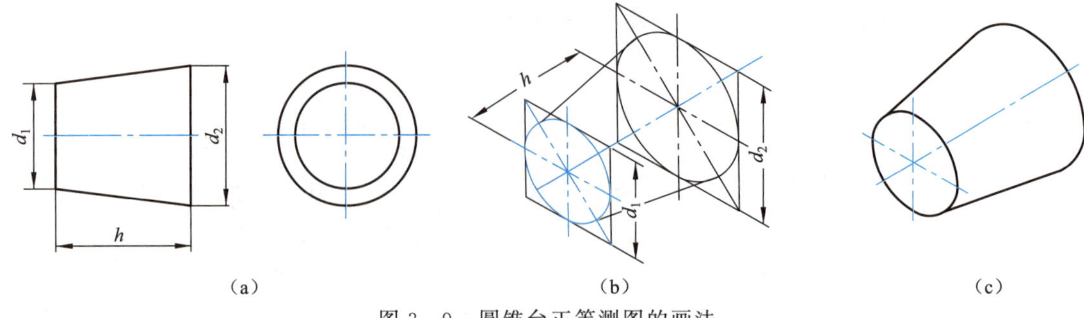

（a）　　（b）　　（c）

图 3-9　圆锥台正等测图的画法

（a）视图；（b）画出左右两端椭圆，并画它们的公切线；（c）描深，完成全图

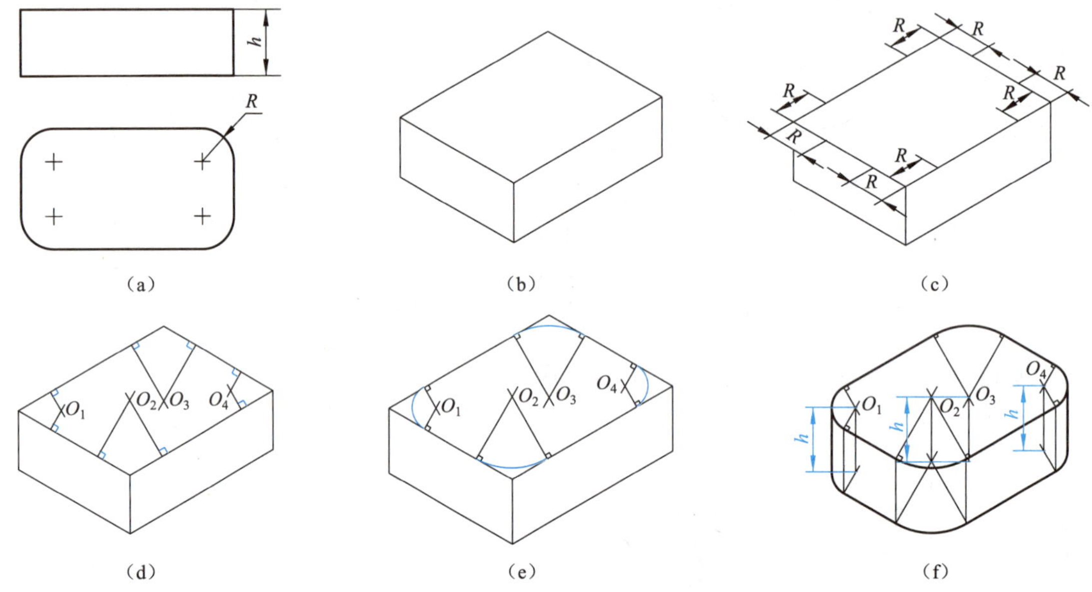

（a）　　（b）　　（c）

（d）　　（e）　　（f）

图 3-10　平板圆角的正等测图的画法

（a）视图；（b）画长方体轴测图；（c）在各转角处沿轴向取与角顶距离为 R 的等距点；（d）过各等距点作其所在边的垂线，每相邻两边垂线的交点即为转角处圆的圆心；（e）分别以 O_1、O_2、O_3、O_4 为圆心，以各圆心到相应垂足的距离为半径画弧；（f）将各圆心和切点向下平移 h，画出底面相同部分圆弧；在转角处作出切线，即可完成全图

面倾斜，所得投影图叫做斜二测图，简称斜二测，如图 3-11（b）所示。

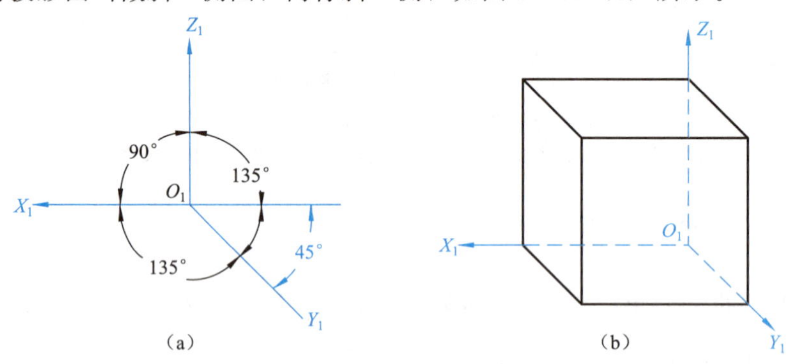

（a）　　（b）

图 3-11　斜二测图的轴间角及轴测图

（a）斜二测的轴间角；（b）斜二测轴测图

由于在斜二测图中，凡是平行于 XOZ 坐标面的平面的轴测投影都反映实形，所以对于单方向形状较复杂的形体，常可使其轴测图简单易画。

斜二测图画图基本方法与正等测图相同，都是沿轴测量和沿轴画图。斜二测图的轴间角如图 3－11 所示，且沿 OY 轴方向量取尺寸时应取原长的 1/2。

【例 6】 画图 3－12（a）所示平面立体的斜二测图。

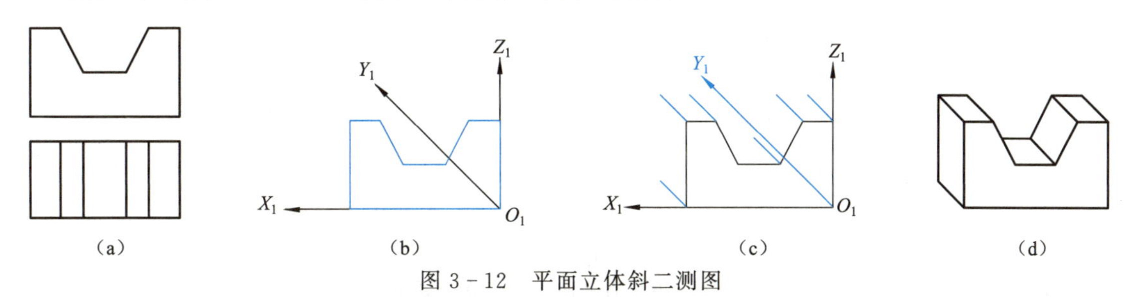

图 3－12　平面立体斜二测图

（a）已知视图；（b）定轴测轴，画前面；（c）画 Y_1 轴的轴向线段（取原长的 1/2）；（d）连接各端点完成全图

【例 7】 画图 3－13（a）所示回转体的斜二测图。

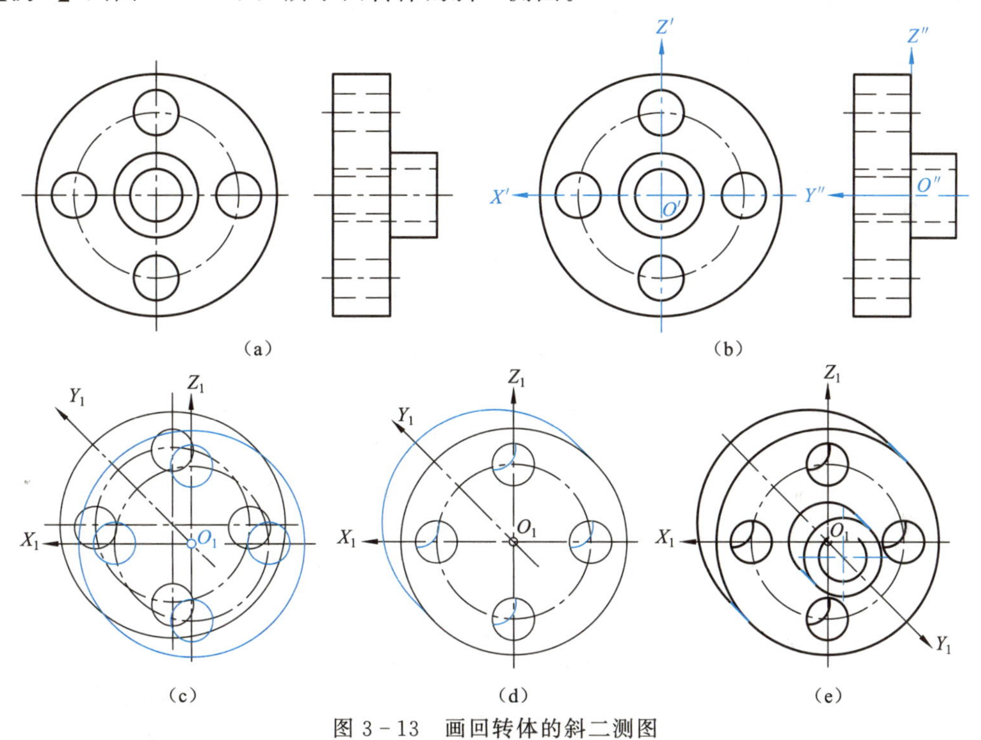

图 3－13　画回转体的斜二测图

（a）已知视图；（b）确定坐标原点画投影轴；（c）画轴测轴、大圆盘；（d）修剪、整理；（e）画小圆筒，作整理、描深

§3—3　轴测草图的画法

在读图构思、形体设计等过程中，若能快速地画出轴测图作为辅助图样，无疑是十分有用的。但若用仪器作图又太费时间，所以实践中常徒手绘制轴测草图。画轴测草图虽然不用绘图仪器，但画图原理和基本步骤与前述相同，所画图形仍应符合轴测图的特点，否则易画

错或画不直观。

1. 草图的几项基本技能

（1）准确地画出轴测轴。正等测轴和斜二测轴均可根据30°和45°直角三角形各边的比例关系定出其上两点后连接起来，如图3-14所示。

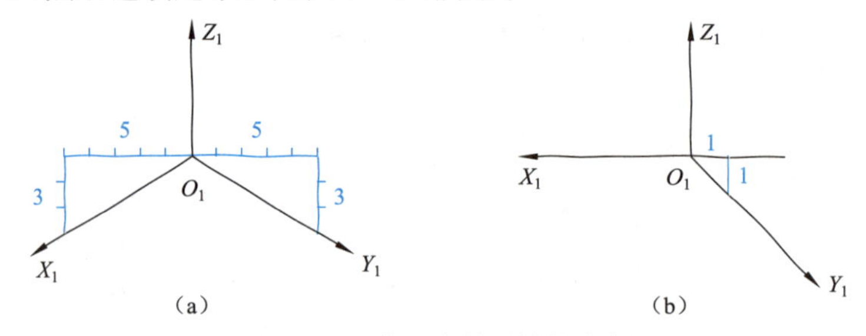

图3-14 草图中轴测轴的确定

（a）正等测轴测轴；（b）斜二测轴测轴

（2）平行于各坐标面的圆的正等测图。较准确地定出椭圆的长、短轴方向，是保证不同方向的圆的正等测图“画得像”的前提。如图3-15所示。

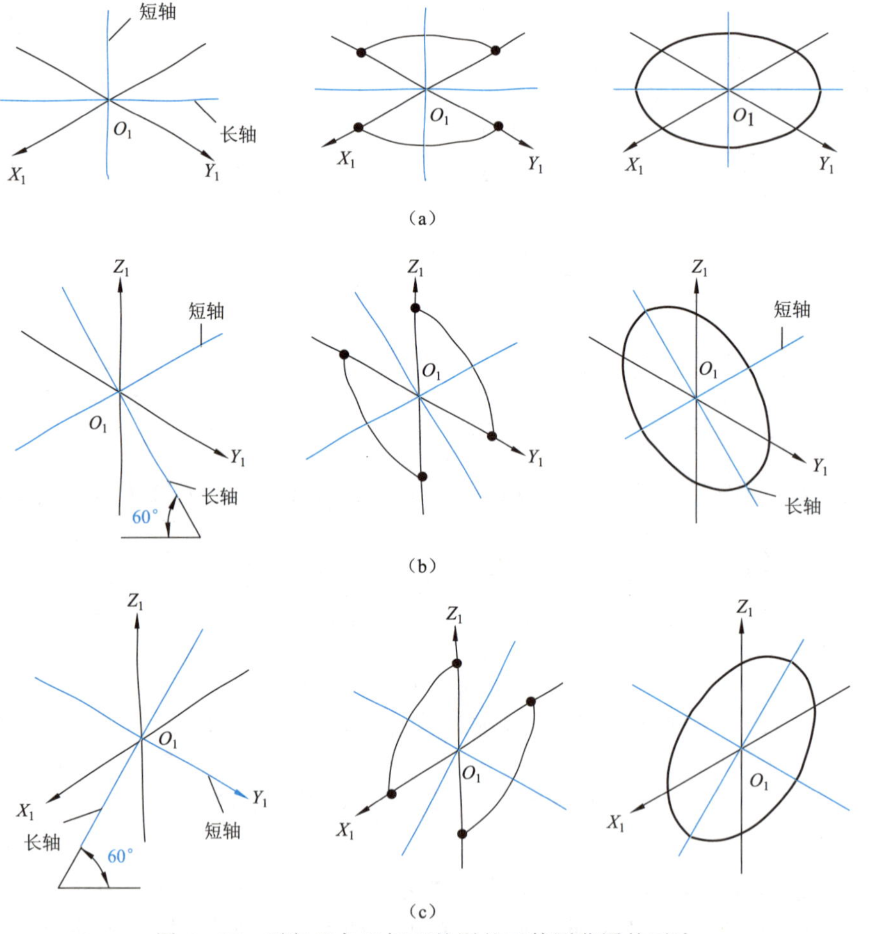

图3-15 平行于各坐标面的圆的正等测草图的画法

（a）平行于 *XOY* 平面的圆的正等测草图；（b）平行于 *YOZ* 平面的圆的正等测草图；（c）平行于 *XOZ* 平面的圆的正等测草图

（3）圆角的正等测草图。画圆角的正等测草图时，可先画出外切于圆角的尖角，以帮助确定椭圆曲线的弯曲趋势，如图 3－16 所示。

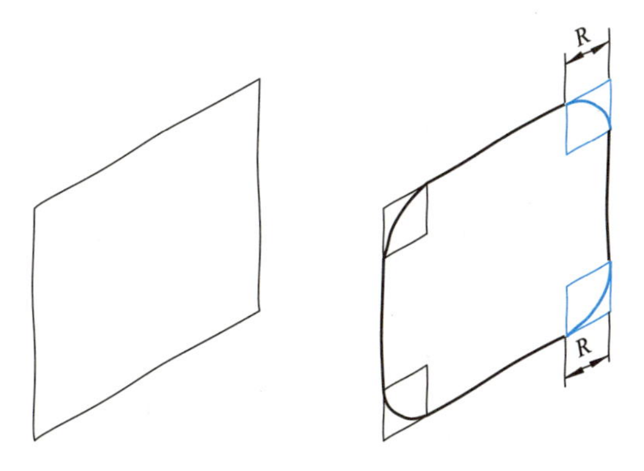

图 3－16 圆角的正等测草图的画法

2. 画轴测草图的注意事项

（1）空间平行的线段应尽量画得平行；

（2）在轴测草图中，物体各部分的大小和位置应大致符合实际比例关系。

【例 8】 画出图 3－17（a）所示平面立体的正等测草图。

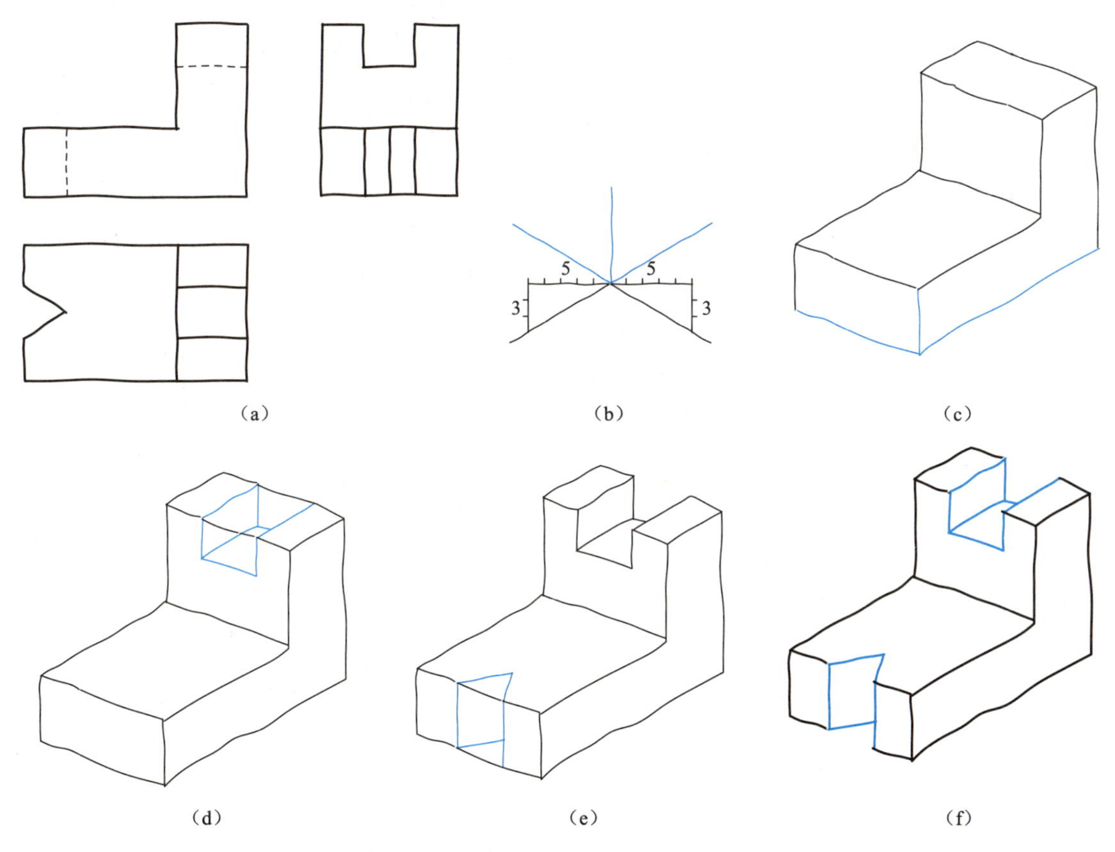

图 3－17 平面立体正等测草图的画法

（a）视图；（b）画轴测轴；（c）画整体；（d）画上部切槽；（e）画下部斜口；（f）整理、描深

【例 9】 画出带切口的圆柱体的正等测草图（图 3－18）。

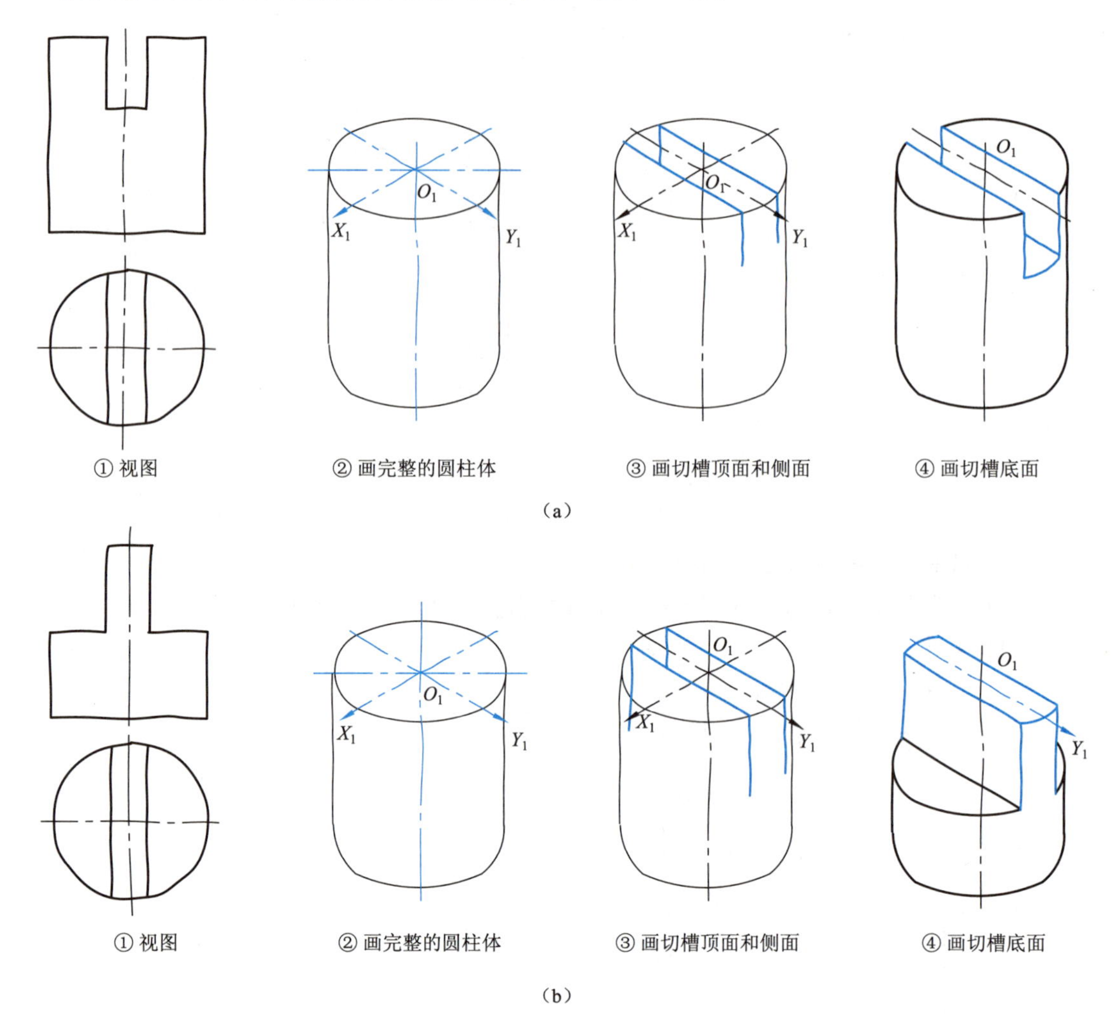

图 3－18　带切口圆柱体正等测草图的画法

(a) 圆柱体中间开槽；(b) 圆柱体两边切口

第四章　立体的表面交线

生产实际中的零件通常并不是一个单一、完整的基本几何体，而是按设计需要将基本体进行截切或组合而形成的综合形体。在截切、组合的过程中会自然地产生一些交线，本章主要讨论这些交线的画法。

图 4-1 所示连杆头部由圆柱体、圆锥体和圆球体组合后再被平面切割而成，该平面称为截平面。被截平面截切后，在其表面上产生的交线称为截交线，截交线是截平面与立体表面的共有线，是一封闭的平面图形。图 4-2 所示轴承座盖是由圆柱与圆锥相交构成的，这种立体与立体的表面相交被称为相贯，由此而产生的表面交线被称为相贯线。

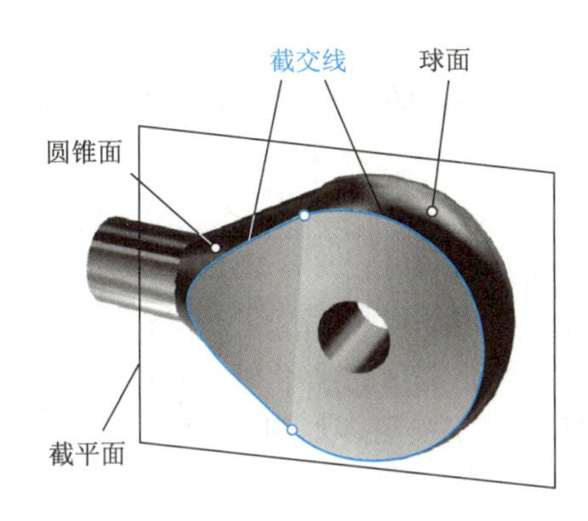

图 4-1　连杆头部

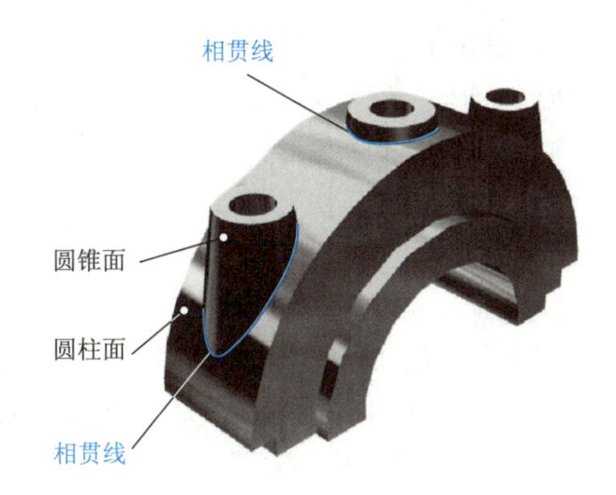

图 4-2　轴承座盖

§4—1　平面与平面立体表面相交时产生的截交线

平面立体是由各平面图形围成的几何体。如用一个截平面与平面立体截交（截断），如图 4-3 所示；在立体表面上所得截交线ⅠⅡ、ⅠⅢ、ⅡⅢ围成的图形成为一个封闭的平面多边形（△ⅠⅡⅢ）。求作截交线是为了作出断面图形。

截交线的求法：

如图 4-3 所示，可根据平面立体形成的特点，首先求出截平面与立体上各棱线的交点，其次依次连接各交点求出截交线，最后整理即可得到断面形状，如图 4-3 中的三角形（△ⅠⅡⅢ）。

【例 1】 求作如图 4-3 所示正三棱锥体的截交线及俯、左视图。

（1）截交线形状分析。

由图 4-3（a）可知截交线断面图形为三角形（△ⅠⅡⅢ）。

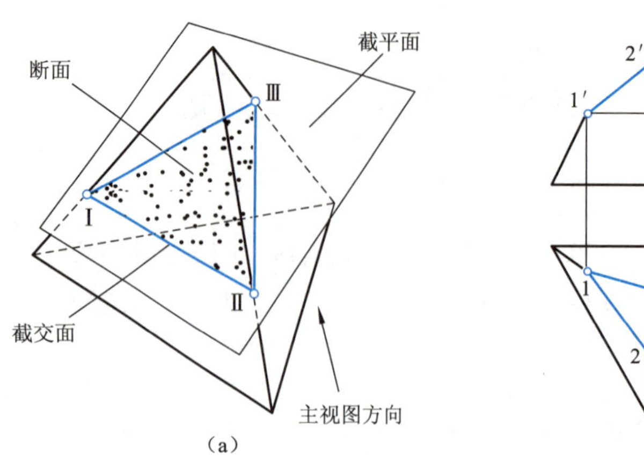

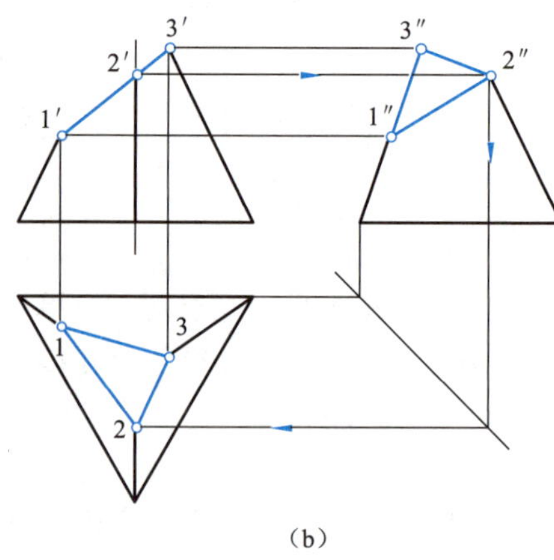

图 4-3 三棱锥截交线

(a) 立体图；(b) 三视图

(2) 投影分析。

断面图形三角形（△ⅠⅡⅢ）为正垂面，正面投影积聚成倾斜的直线，侧面投影与水平投影均为类似形（三角形）。

(3) 投影作图。

① 在主视图上找出截平面与正三棱锥体三条棱线上的交点 1′、2′、3′点；

② 分别对应在左、俯视图上找出三条棱线上的 1″、2″、3″和 1、2、3 各点；

③ 分别连接 1、2、3 点和 1″、2″、3″点，作出“△ⅠⅡⅢ”的水平和侧面投影；

④ 参照立体图完成正三棱锥体被正垂面切割后的俯、左视图，如图 4-4 (d) 所示。

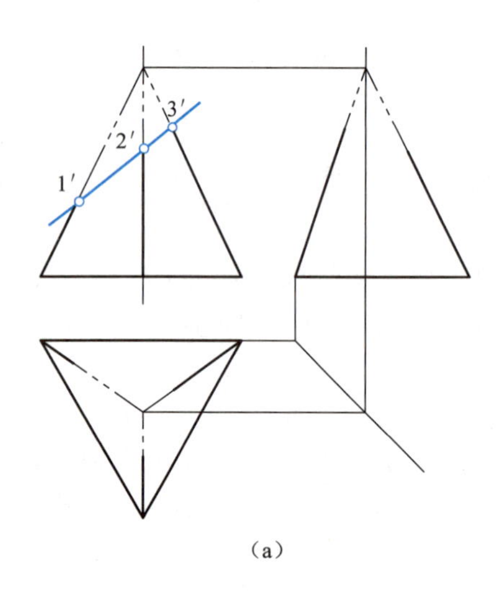

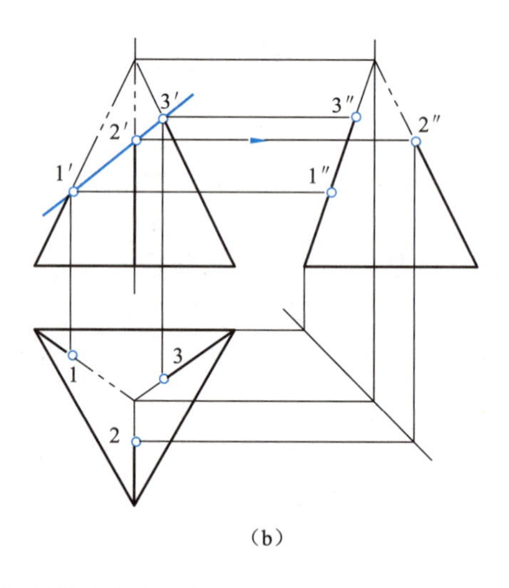

图 4-4 平面立体正三棱锥切割体截交线的作图步骤

(a) 在主视图上找出三条棱线上的交点 1′、2′、3′点；

(b) 分别在左、俯视图上找出 1″、2″、3″和 1、2、3 点的投影

AR资源

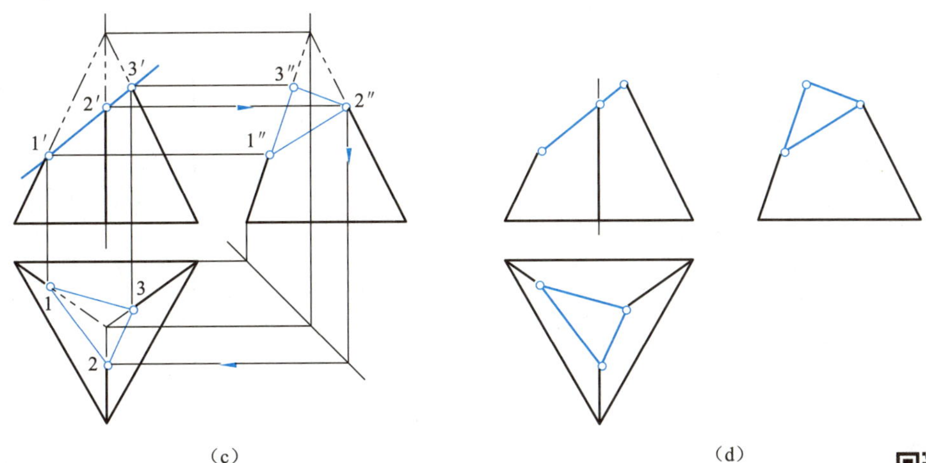

(c)　　　　　　　　　　　　(d)

图 4-4　平面立体正三棱锥切割体截交线的作图步骤（续）

(c) 分别连接 1″、2″、3″和 1、2、3 点的同面投影，得到截交线的投影；

(d) 连接截交线的同面投影，得到断面图形的投影，完成三视图

动画资源

【例 2】 作出如图 4-5 所示“ㄱ”形六棱柱被正垂面切割后的左视图。

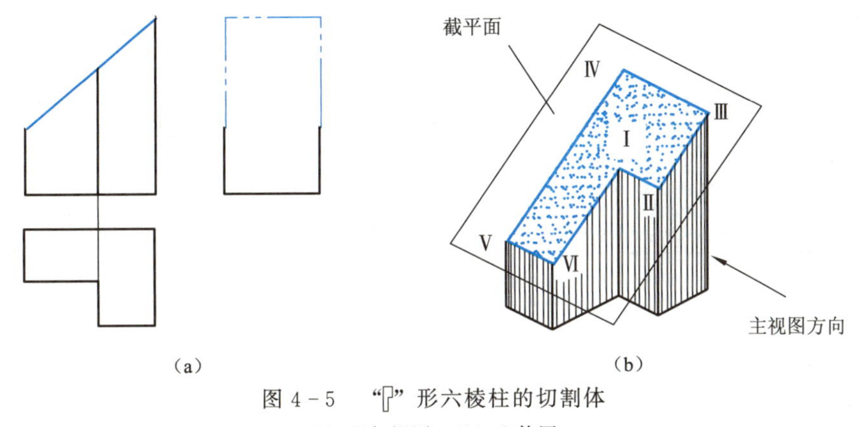

(a)　　　　　　　　　　　　(b)

图 4-5　“ㄱ”形六棱柱的切割体

(a) 已知视图；(b) 立体图

(1) 截交线形状分析。

如图 4-5 (b) 所示，“ㄱ”形六棱柱被截平面完全截断，六条棱线与截平面的六个交点Ⅰ、Ⅱ、…、Ⅵ即为截交线上的点，连接这六个点即得到封闭的“ㄱ”形断面图形。

(2) 投影分析。

“ㄱ”形断面图形为正垂面，正垂面正面投影积聚成倾斜的直线，侧面投影与水平投影相似，均为“ㄱ”形。

(3) 投影作图，如图 4-6 所示。

① 在俯视图上，分别找出六条棱线上的 1、2、…、6 投影点。

② 在主视图对应找出 1′、2′、…、6′投影点。

③ 根据“ㄱ”形断面的正面投影 1′、2′、…、6′点，水平投影 1、2、…、6 点，利用投影规律，“二求一”求出左视图上“ㄱ”形断面上的投影点 1″、2″、…、6″。

④ 连接 1″、2″、…、6″各点，作出“ㄱ”形断面的侧面投影。

⑤ 检查、描深，完成三视图。

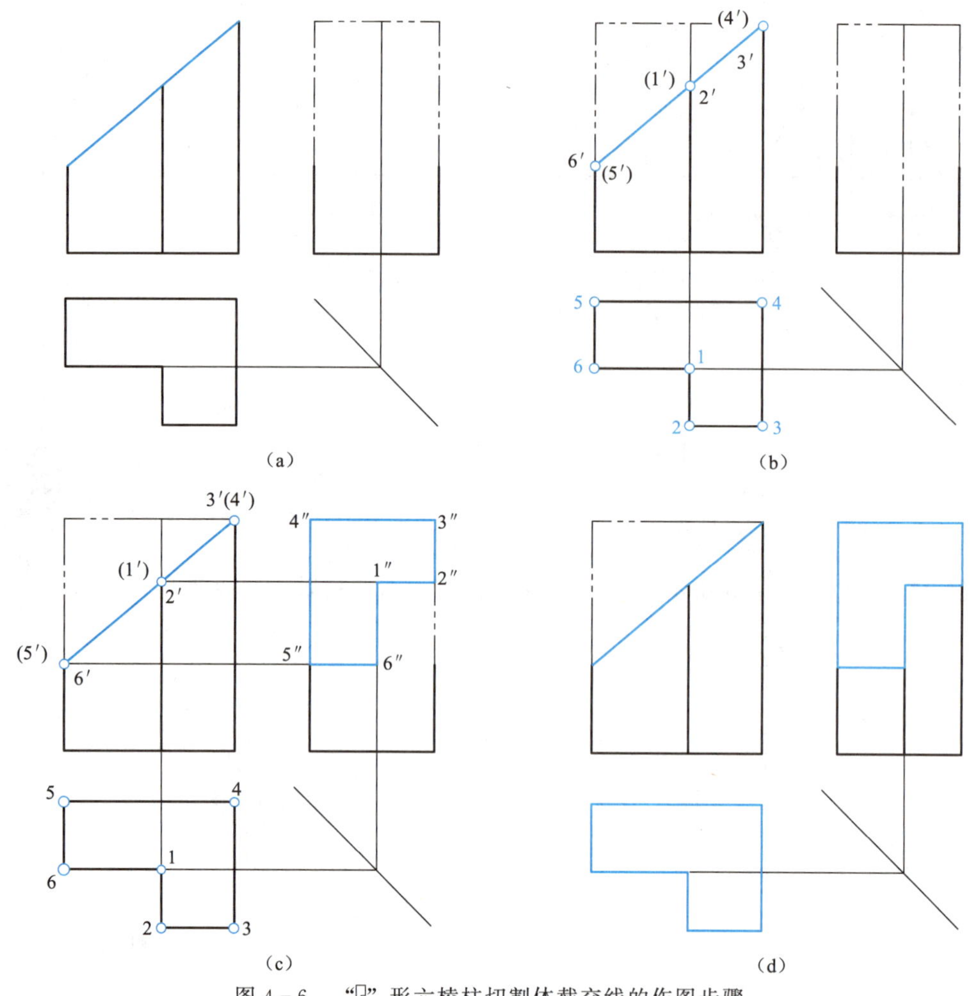

图 4－6 “冂”形六棱柱切割体截交线的作图步骤

(a) 已知视图；(b) 分别在俯、主两个视图上找出 1、2、…、6 及对应的 1′、2′、…、6′投影点；(c) 找出左视图上“冂”形断面上的投影点 1″、2″、…、6″，连接作出“冂”形断面的侧投影；(d) 完成三视图

§4—2 平面与曲面立体相交时产生的截交线

截平面对各种回转体截切而形成的截交线较为复杂，但截交线是截平面与立体表面一系列共有点的集合，所以无论多么复杂截交线的投影都可归纳为求共有点的问题。

一、圆柱的截交线

根据截平面对圆柱轴线的相对位置不同，可得到三种形状的截交线。即：

(1) 截平面与圆柱轴线平行时，截交线为矩形。

(2) 截平面与圆柱轴线垂直时，截交线为圆。

(3) 截平面与圆柱轴线倾斜时，截交线为椭圆。

上述三种情况见表 4－1。下面以圆柱截交线为椭圆时的情况为例分析圆柱截交线的画法。

表 4－1　圆柱体的三种截交线

截面的位置	与圆柱轴线平行	与圆柱轴线垂直	与圆柱轴线倾斜
投影图与直观图			
截交线的形状	矩形	圆	椭圆

【例 3】完成圆柱被正垂面截切后截交线的侧面投影。

（1）截交线形状分析。

如图 4－7 所示，圆柱被正垂面所截，截平面与圆柱轴线斜交，截交线为椭圆。

（2）截交线投影分析。

动画资源

① 主视图：由于被正垂面所截，截交线（椭圆）积聚为斜线；

② 俯视图：圆柱表面积聚为圆，故截交线在圆周上；

③ 左视图：根据空间分析，截交线的投影应为椭圆。

已知截交线的主、俯视图投影，“二求一”可求出截交线在左视图上的投影。

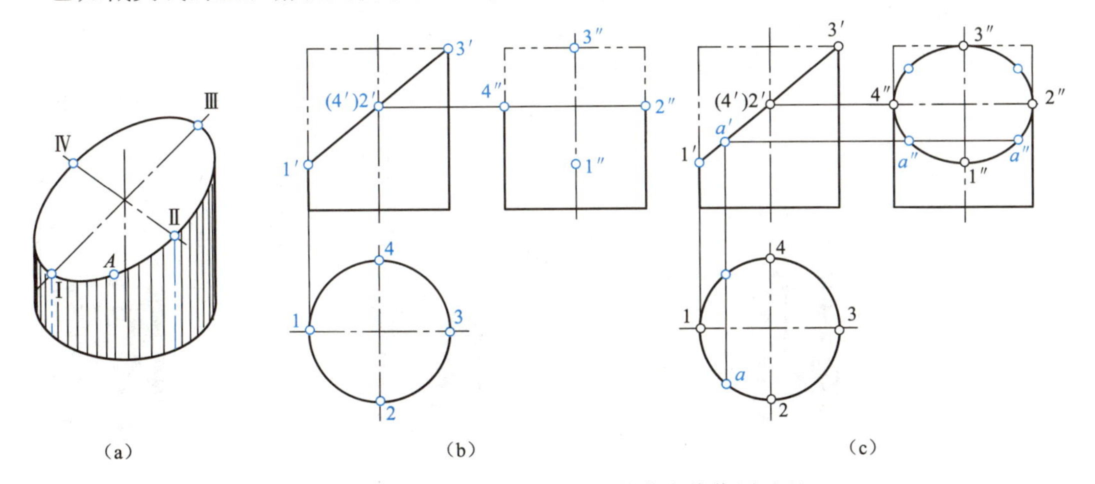

图 4－7　圆柱被正垂面截切后的截交线作图过程

AR资源

（3）截交线投影作图。

① 找出特殊点：点Ⅰ、Ⅱ、Ⅲ、Ⅳ，即圆柱最前、最后、最左、最右素线上的点，它们也是此例中椭圆长、短轴上的点。

② 求作截交线上的一般点：如图4－7（c）所示，在俯视图上任取点 a，根据点的投影规律分别作出点 a' 和 a''，并可根据椭圆与对其长、短轴的对称特性作出点 A 的对称投影点。

③ 光滑连接：依次连接左视图上所求各点即得截交线的投影。

圆柱体被切口、开槽、穿孔的典型实例见表4－2。

表4－2　圆柱体被切口、开槽、穿孔的典型实例

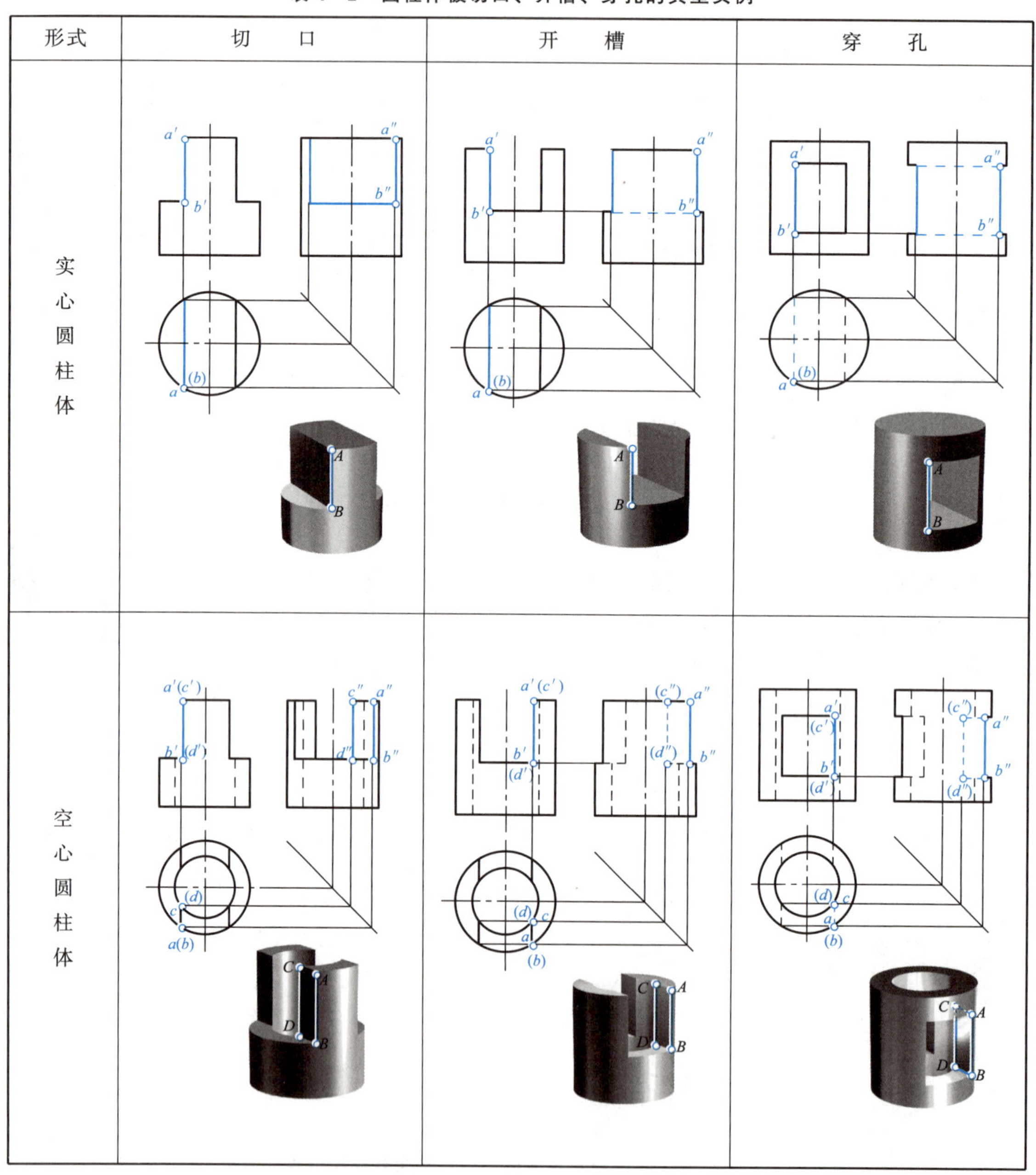

二、圆锥体的截交线

根据截平面与圆锥轴线相对位置的不同，在圆锥体表面上可得出五种形状的截交线，见表 4 - 3。

表 4 - 3　圆锥体五种截交线

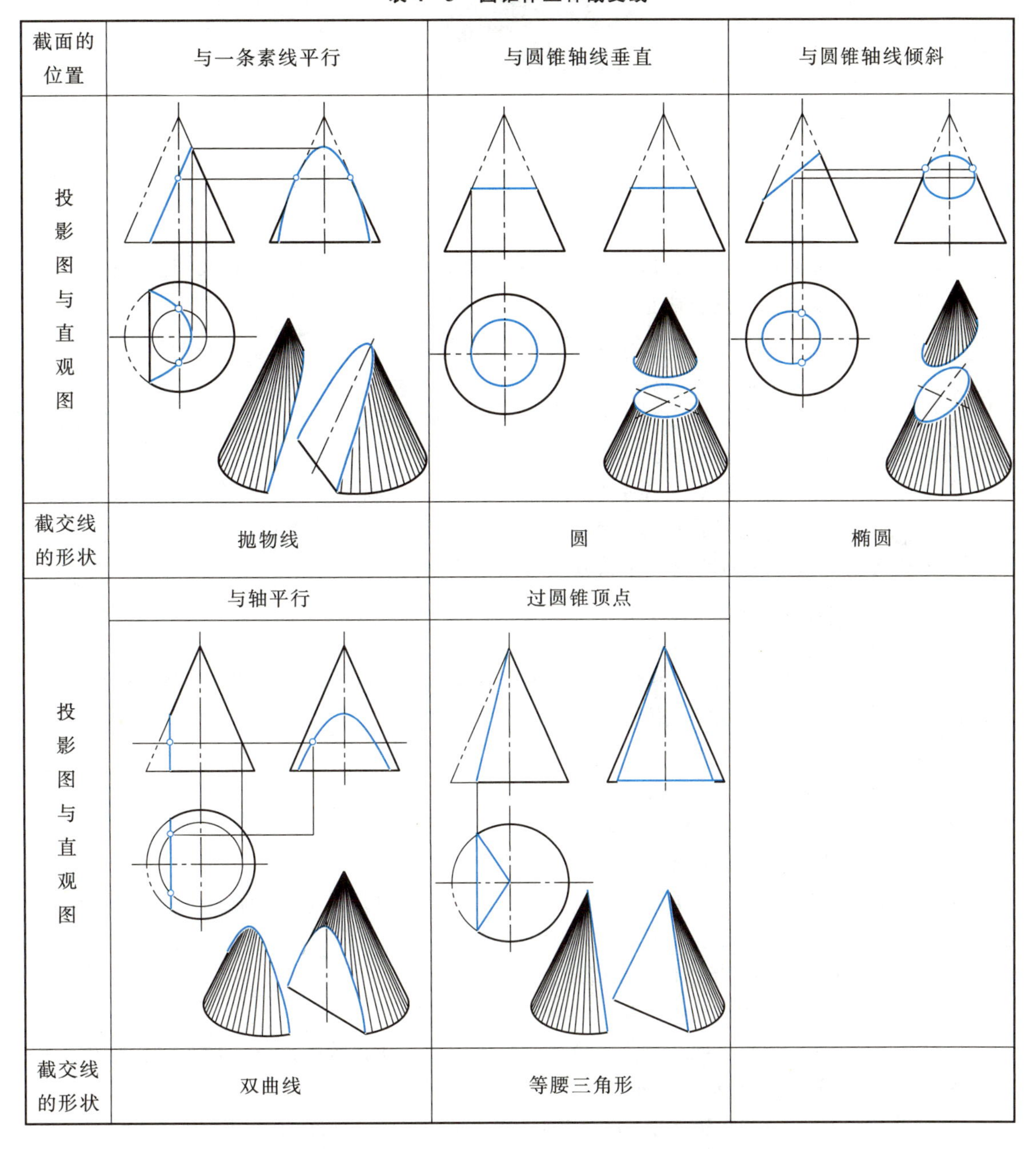

截面的位置	与一条素线平行	与圆锥轴线垂直	与圆锥轴线倾斜
投影图与直观图			
截交线的形状	抛物线	圆	椭圆
投影图与直观图	与轴平行	过圆锥顶点	
截交线的形状	双曲线	等腰三角形	

【例 4】 求作圆锥体的截交线。

（1）截交线形状分析。

如图 4 - 8 所示，截平面（水平面）与圆锥轴线平行且不过锥顶，截交线为双曲线。

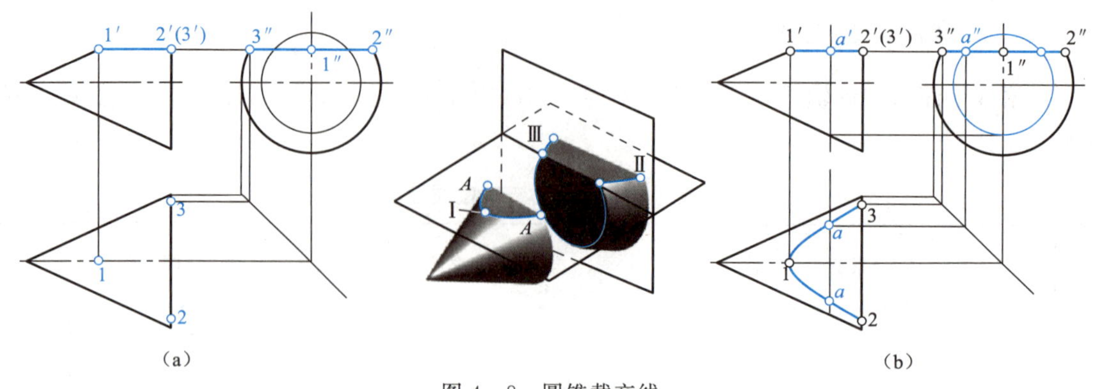

（a）

（b）

图 4-8　圆锥截交线

（2）截交线投影分析。

① 由于截平面是水平面，所以主、左视图上截交线积聚在 1′2′（3′）和 1″2″3″上。

② 俯视图上截交线的投影应是双曲线的真实投影。

已知截交线在主、左视图上的投影，“二求一”可求出俯视图。

（3）截交线投影作图。

① 找出特殊点：即双曲线上最左点 1′、1、1″和最右点 2′、2、2″、3′、3、3″。（其中Ⅰ点在圆锥最上素线，Ⅱ、Ⅲ点在圆锥底圆上）

② 求作截交线上的一般点：在主视图上任取一点 a'，利用纬圆法作出投影 a、a''。

③ 光滑连接：依次连接俯视图上所求各点即得双曲线的水平投影。

圆锥截交线为抛物线和椭圆时作图方法与此例相同。

三、圆球体的截交线

圆球体被任何截平面所截，截交线均为圆，根据截平面与投影面的相对位置不同，截交线圆的投影可能会是圆、椭圆或直线。

【例 5】求作圆球体截交线。

（1）截交线形状分析。

圆球体被任何平面截切，截交线都为圆。

（2）截交线投影分析。

由于截平面是正垂面，所以主视图上截交线积聚成斜线，其他两个视图中交线的投影为椭圆。

（3）截交线投影作图，如图 4-9 所示。

① 找特殊点：Ⅰ、Ⅱ、A 点（俯、左视图同时进行）。

② 求作长轴的两端点：Ⅲ、Ⅳ点，其中 3′、4′点位于 1′2′的中点（一般点，需用辅助平面法求得），同理可求出其他一系列点。

③ 分别以长轴ⅢⅣ和短轴ⅠⅡ为对称轴，求作 a'、a、a''对称点。

④ 连接图线：连接截交线上各点的投影即为所求。

(a)　　(b)

(c)　　(d)

(e)　　(f)

图 4-9　圆球体的截交线投影作图步骤

(a) 直观图；(b) 已知视图；(c) 作Ⅰ、Ⅱ、*A* 点的三面投影；(d) 作长轴端点的 *H*、*W* 面投影 3、4，3″、4″；(e) 作 *a*、*a*″点的四个对称点；(f) 分别连接椭圆上各点的同名投影完成作图

AR资源

动画资源

四、截交线综合举例

在生产实践中常见由不同回转体组合后切割而成的机器零件，图 4-10 所示铣床顶尖即是由圆锥、小圆柱、大圆柱同轴连接后经切割而成。只要根据各基本回转体截交线的形状特征分段画出并连接即可。

【例 6】 完成图 4-10（b）所示顶尖的截交线的投影。

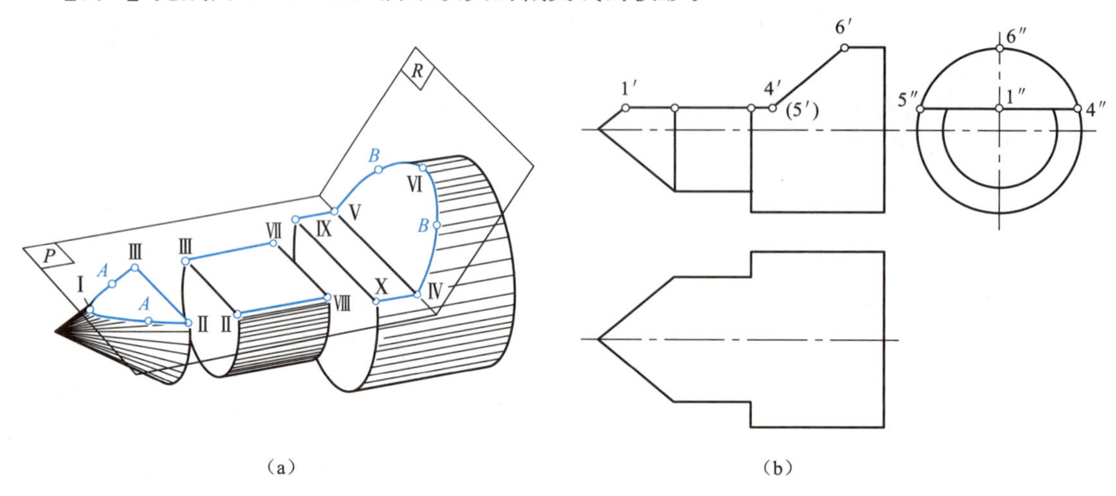

图 4-10　顶尖的截交线

（1）截交线形状分析。

如图 4-10（a）所示，顶尖被水平面、正垂面截切，由于水平面与轴线平行且同时截到三个形体，截圆锥体表面得到交线为双曲线，截大、小圆柱表面分别得到两个矩形；正垂面 R 截切到大圆柱的一部分（截交线为椭圆的一部分），并与水平面 P 相交于ⅣⅤ直线。分段作出双曲线、矩形、部分椭圆的投影即可。

（2）截交线投影分析。

① 主视图上 P、R 两平面截得的截交线分别积聚在切口的两直线 1′—4′和 4′—6′上；

② 左视图上截交线分别积聚在 4″～5″及圆弧 $\overset{\frown}{4''6''5''}$ 上；

③ 俯视图根据主、左两视图分别求出双曲线、矩形和部分椭圆的投影；

（3）截交线投影作图。

① 找出特殊点：找出 1′、2′、3′、4′、5′、6′和 1″、2″、3″、4″、5″、6″，求出 1、2、3、4、5、6。

② 求作截交线上的一般点：求出圆锥面水平投影 a 点（用纬圆法作出）和圆柱面水平投影 b 点（利用积聚性求得）。

③ 根据图 4-11（a）依次光滑连接水平投影 1～a～2～3～a～1（双曲线）和 2—8—7—3、4—10—9—5（直线）、4～b～6～b～5（椭圆的一部分），即得到顶尖截交线的投影，完成俯视图。

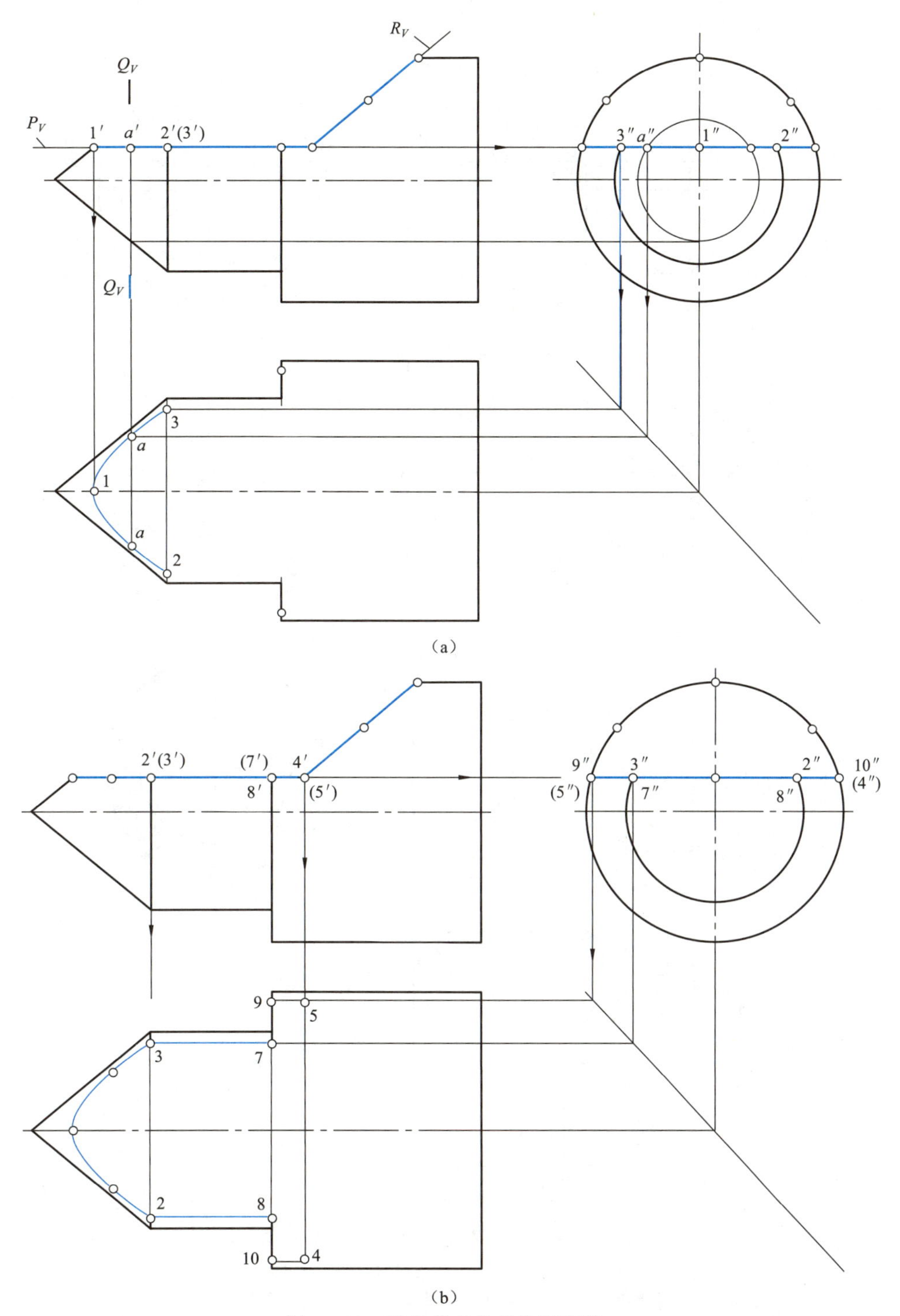

图 4-11 顶尖截交线的作图步骤

(a) 求作圆锥面上截交线双曲线的投影

① 由特殊点 1′、2′、3′，补画 1″、2″、3″和 1、2、3；② 由 a'（用纬圆法）求作 a''和 a 一般点；③ 光滑连接点 3—a—1—a—2（双曲线）

(b) 求作两圆柱面上截交线为矩形的投影

① 由点 4′、5′和 4″、5″补画 4、5；由点 7′、8′和 7″、8″补画 7、8；由点 9′、10′和 9″、10″补画 9、10；② 连接点 2—8—7—3，4—10—9—5

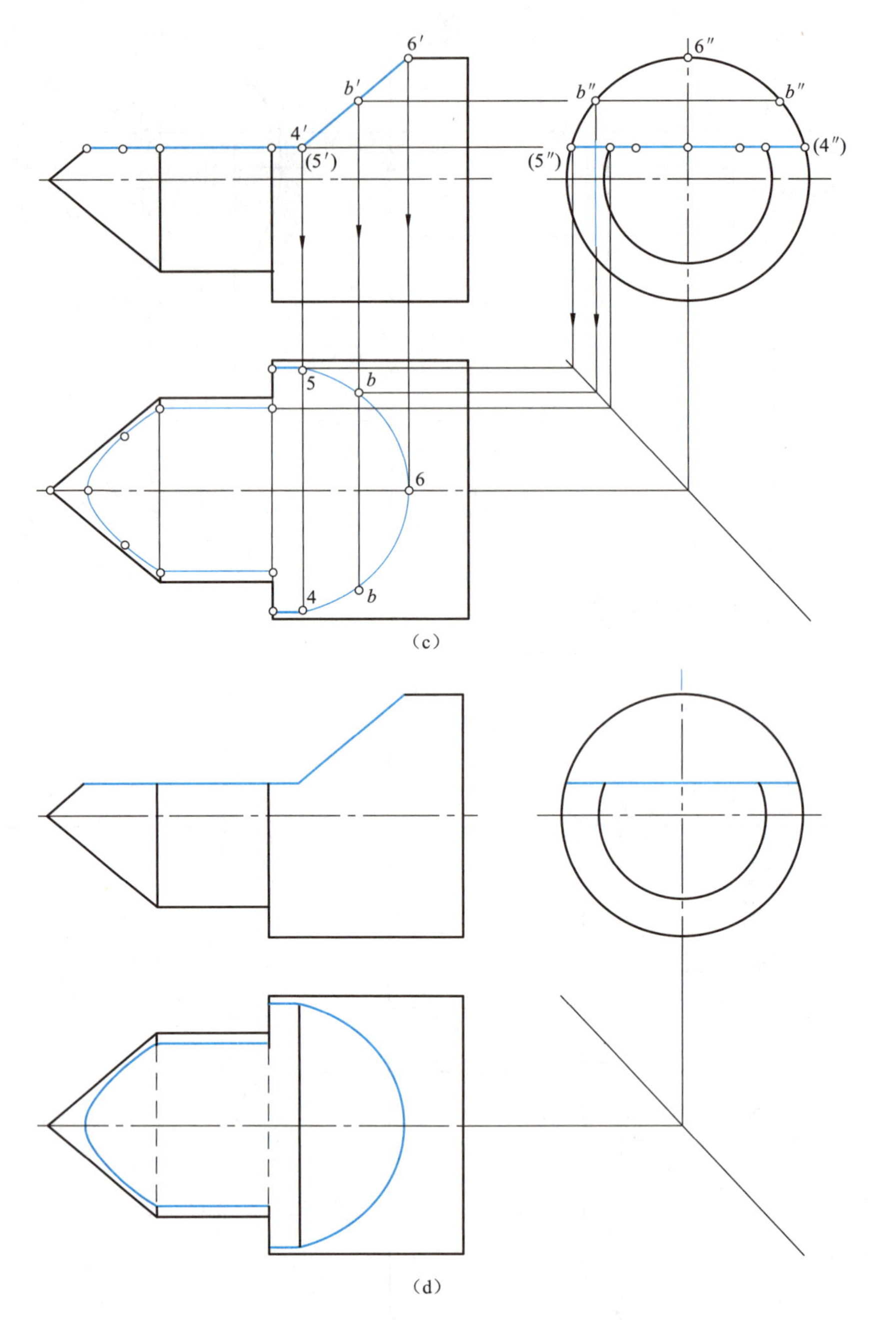

（c）

（d）

图4-11　顶尖截交线的作图步骤（续）

（c）求作大圆柱面上截交线椭圆的一部分；

①由特殊点6′和6″，补画6；②求一般点B，在大圆柱投影圆上任取一点a''，利用积聚性求作a'，"二求一"作出a；③光滑连接点4～b～6～b～5（椭圆的一部分）

（d）描深、检查，完成全图

①连接直线2—3、7—8（虚线）；②描深、连接直线7—9、8—10等（粗实线）；③描深、光滑连接各曲线（粗实线）

【例 7】补画连杆主视图的截交线（见图 4－12）。

（1）截交线形状分析。

连杆头由圆柱、圆锥和圆球共轴相交后被两正平面截切而成。从图 4－12 可看出，在圆锥面上截交线为双曲线，圆球面上截交线为圆弧。

（2）截交线视图分析。

① 由于截平面为正平面，所以在俯、左两个视图上截交线投影都积聚成了直线；

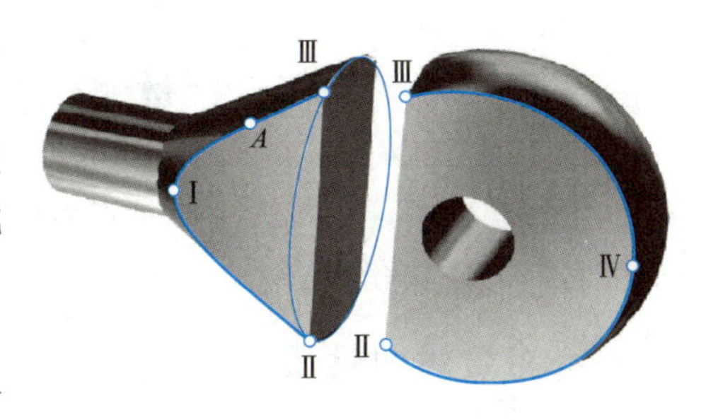

图 4－12 连杆直观图

② 主视图上截交线为双曲线和圆弧围成的线框，它是截交线的真实形状。

（3）截交线投影作图，如图 4－13 所示。

① 找特殊点：圆锥面上 1′、2′、3′点，圆球面上 2′、3′、4′；

② 求作一般点：用辅助平面法求得圆锥面上的 A 点；

③ 连接图线：依次连接双曲线、圆弧完成截交线的投影。

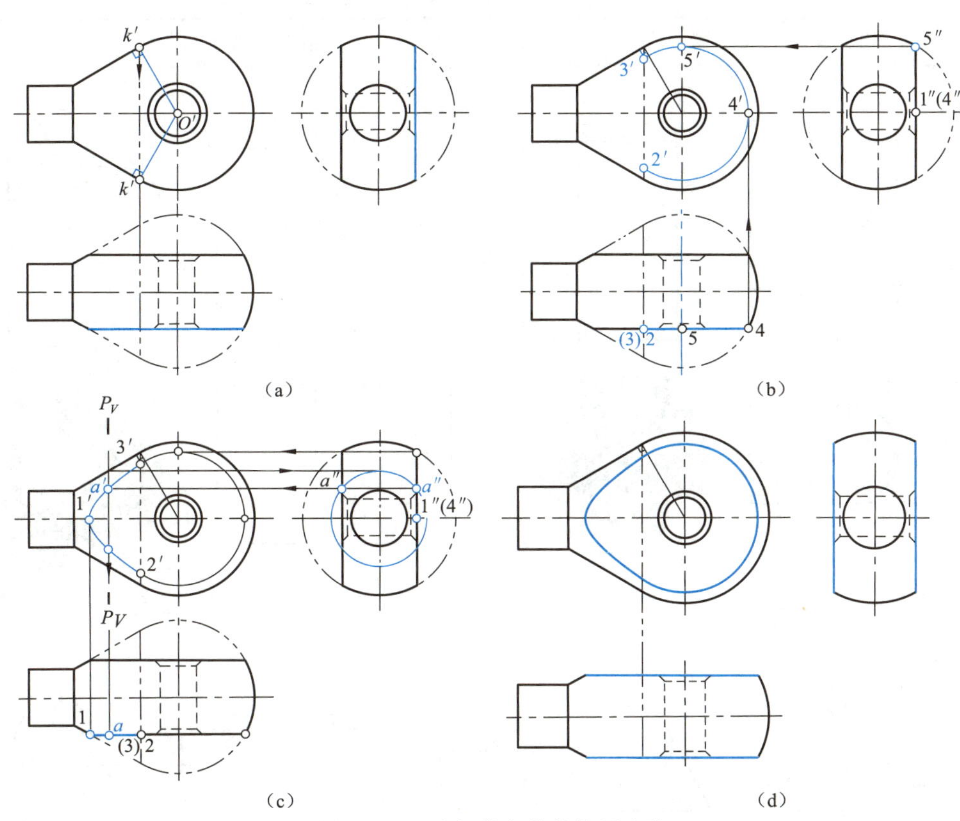

图 4－13 连杆截交线的作图步骤

（a）求作圆锥面与圆球面上的分界线投影；

① 过圆心 O' 作圆锥素线的垂线交于垂足 k'；② 连接垂足 k'—k' 即为分界线（双点界线）

（b）求作圆球表面上截交线（圆的一部分）；

以 O' 为圆心，$O'5'$ 为半径画圆，与分界线相交于 2′、3′。图中 2′、4′、5′、3′所在圆弧即为所求

（c）求作圆锥面上截交线双曲线的投影；

① 由特殊点 1、2、3 补画 1′、2、′3′；② 由 a（用纬圆法）求作 a' 和 a'' 一般点

（d）描深、检查，完成全图

① 描深圆弧 2′～3′（粗实线）；② 连接、描深双曲线 3′～a'～1′～a'～2′（粗实线）

§4—3 曲面立体相交时产生的表面交线——相贯线

在生产实践中，相贯线一般是指由圆柱、圆锥、圆球等相交而产生的表面交线，本节重点研究它们的性质和画法。

一、相贯线的性质

当两相贯体的形状、大小、相对位置不同时，会产生不同形状的相贯线，根据它们的特点总结出相贯线的性质如下：

（1）相贯线一般是封闭的空间曲线（特殊情况下是平面曲线或直线），见表4-4。

（2）相贯线是两立体表面的共有线和分界线。相贯线上的所有点一定是两立体表面一系列共有点的集合。

表4-4 几种常见的相贯线

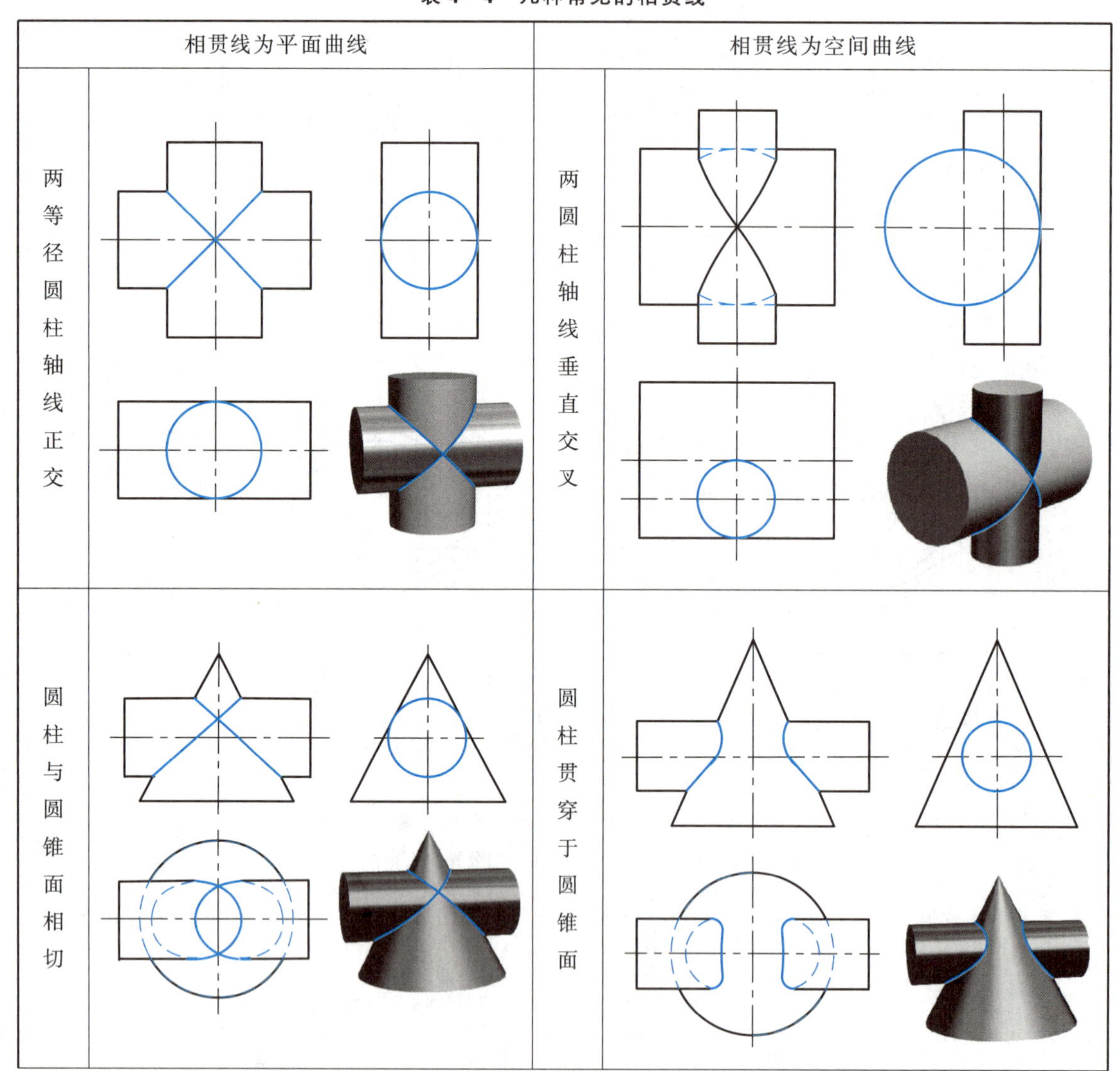

续表

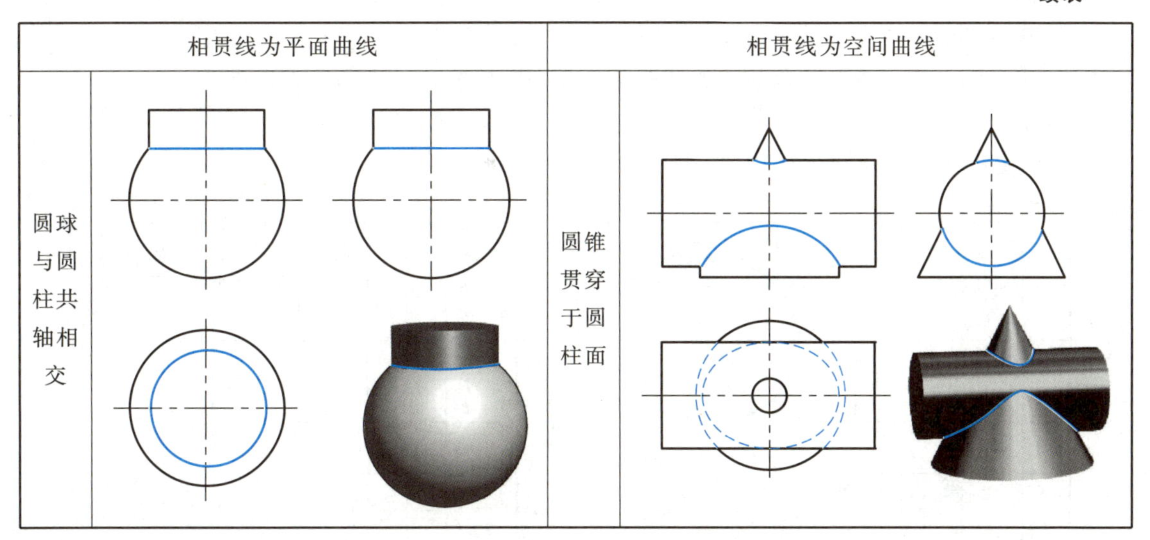

相贯线为平面曲线		相贯线为空间曲线	
圆球与圆柱共轴相交		圆锥贯穿于圆柱面	

二、相贯线的画法

1. 利用积聚性求作相贯线

当两个圆柱的轴线互相垂直且分别垂直于其投影面时，则圆柱面在该投影面上的投影积聚为圆，同时相贯线的投影也重合在该圆上。因此可以利用圆柱面投影的积聚性求第三面投影的方法求出相贯线的投影。

【例 8】 求作图 4-14（b）圆柱正交时相贯线的投影。

（1）相贯线形状分析。

如图 4-14（a）所示，小圆柱与大圆柱正交（两轴线垂直相交），相贯线为封闭的空间曲线。

（2）相贯线投影分析（见图 4-14）。

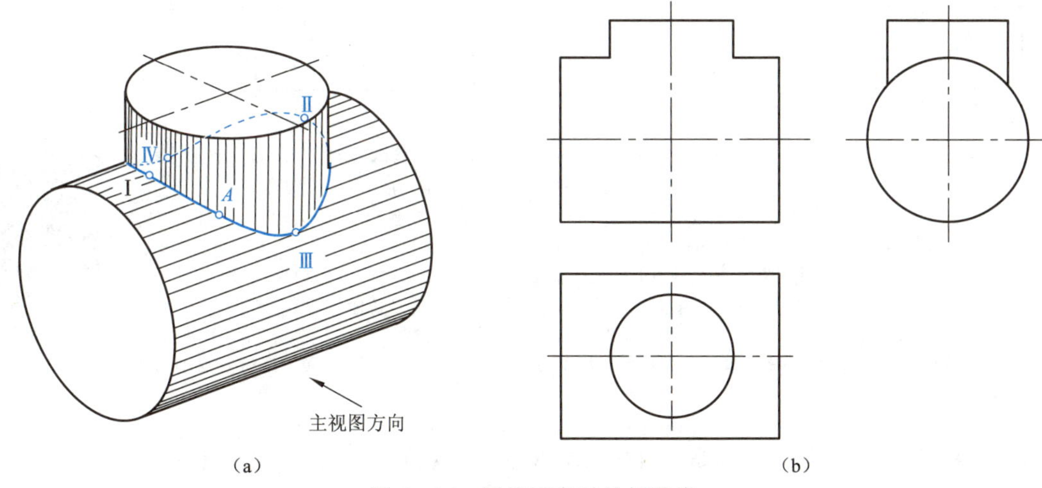

图 4-14　圆柱正交时的相贯线

（a）直观图；（b）已知视图

① 俯视图上，相贯线积聚在小圆柱的圆周上。

② 左视图上，相贯线在小圆柱与大圆柱公共的圆弧“3″～4″”上。

③ 主视图上相贯线是一条封闭的曲线。处于小圆柱前、后半部分的曲线 1′～3′～2′、1′～4′～2′重合可见。

（3）相贯线投影作图，如图 4－15 所示。

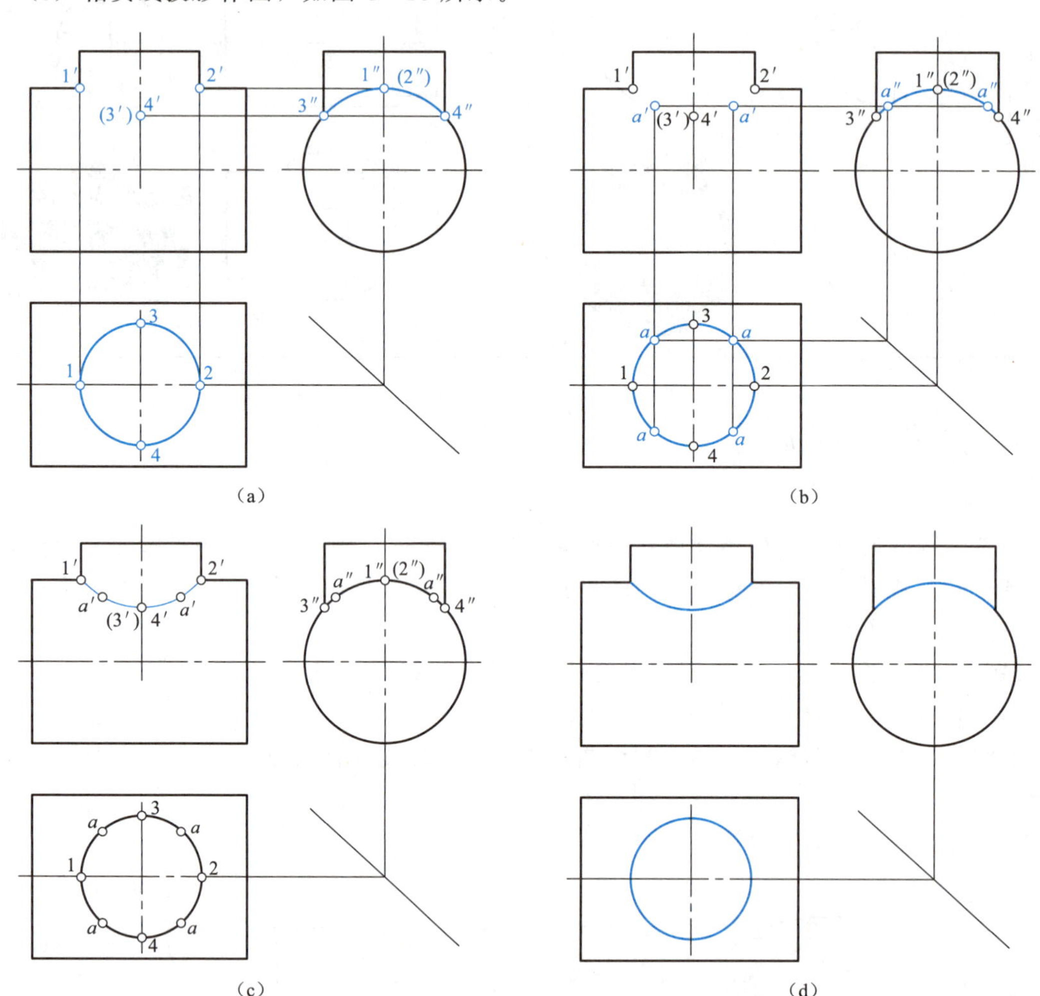

图 4－15　圆柱与圆柱轴线正交（利用投影的积聚性）相贯线的作图步骤

（a）求作相贯线上的特殊点Ⅰ、Ⅱ、Ⅲ、Ⅳ；
由投影 1、2、3、4 和 1″、2″、3″、4″，“二求一”找出 1′、2′、3′、4′点
（b）利用积聚性法求作相贯线一般点 A；
① 在小圆柱俯视图投影圆上任取一点 a；② 利用圆弧 3″～4″的积聚性求出 a''，
“二求一”找出 a'；同理可以作出相贯线上其他一般点
（c）判别可见性、连接相贯线；
由相贯线的水平投影可知，相贯线前、后部分在主视图上重合可见，光滑连接各点即为所求
（d）描深、检查，完成全图

动画资源

【例 9】 求作图 4－16 所示圆柱相交，轴线垂直不相交时，相贯线的投影。

（1）相贯线形状分析。

如图 4－16 所示，小圆柱与半圆柱相交，相贯线是一封闭的空间曲线。

（2）相贯线投影分析。

① 如图 4－17（a）和图 4－17（b）俯视图，由于小圆柱投影积聚，因此，相贯线积聚在小圆柱的圆周上。

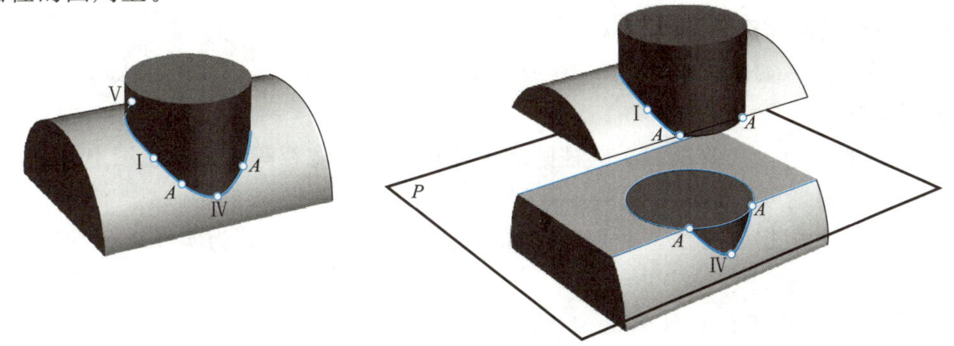

图 4－16　圆柱与圆柱轴线垂直不相交（直观图）

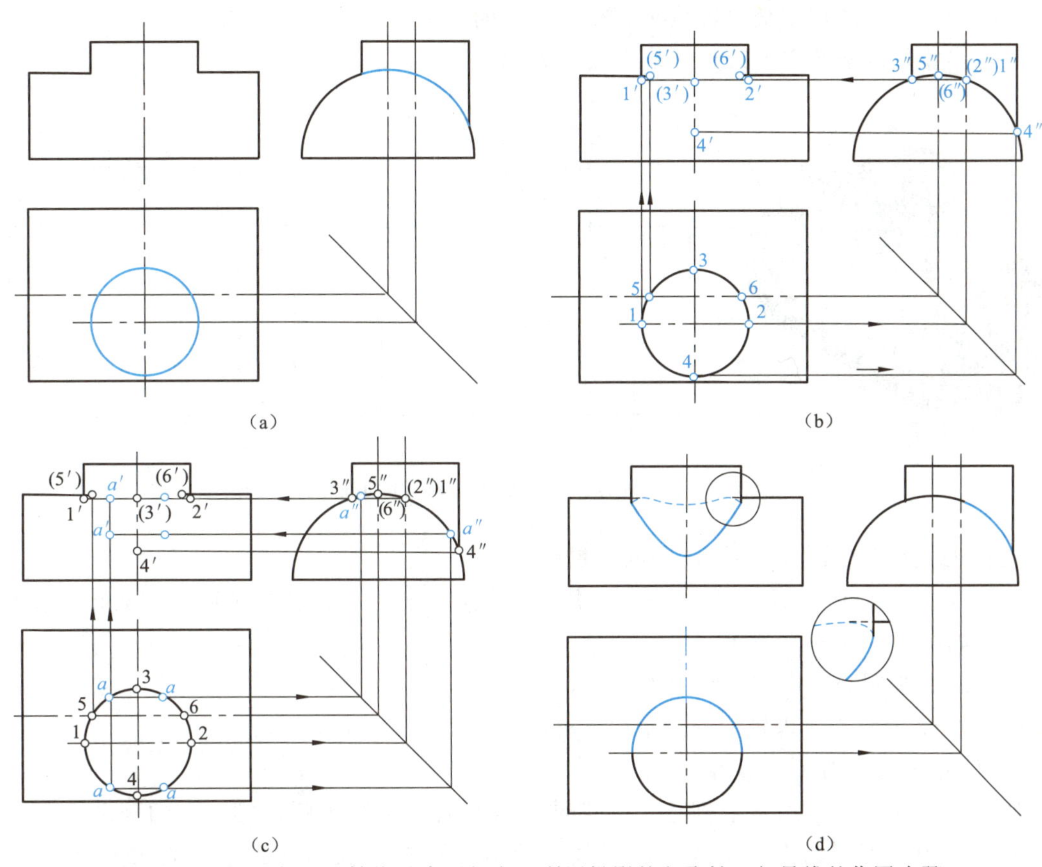

图 4－17　圆柱与圆柱轴线垂直不相交（利用投影的积聚性）相贯线的作图步骤

（a）已知两圆柱轴线垂直不相交的三视图，补画主视图中的相贯线投影；（b）求作相贯线上的特殊点Ⅰ、Ⅱ、Ⅲ、Ⅳ；由投影 1、2、3、4 和 1″、2″、3″、4″，“二求一”找出 1′，2′、3′、4′点

（c）利用积聚性法求作相贯线一般点 A；

① 在小圆柱俯视图投影圆上任取一点 a；② 利用圆弧 3″～4″的积聚性求出 a''，“二求一”找出 a'；同理可以作出相贯线上其他一般点

（d）判别可见性、连接相贯线；

由相贯线的水平投影可知，处于小圆柱前半部分的相贯线，在主视图上可见，即 1′～a'～4′～2′画粗实线；反之，1′～5′～a'～3′～6′～2′不可见，画虚线。光滑连接各点即为所求

② 同理，在左视图上，相贯线在小圆柱与大圆柱公共的圆弧 3″～4″上。

③ 主视图上相贯线是一条封闭的曲线。处于小圆柱前半部分的曲线 1′～4′～2′可见，后半部分的 1′～3′～2′不可见。

（3）相贯线投影作图。

① 找出特殊点。如图 4－17（b）所示，在俯视图中找出 1、2、3、4 及 5、6 点，对应找出其他两面投影。

② 求作一般点 A。在俯视图小圆柱圆周上任取 a 点，宽相等找出左视图上 a''点，“二求一”找出 a'点，同理可求作相贯线的一系列点。

③ 连接图线。根据可见性，分别连接可见部分 1′～a'～4′～2′为实线，不可见部分 1′～5′～a'～3′～6′～2′为虚线。

2. 不等径圆柱正交相贯线的近似画法

对一般的铸造、锻造及机械加工精度要求不高的零件，在不致引起误解的前提下，可用圆弧代替两不等径圆柱正交（轴线垂直相交）时的相贯线。

注意：相贯线必须向大圆柱轴线弯曲，如图 4－18 所示。

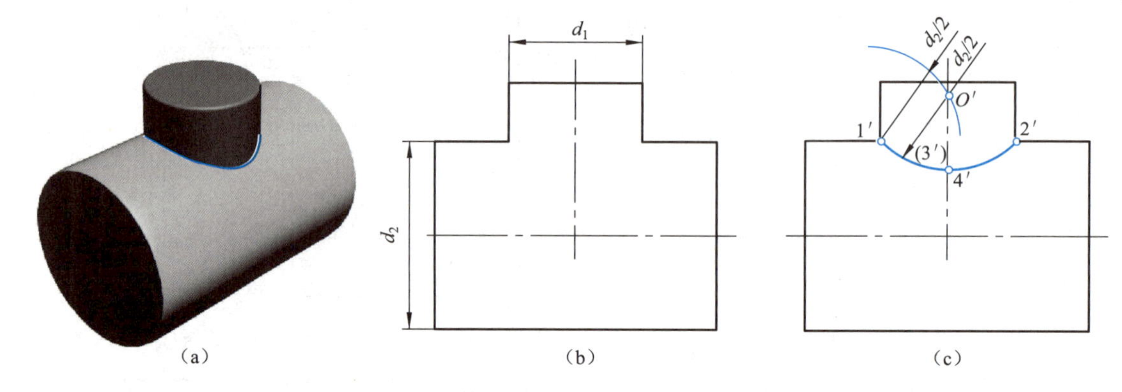

图 4－18　不等径圆柱正交时相贯线的近似画法

【例 10】 补画图 4－18 主视图中的相贯线。

作图方法及步骤与前面相同，只是不用求一般点，而是用圆弧代替曲线完成相贯线的作图，画法如图 4－18（c）所示。

（1）以 1′为圆心，以较大圆的半径（$d_2/2$）画弧交于 O'点。

（2）以 O'为圆心，以较大圆的半径（$d_2/2$）由 1′～2′画弧。

3. 利用辅助平面法求作相贯线

如图 4－19 所示，用一个垂直于圆锥轴线（同时也平行于圆柱轴线）的辅助平面，在相贯线的范围内把两曲面立体切开，则截平面对圆锥体的交线是圆，而对圆柱体的交线则是矩形。圆和矩形的交点就是相贯线上的点。这种求相贯线上点的方法称为辅助平面法。

设置辅助平面的原则是：截平面截两立体都能获得最简单的截交线。

【例 11】 求图 4－19 所示圆锥与圆柱相贯时的相贯线投影。

（1）相贯线形状分析。

由图 4－19（a）可知圆锥完全相交于圆柱之中，相贯线是一条封闭的空间曲线。

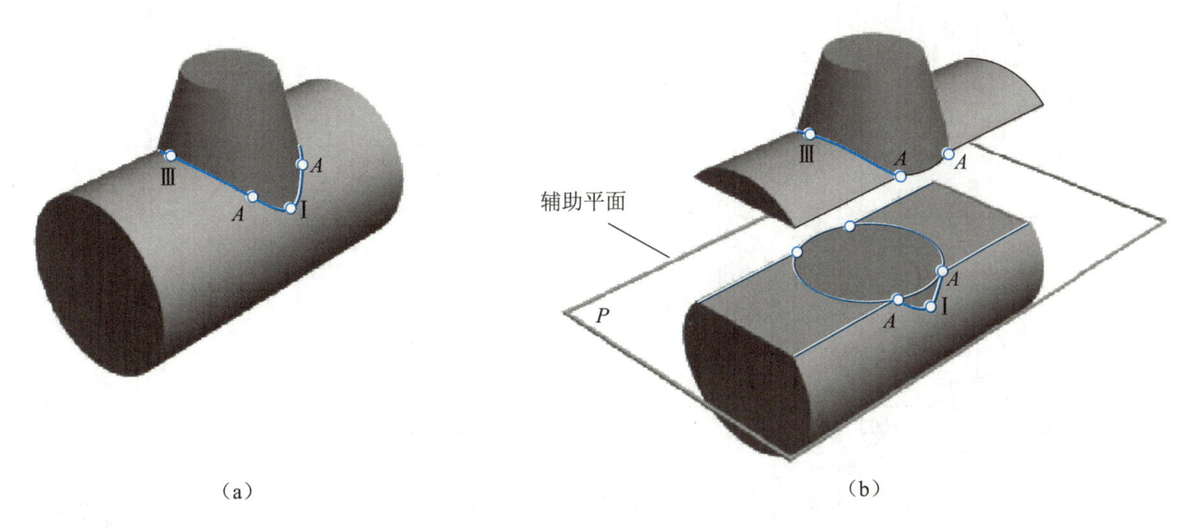

(a)　　　　(b)

图 4-19　辅助平面法直观图

(2) 相贯线投影分析。

① 左视图上，相贯线积聚在 1″～2″圆弧上。

② 主、俯视图中，相贯线位于两形体的公共区域内。

(3) 相贯线投影作图。

① 找特殊点，如图 4-20（b）所示。

② 求作一般点 A，如图 4-20（c）所示。

③ 连接图线，如图 4-20（d）所示。

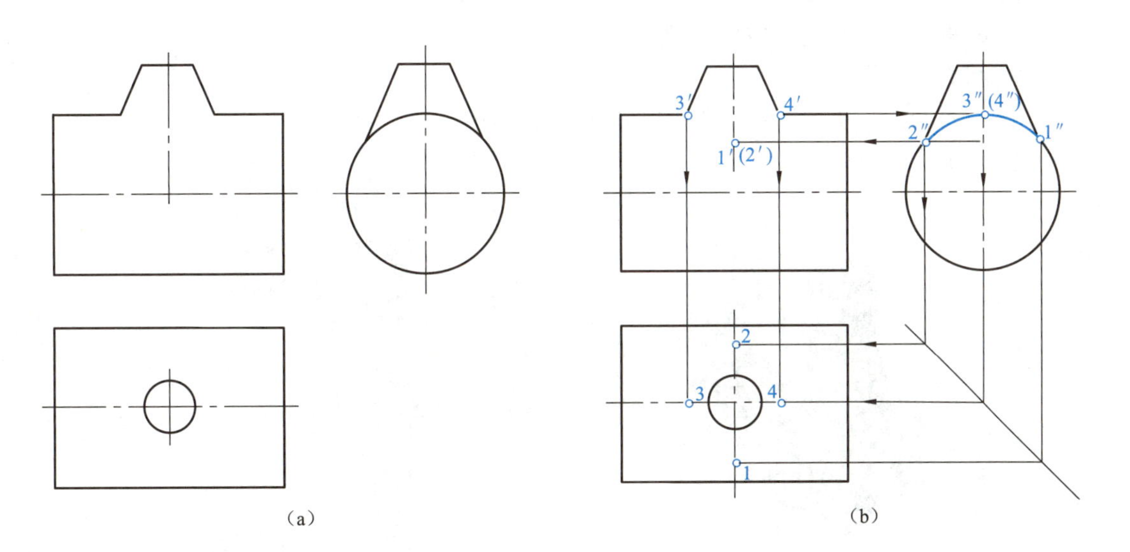

(a)　　　　(b)

图 4-20　用辅助平面法求圆锥与圆柱轴线正交时相贯线的作图步骤

(a) 已知三视图补画主、俯视图中的相贯线投影；(b) 求作相贯线上的特殊点Ⅰ、Ⅱ、Ⅲ、Ⅳ由 1″、2″、3″、4″得 1′、2′、3′、4′点，“二求一” 找出 1、2、3、4 点

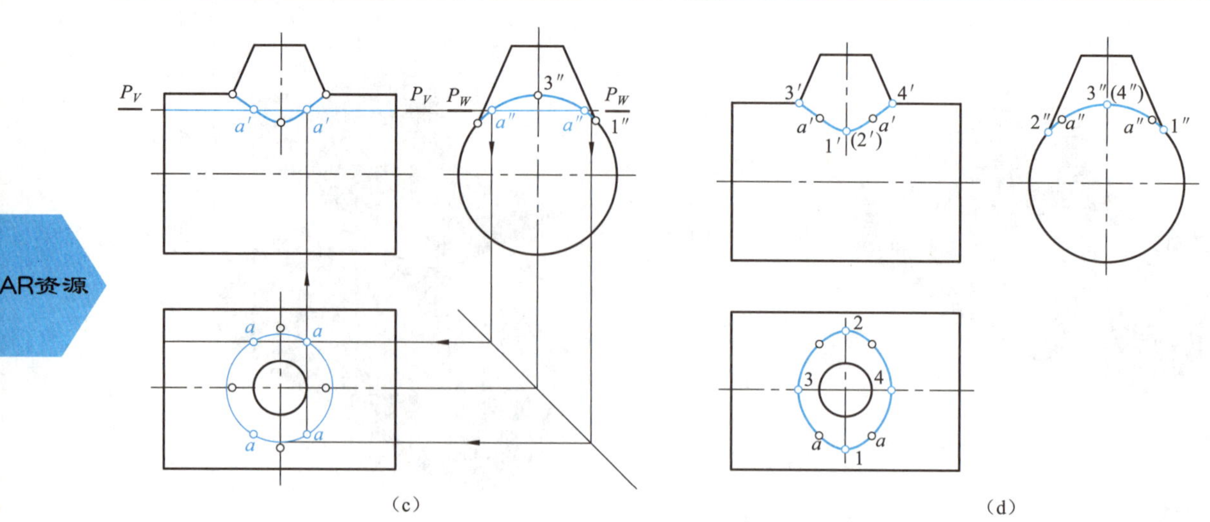

(c)　　　　(d)

AR资源

图 4-20　用辅助平面法求圆锥与圆柱轴线正交时相贯线的作图步骤（续）

(c) 利用辅助平面法求作相贯线一般点 A；

① 在左视图上 1″—3″之间作辅助水平面 P_W，分别交于圆锥、圆柱（得到交线圆、矩形）；

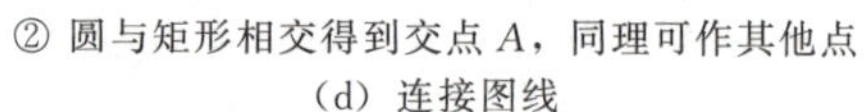

② 圆与矩形相交得到交点 A，同理可作其他点

(d) 连接图线

由于相贯线均为可见，因而依次光滑连接相贯线上的各点即为所求

动画资源

三、相贯线综合举例

【例 12】 求图 4-21 轴承座的相贯线。

从直观图可以看出该轴承盖左右是对称的，所以只取左半部分为例。

(1) 形体分析。

如图 4-21 所示，该零件由圆锥与圆柱（轴线垂直交叉）相贯而成，圆锥完全相交于圆柱之中，相贯线是一封闭的空间曲线。

(2) 相贯线投影分析。

如图 4-21 (a) 所示，主视图上相贯线积聚在圆弧 1′～2′之间，俯、左视图相贯线待求。

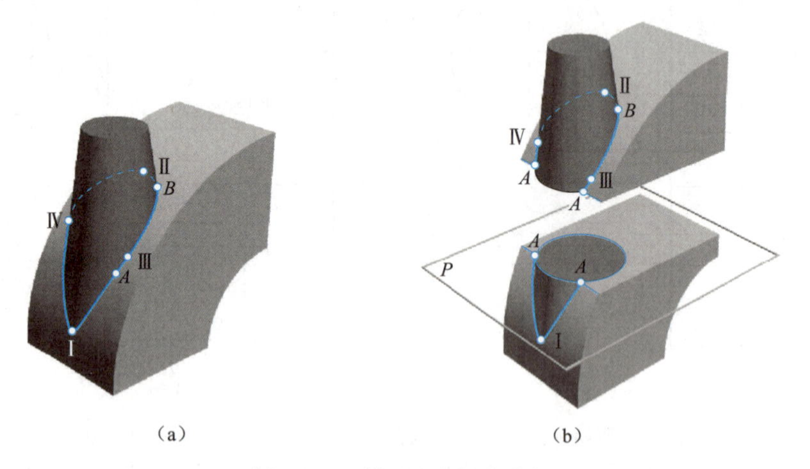

(a)　　　　(b)

图 4-21　轴承座相贯线分析

（3）相贯线投影作图。

① 找出特殊点 1′、2′、3′、4′，高平齐求得 1″、2″、3″、4″点，“二求一”找出 1、2、3、4 点，如图 4－22（a）所示。

② 求作一般点：如图 4－22（b）所示，在相贯线上任取一点 a'，过 a' 作辅助平面（水平面）P_V 分别交于圆锥（交线为圆）和圆柱（交线为矩形“一直线”），交线圆与矩形（一直线）相交于点 a，同理可求出 b'、b、b'' 点。

③ 连接图线并判别可见性：俯视图相贯线均为可见；左视图以圆锥的左视转向素线为界，可见部分画实线，不可见部分画虚线。详细作图步骤如图 4－22 所示。

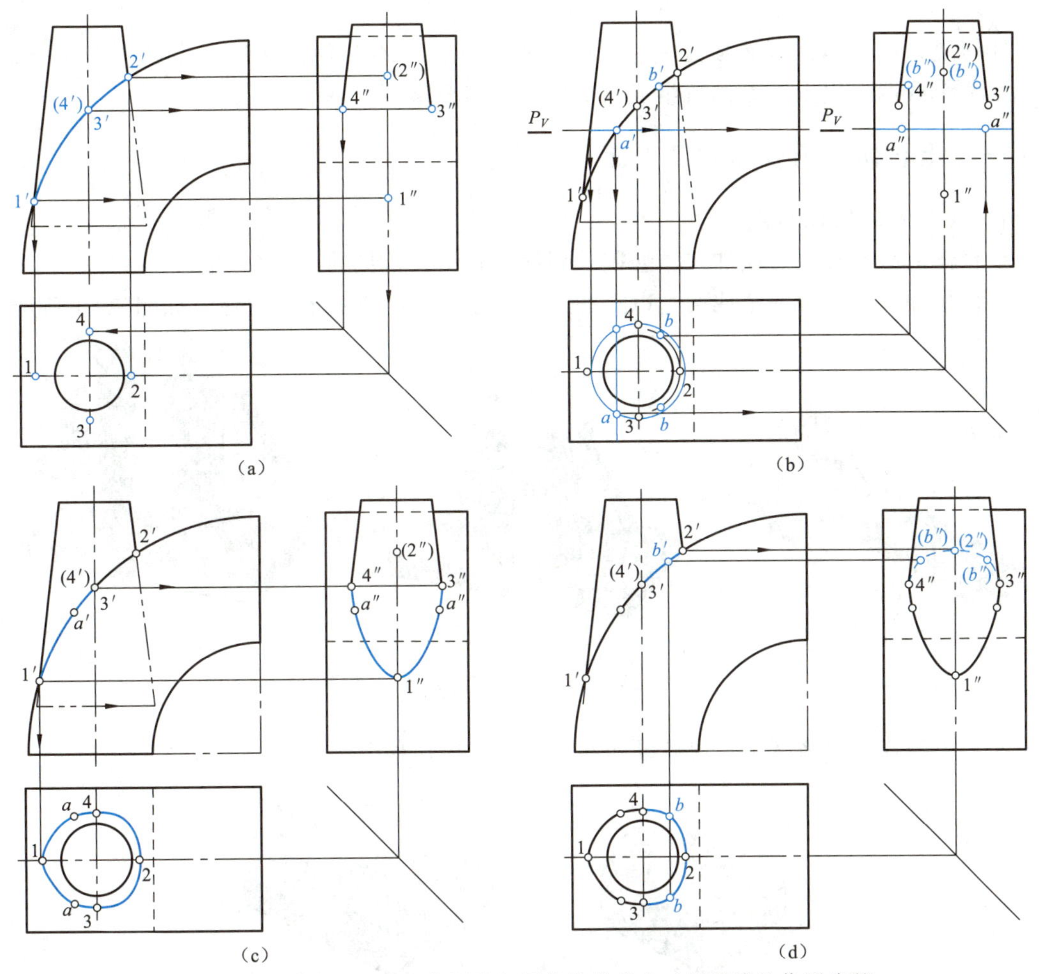

图 4－22　用辅助平面法求圆锥与圆柱轴线偏交时相贯线的作图步骤

（a）求作相贯线上的特殊点Ⅰ、Ⅱ、Ⅲ、Ⅳ；

由 1′、2′、3′、4′点，求作 1″、2″、3″、4″及 1、2、3、4 点

（b）利用辅助平面法求作相贯线一般点 A；

① 在相贯线上取一点 a'；② 过 a' 在 1′～2′间作辅助平面 P_V，分别交于圆锥和圆柱，得到交线圆、矩形；圆与矩形（一直线）的交点为 a 点。同理可求出 b'、b、b'' 点

（c）描深、连接可见相贯线（粗实线）；

① 描深、光滑连接 1～a～3～2～4～a～1；② 描深、光滑连接 1′～a'～3′～2′～4′～a'～1′

（d）描深、检查，完成全图

① 描深、连接不可见相贯线：4″～（b''）～（2″）～（b''）～3″（虚线）；② 检查、描深其他图线即为所求

第五章 组 合 体

§5—1 组合体的概述

任何复杂的形体都可看成是由柱、锥、球、环等基本几何体按照一定的方式组合而成的。由两个或两个以上基本体所组成的形体称为组合体。

一、组合体的组合形式及表面连接关系

1. 组合体的组合形式

组合体的组合形式有相加式、切割式和综合式等，常见的是综合式。

(1) 相加式。指由两个或两个以上的几何体以相加的方式形成立体。如图 5-1 所示。

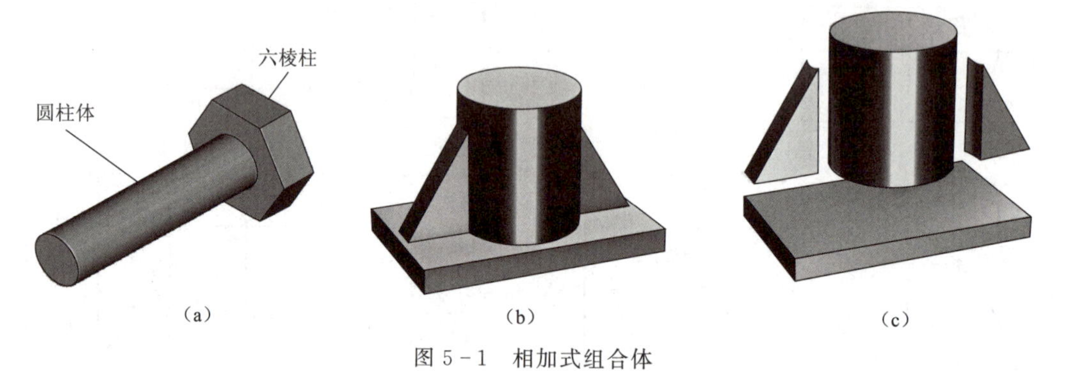

图 5-1 相加式组合体

(2) 切割式。指由基本几何体经切割而形成立体。如图 5-2 所示。

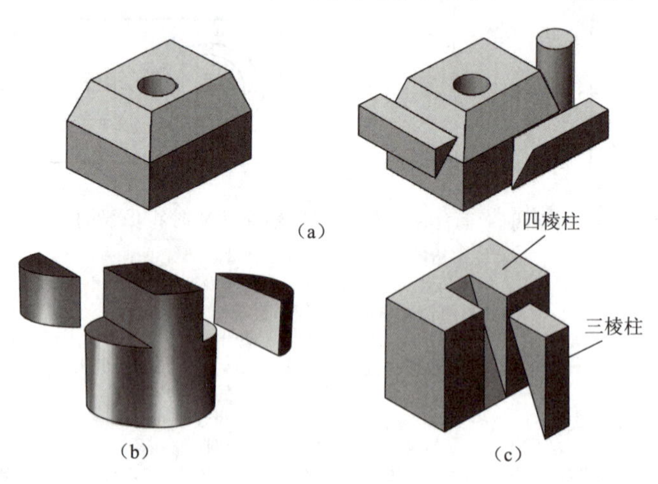

图 5-2 切割式组合体

（3）综合式。指由切割和相加共同形成立体。如图 5－3 所示。

在许多情况下，切割式与相加式并无严格的界线，同一组合体既可以按切割式进行分析，也可以按相加式进行分析，应视具体情况分析，以画图和看图方便为准。

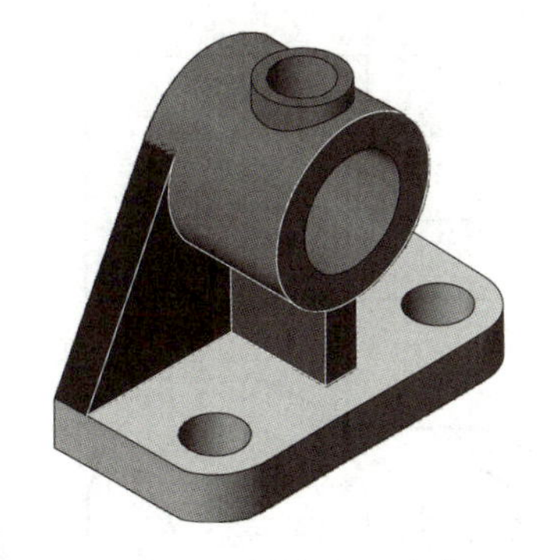

图 5－3 综合式组合体

2. 组合体表面的连接关系

无论以何种方式构成的组合体，其形体间同一方向的相邻表面都可以分为平齐、不平齐、相切和相交四种连接关系。形体间的表面连接关系不同，其结合处的图线画法就不同。

（1）表面平齐。画视图时，同一方向平齐的相邻表面间无分界线。如图 5－4 所示。

（2）表面不平齐。若同一方向相邻表面不平齐则应在结合处画出分界线。如图 5－5 所示。

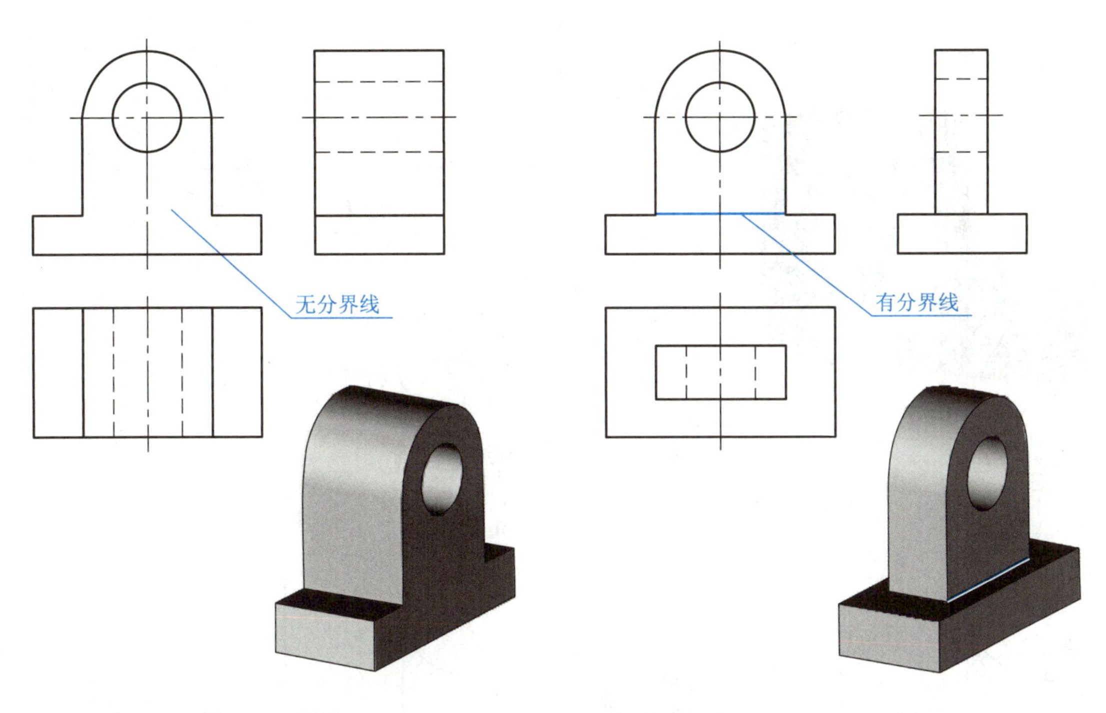

图 5－4 平齐　　图 5－5 不平齐

（3）表面相交。当两形体表面相交时会产生各种形式的交线，应在投影图中画出交线的投影，如图 5－6 所示。

（4）表面相切。画视图时，表面相切处通常不画分界线，包括平面与曲面相切和曲面与曲面相切，如图 5－7 所示。

当组合体上两基本形体表面相切时，其相切处是光滑过渡，不应画线。只有当公切面垂直于投影面时，在该投影面上的投影才画出相切处的分界线，如图 5－8 所示。

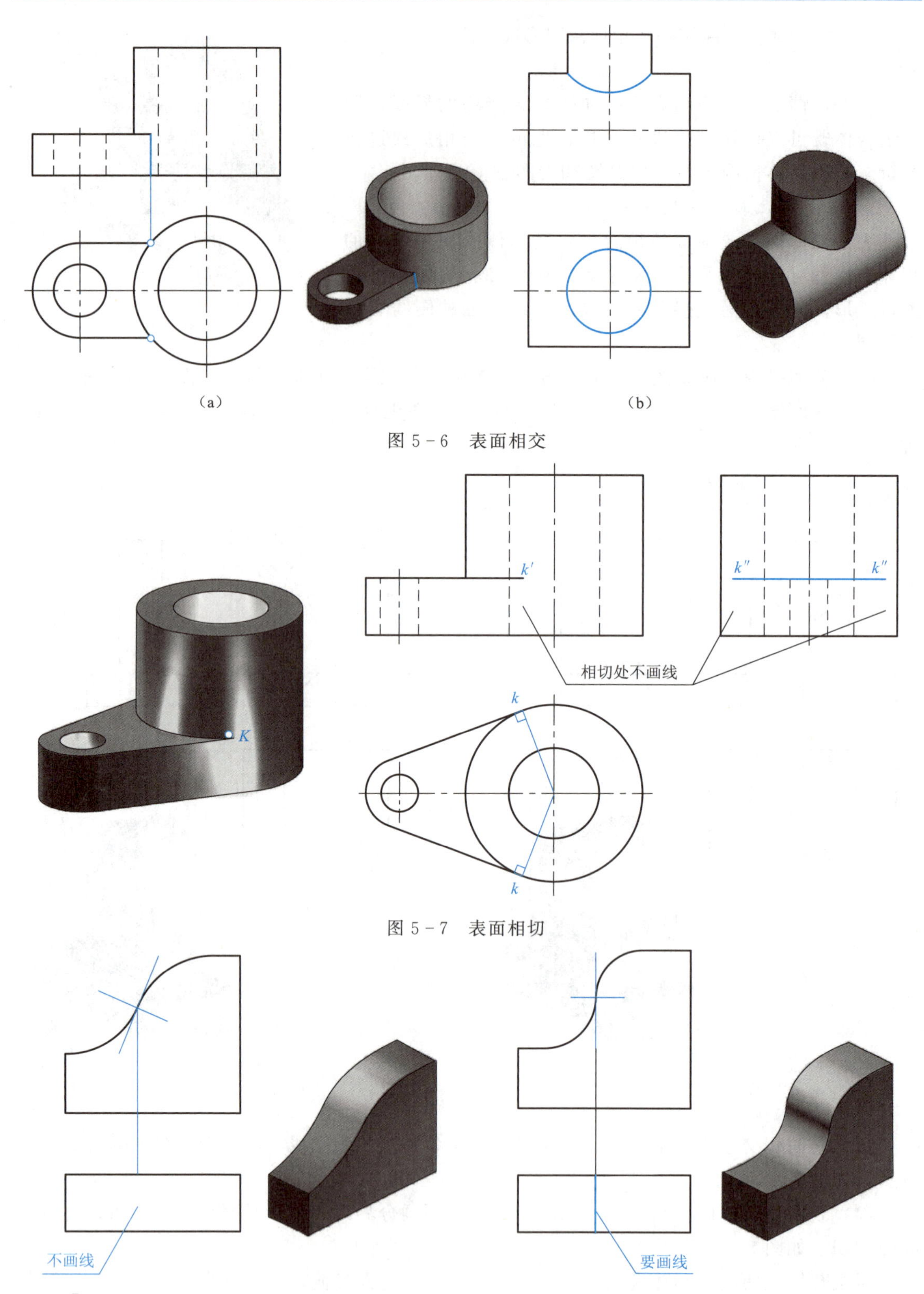

图5-8　相邻表面有公切面时的画法

二、形体分析法

假想将组合体按照其组成方式分解为若干基本形体，以便分析各基本形体的形状、相对位置和表面连接关系的方法称为形体分析法。

形体分析法的实质是将组合体“化整为零”，即假想将一个复杂的形体分解为若干个简单形体。形体分析法是画、读组合体视图以及标注尺寸的最基本方法。

分析内容包括：

(1) 组合体的组合形式：切割、相加、综合。

(2) 组合体各组成部分的结构状况。

(3) 组合体的表面关系：平齐、不平齐、相交、相切。

(4) 组合体各组成部分之间的位置关系：上、下、左、右、前、后。

如图 5-9 所示，从立体图中可以看出，此组合体由 5 个部分：空心圆柱体 1、肋板 2、空心半圆柱体 3、凸台 4 和底板 5。其中，空心圆柱体 1 和空心半圆柱体 3 的轴线空间垂直交叉；凸台 4 与底板 5 及空心圆柱体 1 相交；凸台 4 前面与底板平齐；肋板 2 连接空心圆柱体 1、空心半圆柱体 3 及底板 5，且后面与空心半圆体 3 后端面平齐，上面与空心半圆柱体 3 相切，与空心圆柱体 1 相交。

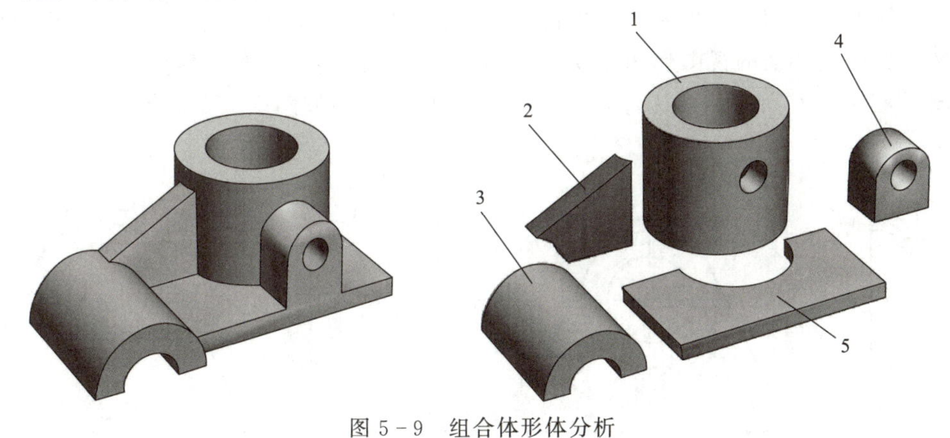

图 5-9　组合体形体分析

1—空心圆柱体；2—肋板；3—空心半圆柱体；4—凸台；5—底板

§5—2　画组合体三视图的方法和步骤

一、形体分析

画图前应首先对组合体进行形体分析，即分析该组合体的组合形式、各基本形体的形状、相对位置、表面连接关系及组合体是否具有对称性等，以便对组合体的整体形状有个总的印象。图 5-10 所示的轴承座是由凸台 1、圆筒 2、支撑板 3、肋板 4 和底板 5 组成。圆筒和凸台的内外表面都有相贯线，外圆柱面与肋板、支撑板相连接，它们的左右端面都不平齐；支撑板的左右两侧面与圆筒的外圆柱面相切，与底板的左右两侧面相交；肋板的左右两表面与圆柱面相交；支撑板的后端面与底板的后端面、圆筒 2 的后端面平齐；轴承座在左右方向上具有对称性。凸台、肋板和圆筒左右方向都以对称面定位。

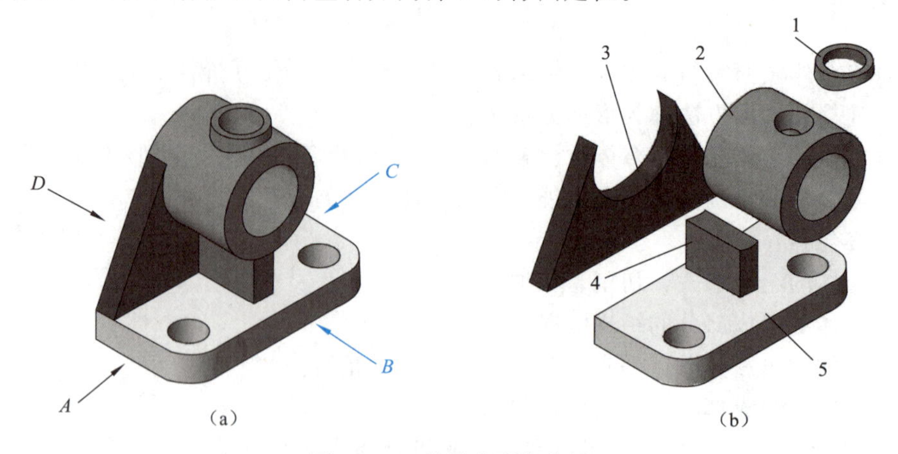

图5-10 轴承座形体分析

1—凸台；2—圆筒；3—支撑板；4—肋板；5—底板

二、选择主视图

画组合体的三视图，首先要确定主视图。主视图的选择原则是：应选择最能反映该组合体形状特征和位置特征的视图作为主视图，同时还应考虑尽可能减少其他视图中的虚线。

从图5-10（a）所示 *A*、*B*、*C*、*D* 四个方向所得视图如图5-11所示。

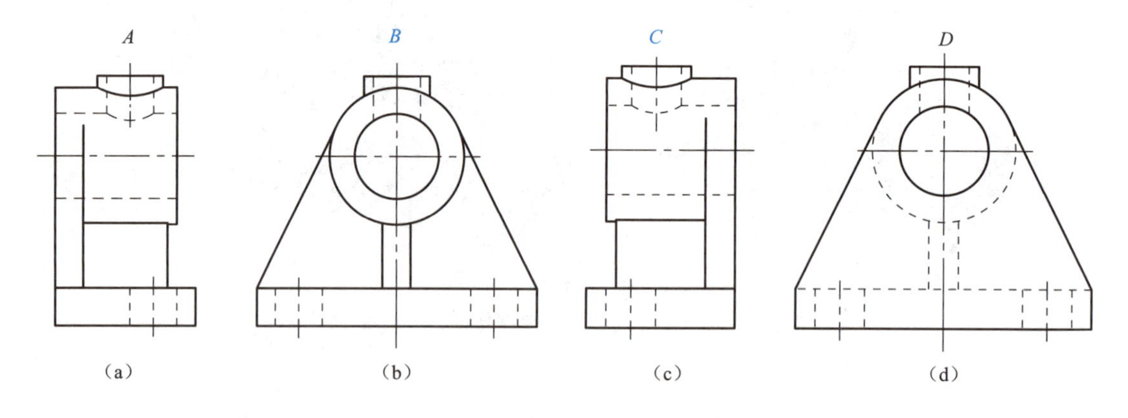

图5-11 主视投影方向分析

经过比较可以看出，该组合体以投射方向 *B* 或 *C* 所得的视图能较好地满足以上选择原则，现以 *B* 向为主视方向。当主视图方向确定后，其他视图的方向则随之而定。

三、画图步骤

（1）根据组合体的尺寸大小和复杂程度，依据相关的国家标准，选择出合适的图纸幅面和绘图比例。

（2）根据组合体的总长、总宽、总高布置三视图，并在视图间留适当间距，画出各对称中心线、基准线和孔中心线。

（3）先画主要部分，后画次要部分；先画基本形体，再画切口、穿孔等细部结构。在画各部分投影时，应从形状特征明显的视图入手，三个视图配合着画。

（4）校核、检查、整理，擦去多余的线条，描深图线，完成组合体三视图。

【例 1】 根据图 5－12（a）所示螺钉的实物和立体分解图，作其三视图。

分析： 该螺钉可以看成由圆柱、圆锥、和半圆球体组合而成。只要按照它们的位置关系逐一画出它们的三视图便可。

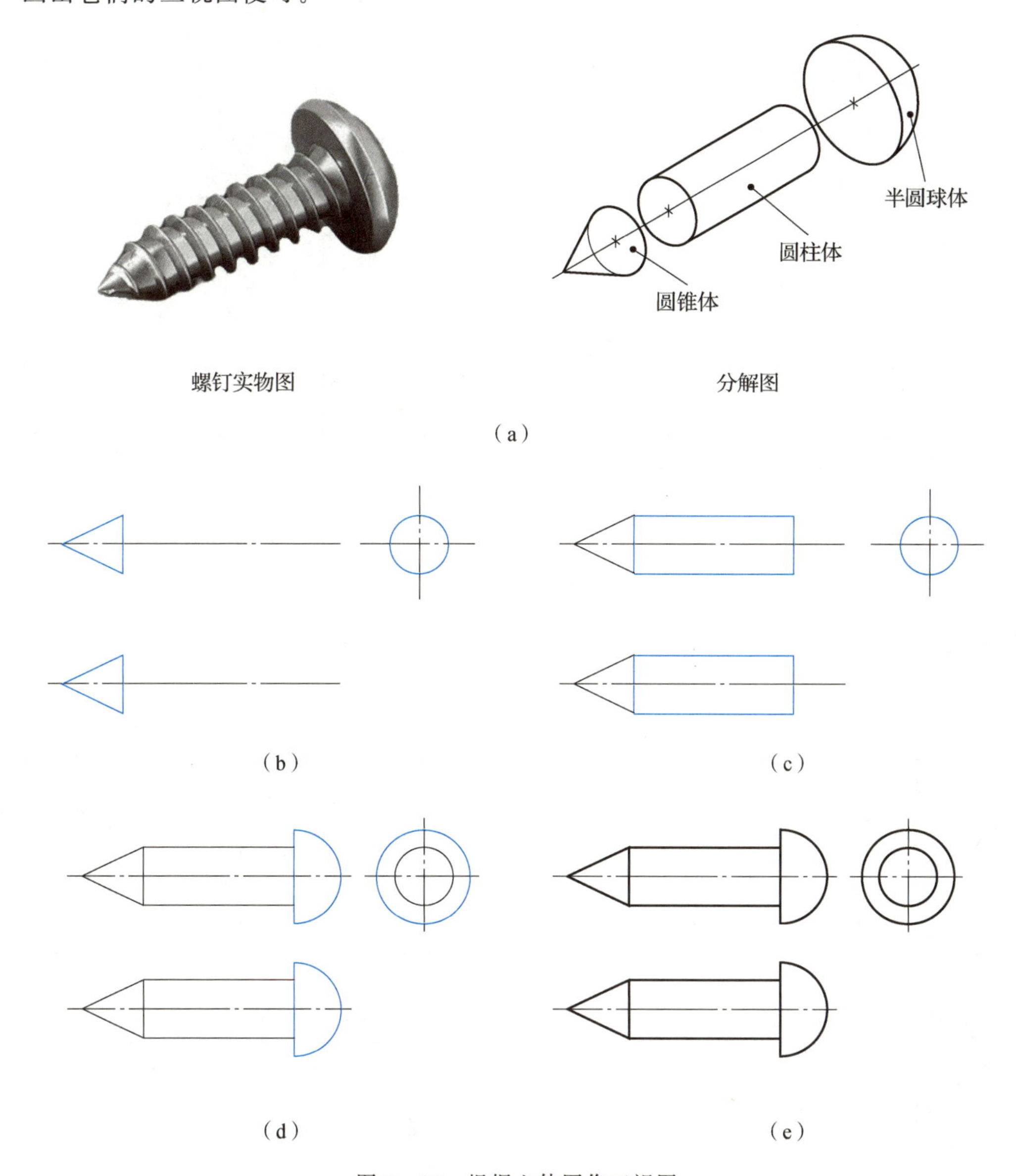

图 5－12　根据立体图作三视图

（a）螺钉实物及形体分解图；（b）画圆锥体；（c）画圆柱体；（d）画半圆球体；（e）检查、整理、描深

【例 2】 图 5－13 和图 5－14 是相加式组合体和切割式组合体三视图的一般画图步骤。

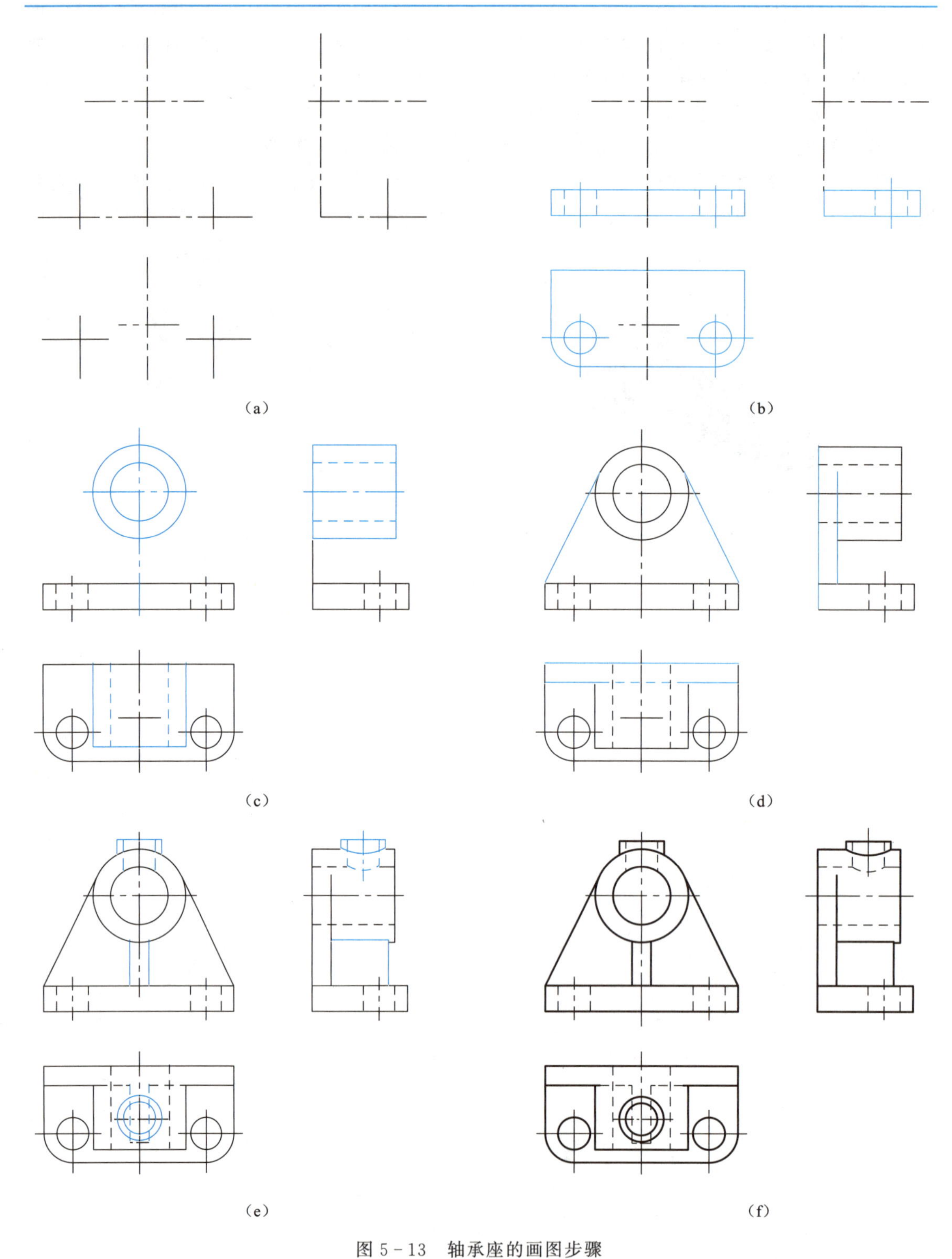

图 5-13　轴承座的画图步骤

(a) 画作图基准线；(b) 画底板；(c) 画圆筒；(d) 画支撑板；
(e) 画加强肋板和上部凸台；(f) 检查、描深

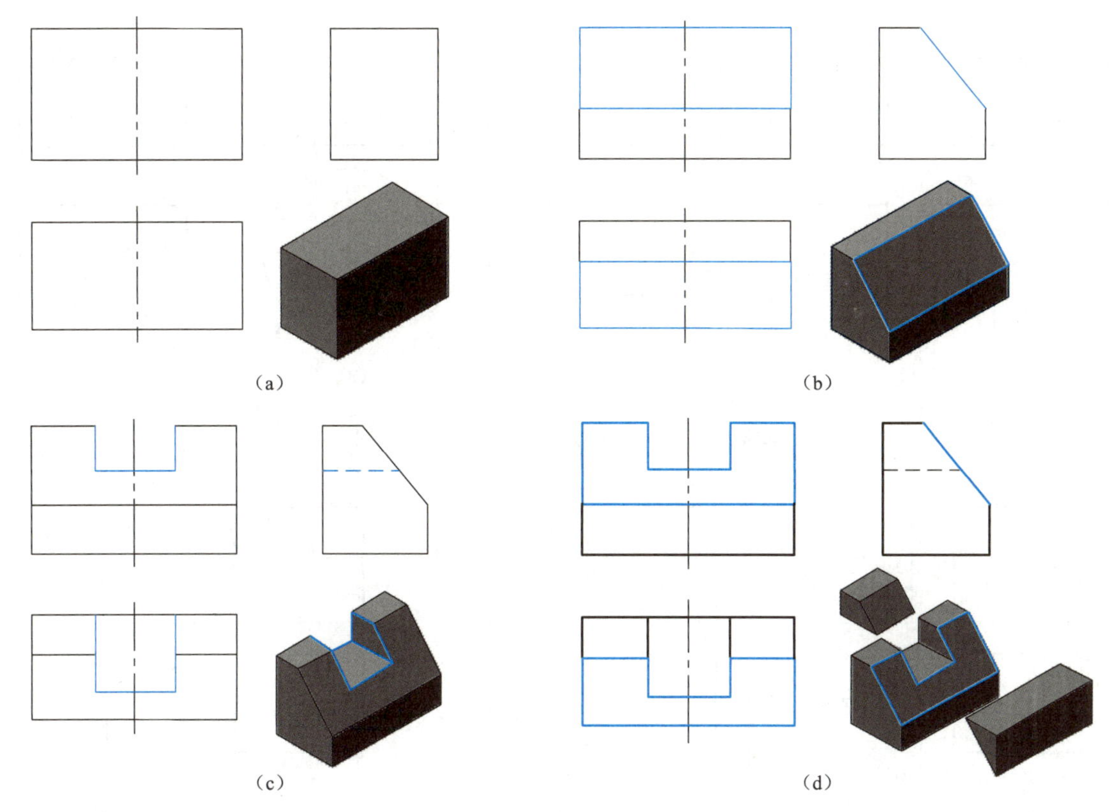

图 5-14 切割式组合体的画图步骤

(a) 基本体的投影；(b) 切去三棱柱后的投影；(c) 开槽后的投影；(d) 检查、描深

§5—3 读组合体视图的方法

读图和画图是学习机械制图的两个主要内容。画图是将形体用正投影的方法表达在平面上，即实现空间到平面的转换；而读图则是根据视图想象出形体的空间形状，即实现平面到空间的转换。

一般来讲，一个视图不能反映物体的确切形状（如图 5-15 所示，虽然主视图相同，但各自的形状并不相同），甚至两个视图也不能反映物体的确切形状（如图 5-16 所示，虽然它们的主、俯视图都相同，但各自的形状并不相同）。物体的三个视图总是相互关联的，它们彼此配合才能完整地表达物体的形状。因此，读图时，不能孤立地只看一个或两个视图，必须抓住重点，以主视图为中心，配合其他视图一起看，才能正确地确定物体的形状和结构。

一、读图方法

1. 形体分析法

形体分析法是读图的基本方法。根据视图特点，把比较复杂的组合体视图按线框分成几个部分，运用三视图的投影规律，一部分一部分想象出它们的形状，再根据各部分的相对位置关系、组合方式、表面连接关系，综合想象出整体的结构形状。

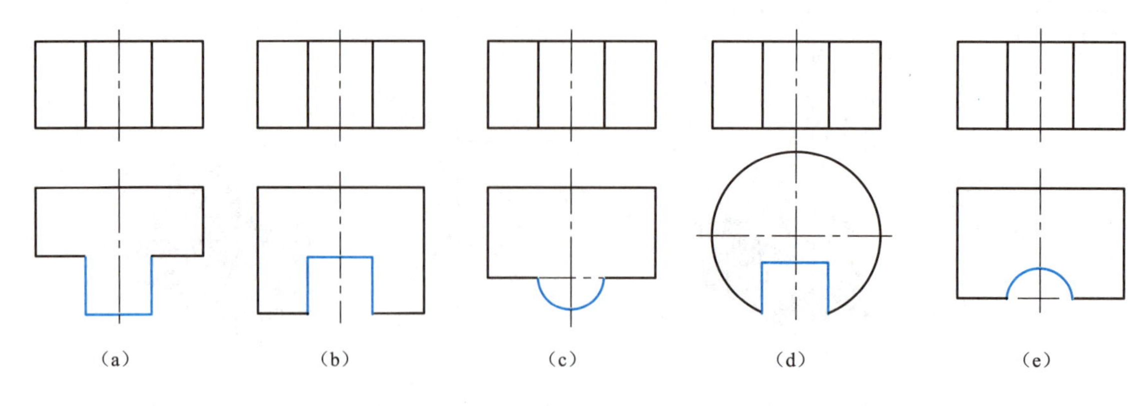

图5-15　不同形体可能有一个视图相同

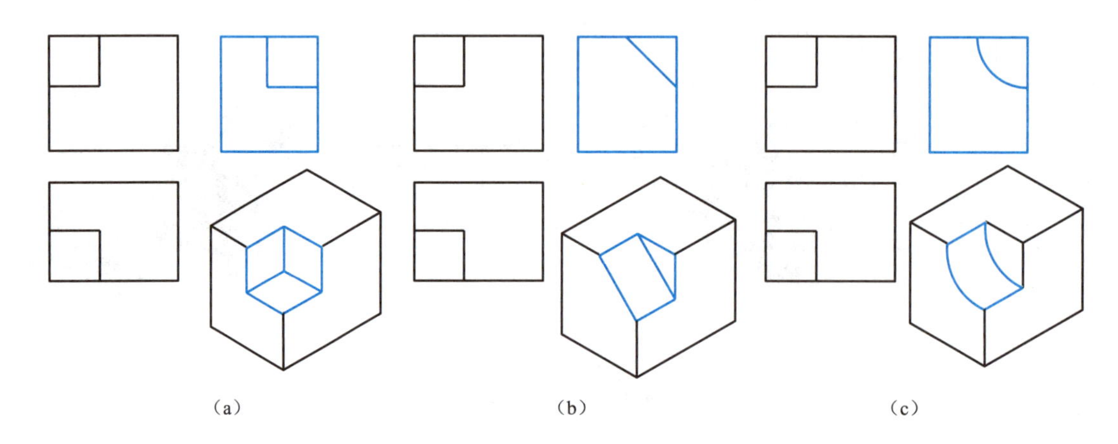

图5-16　不同形体可能有两个视图相同，但决不会三个视图都相同

一般读图步骤为：

（1）抓主视，看大致。参照特征视图，分解形体。

（2）看视图，抓特征，想形状。利用“三等”关系，找出每一部分的三个投影，想象出它们的形状。

（3）合起来，想整体。根据每一部分的形状和相对位置、组合方式、表面连接关系想出整个组合体的空间形状。

【例3】读轴承盖的三视图。如图5-17所示。

抓主视，看大致。首先看主视图，它反映了轴承盖的主要形状，从图5-17可以看出拱形部分是轴承盖的最大部分，左右支耳是连接部分，上面是油孔凸台部分。

分部分，抓特征，想形状。从主视图上大致可将轴承盖分为四个部分，即轴承盖半圆筒部分1，左支耳2，右支耳3及油孔凸台4，如图5-18所示。各部分的形状如图5-19所示。

合起来，想整体。各部分形状想象出来后，它们之间的相互关系可通过对线条，找出相互之间的位置关系和连接关系。从图5-17上可以看出，支耳在轴承盖半圆筒的两旁，油孔凸台在半圆筒上面，和圆筒部分相贯在一起，经过分析、综合和想象，就可以将轴承盖的整体形状想象出来。如图5-20所示。

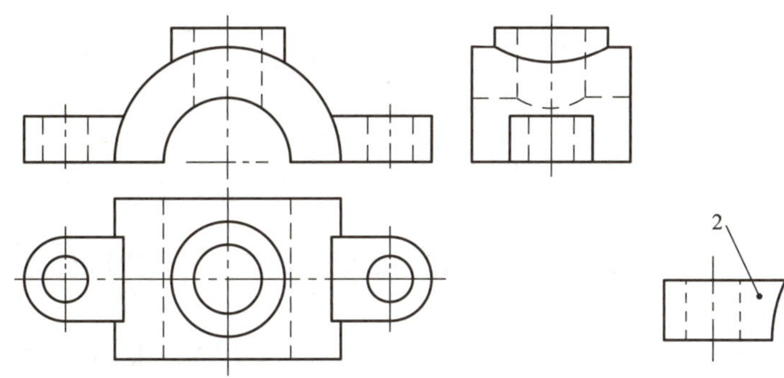

图 5-17 轴承盖三视图

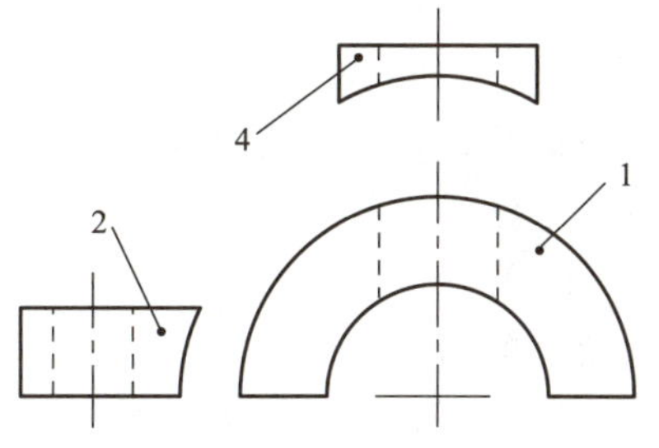

图 5-18 轴承盖分解

1—半圆筒；2—左支耳；3—右支耳；4—油孔凸台

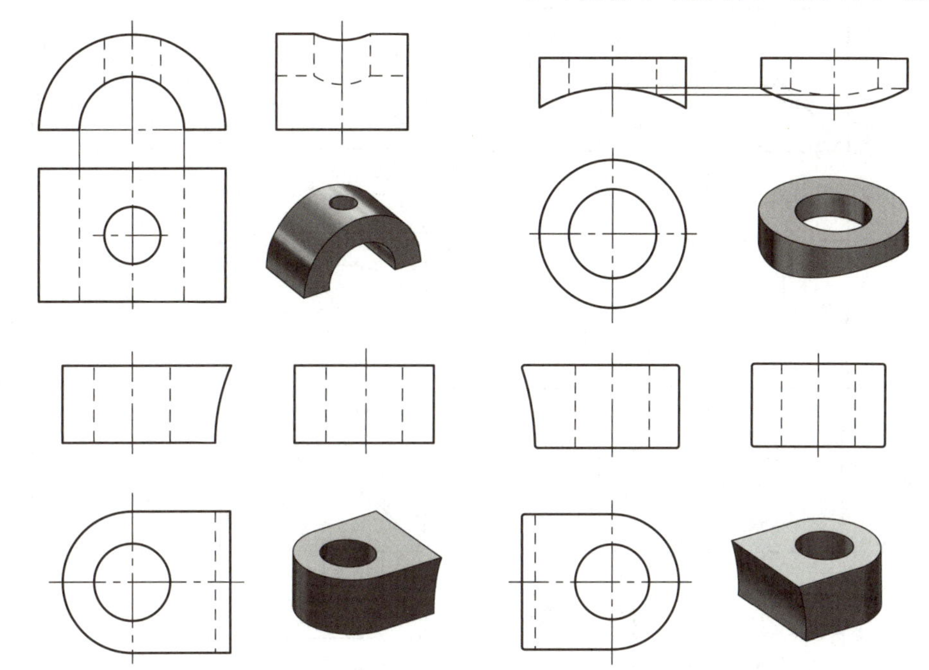

图 5-19 分部分，抓特征，想形状

2. 线面分析法

对于切割面较多的组合体，往往需要在形体分析法的基础上进行线面分析。线面分析法就是运用线、面的投影理论来分析物体各表面的形状和相对位置，并在此基础上综合归纳想象出组合体的形状的方法。

图 5-20 轴承盖的整体形状

线面分析法的读图步骤如下：

(1) 运用投影特征，分析线、线框含义。

视图中的粗实线、虚线可能表示：

① 表面与表面的交线的投影。

② 曲面转向轮廓线在某方向的投影。

③ 具有积聚性的面（平面或曲面）的投影。

视图中的封闭线框可以表示：

① 一个面的投影。

② 柱面的积聚性投影。

③ 凹坑的投影。

(2) 运用投影特征，分析线、线框空间位置。

(3) 综合想象整体形状。

现以图5-21所示切割体的三视图为例来说明线面分析法的读图过程。图5-21所示为三视图分解为线框的情况。

图5-22所示为切割体上各组成线框的对应投影。图5-23所示为各线框的形状和位置。综合后的整体结构和形状如图5-24所示。

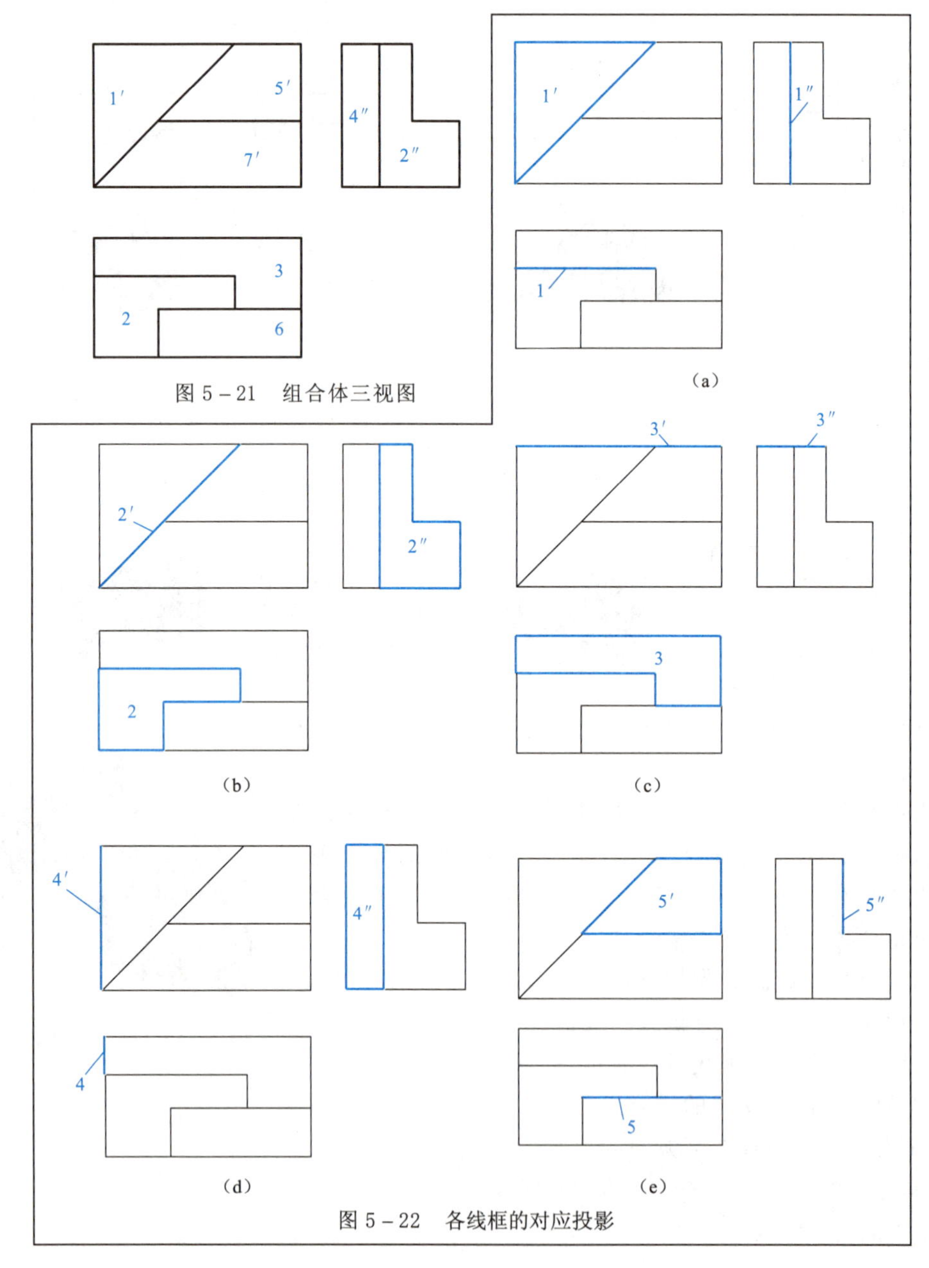

图5-21 组合体三视图

图5-22 各线框的对应投影

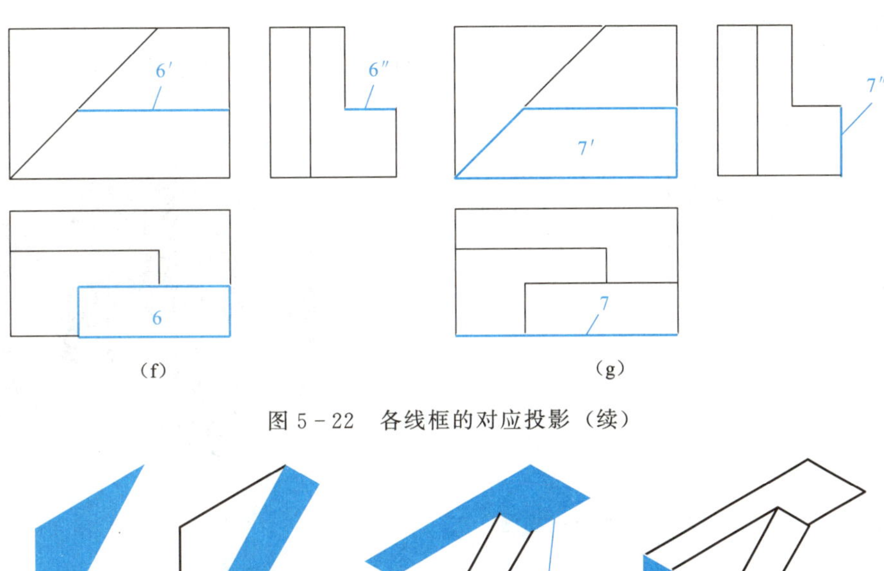

图 5－22 各线框的对应投影（续）

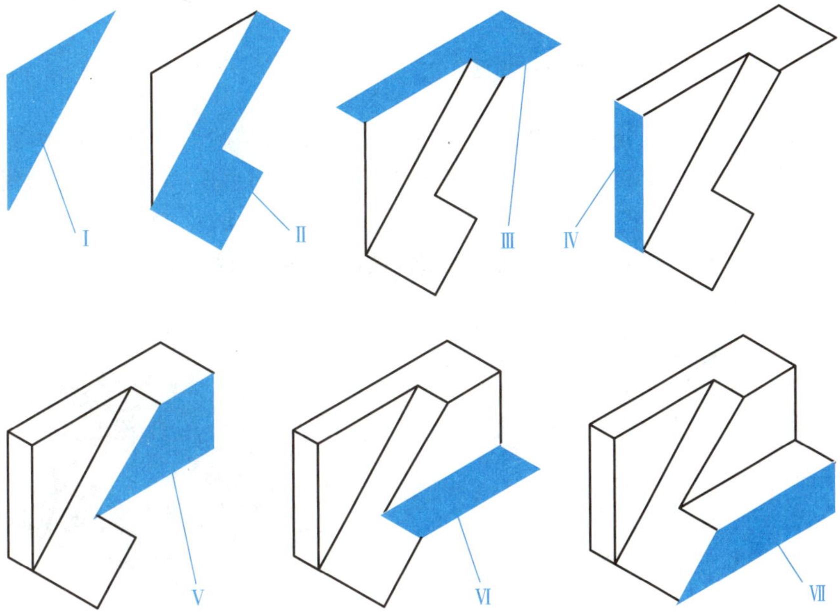

图 5－23 各表面的形状和位置

线面分析法能准确地由视图中的图线及线框分析出组合体的每一个表面和表面间的相对位置，这需要根据线面的投影规律，明确视图中图线、线框的含义。但在实际看图和画图时，往往不是一成不变地只用一种方法，而是根据形体的具体情况将线面分析和形体分析这两种方法综合应用。

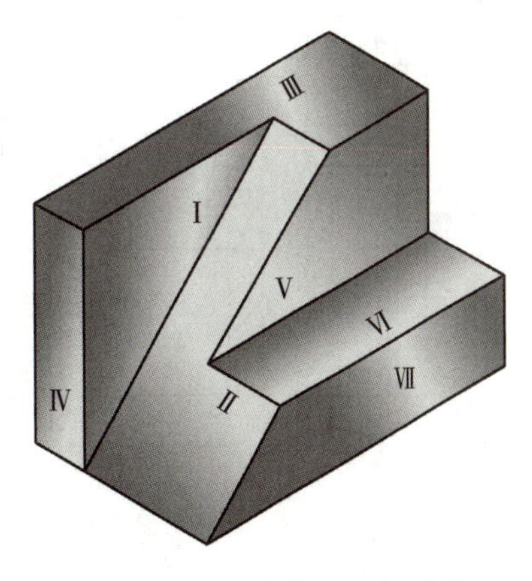

图 5－24 组合体的空间形状

二、常见读图方式举例

1. 根据两面视图补画第三视图

根据两面视图补画第三视图是培养和检验读图能力常用的一种方法，它实际上是看图与画图的综合练习。首先应按照投影规律，读懂已知视图，再根据投影规律及组合体的画图方法，补画出第三视图。

【例4】根据图5-25、图5-26所示主、左两个视图想象立体形状，并补画出俯视图。

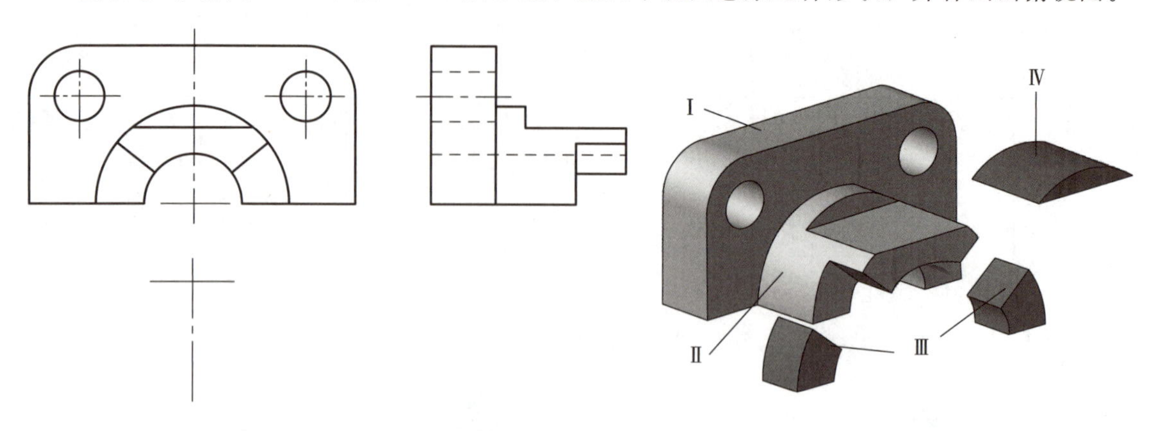

图5-25　根据两面视图补画第三视图

图5-26　形体分析

由主左视图可以初步确定该组合体由带孔长方体Ⅰ和半圆筒Ⅱ两个基本部分组成，如图5-27（a）所示。在此基础上对半圆筒部分进行切割，切去形体Ⅲ部分，如图5-27（b）所示。最后切去形体Ⅳ部分得到如图5-27（c）所示的空间结构和形状。根据实际形状补画俯视图如图5-27所示。在补画俯视图时各组成部分均应保持“三等关系”。

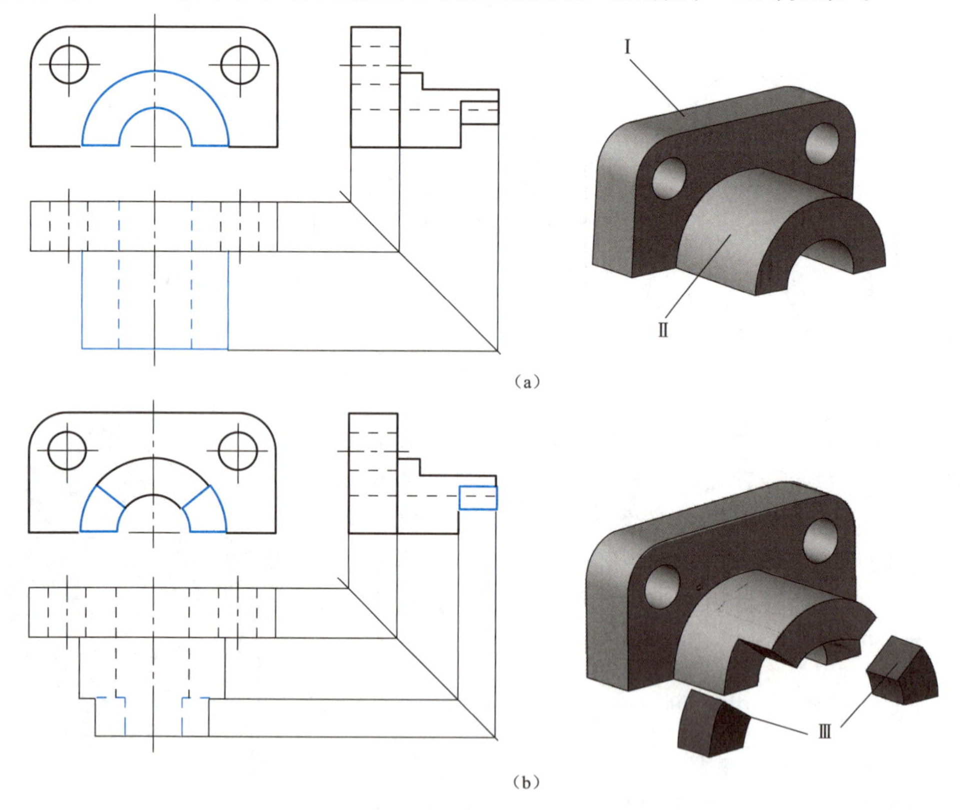

图5-27　根据两面视图补画第三视图的画图步骤

(a) 画Ⅰ和Ⅱ的俯视图；(b) 画切去块Ⅲ的俯视图

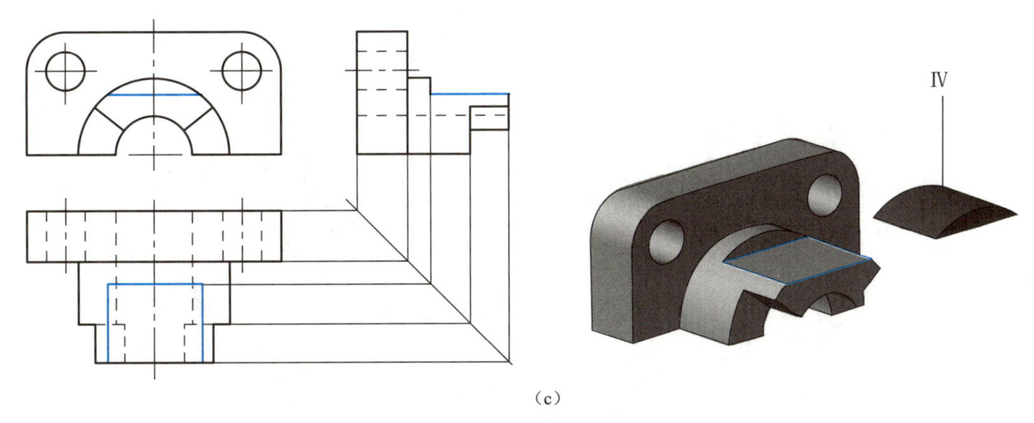

（c）

图 5－27　根据两面视图补画第三视图的画图步骤（续）

（c）画切块Ⅳ的俯视图，检查、整理、描深

2. 补漏线

补全组合体视图中漏画的图线也是提高读图能力，检验读、画图效果常用的方法之一。

【例 5】补全图 5－28 所示三视图中缺漏的图线。

通过给出的已知部分，分析组合体的特点及组合形式、相邻表面的连接关系，看它们之间的平齐、不平齐、相切、相交、相贯等的分界处情形是否表达正确，并根据各部分投影的“三等关系”判断有无漏线，这对提高空间分析能力是很重要的。

图 5－28　补漏线

（1）构思形体。浏览图 5－28 所示形体的已知视图，可以初步确定这是一个长方体经切割而形成的形体。现根据已知条件构思如图 5－29 所示。

（2）补漏线。本题补漏线的难点在俯视图上，这是因为该形体上四个斜面在俯视图中均不积聚。像这样的倾斜于投影面的多边形平面，可利用“平面倾斜于投影面，投影类似往小变”的类似性来解决其空间分析和画投影图的问题。

本例中主要利用平面的投影特性对较难部分进行分析。在形体分析的基础上，“线面分析攻难点”是对形体投影中较难读、画图的部分进行仔细分析的一个重要方法，因为它必须以线、面的投影特性为基础，所以恰当地运用这种方法，可进一步提高理论分析能力。

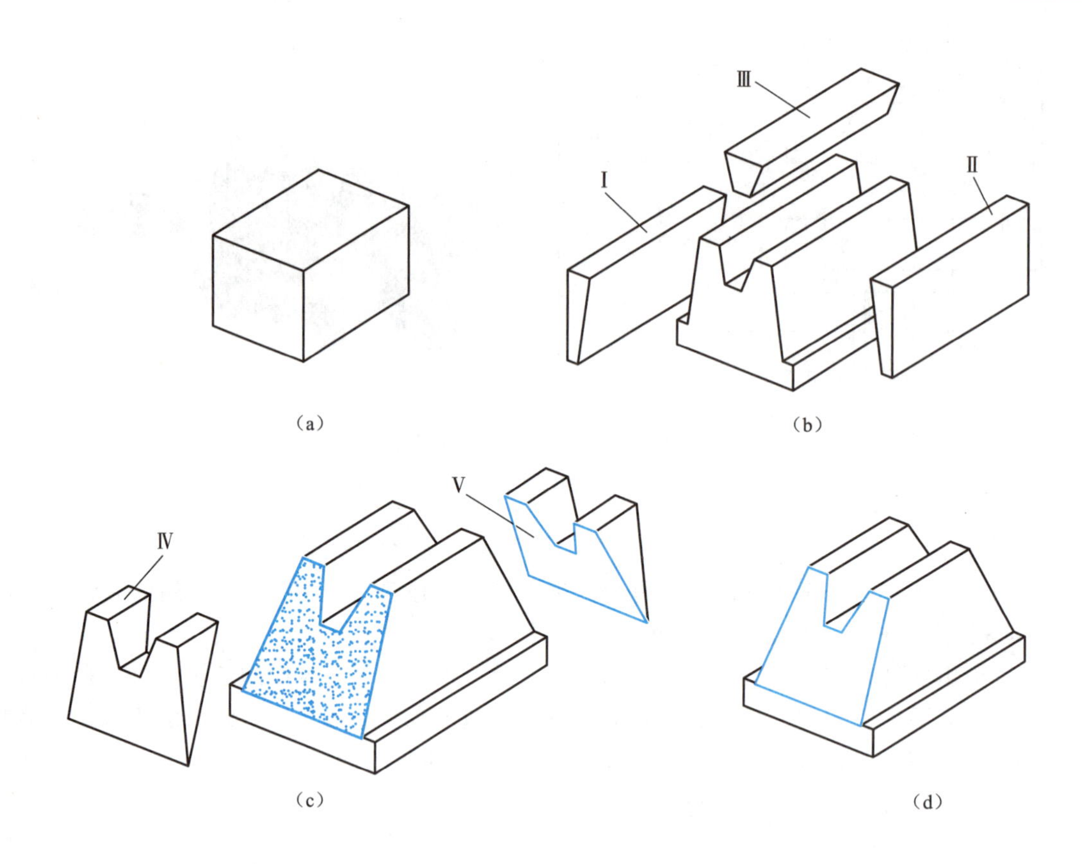

（a）

（b）

（c）

（d）

图5－29　构思形体

（a）切割前的长方体；（b）长方体切去前后部分并在上部开槽；（c）切去左右部分；（d）切割后的组合体

补漏线的方法及步骤分析如图5－30所示。

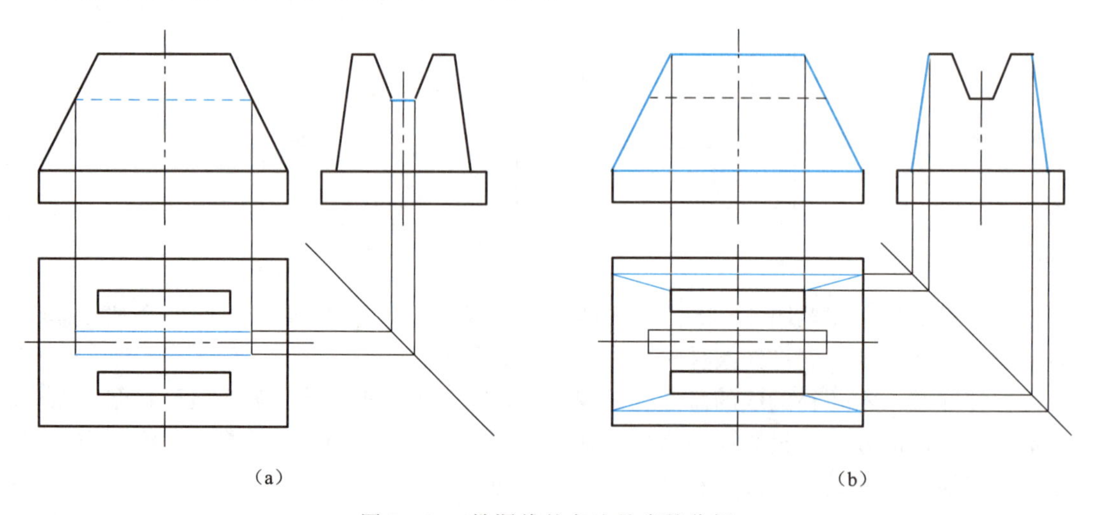

（a）

（b）

图5－30　补漏线的方法及步骤分析

（a）补画出左视图中因左、右被切而在长方体左、右侧面产生的交线；补画中间通槽底面在主视图和俯视图上的投影；（b）补出前、后斜面在水平面上的投影，该处投影在左视图上具有积聚性，在主、俯视图中为类似形

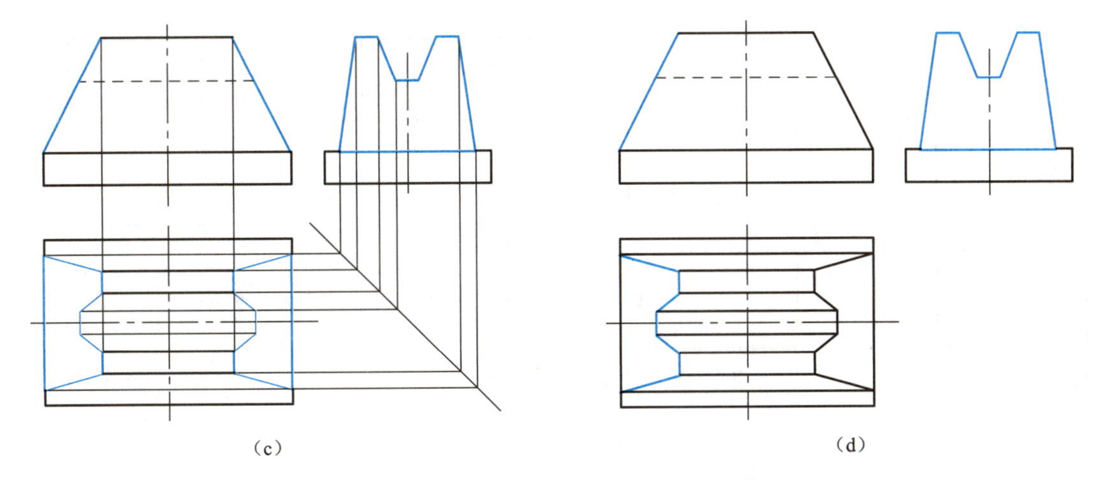

图 5-30 补漏线的方法及步骤分析（续）
(c) 补画出左、右斜面的水平投影，该处投影在主视图上具有积聚性，俯、左视图体为类似形；(d) 检查、整理、描深

§5—4 组合体视图的尺寸标注

一、常用基本体的尺寸标注

常用基本体的尺寸标注已经形成固定的形式，如图 5-31 所示。

二、组合体尺寸标注

1. 组合体尺寸标注基本要求

(1) 正确。符合机械制图国家标准尺寸标注有关规定。

(2) 完整。标注尺寸要完整，不能遗漏或重复。

(3) 清晰。尺寸布置整齐清晰，便于读图。

2. 尺寸种类及组合体视图的尺寸基准

(1) 尺寸种类。

① 定形尺寸。确定组合体各组成部分的尺寸。如图 5-32 中 12、$R10$、$R8$、$\phi12$、50、58 等。

② 定位尺寸。确定组合体各组成部分之间相对位置的尺寸。如图 5-32 中 30、37、20 等。

③ 总体尺寸。确定组合体外形总长、总宽和总高的尺寸。如图 5-32 中总长 50、总高 51、总宽 58。

总体尺寸、定位尺寸、定形尺寸可能重合，这时需作调整，以免出现多余尺寸。

(2) 尺寸基准。标注尺寸的起始点，称为尺寸基准。

组合体具有长、宽、高三个方向的尺寸，所以一般有三个方向的基准。标注每一个方向的尺寸都应先选择好基准，以便从基准出发确定各部分形体间的定位尺寸。有时除了三个方向都应有一个主要基准外，还需要有几个辅助基准。

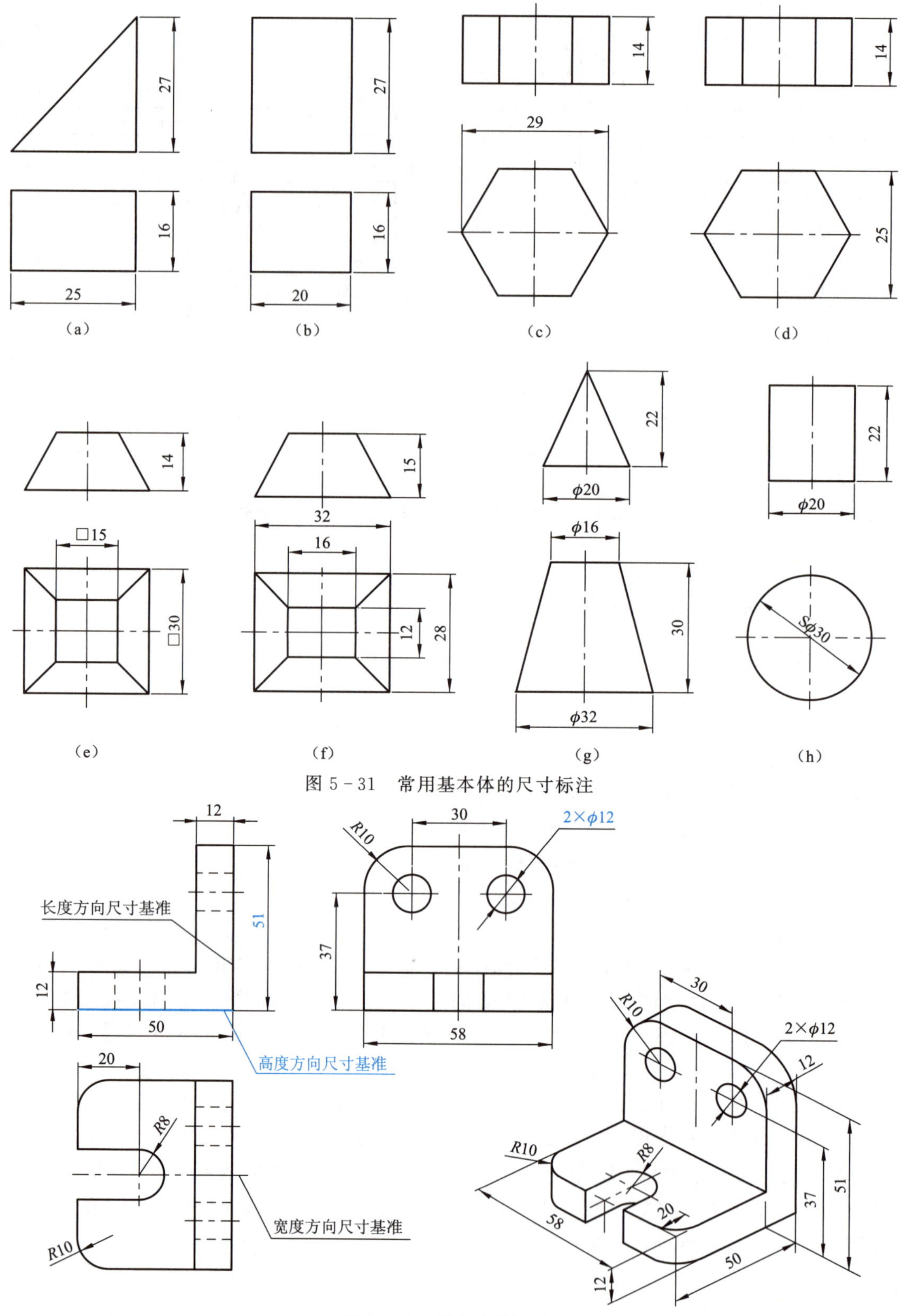

图5-31 常用基本体的尺寸标注

图5-32 组合体的尺寸

组合体的尺寸基准，常选取其底面、端面、对称平面、回转体的轴线以及圆的中心线等。

三、尺寸标注的注意事项

1. 标注尺寸要完整

标注尺寸时，可按形体分析法将组合体分解为若干基本体，再逐一注出各个基本体的定形尺寸以及定位尺寸。

2. 标注尺寸要清晰

（1）尺寸应标注在反映形体特征最明显、位置特征较清晰的视图上。如图 5－33 所示。

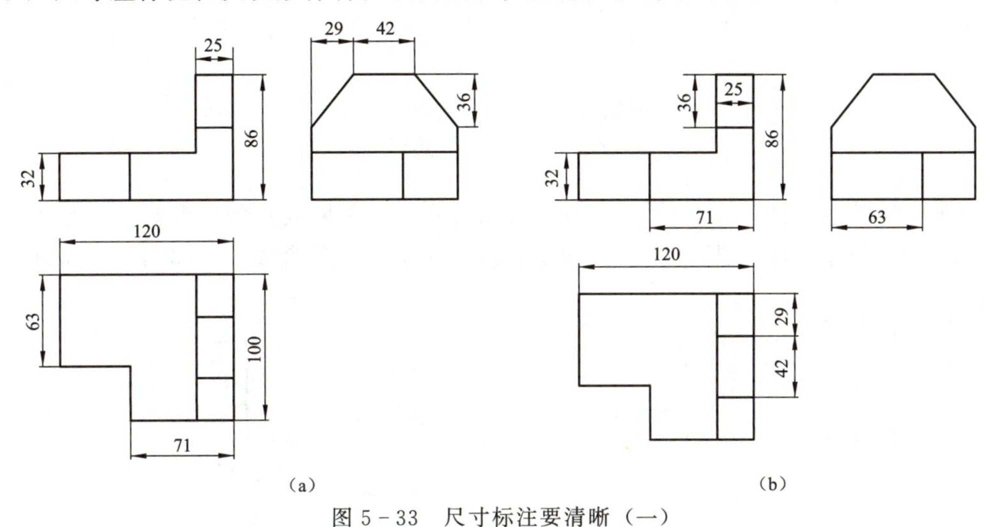

图 5－33 尺寸标注要清晰（一）

（a）好；（b）不好

（2）尺寸应尽量注在图形外面，同方向的连续尺寸应尽量放置在一条线上。如图 5－34 所示。

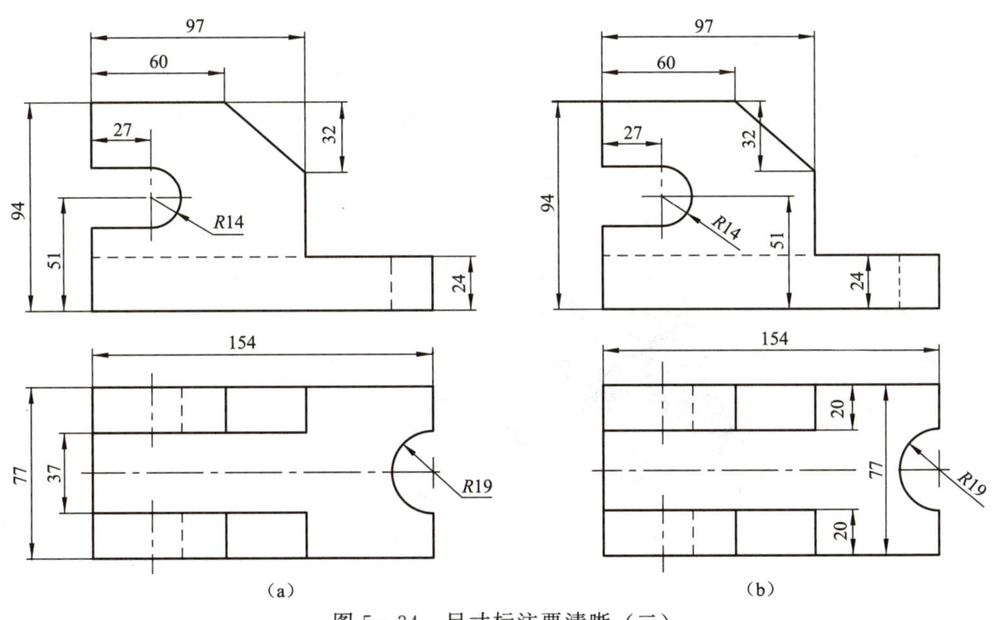

图 5－34 尺寸标注要清晰（二）

（a）好；（b）不好

（3）同轴圆柱、圆锥的直径尺寸尽量注在非圆视图上，圆弧的半径尺寸则必须注在投影为圆弧的视图上。如图5－35所示。

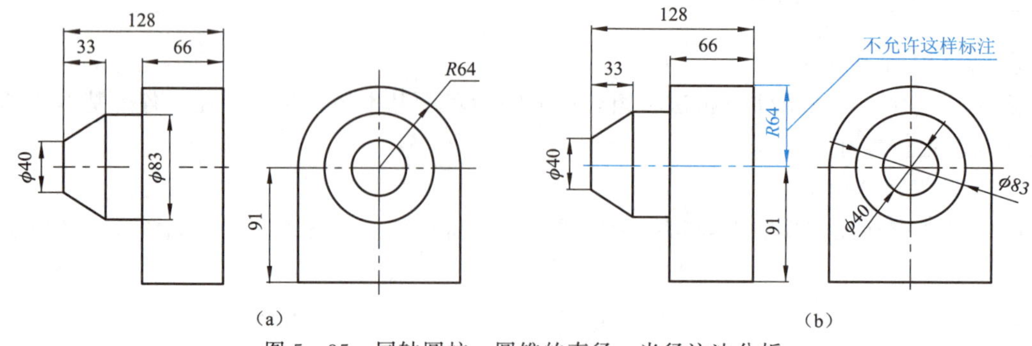

图5－35　同轴圆柱、圆锥的直径、半径注法分析

（a）正确；（b）不正确

（4）同方向的并列尺寸，小尺寸在内，大尺寸在外，间隔要均匀；要避免尺寸线与尺寸界线交叉。同一方向串列的尺寸，箭头应互相对齐，排在一条直线上。如图5－36所示。

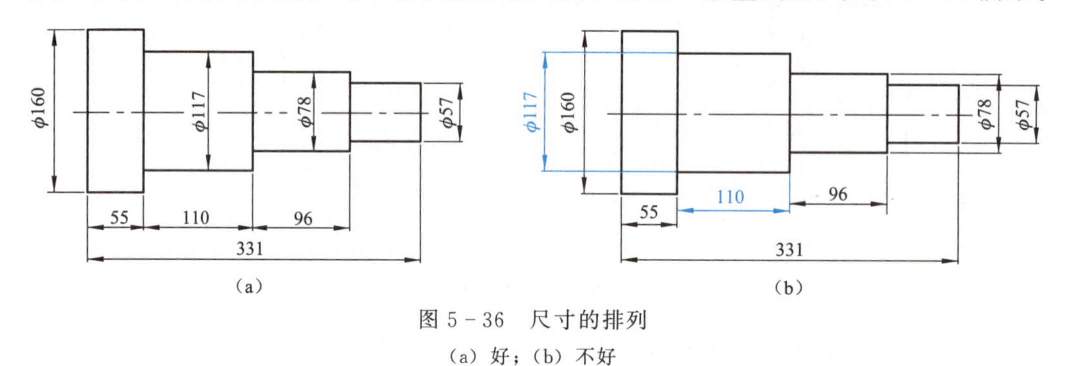

图5－36　尺寸的排列

（a）好；（b）不好

四、组合体尺寸标注综合举例

现以图5－37所示的轴承座为例，说明组合体尺寸标注的方法和步骤。

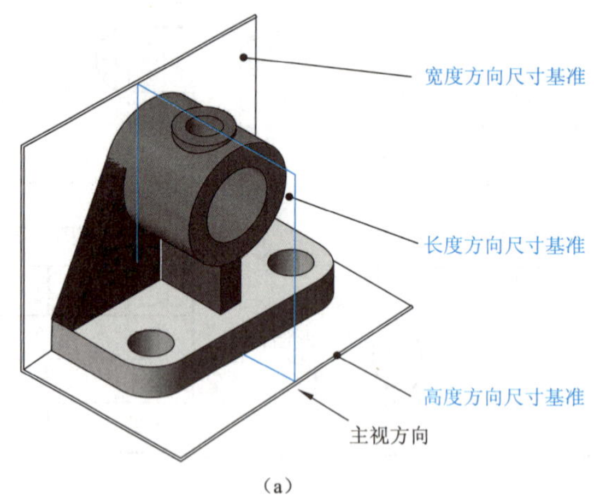

图5－37　轴承座尺寸标注步骤

（a）尺寸基准

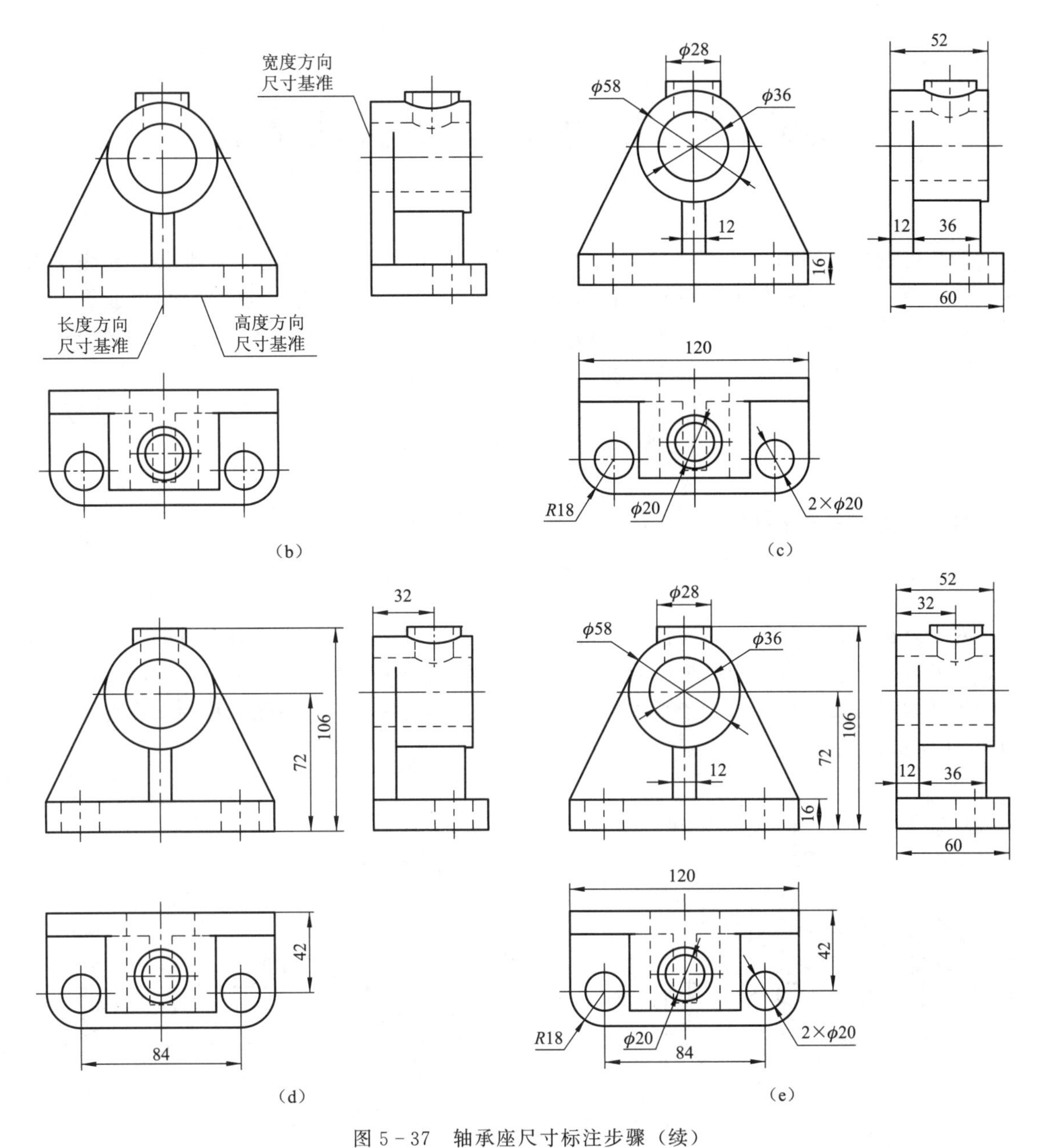

图 5-37 轴承座尺寸标注步骤（续）

(b) 确定尺寸基准；(c) 标注定形尺寸；(d) 标注定位尺寸；(e) 检查、核对、调整

第六章　机件的常用表达方法

当机件的内外结构形状都比较复杂时，如果仍采用三视图来表达，则难以将其表达清楚。为了更好地解决机件内外结构形状的图示问题，国家标准《技术制图》《机械制图》中的“图样画法”规定了多项适应机件结构变化的表达方法。本章着重介绍一些常用的表达方法——视图、剖视、断面、局部放大和简化画法等，供绘图时选用。

§6—1　视　　图

视图主要用来表达机件的可见部分，其表达机件的方法如下。

一、基本视图

对于外部形状比较复杂的机件，仅用三视图并不能清楚地表达它们各个方向的形状。为此，国标规定：在原有三个投影面的基础上，再增设三个投影面，组成一个正六面体，该六面称为基本投影面，机件向六个基本投影面进行正投影所得的六个视图，称为基本视图，如图 6－1 所示。

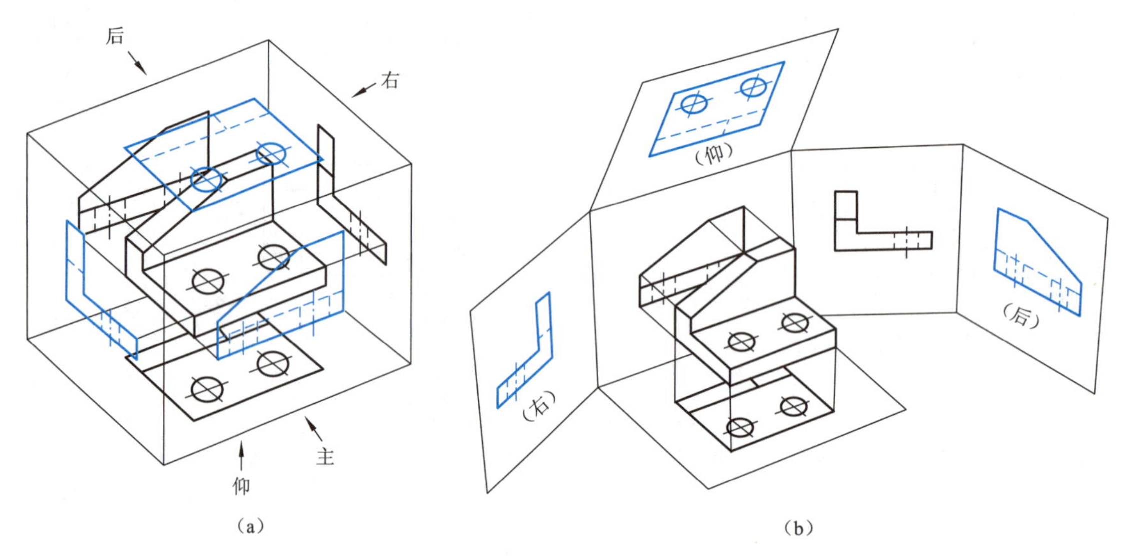

图 6－1　基本视图的形成和展开

(a) 基本投影面及基本视图；(b) 展开过程

基本视图的名称及投影方向、配置除了前面介绍的主视图、俯视图、左视图外，还有新增加的后视图——从后向前投影、仰视图——从下向上投影、右视图——从右向左投影。基本配置关系为：原有三视图位置不变，右视图在主视图正左方，仰视图在主视图的正上方，后视图在左视图的正右方。如图 6 - 2 所示。

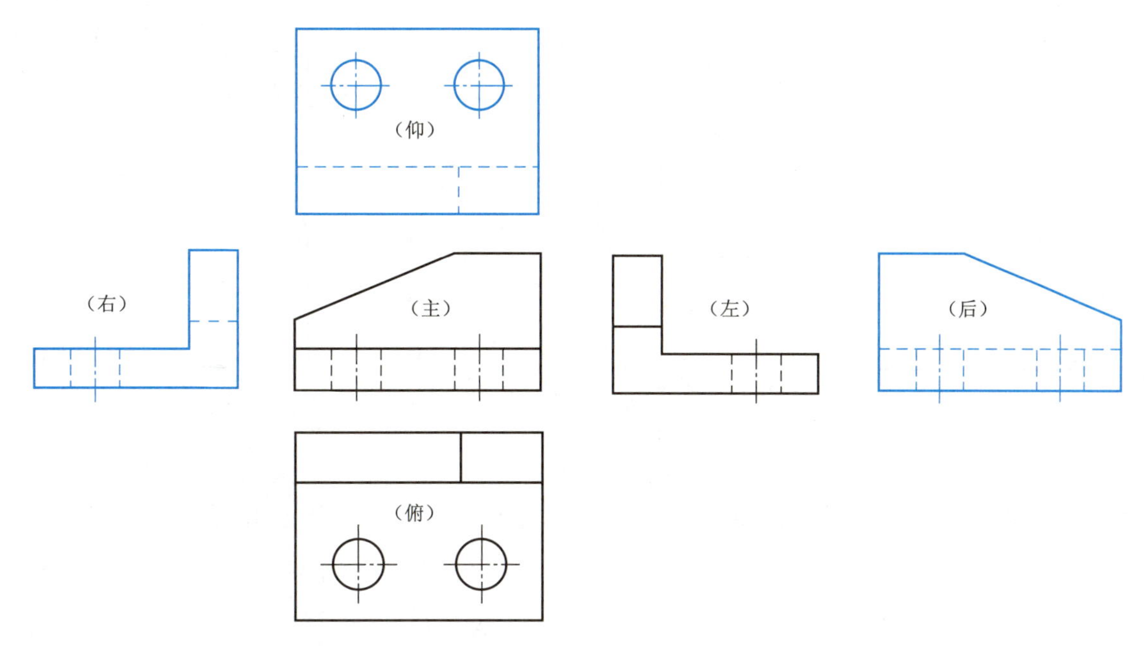

图 6 - 2　基本视图的配置

基本视图尺寸关系上仍然保持“三等关系”：主、俯、仰、后视图长相等；主、左、右、后视图高齐平；俯、左、右、仰视图宽相等。在方位关系上，以主视图为准，除后视图外，各视图远离主视图的一侧均表示机件的前面，靠近主视图的一侧均表示机件的后面，注意后视图的左、右方位：图形的左端表示机件实际的右端，反之则相反。实际绘图时，应根据机件的复杂程度选用必要的基本视图，并考虑读图方便，在完整清晰地表达出机件各部分的形状、结构的前提下，视图数量应尽可能少。

视图一般只画机件的可见部分，必要时才画出其不可见部分。

二、向视图

在实际画图时，由于考虑到各视图在图纸中的合理布局问题，如不能按图 6 - 2 配置视图或各视图不画在同一张图纸上时，一般应在其上标注大写拉丁字母，并在相应的视图附近用带有相同字母的箭头指明投射方向，此种图称为向视图，如图 6 - 3 所示。

三、局部视图

将机件的某一部分向基本投影面投影所得到的视图称为局部视图。

当机件在某个投影方向仅有部分形状需要表达而不必要画出整个基本视图时，可采用局部视图。

局部视图的画法与标注规定如下：

（1）局部视图可按基本视图的配置形式配置，也可按向视图的配置形式配置。

（2）一般应在局部视图的上方用大写拉丁字母标出视图的名称“×”，在相应的视图附

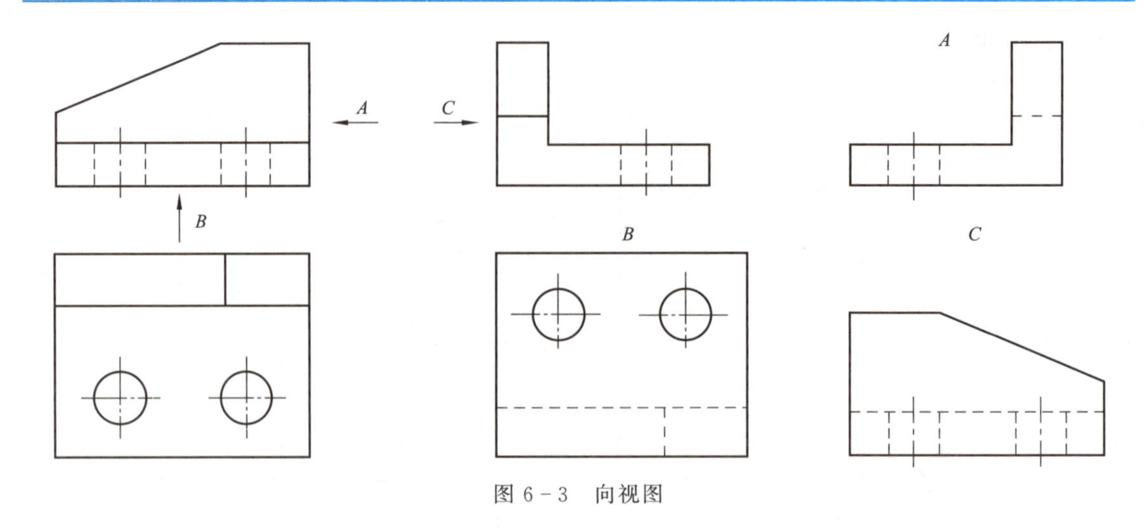

图 6-3　向视图

近用箭头指明投射方向，并注上同样的字母，如图 6-4（b）所示。当局部视图按投影关系配置，中间又没有其他视图隔开时，可省略标注，如图 6-4（b）中左侧凸台的局部视图。

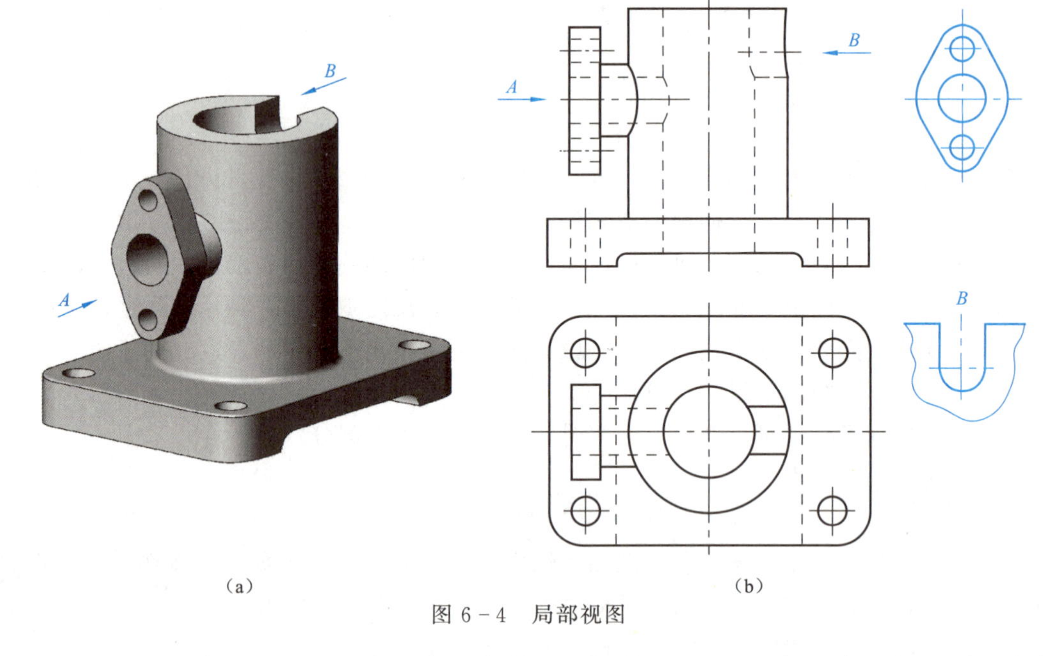

图 6-4　局部视图

（3）局部视图断裂处的边界线用波浪线表示，如图 6-4（b）中 *B* 向局部视图。当所表示的局部结构完整且外轮廓又成封闭时，波浪线可省略不画，如图 6-4（b）中左侧凸台的局部视图。

四、斜视图

机件向不平行于任何基本投影面的平面投影所得的视图称为斜视图。

如图 6-5 所示的机件右边有倾斜结构，其在基本视图上不反映实形，使画图和标注尺寸都比较困难。若选用一个平行于此倾斜部分的平面作为辅助投影面，将其向辅助投影面投影，便可得到反映倾斜结构实形的图形。

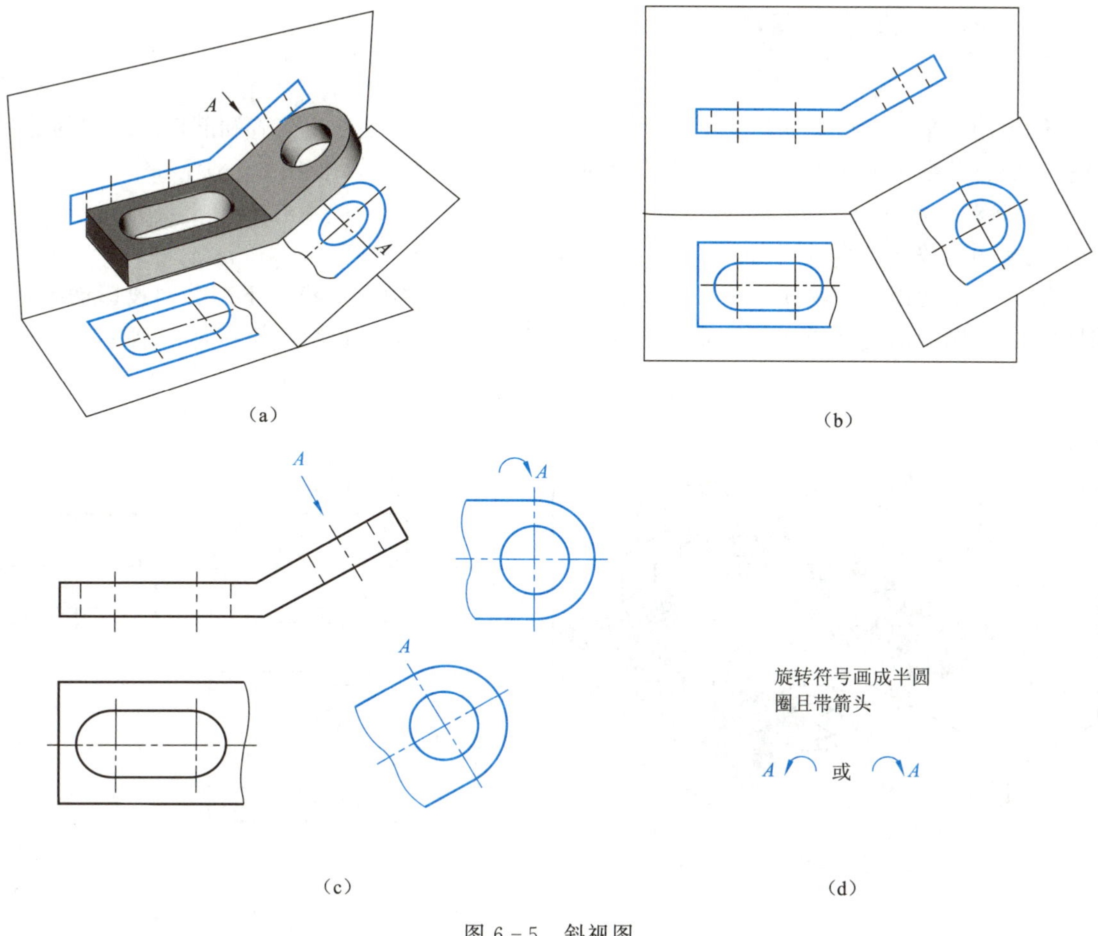

图 6－5　斜视图

斜视图的画法和标注有如下规定：

（1）必须在斜视图的上方用大写拉丁字母标出视图的名称“×”，在相应的视图附近用箭头指明投射方向，并注上同样的字母“×”，如图 6－5（c）所示。

（2）斜视图和原基本视图之间保持着投影对应关系。

（3）斜视图一般按投影关系配置，必要时也可配置在其他位置。

（4）在不致引起误解时允许将斜视图的倾斜图形旋转配置，但必须加标注，如图 6－5（c）所示。旋转符号箭头指明旋转方向，视图名称的大写字母应靠近箭头端如图 6－5（d）所示。

（5）画出倾斜结构的斜视图后，为简化作图，通常用波浪线将其他视图中已表达清楚的部分断开不画，如图 6－5 所示。

§6—2　剖　视　图

当机件内部结构较复杂时，视图上势必出现许多虚线，它们与其他图线重叠交错，使图形不清晰，给看图和标注尺寸带来不便。为了更加清楚、直观地表述内部结构，将不可见转换为可见，国家标准制定了剖视的表达方法。

一、剖视的概念和画法

1. 剖视图的概念

假想用一平面（该平面称为剖切平面）将机件剖开，将处在观察者和剖切面之间的部分移去，而将其余部分向投影面投影所得到的视图，称为剖视图，如图6-6所示。

2. 剖视图的画法

剖视图应按下列步骤画出：

（1）用剖切面剖开物体，移去剖切面与观察者之间的部分，将剩下部分向投影面投影；剖切后的切断面的轮廓线和剖切面后的可见轮廓线应用粗实线绘制，如图6-7所示。

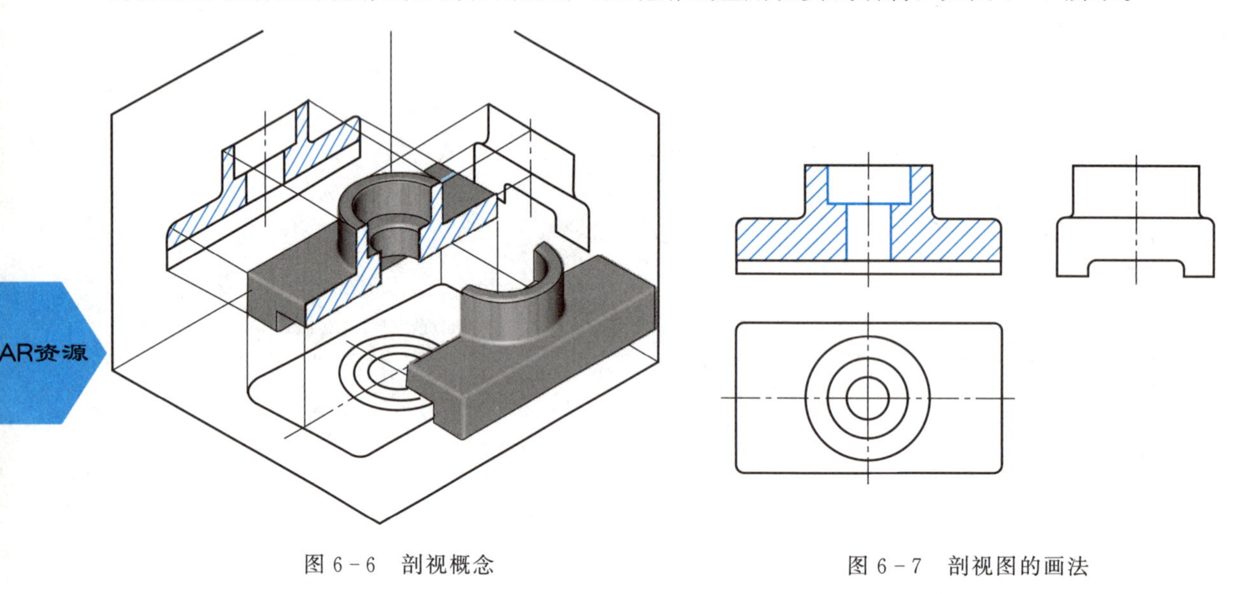

AR资源

图6-6　剖视概念　　　　图6-7　剖视图的画法

（2）在剖切面区域内画上剖面符号。

3. 剖面符号

剖视图中，剖切面与机件相交的实体剖面区域应画出剖面符号。因机件的材料不同，剖面符号也不同。画图时应采用国家标准规定的剖面符号，常见材料的剖面符号见表6-1。

表6-1　剖面符号

材料	剖面符号	材料	剖面符号
金属材料（已有规定剖面符号者除外）		基础周围的泥土	
线圈绕组元件		混凝土	
转子、电枢、变压器和电抗器等的叠钢片		钢筋混凝土	
非金属材料（已有规定剖面符号者除外）		型砂、填砂、粉末冶金、砂轮、陶瓷刀片、硬质合金刀片等	

续表

材料		剖面符号	材料	剖面符号
木质胶合板（不分层数）			玻璃及供观察用的其他透明材料	
木材	纵剖面		格网（筛网、过滤网等）	
	横剖面		液　　体	
砖				
注：① 剖面符号仅表示材料的类别，材料的名称和代号必须另行注明。 ② 叠钢片的剖面线方向应与束装中叠钢片的方向一致。 ③ 液面用细实线绘制。				

4. 画剖视图应注意的几个问题

(1) 确定剖切面位置时，一般选择所需表达内部结构的对称面，并且平行于基本投影面，如图 6-7 所示。

(2) 将机件剖开是假想的，并不是真正把机件切掉一部分。因此，除了剖视图之外，其他视图仍应按完整形体画图，不应出现图 6-8 (a) 所示的俯视、左视图只画出一半的错误。同一零件在同一组视图中，剖面线的方向、间距应一致，不应出现图 6-8 (b) 所示的错误。

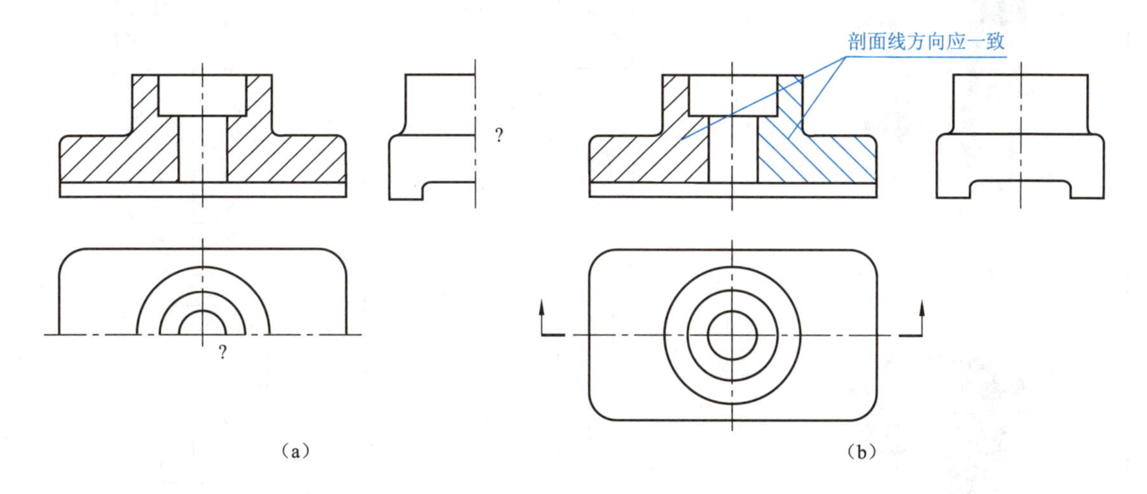

图 6-8　剖视图的画法

(a) 视图不能只画一半；(b) 同一零件在同一组视图中，剖面线应一致

(3) 剖切面之后的部分，应全部向投影面投影，不得遗漏，见表 6-2。凡是已有视图表达清楚的结构，剖视图中的虚线省略不画。

表6-2 剖切面之后易漏画、错画的轮廓

直观图	错误	正确
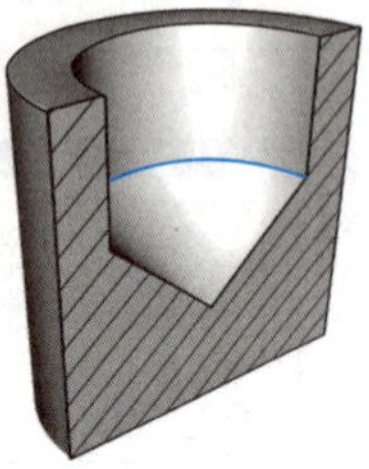	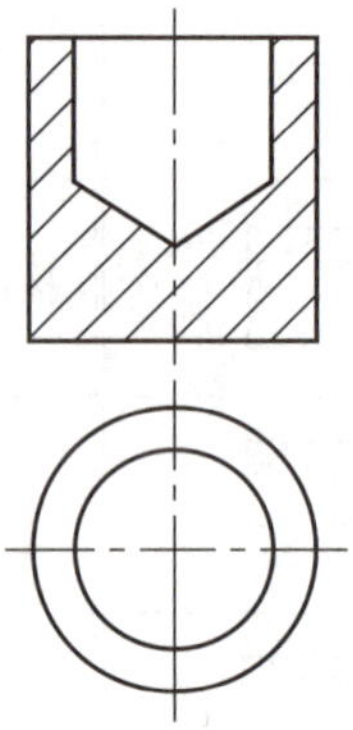	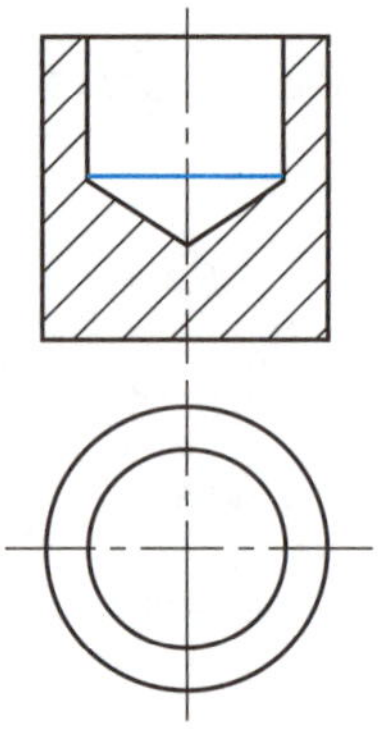
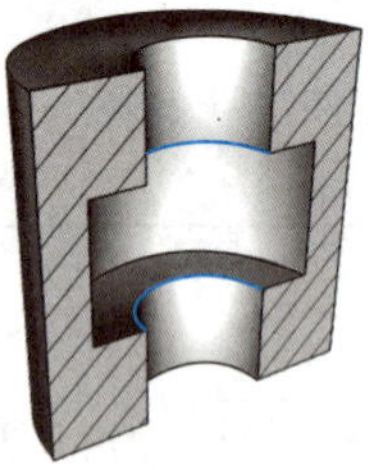	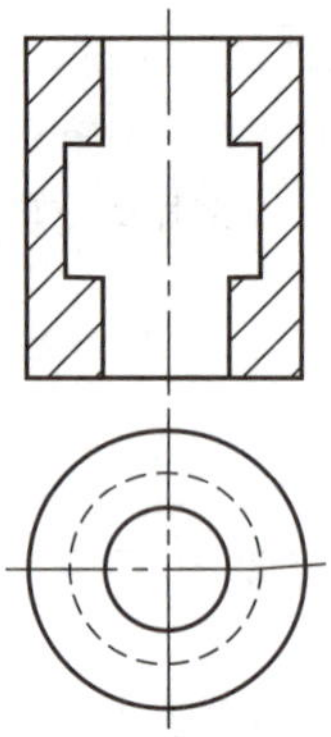	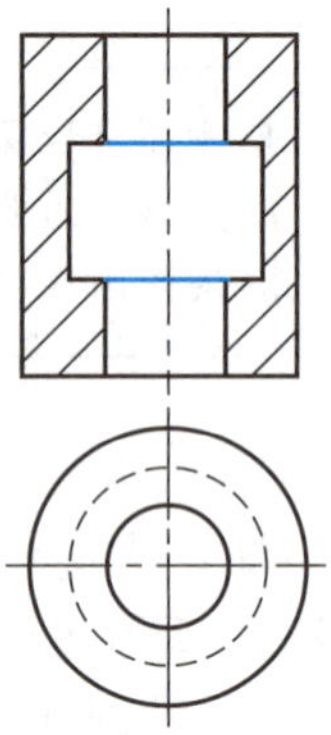
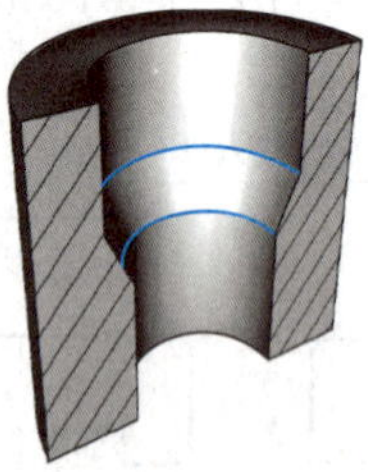	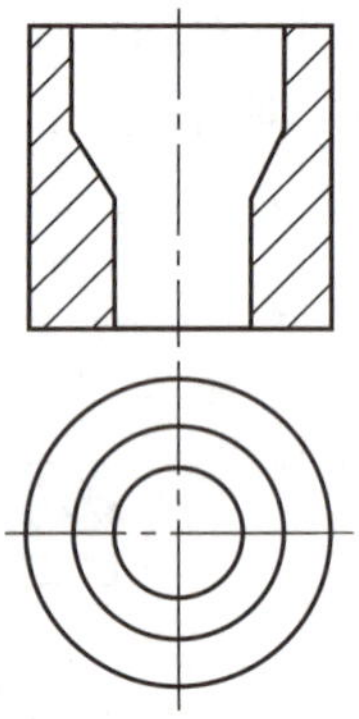	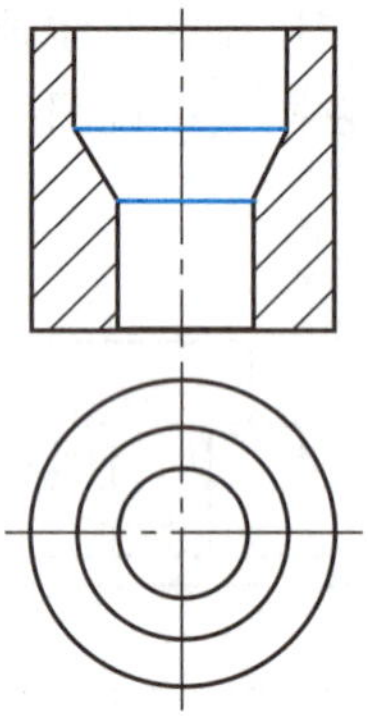
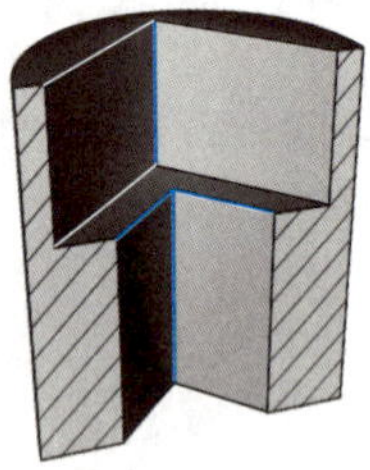	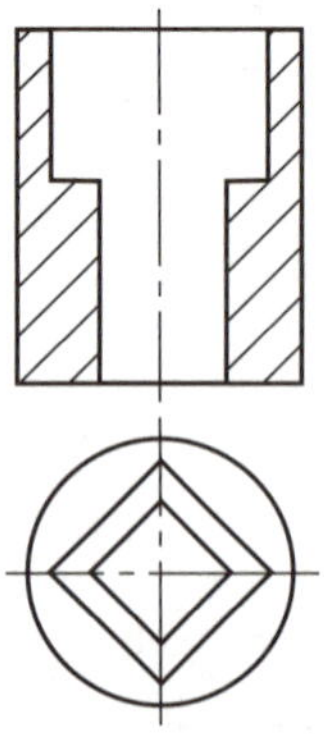	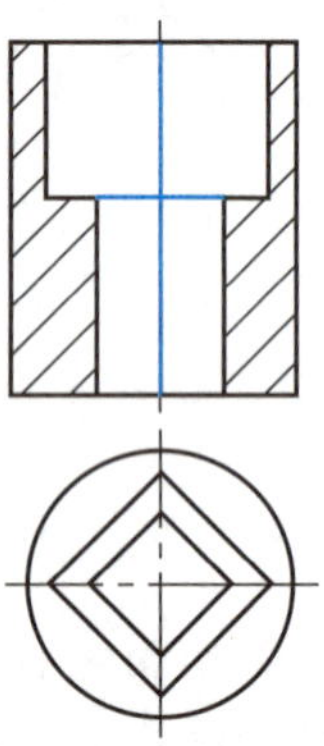

续表

直观图	错误	正确
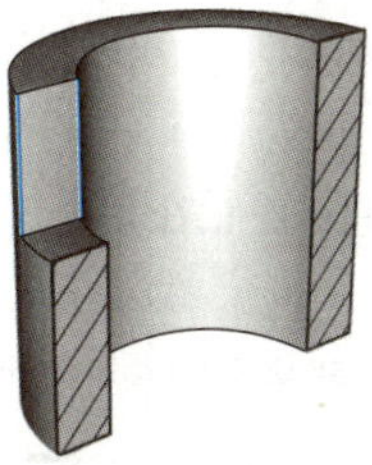	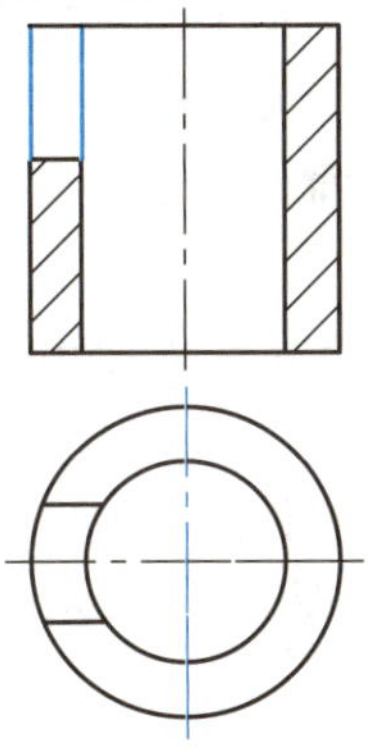	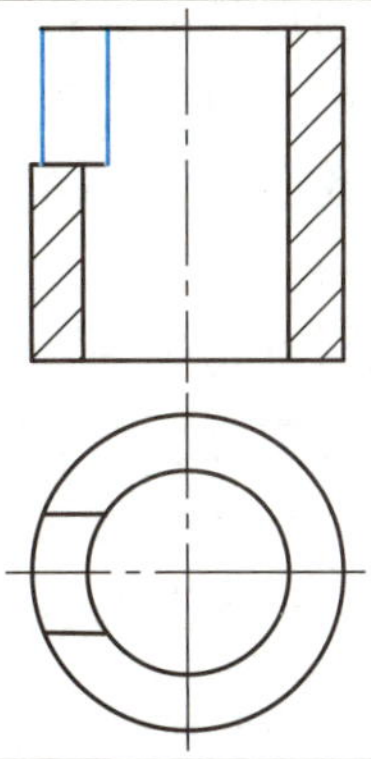
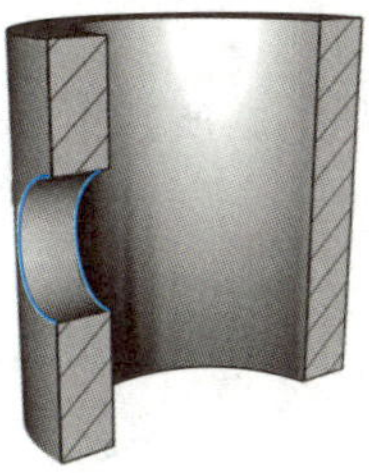	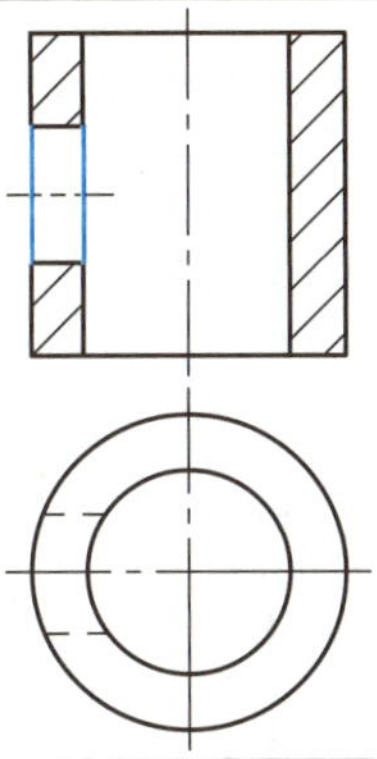	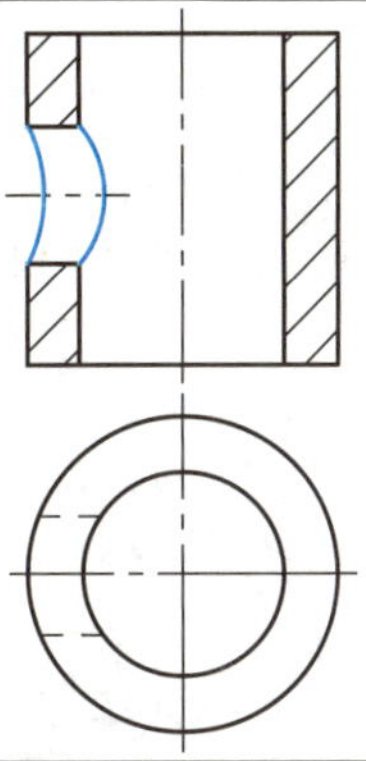
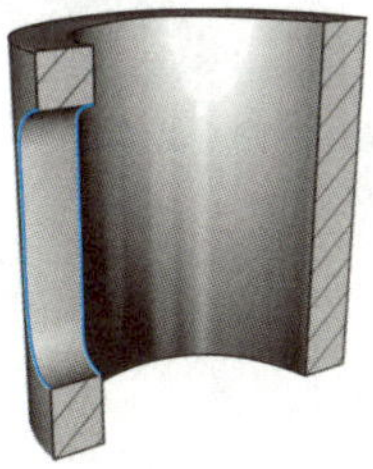	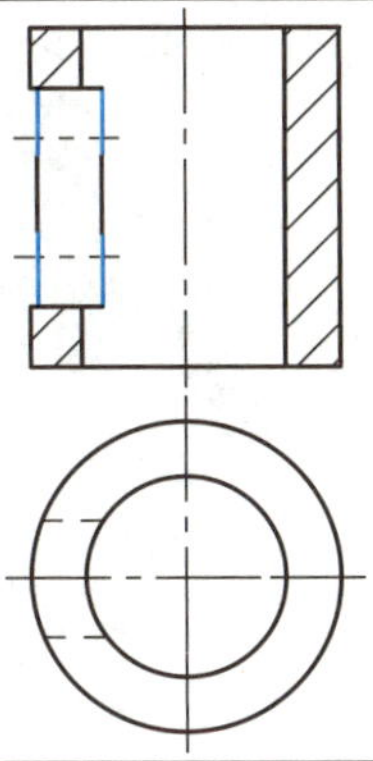	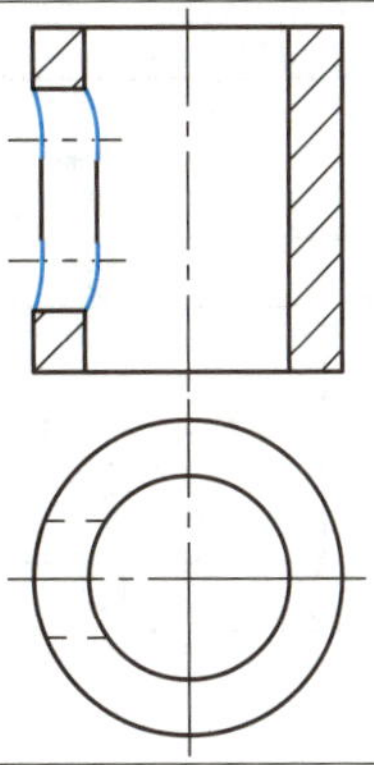
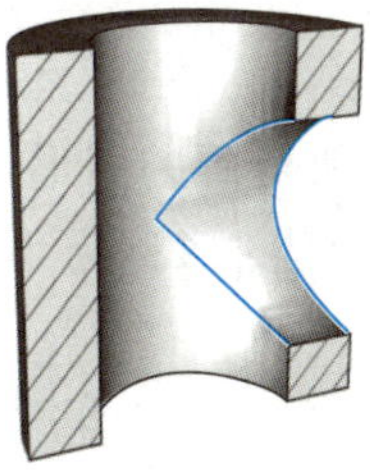	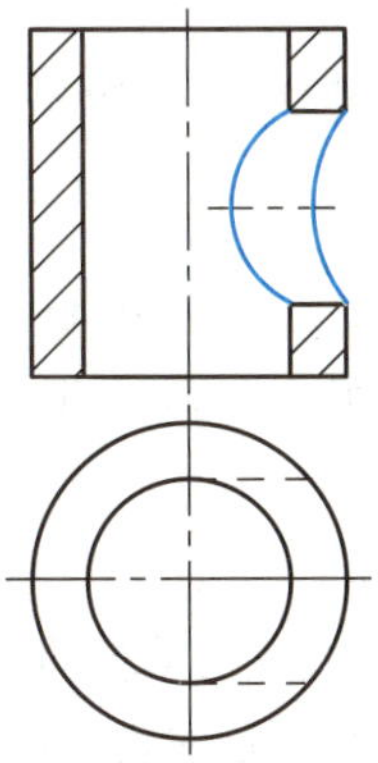	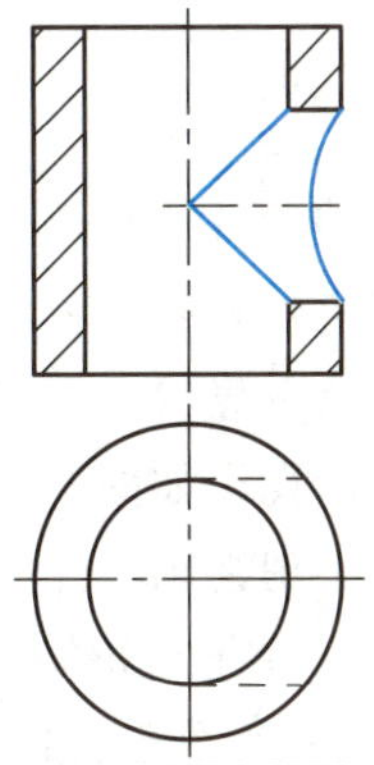

（4）剖切面区域是指剖切平面与机件接触部分（实体部分），剖面符号只画在剖切面区域内。

（5）金属材料（或不需在剖面区域中表示材料的类别时）的剖面线用与图形的主要轮廓线或剖面区域的对称线成45°的相互平行的细实线画出（称通用剖面线）。当画出的剖面线与图形的主要轮廓线或剖面区域的对称线平行时，可将剖面线画成与主要轮廓线或剖面区域的对称线成30°或60°的平行线，但剖面线的倾斜方向仍与其他图形上剖面线方向相同。

5. 剖视图的标注

（1）剖切符号。在剖切部位起、止和转折处用粗短画线表示剖切位置；在起、止端用箭头表示投影方向，如图6-9所示。

（2）剖切面的起、止和转折处应注上相同大写拉丁字母，然后在剖视图上方用相同字母注写"×—×"，表示该视图名称，如图6-9所示。

二、剖视图的种类

按照剖切面剖开机件的多少，剖视分为全剖视、半剖视和局部剖视三种。

1. 全剖视图

用剖切平面完全地剖开机件所得的剖视图，称为全剖视图，如图6-9所示。

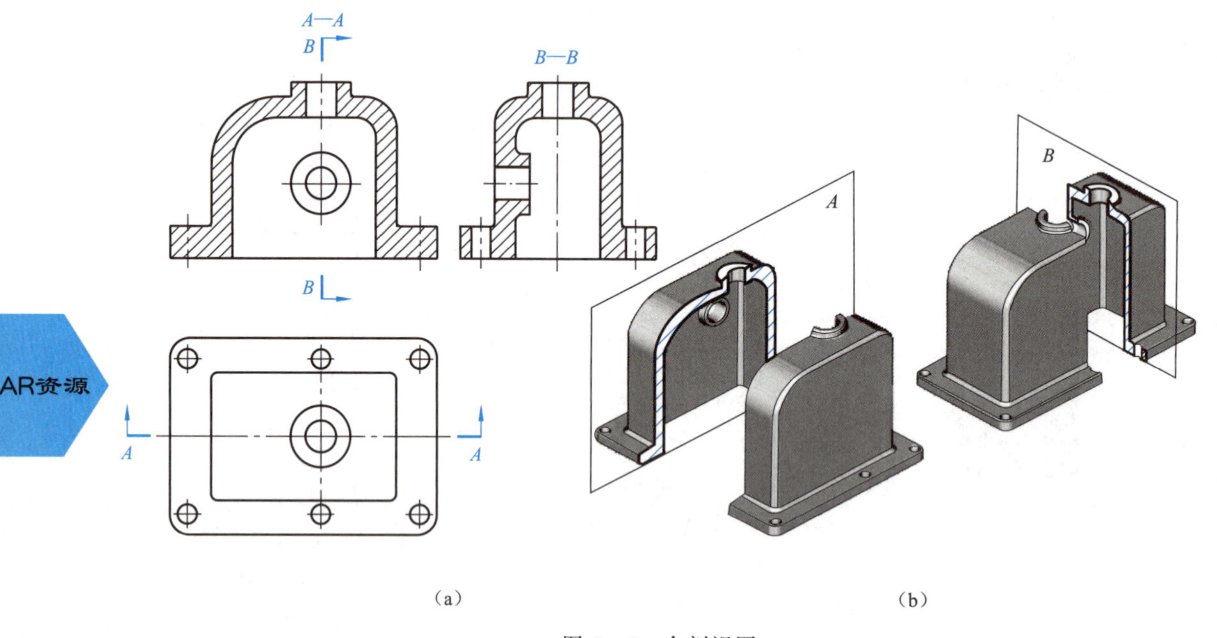

图6-9 全剖视图

2. 半剖视图

当机件具有对称中心面时，将垂直于对称中心面的投影面上投影所得到的图形，以对称中心线为分界线，一半画成剖视图，另一半画成视图，这样组合而成的图形称为半剖视图，简称半剖视，如图6-10所示。

画半剖视图应注意以下几点。

（1）只有当物体对称时，才能在与对称面垂直的投影面上作半剖视图。但若物体基本对称、而不对称的部分已在其他视图中表达清楚，这时也可以画成半剖视图，如图6-11所示。

AR资源

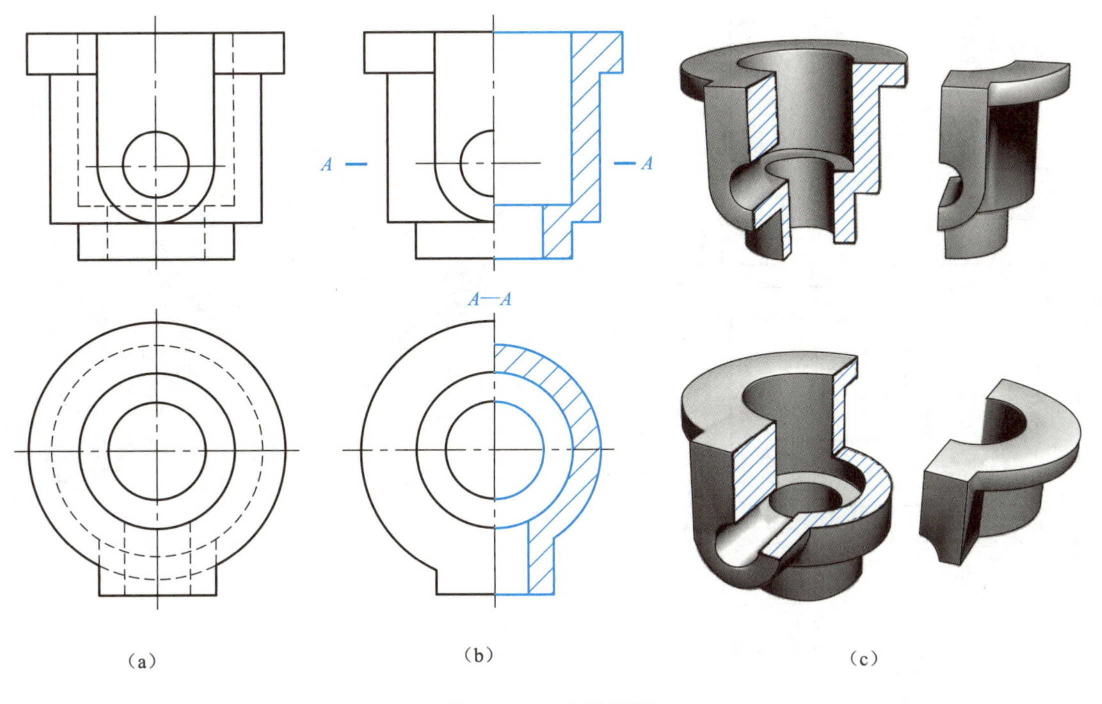

图 6-10　半剖视图

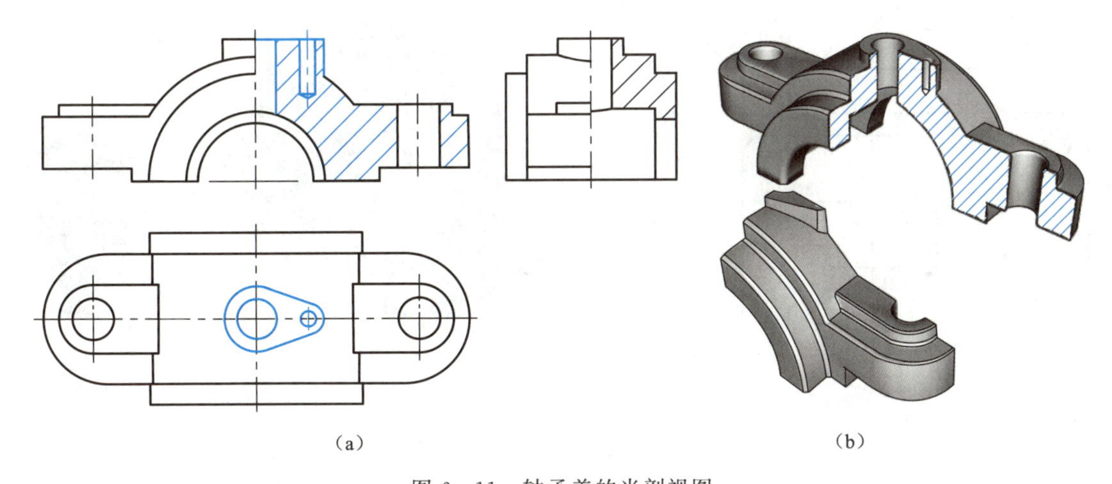

图 6-11　轴承盖的半剖视图

(2) 在半剖视图中，半个剖视和半个视图的分界线规定以点画线画出，不得画成粗实线。

(3) 半剖视图的标注方法与全剖视图相同，如图 6-10 (b) 所示。

3. 局部剖视图

用剖切平面局部地剖开机件所得的剖视图称为局部剖视图。如图 6-12 所示。

画局部剖视图时，应注意以下几点。

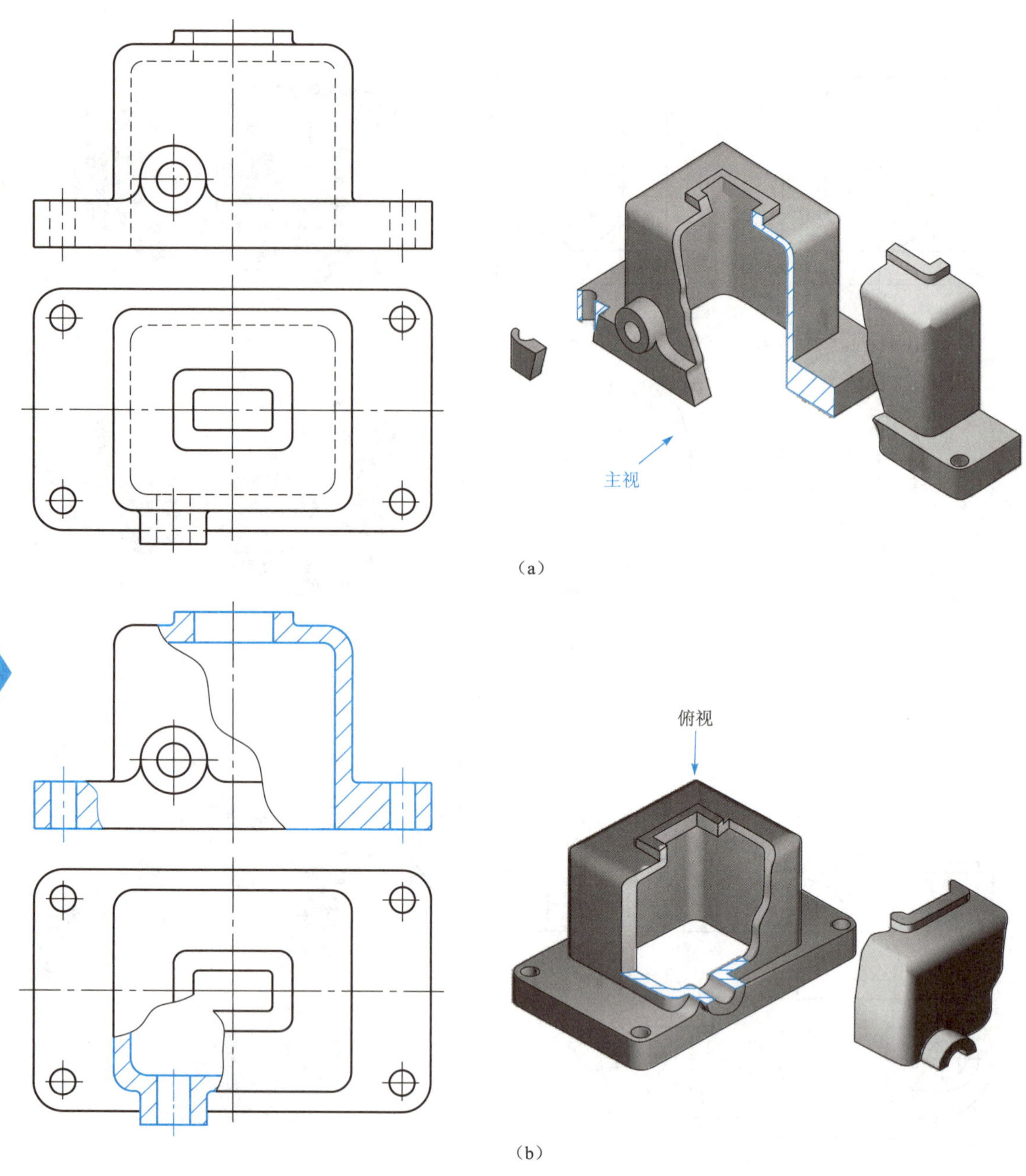

图6-12　局部剖视图

(a) 视图；(b) 局部剖视图

(1) 在局部剖视图中，用波浪线作为剖切部分和未剖切部分的分界线。波浪线不能与其他图线重合，也不能用其他图线代替；若遇孔、槽等空洞结构，则不应该使波浪线穿空而过；波浪线也不允许画到轮廓线之外。如图6-13所示。

(2) 当被剖切的结构为回转体时，允许将该结构的中心线作为局部剖视与视图的分界线，如图6-14所示。

(3) 局部剖视图是一种比较灵活的表达方法，但在一个视图中局部剖视图的数量不宜太

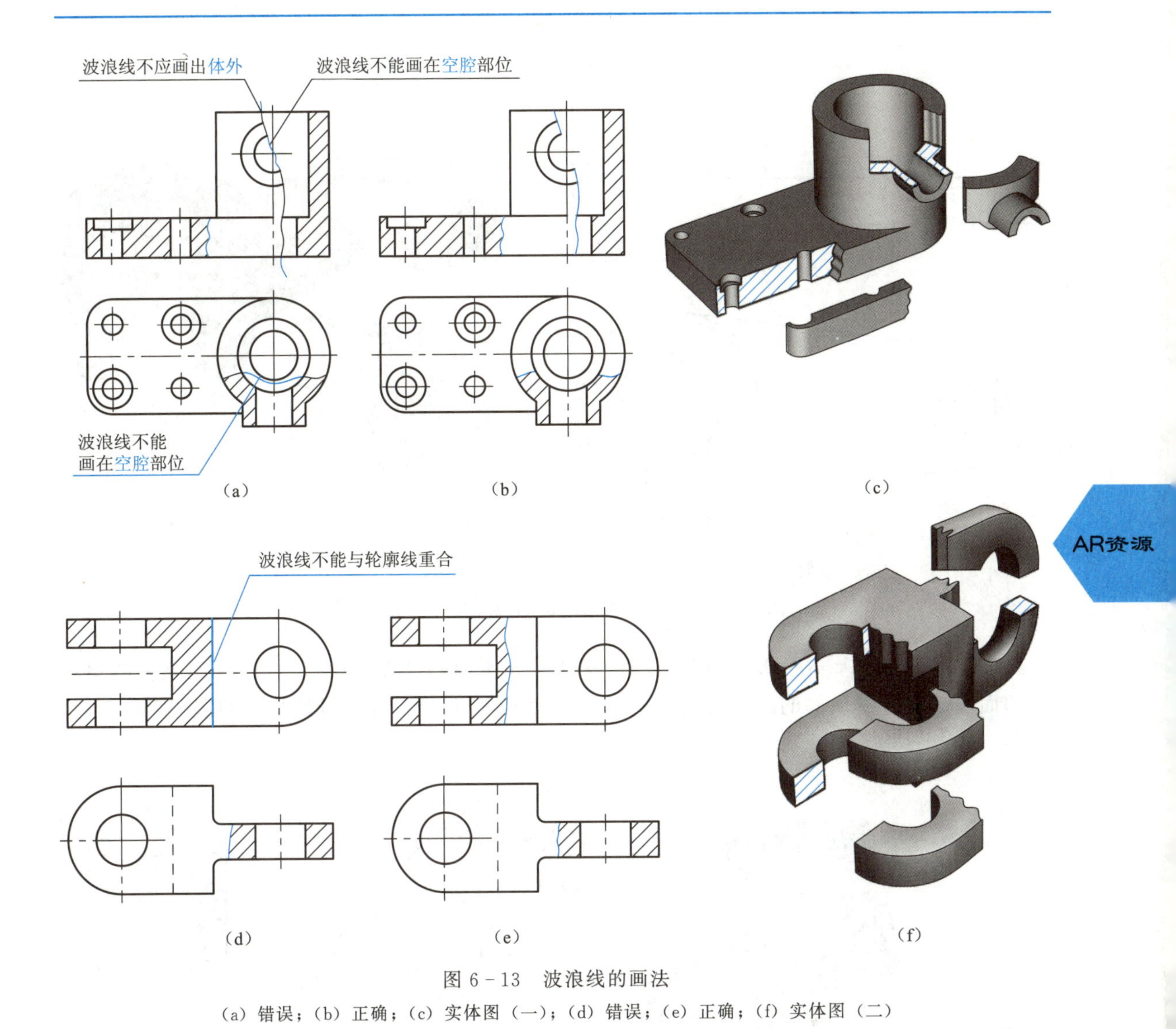

图 6－13　波浪线的画法

(a) 错误；(b) 正确；(c) 实体图（一）；(d) 错误；(e) 正确；(f) 实体图（二）

多，以免使图形过于破碎。

(4) 局部剖视图一般配置在原视图上，如剖切位置明显可不标注，否则就要加标注，标注原则与前面剖视概念的有关标注规定相同。

三、剖切面种类

由于物体的结构形状千差万别，因此在作剖切处理时，需要根据物体的结构特点，选择不同形式的剖切面，以便使物体的形状得到充分表达。根据国家标准规定，常用的剖切面有以下几种形式。

1. 单一剖切面

仅用一个剖切面剖开机件，称为单一剖切面，简称单一剖。

(1) 平行于基本投影面的单一剖。这种方式应用较多，如图 6－6、图 6－9 及本节前面的所有图例均是用单一剖切面剖开机件所得的剖视图。

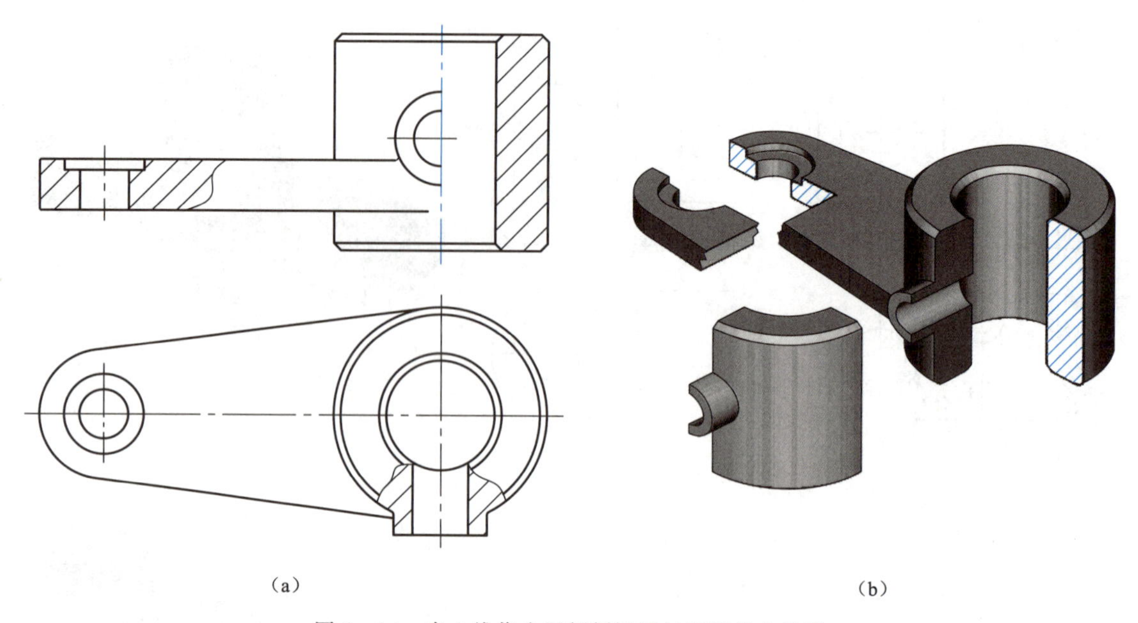

图 6-14　中心线作为局部剖视图与视图的分界线

（2）不平行于基本投影面的单一剖。图 6-15 所示的“A—A”剖视图采用倾斜的单一剖切面表达了弯管顶部的凸台和通孔，这种剖切面不平行于基本投影面的剖视图称为斜剖视图。

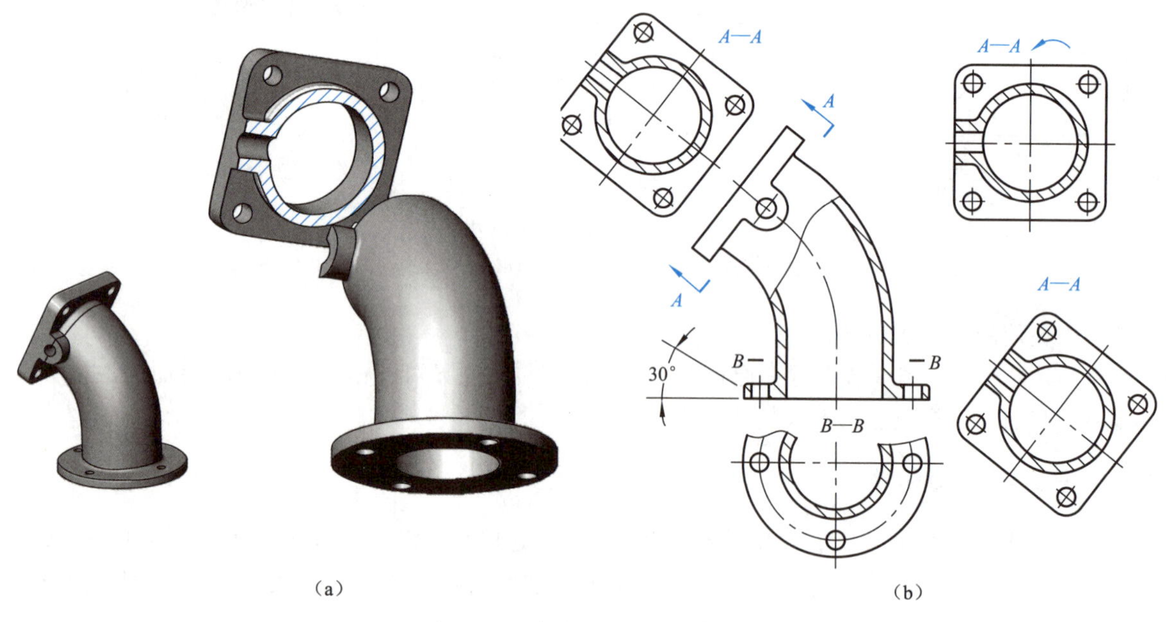

图 6-15　弯管的剖视图（斜剖）

斜剖视图常按投影关系配置在与剖切符号相对应的位置上，也可将剖视图平移至图纸内的适当位置。在不致引起误解时，还允许将图形旋转，但必须标注字母“A—A”和旋转符号“↷”，如图 6-15 所示，字母“A—A”应注写在旋转符号“↷”的箭头端。

2. 两个相交的剖切平面

用两个相交的剖切面（交线垂直于某一基本投影面）剖开机件的方法，称为旋转剖，如图 6－16 和图 6－17 所示。

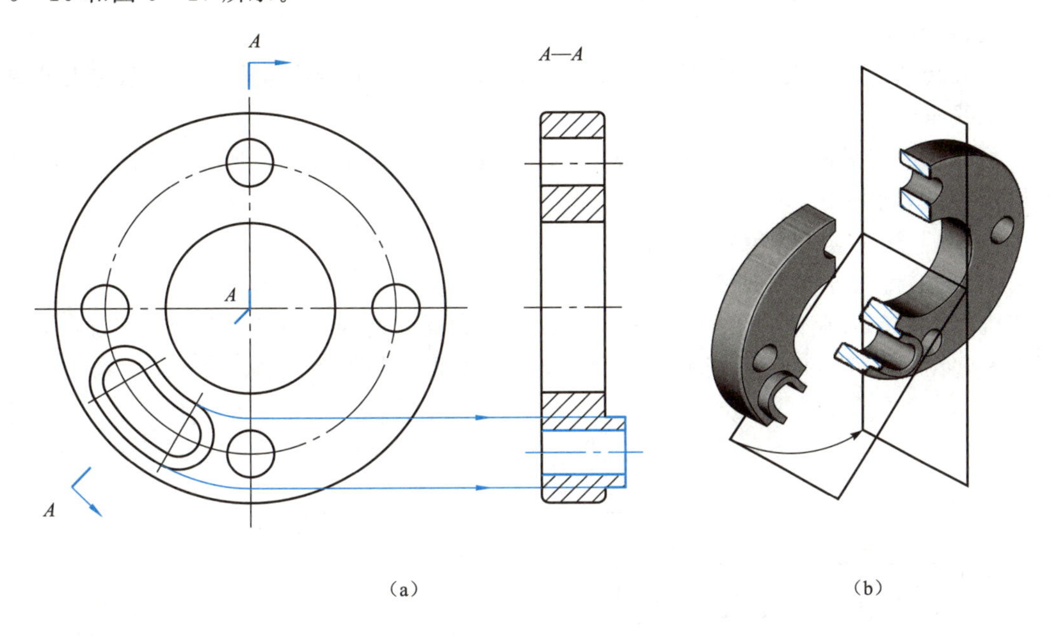

图 6－16 两相交剖切面（一）

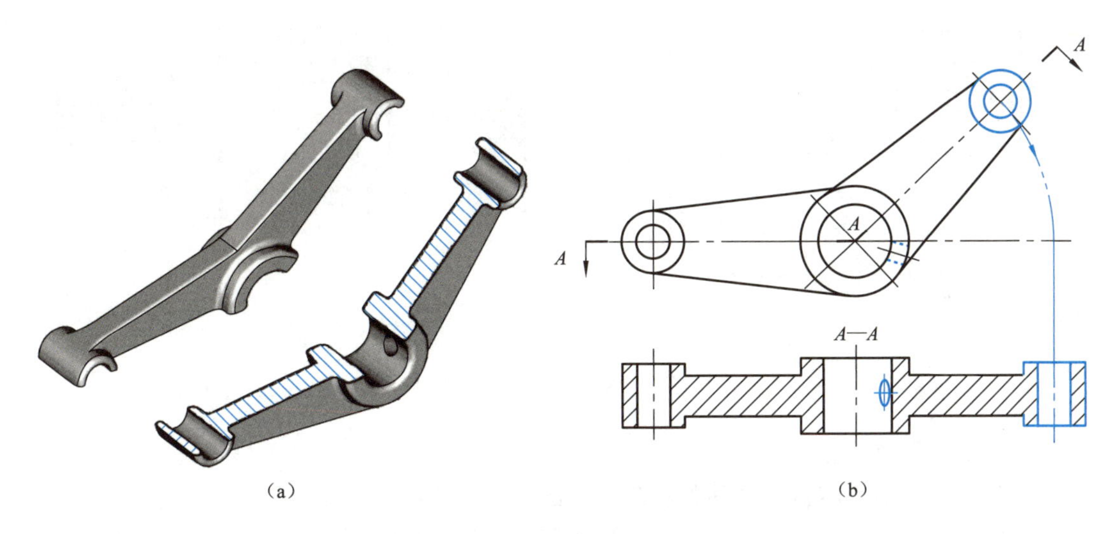

图 6－17 两相交剖切面（二）

(a) 摇臂的立体图；(b) 摇臂的剖视图

图 6－16 所示为一圆盘状机件，若采用单一全剖视图，则能把中间轴孔和周围均布的四个小孔表达清楚，但机件左下方的凸台和孔尚未表达出来。为了在剖视图上同时表达出机件的这些结构，采用两个相交的剖切平面剖开机件，如图 6－16（b）所示。在画剖视图时，为使剖切到的倾斜结构能在基本投影面上反映实形，便以相交的两剖切面的交线作轴线，将被剖切面剖开的倾斜结构及有关部分旋转到与选定的投影面平行后再进行投影。图 6－16（b）箭头

所示即为将剖开的倾斜结构“旋转”的假想过程。

旋转剖的标注：必须用带字母的剖切符号表示出剖切平面的起、止和转折位置以及投影方向，注出剖视图名称“×—×”，如图6-16和图6-17所示。

画旋转剖视的注意事项：

(1) 旋转剖适用于表达具有回转轴的机件，因此，画图时两剖切平面的交线应与机件上的回转轴线重合。

(2) 位于剖切平面之后的其他结构要素，一般仍按原来位置投影画出，如图6-17所示中间圆筒右下方小孔。

(3)“剖”开后应先“旋转”，后投影。

3. 几个互相平行的剖切平面

当机件上具有几种不同的结构要素（如孔、槽），而它们的中心平面互相平行且在同一方向投影无重叠时，可用几个平行的剖切面剖开机件，得到的剖视图称为阶梯剖，如图6-18所示。

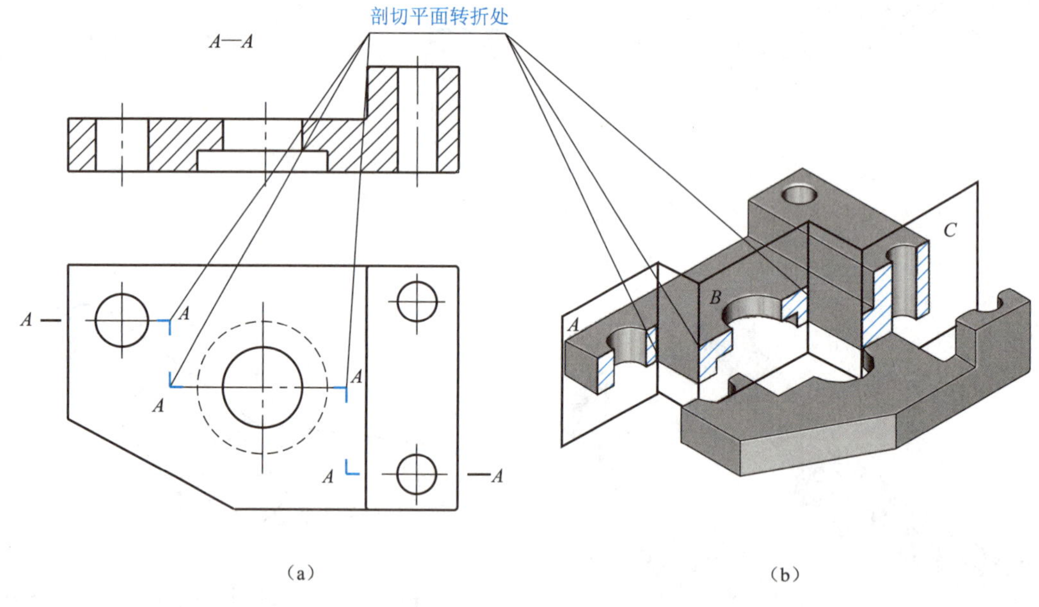

图6-18　机件的阶梯剖

画阶梯剖视图时应注意：

(1) 各剖切平面的转折处必须是直角，如图6-18所示。

(2) 画阶梯剖视图时不允许画出剖切平面转折处的分界线，如图6-19 (b) 所示。

(3) 剖切平面转折处不应与视图中的轮廓线重合，剖切符号应尽量避免与轮廓线相交，如图6-19 (b) 所示。

(4) 阶梯剖中不应出现不完整的要素，如图6-19 (a) 所示。只有当不同的孔、槽在剖视图中具有公共的对称中心线时，才允许剖切平面在孔、槽中心线或轴线处转折，如图6-20所示。

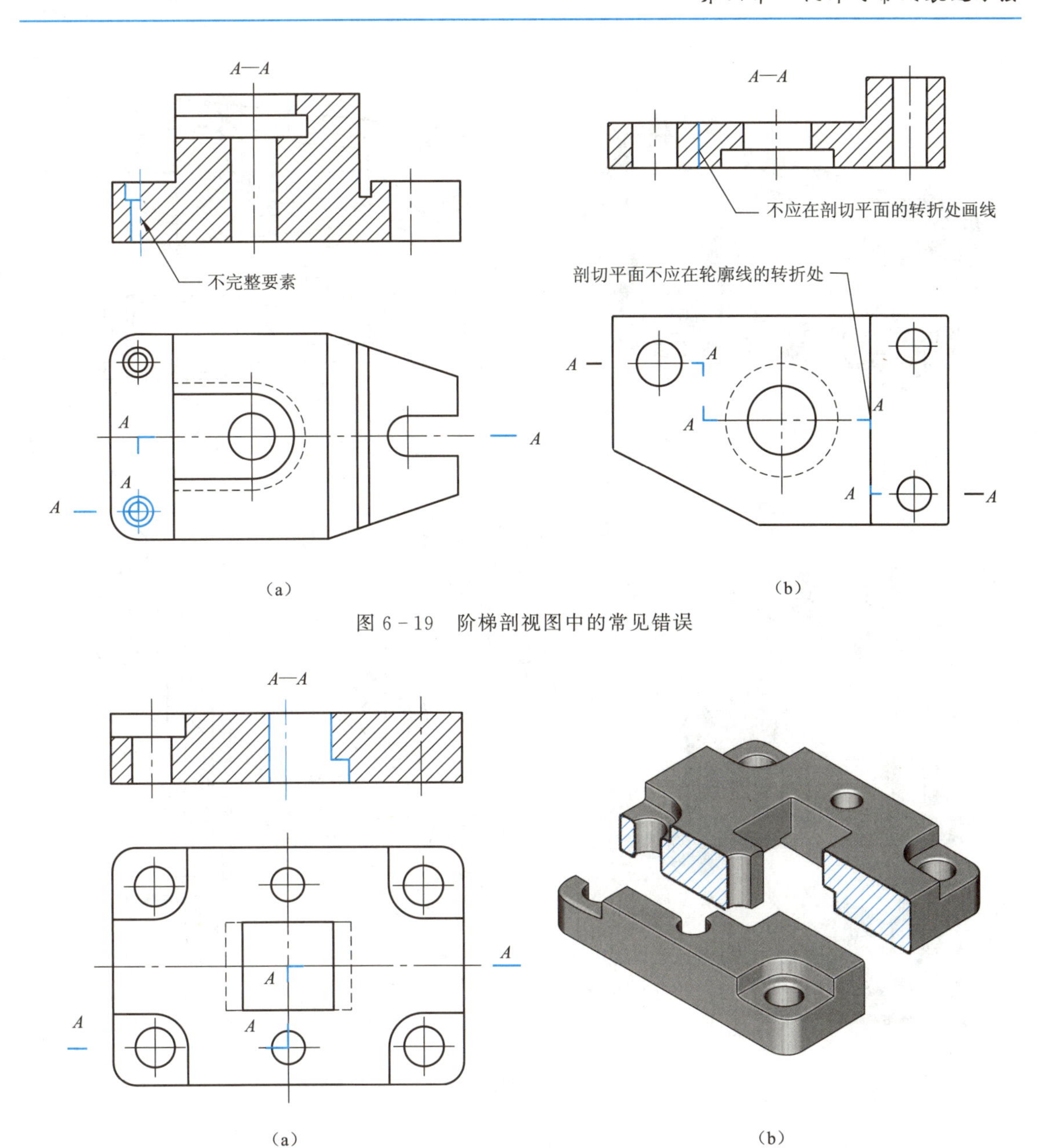

图 6 - 19　阶梯剖视图中的常见错误

图 6 - 20　模板的阶梯剖视图

四、组合的剖切面

除旋转剖、阶梯剖以外，用组合的剖切平面剖开机件的方法称为复合剖，如图 6 - 21 所示。图 6 - 21（a）中，用复合剖画出了连杆的“*A*—*A*”全剖视图。

图 6 - 21（b）中，按主视图中剖切符号可知，该机件共用四个相交平面剖开，展开到一个与侧面平行的平面上再投影，标注时应注明“×—×展开”，如图 6 - 21（b）所示。

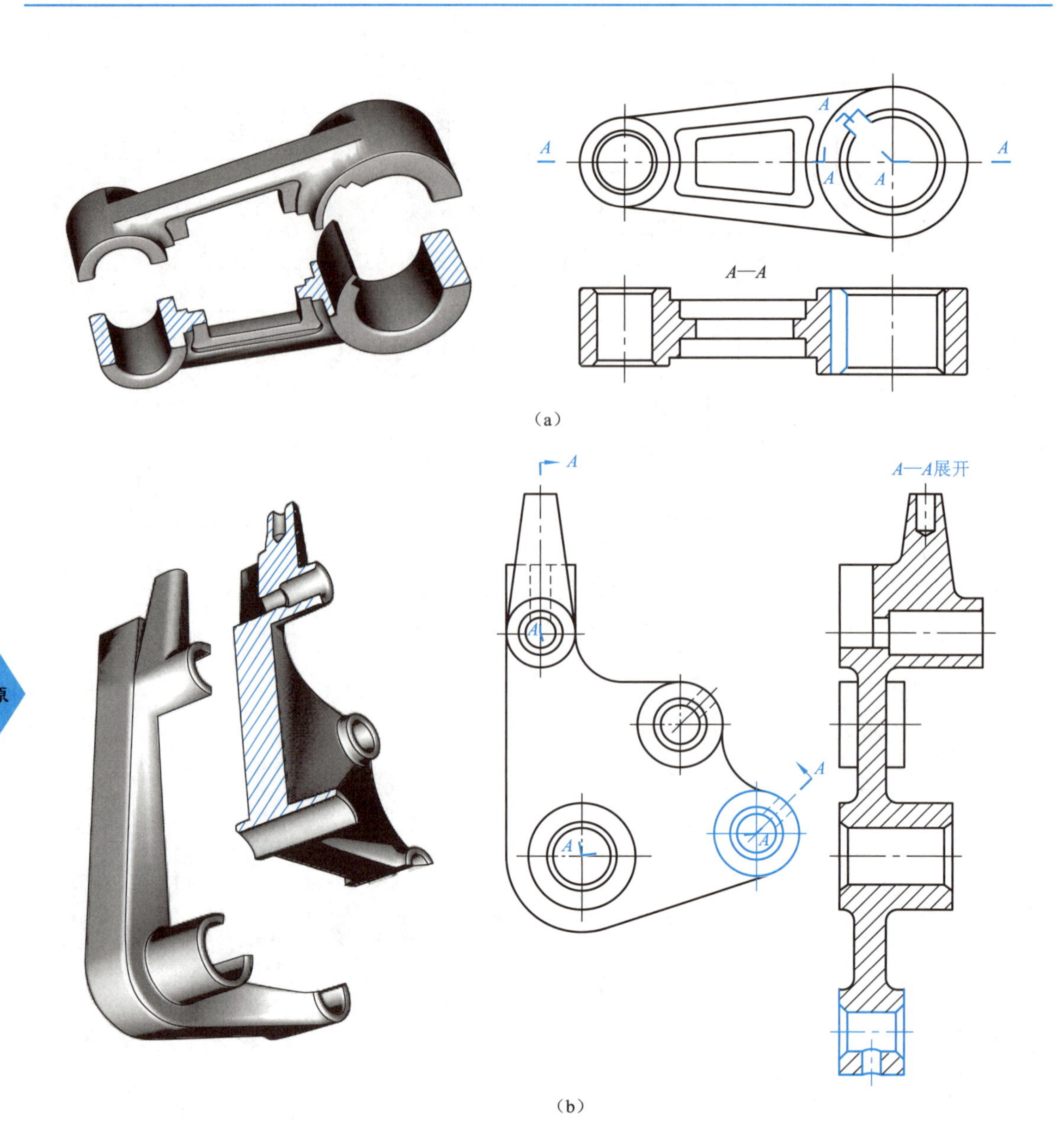

图 6-21　复合剖

§6—3　断　面　图

假想用剖切面将机件的某处切断，仅画出断面的图形，称为断面图，简称断面或剖面，如图 6-22 所示。

断面分重合断面和移出断面两种。

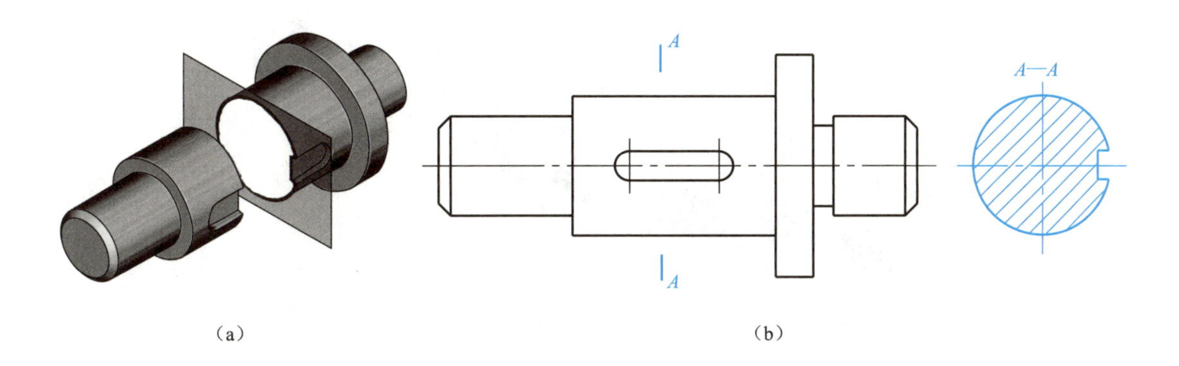

图 6－22　断面图

一、重合断面图

断面图形配置在剖切平面迹线处，并与视图重合，称为重合断面图。重合断面图的轮廓线用细实线绘制，当视图的轮廓线与重合断面图的图形重叠时，视图中的轮廓线仍需完整、连续地画出，不可间断，如图 6－23 和图 6－24 所示。

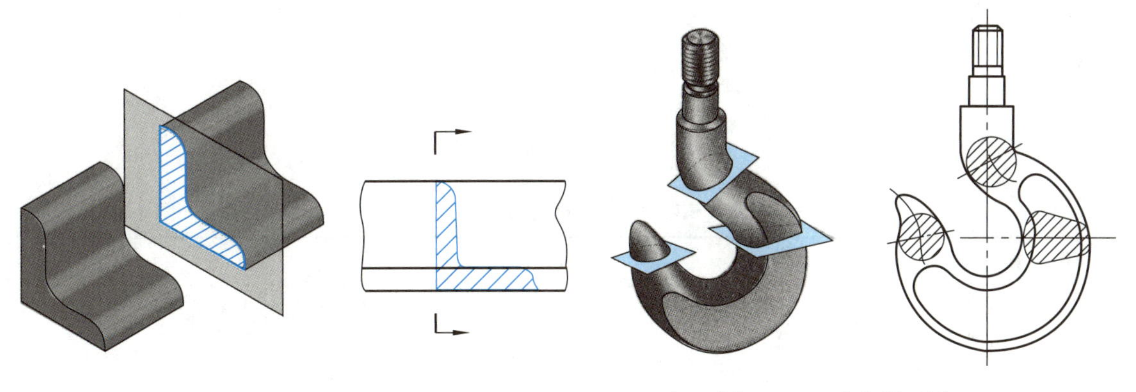

图 6－23　重合断面图（一）

图 6－24　重合断面图（二）

二、移出断面图

画在视图轮廓线外面的断面图形，称为移出断面图。移出断面的轮廓线规定用粗实线绘制，并尽量配置在剖切符号或剖切平面迹线的延长线上，也可画在其他适当位置，如图 6－25 所示。移出断面图一般用剖切符号表示剖切位置，用箭头表示投影方向，并注上字母，在断面图的上方用同样的字母标出相应的名称“×—×”，如图 6－25 中的 C—C。移出断面图的标注方法见表 6－3。

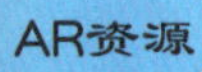

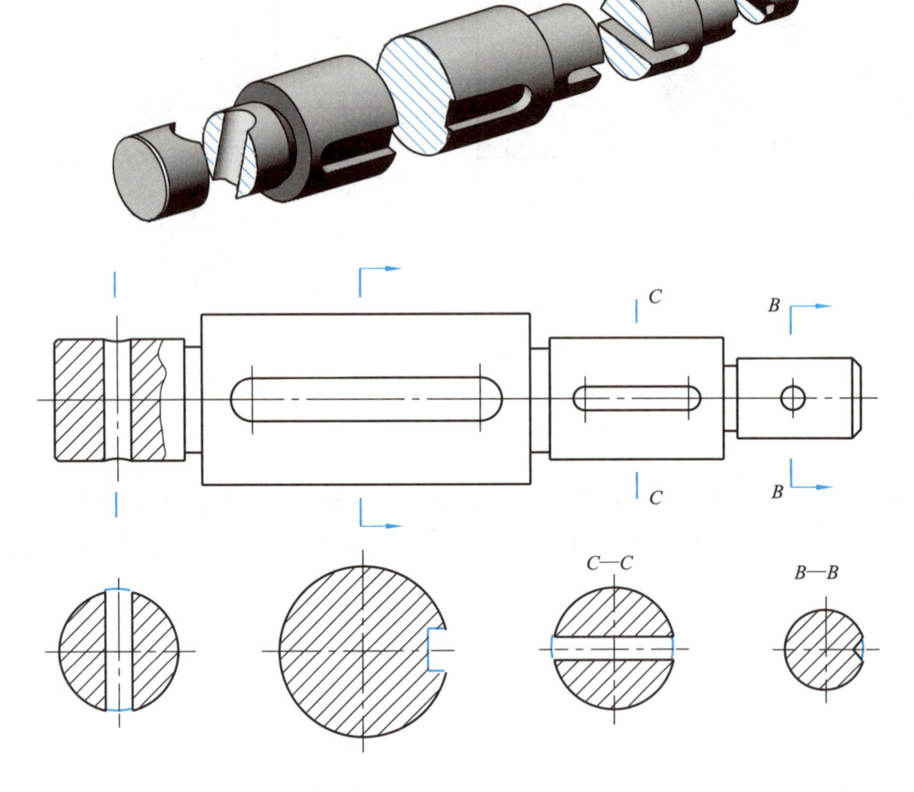

图 6-25　移出断面图

表 6-3　移出断面图的标注方法

断面图位置	断面图的标注	
在剖切符号延长线上	对称地移出断面图	不对称地移出断面图
	标注剖切符号	标注剖切符号、箭头

续表

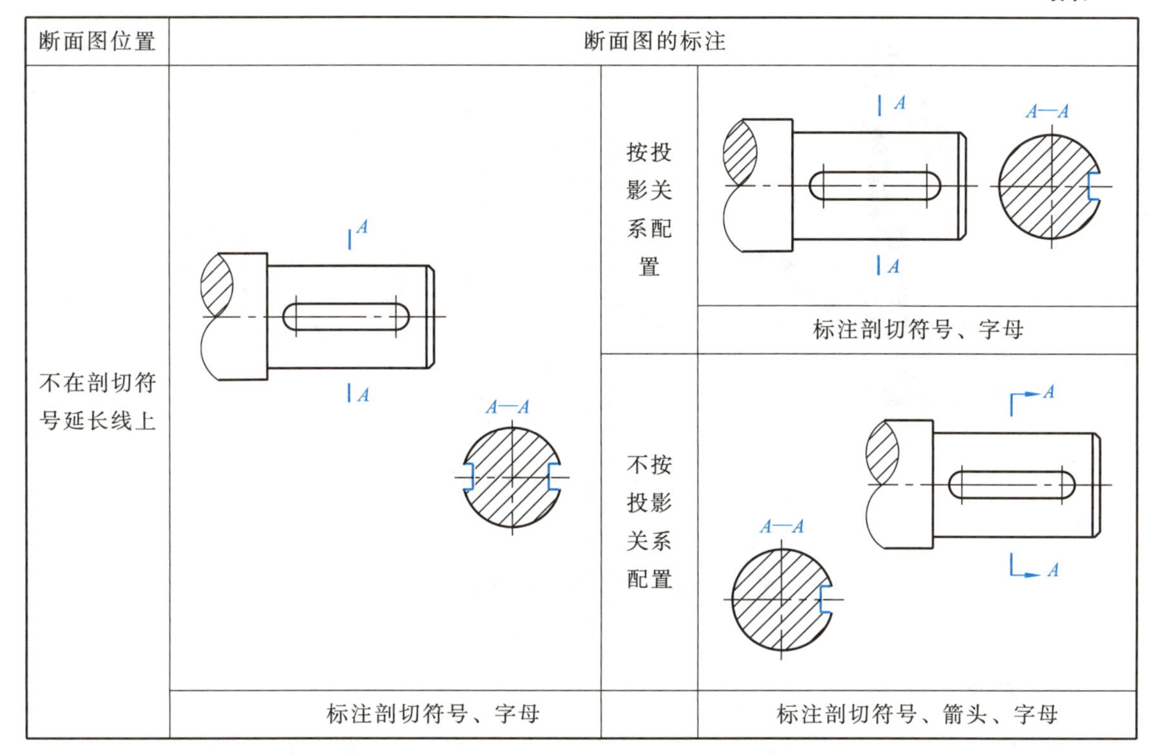

断面图位置	断面图的标注		
不在剖切符号延长线上		按投影关系配置	标注剖切符号、字母
		不按投影关系配置	标注剖切符号、箭头、字母
	标注剖切符号、字母		

作断面图应注意的几点：

（1）由两个或多个相交的剖切平面剖切得出的移出断面图，中间一般应断开，如图 6－26 所示。

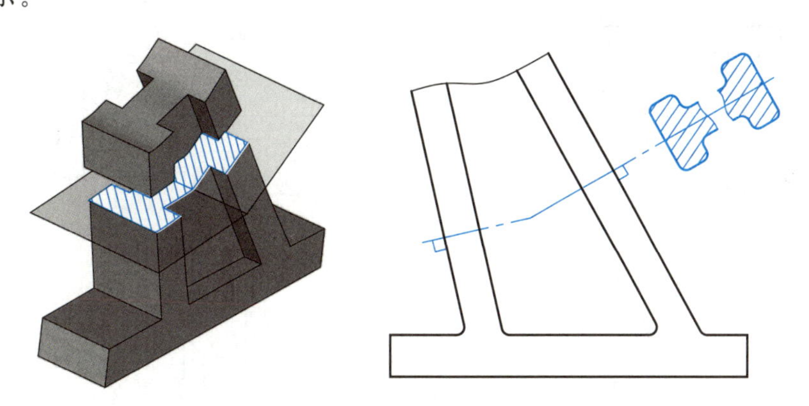

图 6－26　两个剖切平面剖得的移出断面图

（2）当剖切平面通过由回转面形成的孔或凹坑的轴线时，断面图形应画成封闭的图形，如图 6－25 中的 *B*—*B* 断面。

（3）当剖切平面通过非圆孔，会导致出现完全分离的两个断面时，则这些结构应按剖视绘制，如图 6－25 中 *C*—*C* 断面和图 6－27 中⌒ *A*—*A* 断面图。

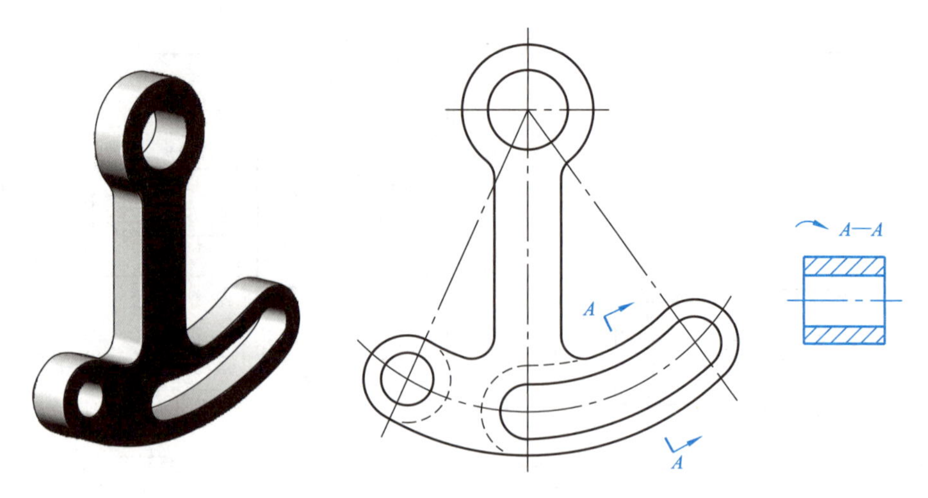

图6-27　断面图形分离时的画法

§6—4　其他表达方法

一、局部放大图

用大于原图形的比例画出的局部图形称为局部放大图，主要用来表示物体的局部细小结构，如图6-28所示。

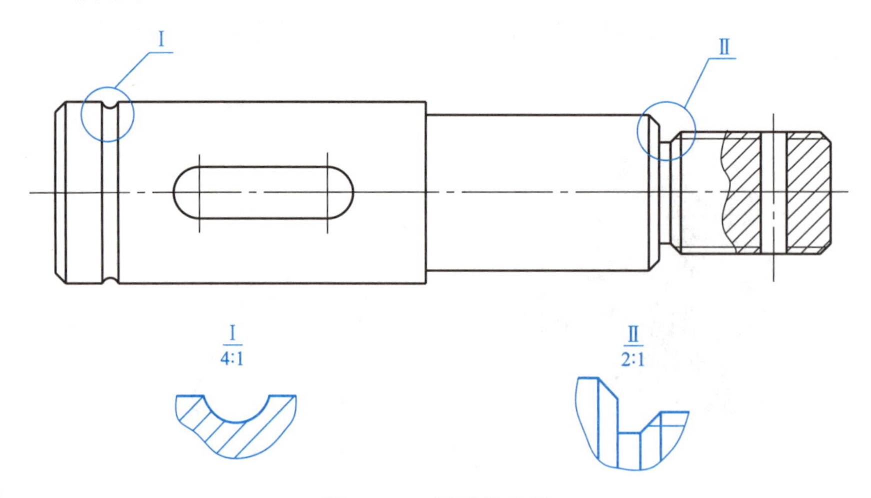

图6-28　局部放大图

局部放大图根据需要可画成视图、剖视图或断面图，它与被放大部分的表达方式无关。为看图方便，局部放大图应尽量放在被放大部位的附近。

局部放大图的标注方式为：将被放大部位用细实线圈出，在指引线上用罗马数字编号，当同一机件有几个被放大的部位时，必须用罗马数字依次标明被放大的部位，并在局部放大图的上方用分数形式标注相应的罗马数字和采用的比例，如图6-28所示。

二、简化画法

在不致引起误解和不会产生理解多义性的前提下，为力求制图简便，国家标准《技术制图》和《机械制图》还规定了一些简化画法和规定画法。

（1）对于机件的肋、轮辐及薄壁等，如纵向剖切，这些结构都不画剖面符号，而用粗实线画出与它邻接形体的理论轮廓线将它们分开。但横向剖切时，仍应画出剖面符号，如图6－29所示。

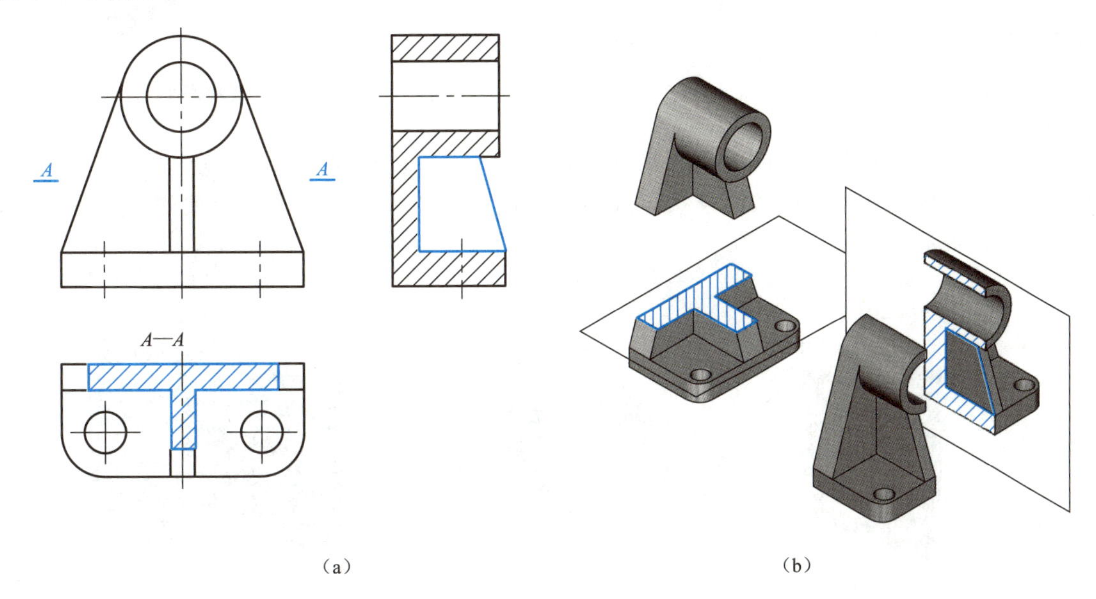

图6－29　肋板的规定画法

（2）当回转体上均匀分布的肋、轮辐、孔等结构不处于剖切平面时，可将这些结构旋转到剖切平面上画出，如图6－30所示。

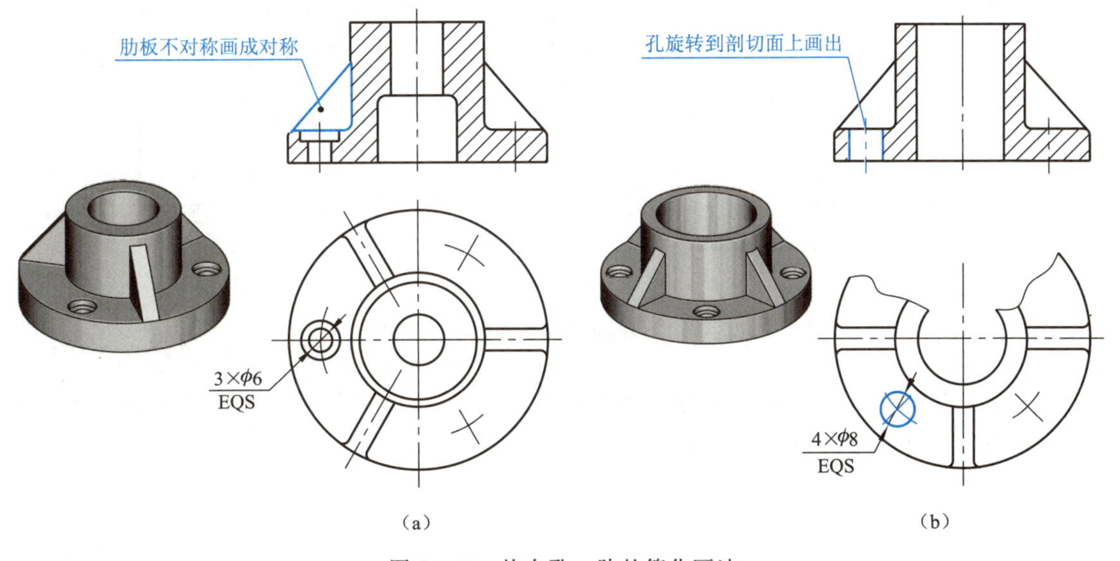

图6－30　均布孔、肋的简化画法

（3）当回转体上的平面在视图中不能充分表达时，可用平面符号（两相交的细实线）表示，如图 6－31 和图 6－32 所示。

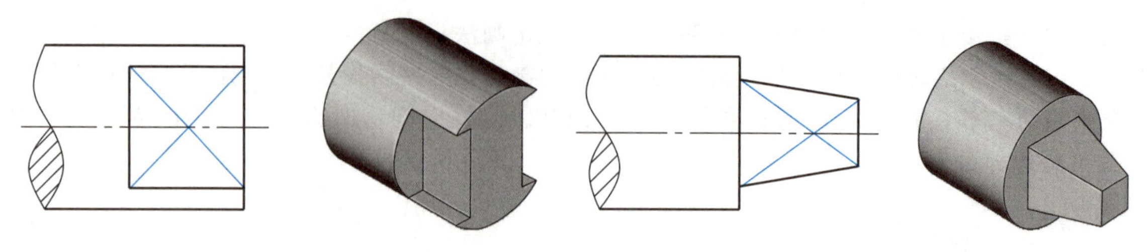

图 6－31 用符号表示平面（一）　　图 6－32 用符号表示平面（二）

（4）机件上具有多个相同结构要素（如孔、槽、齿等）并按一定规律分布时，只需画出几个完整的结构，其余用细实线连接，或画出它们的中心线，但在图中应注明它们的总数，如图 6－33 所示。

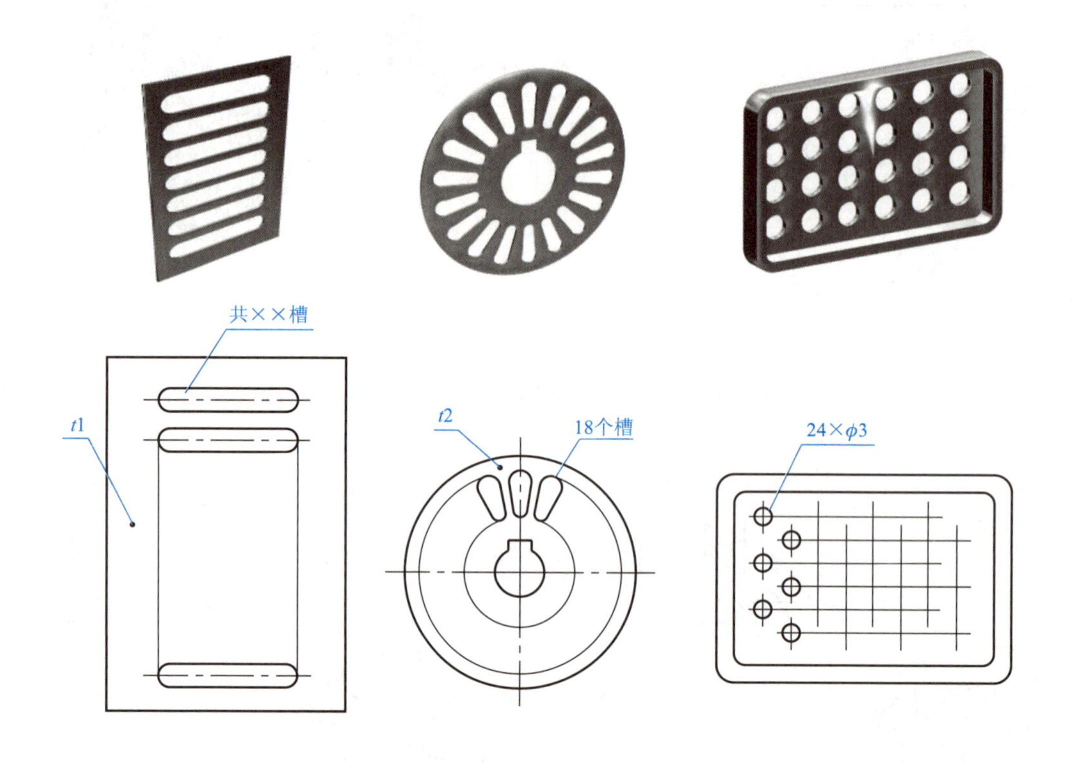

图 6－33 相同结构要素的简化画法

（5）较长的机件（轴、杆、型材、连杆等）沿长度方向的形状一致或按一定规律变化时，可断开后缩短绘制，如图 6－34 所示。

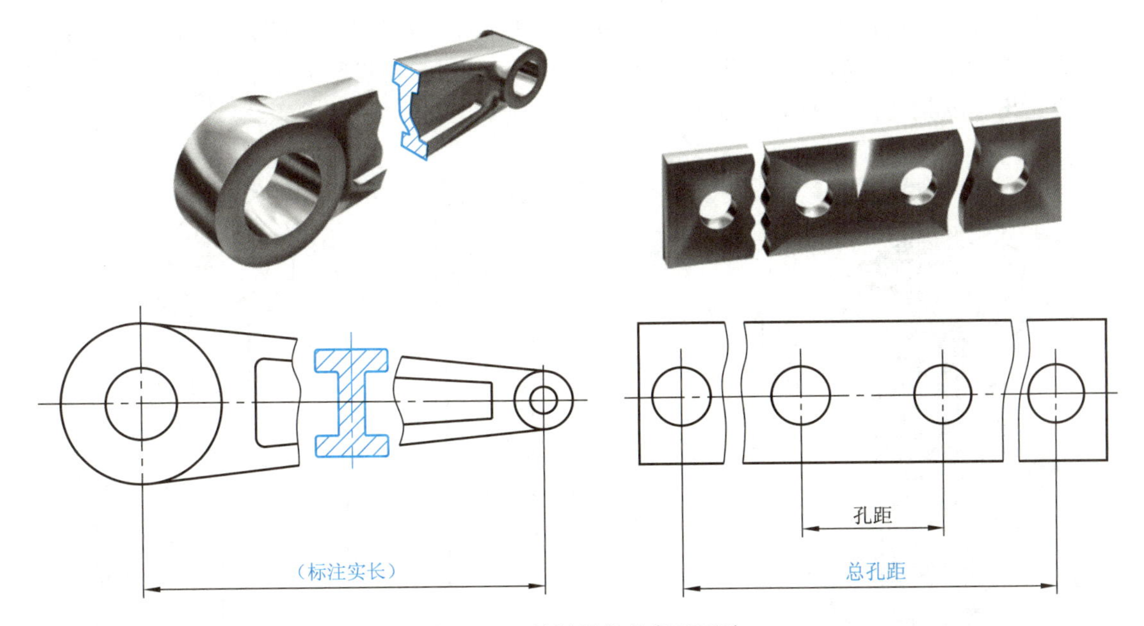

图 6-34 较长机件的断开画法

（6）对称机件的视图可只画一半或四分之一，并在对称中心线的两端画出两条与其垂直的细实线，如图 6-35 所示。

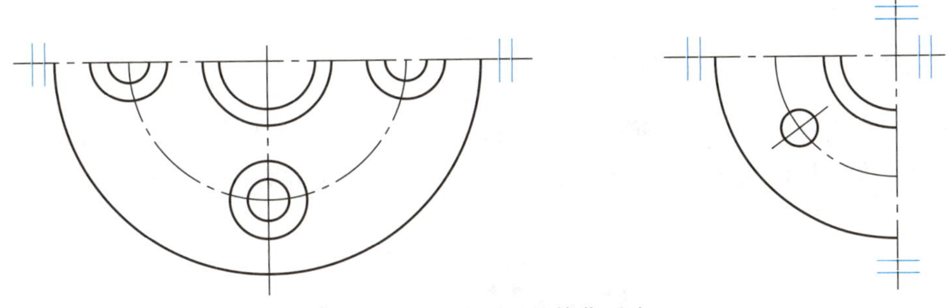

图 6-35 对称图形的简化画法

§6—5 表达方法应用举例

一个机件往往可以选用几种不同的表达方案。在画图时要根据不同机件的具体情况，恰当、灵活地选择使用前面讨论的机件的各种表达方法。表达方案选择得好坏，首先看其所画图形是否把机件的结构形状表达得正确、完整和清楚，同时确定是否做到了画图简单、读图方便。下面以支架和箱体的表达方案为例加以说明。

一、支架的表达方案分析

支架（图 6-36）由圆筒、十字肋板和底板构成。为了表达支架的内、外形状，主视图采用了局部剖视，既表达了圆柱、十字肋板和倾斜底板的相对位置，又表达了圆柱的轴孔和倾斜板上小圆孔的内部结构形状；为了表达圆柱和十字肋板的连接关系，采用 B 向局部视图（配置在左视图的位置上）；为了表达倾斜板的实形和小孔的分布情况，采用了A向斜视图；为了表达十字肋板的断面形状，采用了移出断面。这样，仅用了四个图形，就完整、清楚地表达出了支架的内、外结构形状。

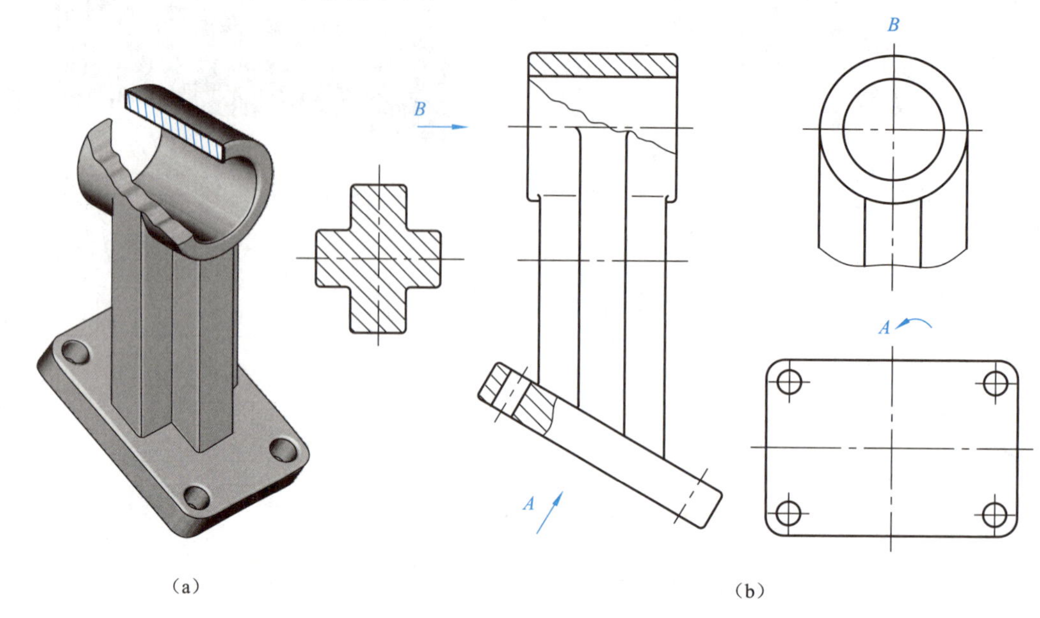

图6-36　支架的表达方案

二、蜗轮减速箱体的表达方案分析

从图6-37所示的蜗轮减速箱体的立体图中可以看出，箱体由壳体、壳体右侧的圆筒、圆筒下面的支撑肋板以及底板等组成。图6-38所示的表达方案采用了主、俯、左三个基本视图和三个局部视图表达。

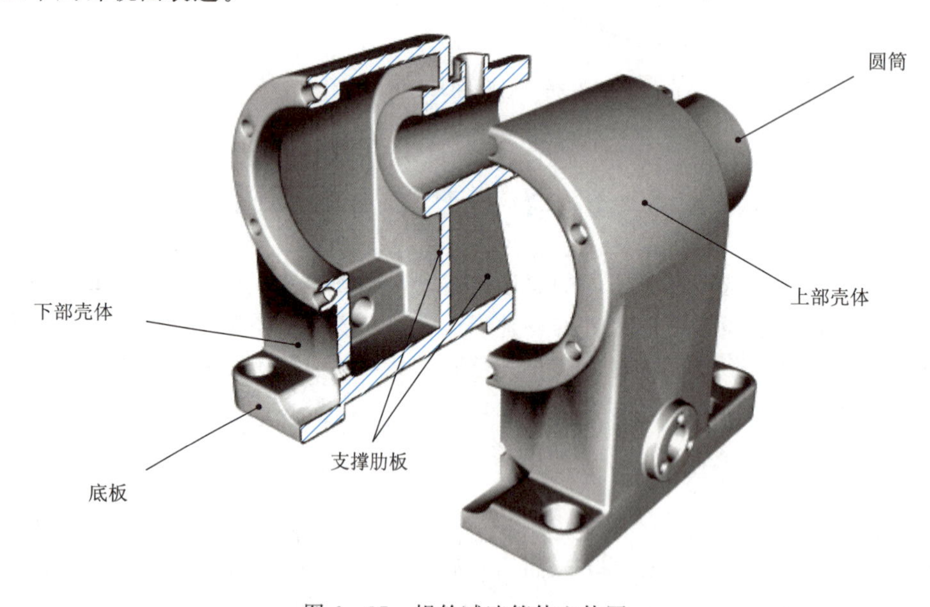

图6-37　蜗轮减速箱体立体图

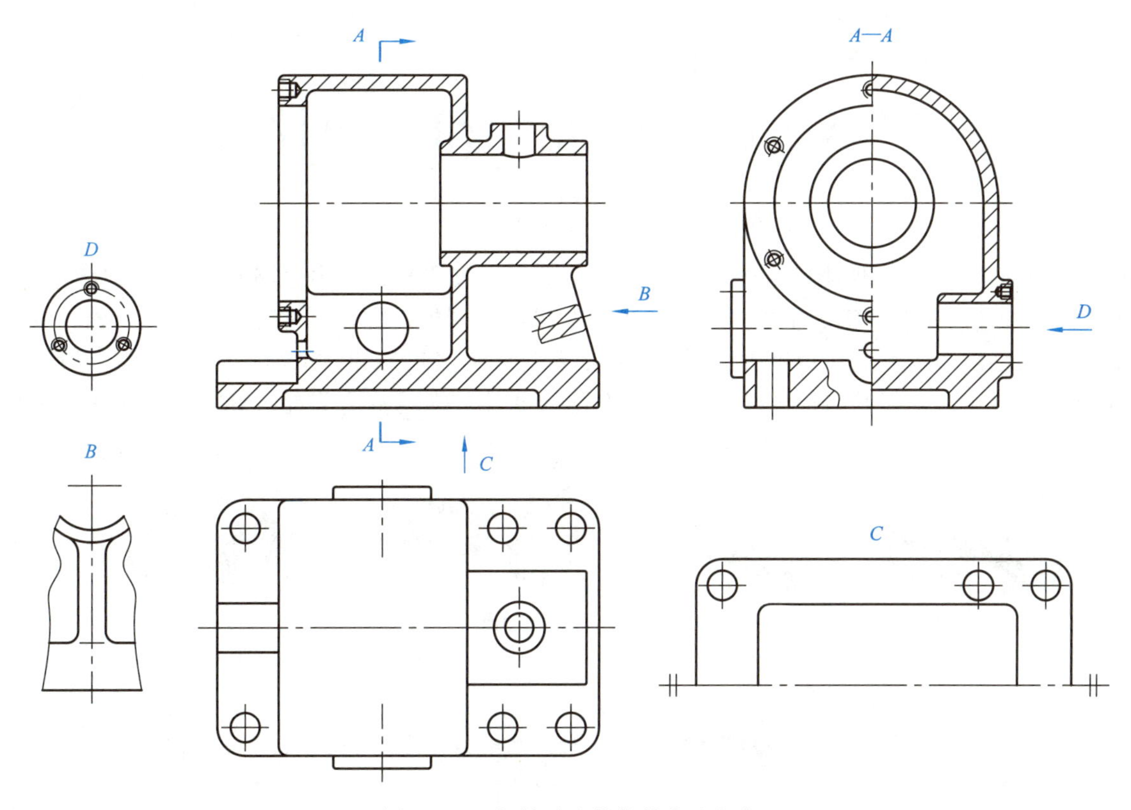

图 6－38　蜗轮减速箱体的表达方案

主视图通过箱体前、后对称平面用单一剖切面作全剖，表达了箱体内腔的情况。

左视图采用单一剖切面作半剖和局部剖，半个外形图表达了壳体端面形状及其上小孔的分布情况，半个剖视图表达了壳体壁厚及壳内凸台和孔的情况，局部剖剖开了底板上的安装孔。

俯视图表达了底板及其上槽、孔的分布情况和右端圆筒的位置及其上孔的情况。

从表达效果来看，壳体左侧圆柱形凸缘及凸缘上分布的六个小孔及孔深、凸缘下方的出油孔、壳体内腔的方形凸台及凸台中间的圆柱孔、圆筒右端下方的肋板形状及断面在主视图上均有较好的表达。

底板的形状及六个通孔，底板左端上面圆弧形凹槽及底板下面凹槽的长、宽、深度在主、俯、左视图中得以表达；壳体右侧的圆筒及其上的圆形凸台、凸台上面开的小孔通过主、俯视图清楚表达。

三个局部视图的作用是什么？各表达什么内容呢？留给读者自行分析吧。

第七章　标准件和常用件

标准件指国家标准对其结构、尺寸或某些参数、技术要求、画法等作了统一规定的零（部）件，它们在多种机器中被广泛地应用。常见的有螺栓、螺柱、螺钉、螺母、垫圈、键、销和滚动轴承等，它们在机器中分别起连接、传递动力、定位和支承轴转动等作用；常用件指结构较为定形，但其结构尺寸仅部分标准化的零件，常见的有齿轮、弹簧等，如图 7－1 所示。

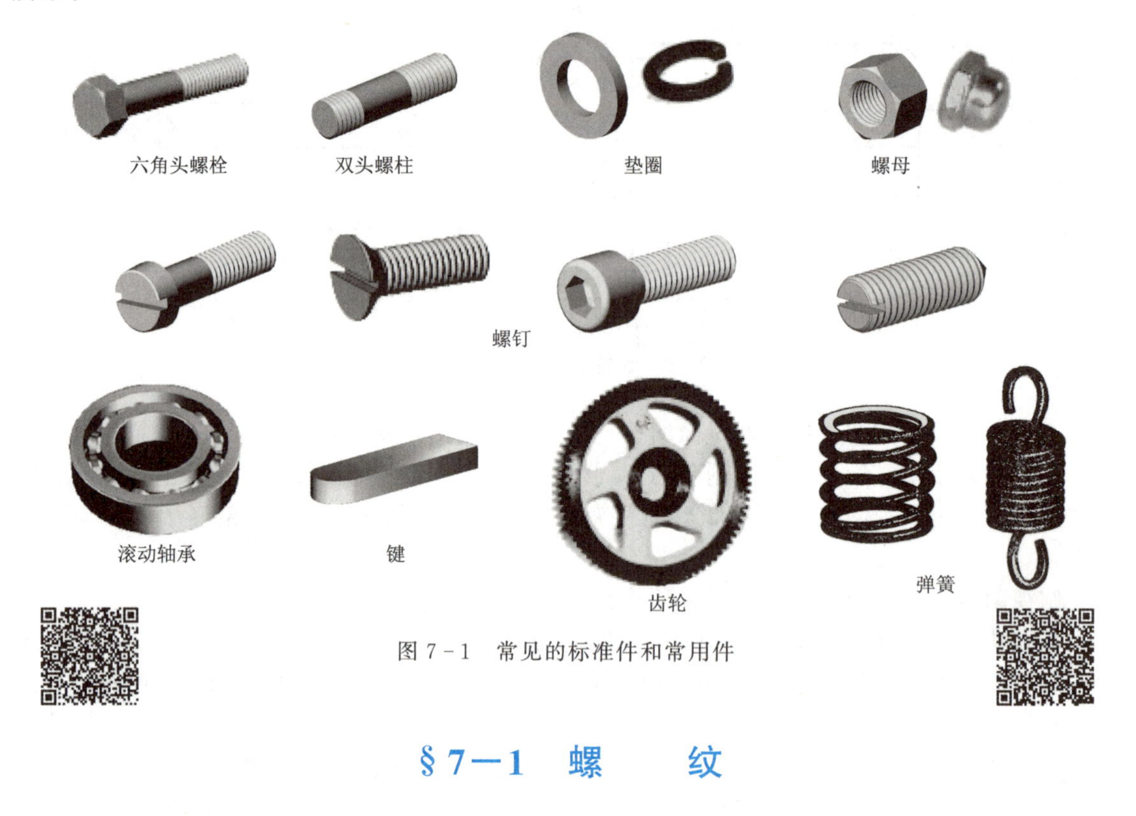

图 7－1　常见的标准件和常用件

§7—1　螺　　纹

一、螺纹的基本知识及规定画法

1. 螺纹的基本知识

（1）螺纹的形成。螺纹是指在圆柱或圆锥表面，沿着螺旋线加工成的具有相同截面形状的连续凸起和沟槽，一般将凸起称为“牙”。螺纹分外螺纹和内螺纹两种，在圆柱或圆锥外表面上形成的螺纹称外螺纹，在其内孔表面上所形成的螺纹称内螺纹，如图 7－2 所示。内、外螺纹必须成对使用。

加工螺纹的方法很多，常见的是在车床上车削内、外螺纹，如图 7－3 所示；也可辗压

外螺纹

内螺纹

图 7-2　螺纹的种类

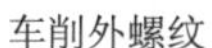

车削外螺纹

车削内螺纹

图 7-3　在车床上车削螺纹

螺纹；还可用丝锥加工内螺纹、用板牙加工外螺纹等。

（2）螺纹的要素。要保证内、外螺纹正常旋合，它们的下列要素必须一致。

① 螺纹牙型。通过螺纹的轴线剖切螺纹时所得到的牙的轴向断面形状称为牙型。常见的螺纹牙型有三角形、梯形、锯齿形和方（矩）形等，如图 7-4 所示。

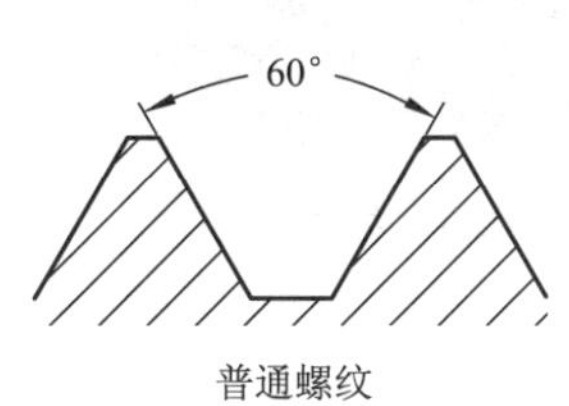

普通螺纹

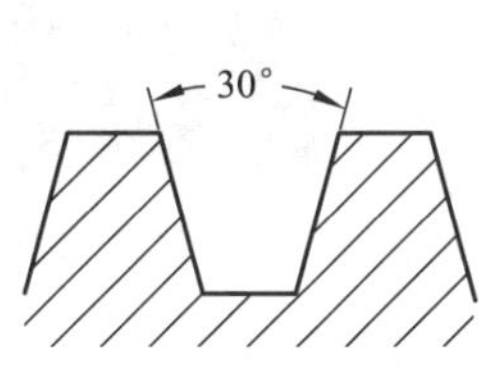

梯形螺纹

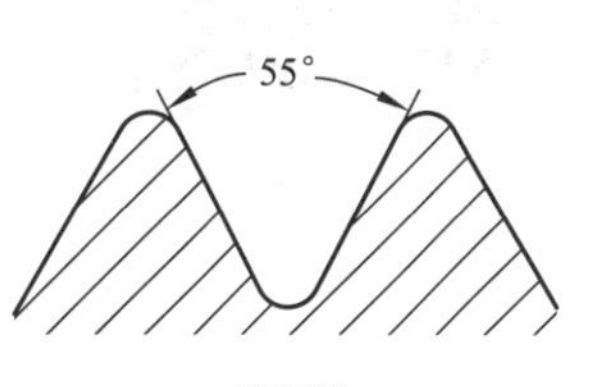

管螺纹

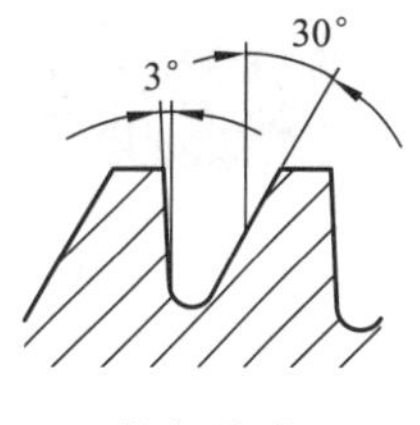

锯齿形螺纹

图 7-4　常见的螺纹牙型

普通螺纹：牙型为三角形（夹角 60°），一般起连接作用；

梯形螺纹：牙型为等腰梯形（夹角 30°），一般用于传递动力；

锯齿形螺纹：牙型为不等腰梯形（其夹角见图 7-4），用于单向传递动力；

管螺纹：牙型为三角形（夹角 55°），用于管路连接中，可起连接或密封的作用。

② 直径。螺纹直径有大径、中径和小径之分。

螺纹的大径（公称直径）是指与外螺纹牙顶或与内螺纹牙底相重合的假想圆柱面的直径，外螺纹大径用 d 表示，内螺纹大径用 D 表示，如图 7-5 所示。

螺纹的小径是指与外螺纹牙底或内螺纹牙顶相重合的假想圆柱面的直径，外螺纹小径用 d_1 表示，内螺纹小径用 D_1 表示，如图 7-5 所示。

螺纹的中径是指在螺纹大径和小径之间有一假想圆柱面，在其轮廓素线上凸起和沟槽的

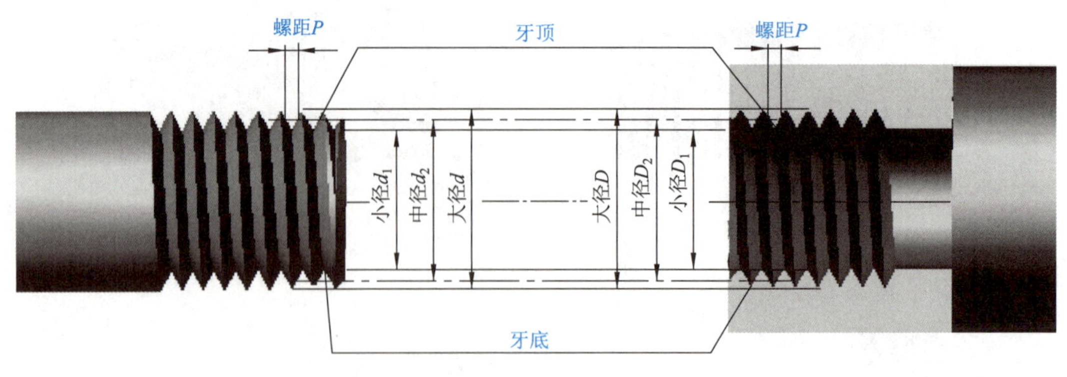

图7-5　螺纹的直径

线性尺寸相等，则该直径称为螺纹中径，分别用 d_2 和 D_2 表示，如图7-5所示。

③ 线数（n）。在同一圆柱（锥）面上加工螺旋线的条数，称为螺纹的线数，用 n 表示。螺纹有单线和多线之分，沿一条螺旋线形成的螺纹，称为单线螺纹；沿两条或两条以上在轴向等距分布的螺旋线所形成的螺纹，称为多线螺纹，如图7-6所示。

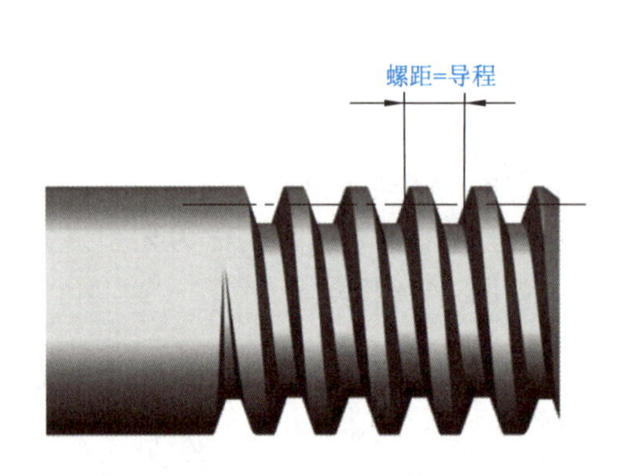

单线螺纹：螺距P=导程P_h

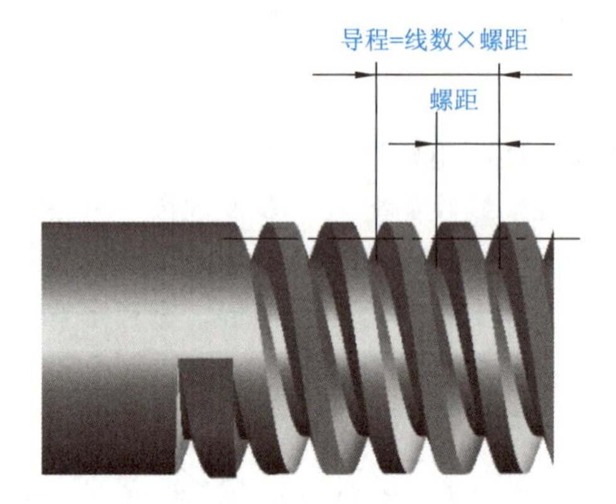

多线螺纹：导程P_h=螺距P×线数n

图7-6　螺纹的线数、螺距和导程

④ 螺距（P）和导程（P_h）。螺距是指相邻两牙在中径线上对应两点间的轴向距离，导程是指在同一条螺旋线上相邻两牙在中径线上对应点之间的轴向距离，如图7-6所示。

应注意螺距和导程之间的关系。

多线螺纹：

$$\text{螺距 } P=\frac{\text{导程 } P_h}{\text{线数 } n}$$

单线螺纹：

$$\text{螺距 } P=\text{导程 } P_h$$

⑤ 旋向。螺纹分为左旋和右旋两种。顺时针旋入的螺纹是右旋螺纹，逆时针旋入的螺纹是左旋螺纹。

螺纹的旋向可按下述方法进行判定：

将外螺纹的轴线垂直放置，螺纹的可见部分右高左低者是右旋螺纹，左高右低者是左旋螺纹，如图 7－7 所示。

螺纹要素的含义是：牙型是选择刀具几何形状的依据；外径表示螺纹制在多大的圆柱表面上，内径决定背吃刀量，螺距或导程供调配机床齿轮之用，头数确定是否分度，旋向则确定走刀方向。

图 7－7　螺纹旋向的判别方法

螺纹还有标准螺纹和非标准螺纹之分。牙型、直径和螺距符合国家标准的螺纹，称为标准螺纹；牙型符合国家标准，但直径或螺距不符合国家标准的螺纹，称为特殊螺纹；牙型不符合国家标准的螺纹，称为非标准螺纹。

2. 螺纹的规定画法

国家标准 GB/T 4459.1—1995 对螺纹的画法作了规定。

（1）外螺纹的规定画法。外螺纹的大径用粗实线绘制，小径用细实线绘制，螺纹终止线用粗实线绘制；在垂直于螺纹轴线的视图中，表示小径的细实线圆只画约 3/4 圈，但倒角圆不应画出；当螺纹用视图表示时，螺纹终止线应绘制到外螺纹的大径线；当螺纹用剖视图表示时，螺纹终止线应绘制到小径线。如图 7－8 所示。

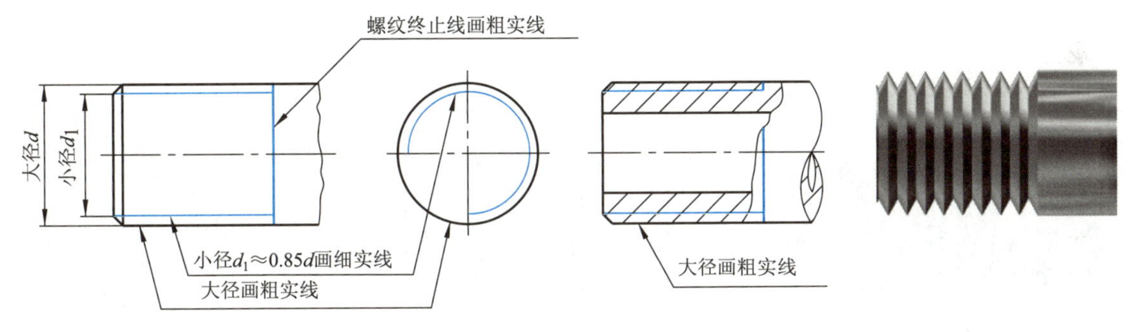

图 7－8　外螺纹的规定画法

（2）内螺纹的规定画法。在剖视图中，内螺纹的小径用粗实线绘制，大径用细实线绘制。在垂直于螺纹轴线的视图中，表示大径的细实线圆只画约 3/4 圈，倒角圆不应画出，如图 7－9 所示。在剖视图中，螺纹终止线用粗实线绘制，螺纹终止线应绘制到大径线。如图 7－9（a）所示。

当内螺纹不可见时，内螺纹上的所有图线均用虚线绘制，如图 7－9（b）所示。

当螺纹孔为不通孔时，其规定画法如图 7－9（c）所示。

（3）螺纹旋合图的规定画法。在螺纹旋合图中，规定旋合部分按外螺纹绘制，其余部分按各自的规定画法绘制，如图 7－10 所示。

在绘制螺纹旋合图时应注意：内、外螺纹大径线和小径线应分别对齐，即外螺纹的大径线（粗实线）和内螺纹的大径线（细实线）应对齐，外螺纹的小径线（细实线）和内螺纹的小径线（粗实线）应对齐，如图 7－10 局部放大图所示。

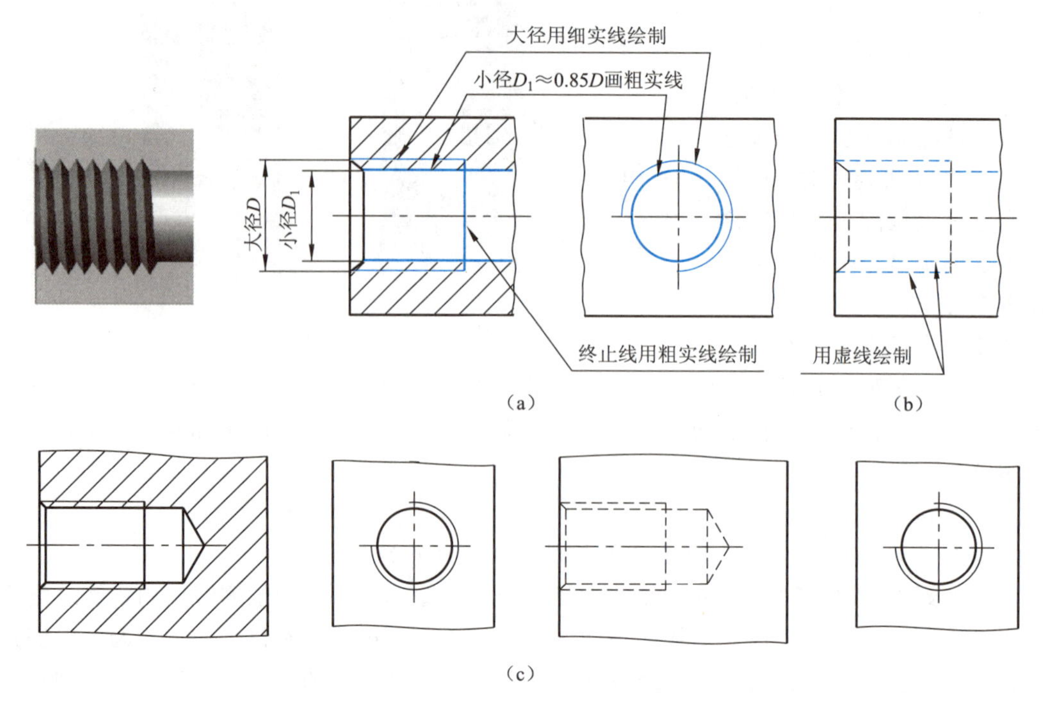

图7-9 内螺纹的规定画法

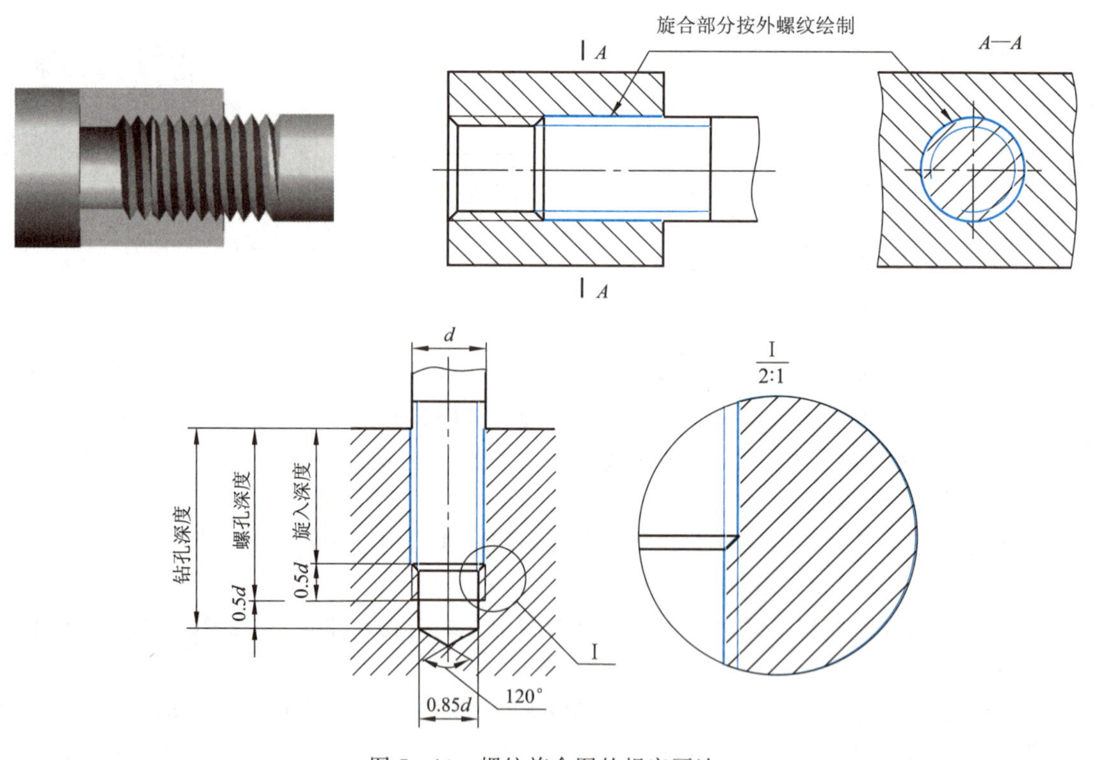

图7-10 螺纹旋合图的规定画法

二、螺纹的种类和标注

1. 螺纹的种类

螺纹按用途不同可分为：

（1）连接螺纹。起连接作用的螺纹。常用的连接螺纹有：普通螺纹、管螺纹和锥管螺纹。其中普通螺纹分粗牙和细牙两种；管螺纹又分为非螺纹密封的管螺纹和用螺纹密封的管螺纹。

（2）传动螺纹。用于传递动力和运动的螺纹。常用的有梯形螺纹和锯齿形螺纹。

2. 螺纹的标注

在螺纹的规定画法中，无论其牙型、线数、螺距、旋向如何，其画法都是一样的，所以，不同螺纹的种类和要素只能通过标注来区分。

（1）普通螺纹（M）。普通螺纹的标注分四部分：

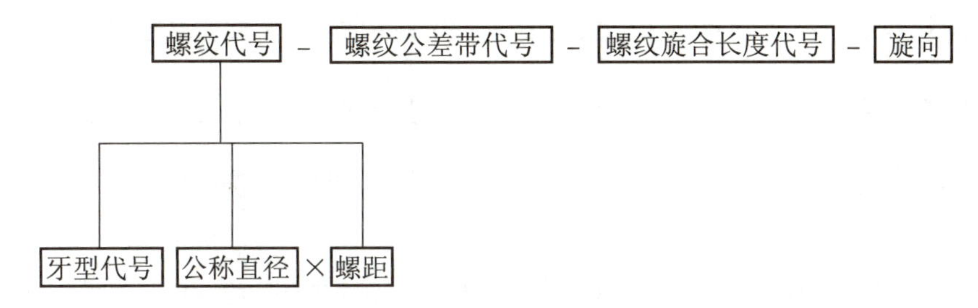

例如：

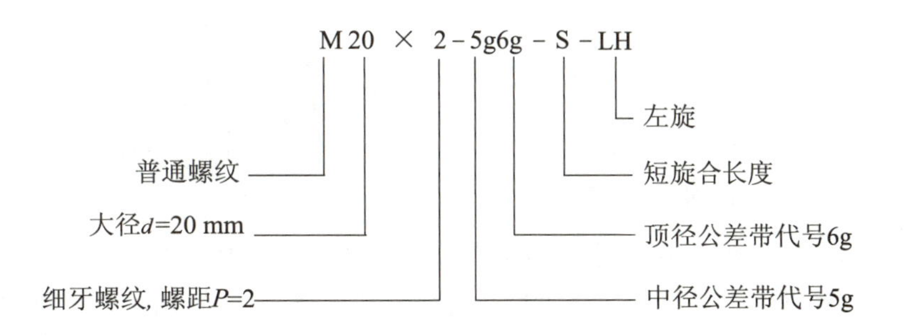

注：

① 普通螺纹牙型代号为 M。

② 粗牙普通螺纹不必注螺距（每一对应直径只有一种），细牙普通螺纹应注出螺距数值。

③ 右旋螺纹不必注旋向，左旋螺纹应注 LH。

④ 公差带代号的字母，大写表示内螺纹，小写表示外螺纹；如中径公差带和顶径公差带代号相同时可注写一个代号。

⑤ 普通螺纹的旋合长度规定了短、中、长三组，其代号分别为 S、N、L。其中中等长度旋合时，图上可不注 N。

（2）管螺纹。非螺纹密封的管螺纹的标注由三部分组成：螺纹特征代号、尺寸代号和公差等级代号。

例如：

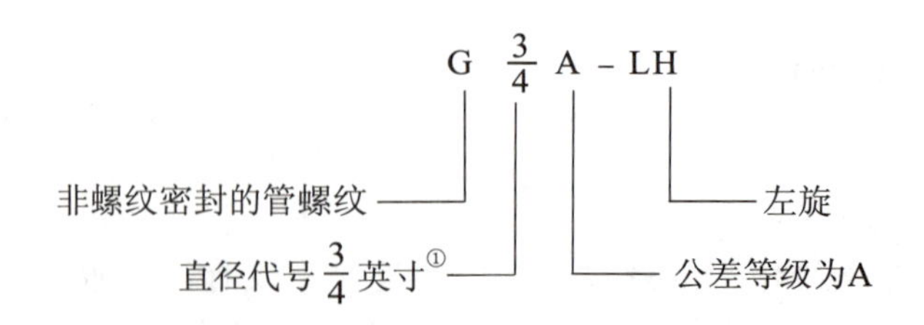

① 普通管螺纹特征代号为G。

② 管螺纹标注中的"尺寸代号"并非大径数值，而是指管螺纹的管子通径尺寸，单位为英寸，因而这类螺纹需用指引线自大径上引出标注。若需确定管螺纹的大径、中径、小径，需根据其尺寸代号从附表12中查取。

③ 螺纹公差带代号，内螺纹不标记（只有一种），外螺纹分A、B两级。

用螺纹密封的管螺纹的标注由螺纹特征代号和尺寸代号两部分组成。螺纹特征代号为：Rc——圆锥内螺纹、R——圆锥外螺纹、Rp——圆柱内螺纹。如：Rc1$\frac{1}{2}$，表示圆锥内螺纹，尺寸代号为1$\frac{1}{2}$，若为左旋螺纹时应在尺寸代号后加注LH。

（3）梯形螺纹（Tr）和锯齿形螺纹（B）。梯形螺纹和锯齿形螺纹的标注相同，由以下几个部分组成：

牙型代号 公称直径×螺距 旋向－螺纹公差带代号－旋合长度代号

例如：

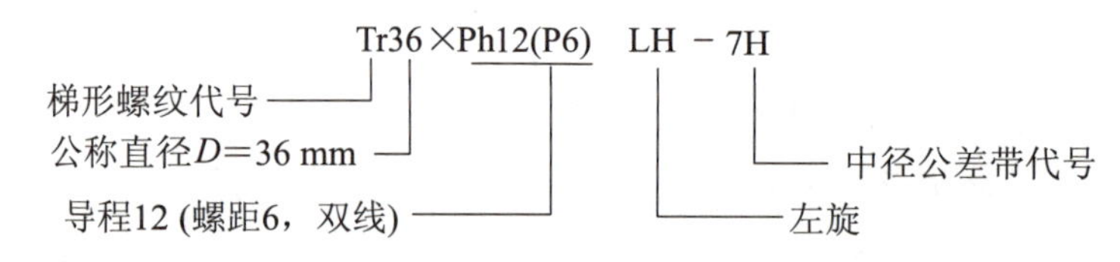

① 梯形螺纹的特征代号为Tr，锯齿形螺纹的特征代号为B。

② 梯形螺纹和锯齿形螺纹的旋合长度只分中（N）和长（L）两组，N可省略不注。

③ 标注特殊螺纹时，应在牙型代号前加注"特"，非标准牙型的螺纹应画出牙型并注出所需尺寸及有关要求，如图7－11所示。

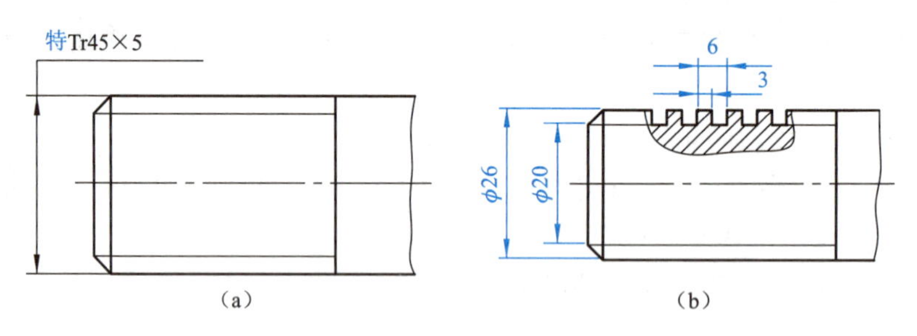

图7－11　特殊螺纹及非标准螺纹的标注

（a）特殊螺纹；（b）非标准螺纹

①1英寸＝25.4 mm。

常用标准螺纹的标注见表 7－1。

表 7－1　常用标准螺纹的标注

普通螺纹的标注			
螺纹种类	标注的内容和方式	图　　例	说　　明
粗牙普通螺纹	M10－5g6g－S M10：螺纹大径 5g：中径公差带代号 6g：顶径公差带代号 S：短旋合长度 M10–7H–L–LH 7H：中径和顶径公差带代号 L：长旋合长度 LH：旋向，左旋	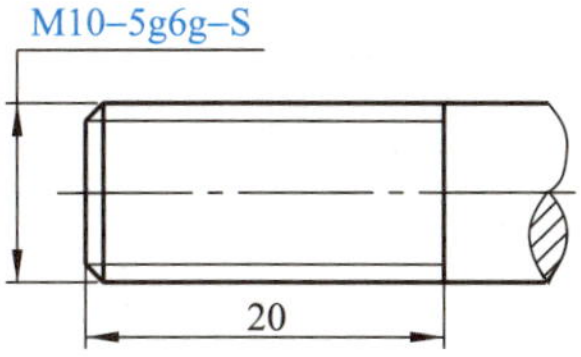 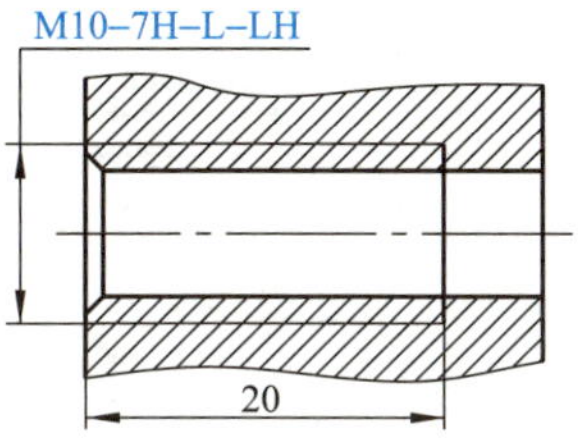 M10–5g6g–S 20 M10–7H–L–LH 20	① 不注螺距 ② 右旋省略不注，左旋标注 LH ③ 中径、顶径公差带代号相同时，只注一个代号，如 7H ④ 旋合长度为中等长度时不标注 N
细牙普通螺纹	M10×1–6g 1：螺距	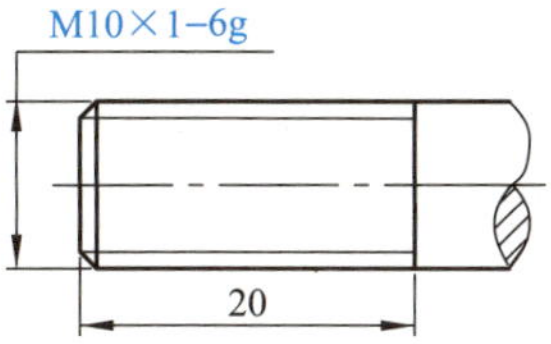 M10×1–6g 20	① 要标注螺距 ② 其他规定同上
管螺纹的标注			
非螺纹密封的管螺纹	G1A （外螺纹公差等级分 A 级和 B 级两种，此处表示 A 级） G1 （内螺纹公差等级只有一种）	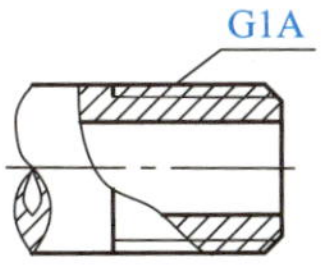 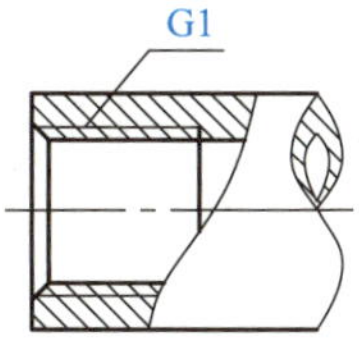 G1A G1	① 特征代号后边的数字是管子尺寸代号而不是螺纹大径，管子尺寸代号数值等于管子的内径，单位为英寸。作图时应据此查出螺纹大径 ② 管螺纹标记一律注在引线上（不能以尺寸方式标记），引出线应由大径处引出（或由对称中心处引出） ③ 管螺纹若为左旋时，应在尺寸代号后加注 LH
用螺纹密封的圆柱管螺纹	Rp3/4 Rp3/4 （内、外螺纹均只有一种公差带）	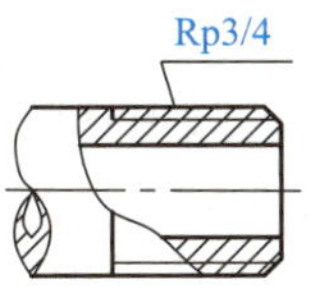 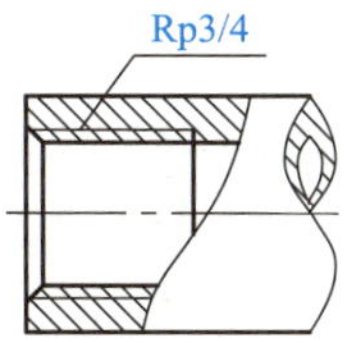 Rp3/4 Rp3/4	
用螺纹密封的圆锥管螺纹	R1/2（外螺纹） Rc1/2（内螺纹） （内、外螺纹均只有一种公差带）	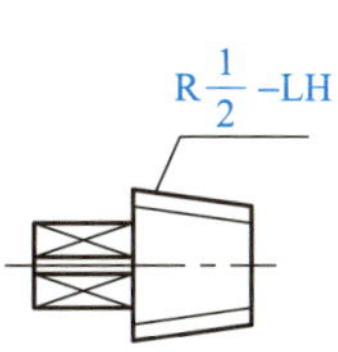 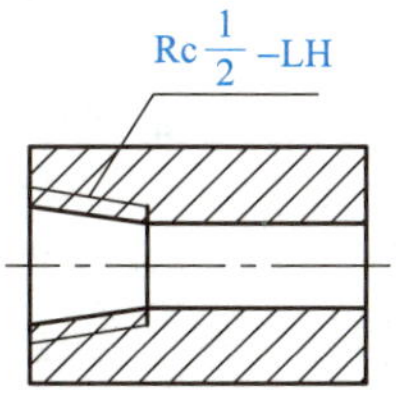 $R\frac{1}{2}$ –LH $Rc\frac{1}{2}$ –LH	

续表

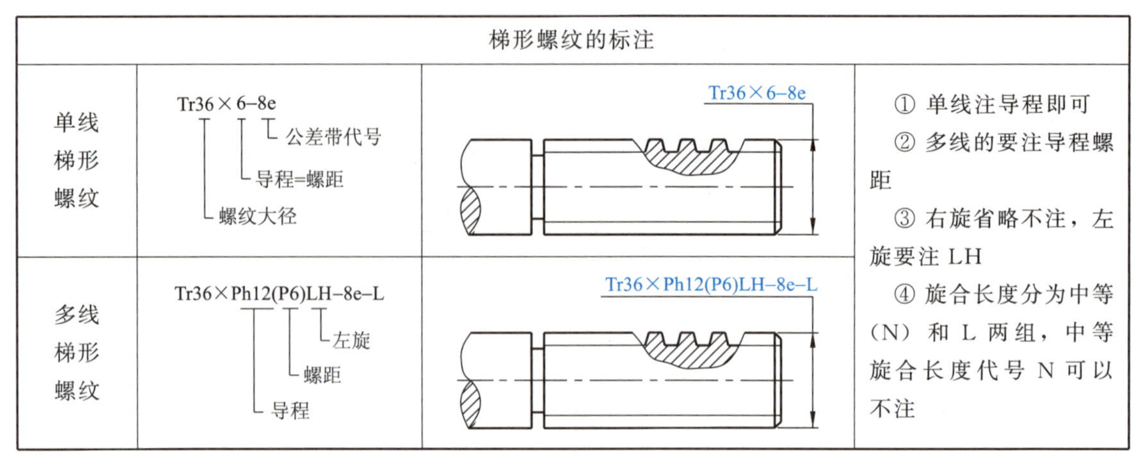

梯形螺纹的标注			
单线梯形螺纹	Tr36×6–8e 公差带代号 导程=螺距 螺纹大径	Tr36×6–8e	① 单线注导程即可 ② 多线的要注导程螺距 ③ 右旋省略不注，左旋要注 LH ④ 旋合长度分为中等（N）和 L 两组，中等旋合长度代号 N 可以不注
多线梯形螺纹	Tr36×Ph12(P6)LH–8e–L 左旋 螺距 导程	Tr36×Ph12(P6)LH–8e–L	

三、螺纹的测绘

测绘螺纹时可用以下方法确定有关内容：

（1）螺纹的线数和旋向。可直接观察得到。

（2）螺距。测量螺距时常采用压印法，即将螺纹放在纸上压出痕迹，量出几个螺距的长度 L，然后按 $P=L/n$ 计算出螺距，如图 7－12（a）所示；若有螺纹规，可直接确定牙型及螺距，如图 7－12（b）所示。

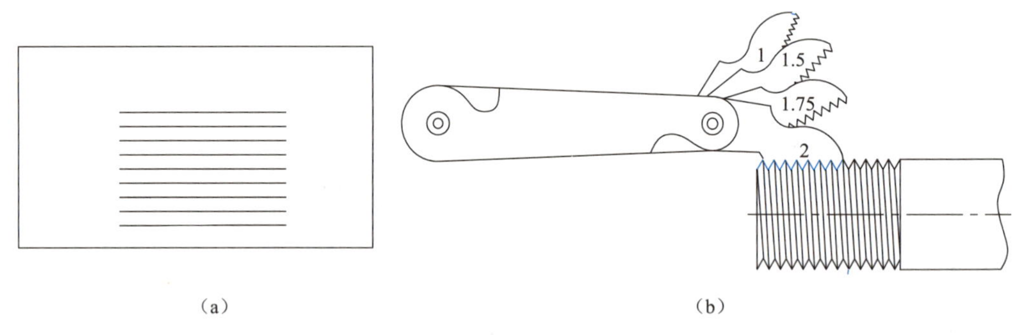

图 7－12　测绘螺距

（a）压印法；（b）用螺纹规测量螺距

（3）大径。外螺纹可用游标卡尺测量大径，内螺纹的大径无法直接测量，可先测出小径，再根据小径从附表 4－1 中查出螺纹的大径；或测量与之配合的外螺纹制件，再推算出内螺纹的大径。

（4）查标准，定标记。根据牙型、螺距及大径，查有关标准，确定螺纹标记。

四、螺纹连接件及其连接画法

1. 常用的螺纹连接件及其规定标记

常用的螺纹连接件有螺栓、双头螺柱、螺母、垫圈等，如图 7－1 所示。这些零件一般是标准件，虽然种类繁多、结构各异，但其型式、尺寸均按规定标记在相应的国家标准中给定。

常见螺纹连接件的标记内容及型式见表 7－2。

表 7－2　常见螺纹连接件的规定标记

名称	图　　例	规格尺寸	标记示例
螺栓	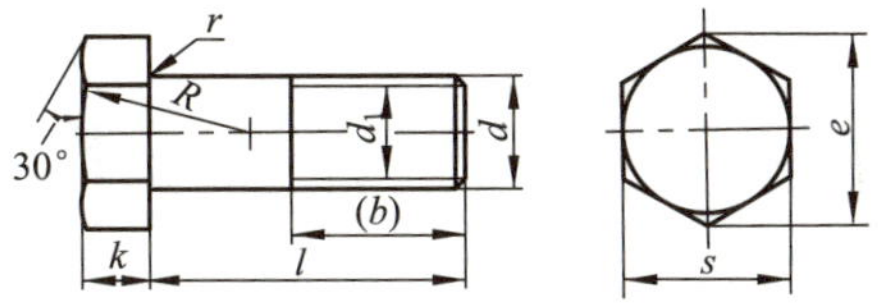	$Md \times l$	粗牙普通螺纹，直径为20 mm，螺栓长 50 mm，不经表面处理的六角头螺栓。简化标记为： 螺栓 GB/T 5782　M20×50
双头螺柱	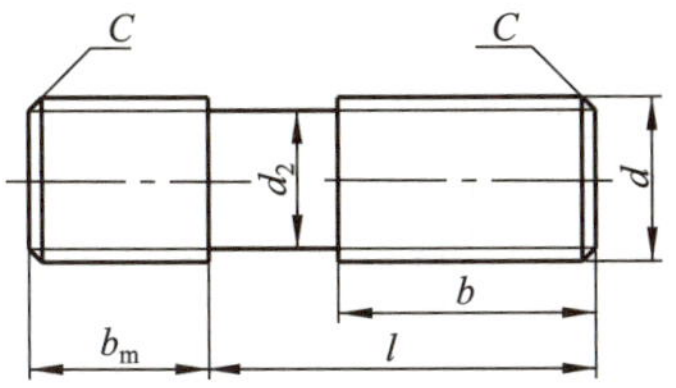	$Md \times l$	螺纹公称直径 $d=20$ mm，$l=50$ mm，材料为 A3，不经热处理及表面处理的双头螺柱，其标记为： 螺柱 GB/T 898　M20×50
螺钉	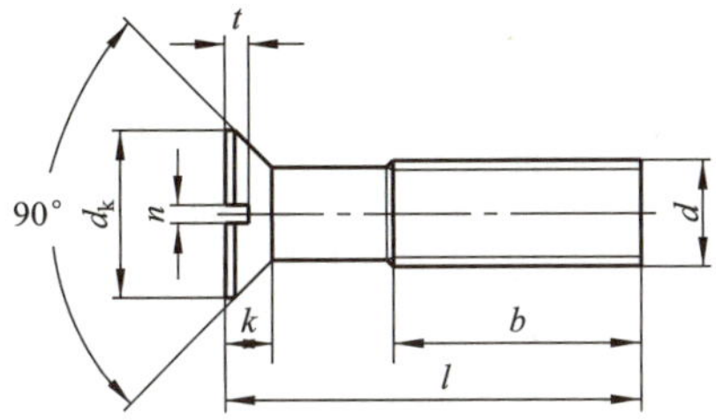	$Md \times l$	粗牙普通螺纹，$d=20$ mm，$l=45$ mm，材料为 A3，不经热处理及表面处理的螺钉，其标记为： 螺钉 GB/T 68　M20×45
螺母	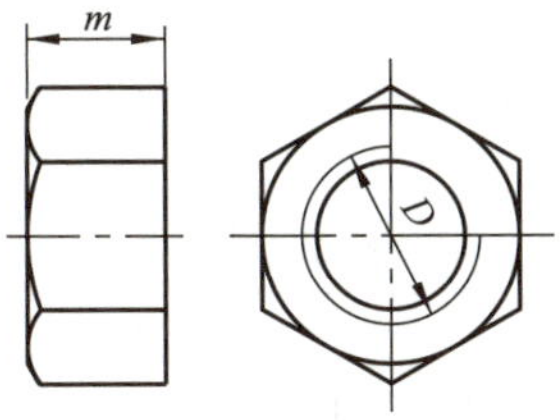	MD	粗牙普通螺纹，$D=20$ mm 的六角头螺母，其标记为： 螺母 GB/T 6170　M16
垫圈	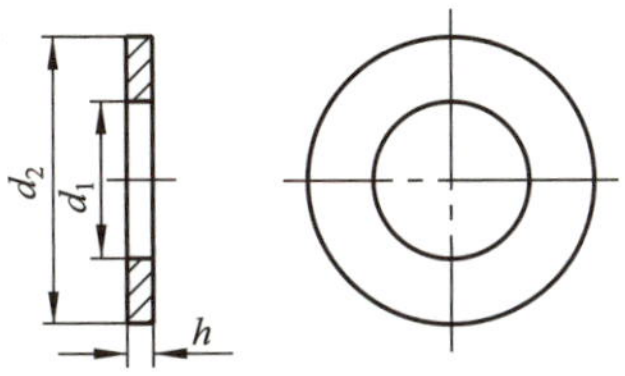	d	公称直径为 20 mm（为配套使用的外螺纹大径）、材料为 A3，不经表面处理的垫圈，其标记为： 垫圈 GB/T 97.1—2002 20—140 HV

2. 螺纹连接件的画法

画螺纹连接件时尺寸的获取方法有两种：一种是从标准中查出全部尺寸画出，另一种是根据螺纹的公称直径按一定的比例关系计算，近似画出。其计算公式如下：

螺栓：　d、l（依据要求）　$d_1 \approx 0.85d$　$b \approx 2d$　$R_1=d$

$R=1.5d$　$K=0.7d$　$e=2d$

螺母：　D（依据要求）　$m=0.8d$　其他尺寸与螺栓头部相同

平垫圈：　$d_2=2.2d$　　$h=0.15d$　　垫圈孔径 $d_1=1.1d$

弹簧垫圈：　$d_2=1.5d$　　$h=0.25d$　　垫圈孔径 $d_1=1.1d$

双头螺柱：　$l=1.5d$　$b=2d$　b_m 由旋入端材料确定

常见标准件按比例关系近似计算和画图如图 7-13～图 7-15 所示。

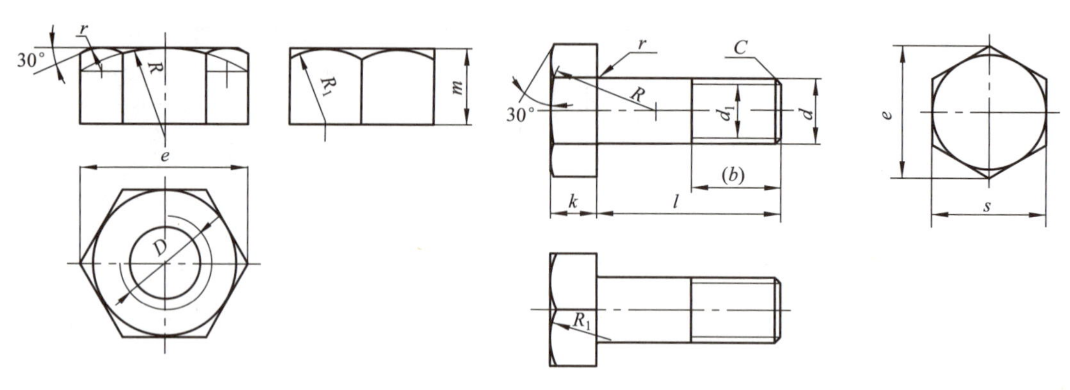

图 7-13　螺栓及螺母的比例画法

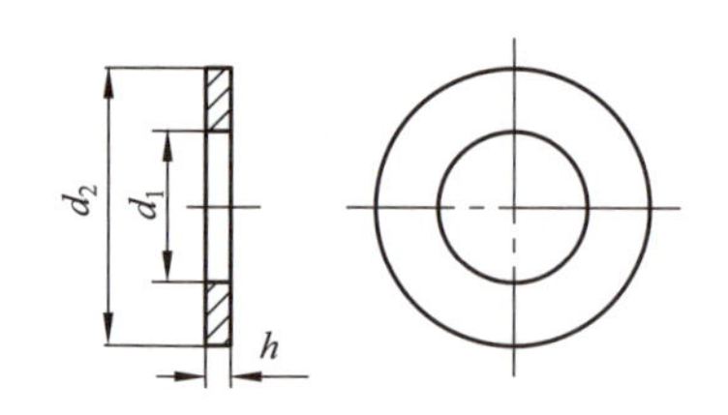

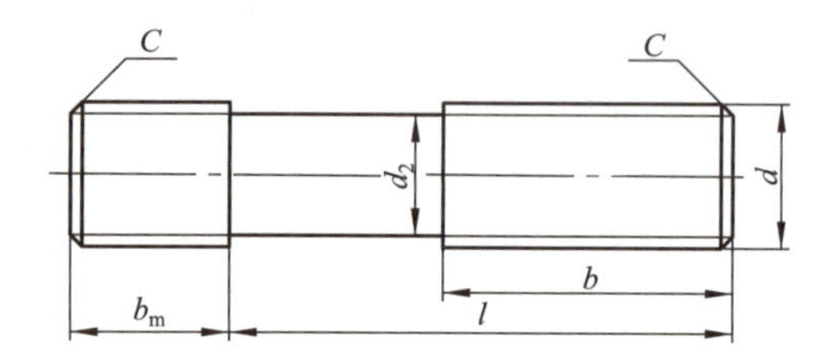

图 7-14　垫圈、双头螺柱的比例画法

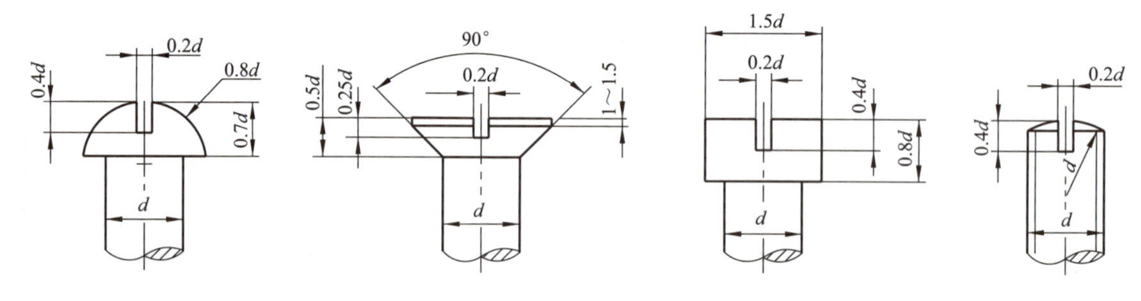

图 7-15　螺钉头部的比例画法

在实际绘制中，螺栓和螺母的头部一般采用简化画法，简化画法如图 7-16 所示。

五、螺纹连接件的连接图画法

常见的螺纹连接种类有螺栓连接、螺柱连接和螺钉连接等。

画螺纹连接件的连接图要涉及装配图的有关画法规定，所以必须先对其有所了解。

1. 装配图的一般规定画法

（1）相邻两零件表面相接触时，画一条粗实线作为其分界线，此粗实线应按正常粗实线的宽度画，不能将其加粗；不接触时按各自的尺寸画出，其间的间隙不管多小，都应表示出来，必要时可夸大画出。

（2）在剖视图中，相邻零件的剖面线应有明显区别，其方向应相反，或方向相同，但间距不同。在同一张图上，同一零件在不同剖视图中的剖面线方向、间距应一致。

（3）当剖切平面通过连接件的轴线成对称中心平面时，连接件应按不剖画出。

图 7-16　螺栓和螺母头部的简化画法

2. 螺栓连接图的画法

螺栓连接用于被连接件厚度不大、两个零件都能钻成通孔且连接力较大、拆卸不频繁的情况，其连接工序如图 7-17 所示。

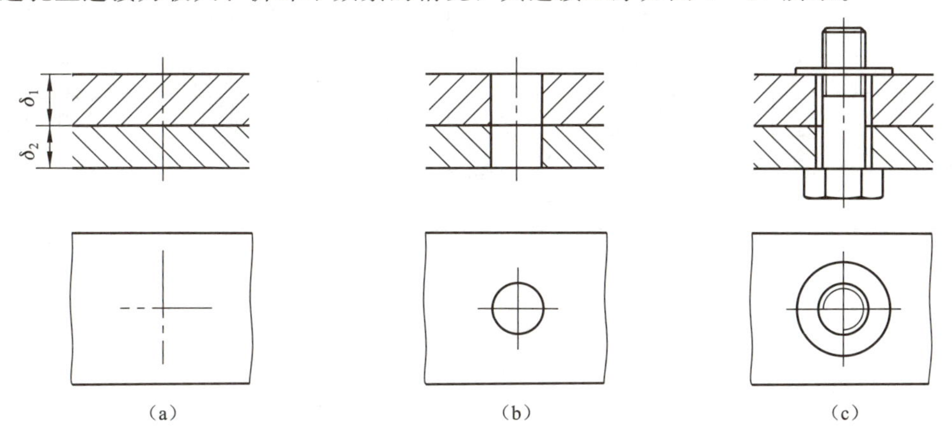

（a）　　（b）　　（c）

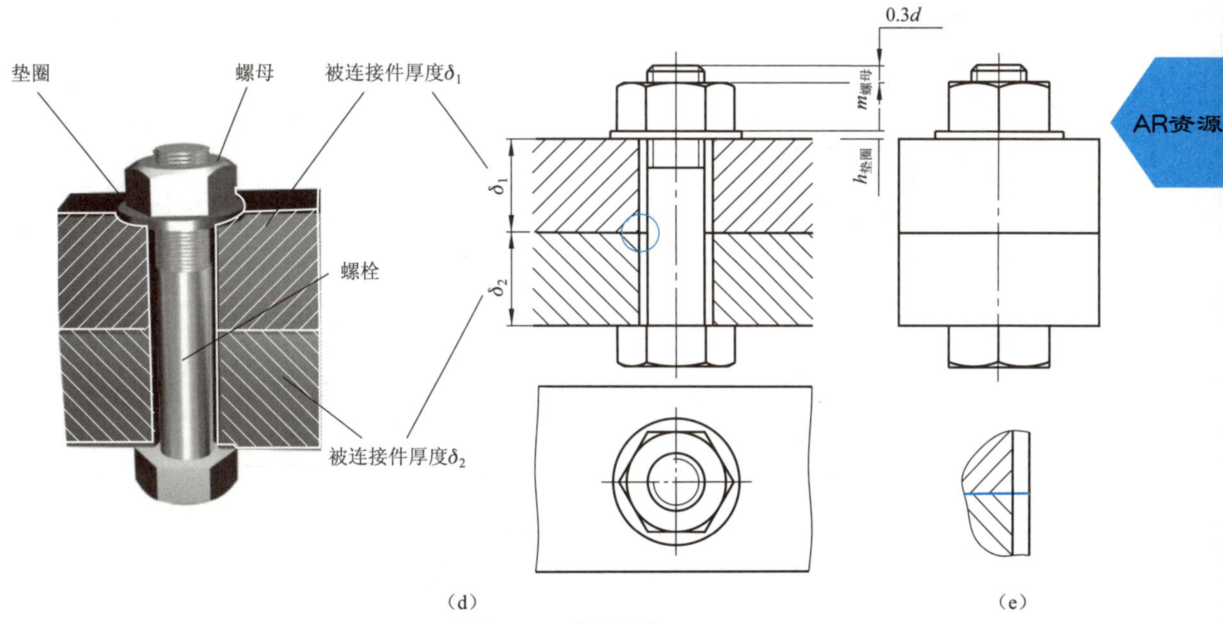

（d）　　（e）

图 7-17　螺栓连接

（a）两个厚度不大的被连接件；（b）钻孔，孔径为 1.1d；

（c）插上螺栓并垫上垫圈；（d）旋紧螺母；（e）结合部分放大图

画图时，应根据被连接零件的厚度 δ_1、δ_2 及螺纹连接件的型式先确定螺栓的长度，$L=\delta_1+\delta_2+$ 垫圈厚度 $+$ 螺母厚度 $+0.3d$（伸出端长度），L 应取整数，然后查标准修正。

画螺栓连接图时应注意：

（1）两个被连接零件的通孔直径应大于螺杆直径，一般取 $1.1d$。

（2）螺纹终止线应画到上面被连接件孔口之下。

3. 螺柱连接图的画法

双头螺柱连接用于一个零件较薄可钻成通孔、另一个零件不能或不允许钻成通孔的情况，其连接工序如图 7－18 所示。

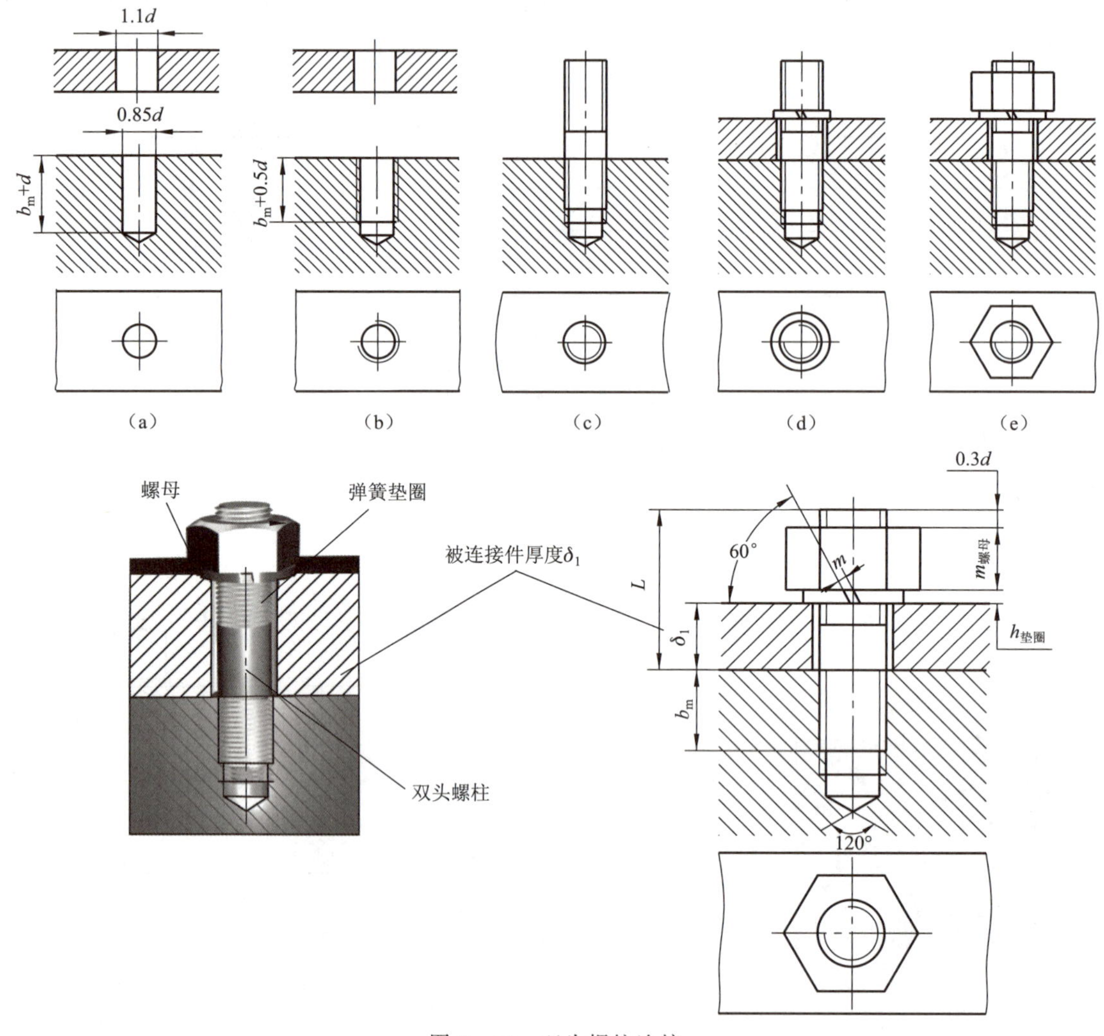

图 7－18　双头螺柱连接

(a) 在 δ_2 上钻孔，孔径为 $0.85d$，孔深为 b_m+d，在 δ_1 上钻通孔，孔径为 $1.1d$；(b) 在 δ_2 上加工内螺纹；(c) 将旋入端旋入 δ_2 的螺孔中；(d) 套上 δ_1，垫上弹簧垫圈；(e) 拧紧螺母，即完成

用双头螺柱连接时，较薄零件的通孔直径一般取为 $1.1d$，另一零件加工成螺纹孔。

画图时，初算出螺柱的长度：$L_{计}=\delta_1+$ 垫圈厚度 $+$ 螺母厚度 $+0.3d$，然后将 $L_{计}$ 查阅标准圆整成 L 标准值。

用双头螺柱连接零件时，应注意：

(1) 旋入端的螺纹终止线应与结合面平齐，以示拧紧。

(2) 结合面以上部位的画法与螺栓连接相同。

(3) 螺纹孔底末端应画出钻头钻孔留下的钻尖角。

(4) 弹簧垫圈可用比例画法画出，其开槽方向应与水平方向成左斜 60°左右。

(5) 双头螺柱旋入端长度 b_m 与机件的材料有关：钢和青铜 $b_m=d$；铸铁 $b_m=1.5d$；铝 $b_m=2d$。

4. 螺钉连接图的画法

螺钉连接按其用途可分为连接螺钉连接和紧定螺钉连接。连接螺钉连接与双头螺柱连接的运用场合相似，但多用于不需经常拆卸且受力不大的场合。紧定螺钉连接主要用于固定两零件的相对位置。

螺钉连接图的画法如图 7－19 所示。

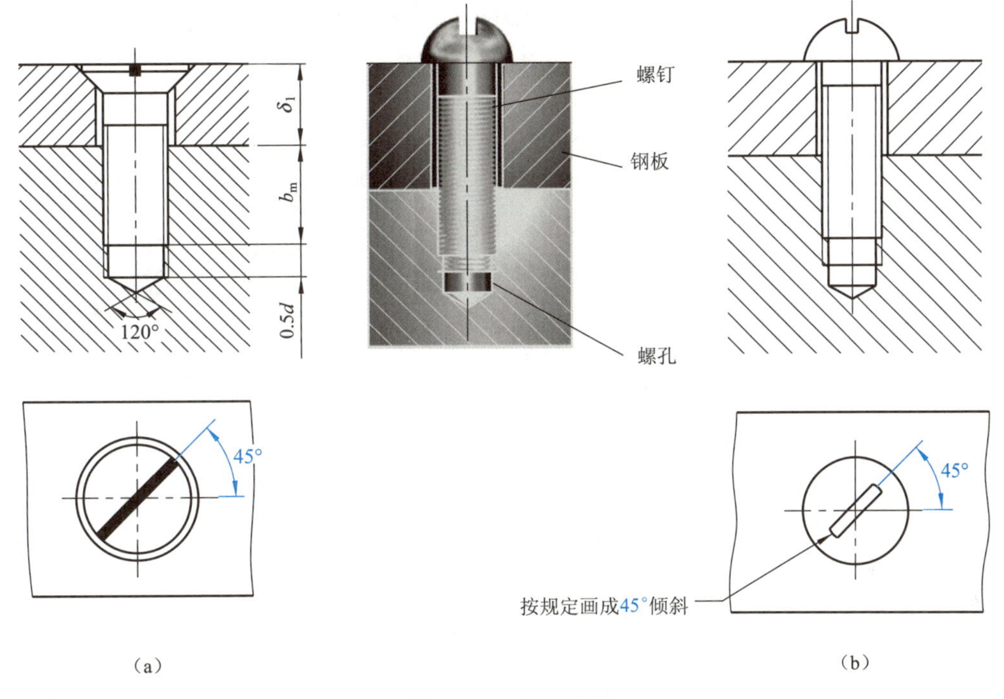

图 7－19　螺钉连接

画螺钉连接图时应注意：

(1) 螺钉连接图的画法与双头螺柱连接图的画法相似。

(2) 螺钉的螺纹终止线不能与结合面平齐，而应画入光孔件范围内。

(3) 螺钉头部的开槽在俯视图上按 45°方向画图，也可用 2d 的粗实线按 45°绘制。螺钉的旋入深度也是由被连接件的材料决定的，具体尺寸可参照螺柱的有关规定。非圆视图上的钻孔深度可省略不画，一般仅按螺孔深度画出螺纹孔，再从小径端部出发画出钻尖角即可，如图 7－19 (a) 所示。

(4) 紧定螺钉连接图画法如图 7－20 所示。

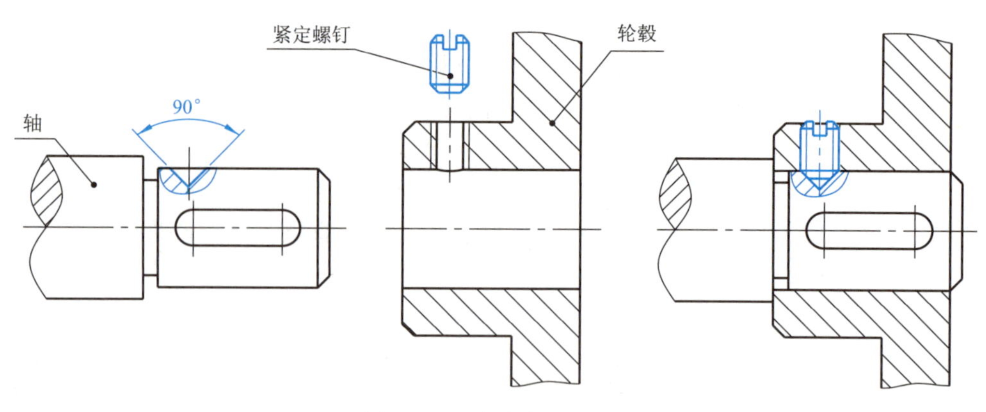

图7－20　紧定螺钉连接

§7—2　键、销连接

键、销连接是常用的可拆卸连接。

一、键连接

键是用来连接轮子和轴的连接件，主要是传递扭矩，图7－21所示为用键来连接皮带轮和轴。

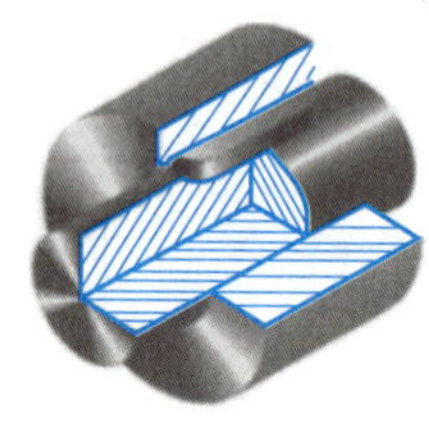

图7－21　键连接

常用的键有普通平键、半圆键、钩头楔键和花键等。键的型式和长度及键槽的尺寸应根据轴的直径从有关标准中查得。

1. 普通平键和半圆键连接图的画法

普通平键和半圆键的两侧面为工作面，与被连接零件相接触，顶面留有间隙，这是画图的依据。它们的连接画法如图7－22所示。

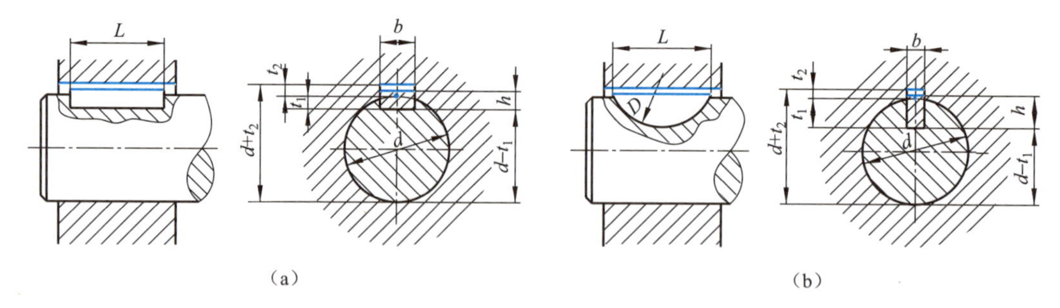

图7－22　普通平键和半圆键的连接画法

(a) 普通平键；(b) 半圆键

2. 钩头楔键连接图的画法

钩头楔键的顶面有1∶100的斜度，它是靠顶面和底面与轮和轴之间的挤压力而传递动力的。但在绘制键连接图时，两侧面仍只画一条线，如图7－23所示。

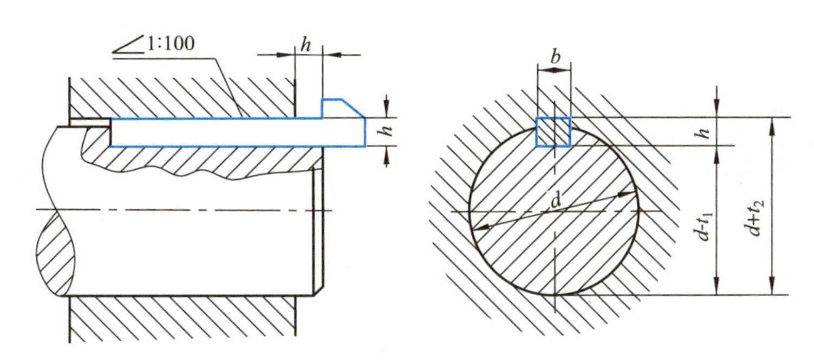

图 7－23　钩头楔键的连接画法

3. 常用键的型式和规定标记

普通平键、半圆键、钩头楔键等都是标准件，其型式和规定标记见表 7－3。

表 7－3　键的型式、标准、画法及标记

名称	标准号	图　　例	标记示例
普通平键	GB/T 1096—2003		b=18 mm，h=11 mm，L=100 mm 方头、普通平键（B 型） GB/T 1096　键 B18×11×100（A 型圆头普通平键可不标出 A）
半圆键	GB/T 1099.1—2003		b=6 mm，h=10 mm，d_1=25 mm，L=24.5 mm 半圆键 GB/T 1099.1 键 6×10×25
钩头楔键	GB/T 1565—2003		b=18 mm，h=11 mm，L=100 mm 钩头楔键 GB/T 1565 键 18×100

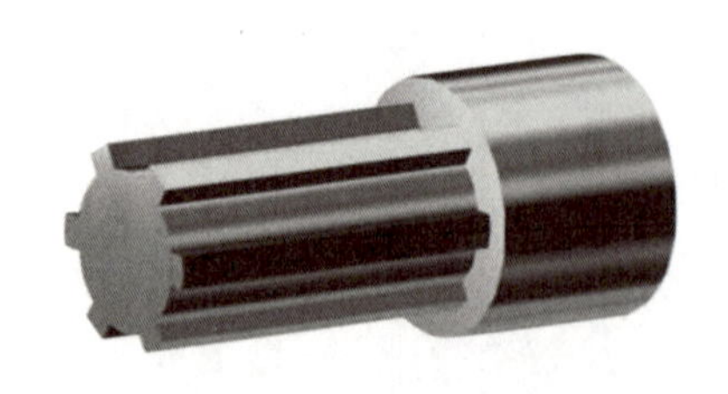

图 7-24　矩形花键

常用键的尺寸可根据附录查得。

4. 花键

花键也是应用较广泛的连接件之一，它的结构尺寸已标准化。花键有外花键和内花键之分，根据齿部的形状又分为矩形花键、三角形花键和渐开线花键。一般最常见的是矩形花键。如图 7-24 所示。

（1）矩形外花键的画法。矩形外花键通常用两个视图表示，如图 7-25 所示。在平行于轴线的视图中，大径用粗实线表示，小径用细实线表示，并将细实线画进端部倒角内。工作长度终止线和尾部长度的末端均用细实线画成与轴线垂直，尾部应与轴线成 30°倾斜。在垂直于轴线的视图中，可画出部分齿形或全部齿形。

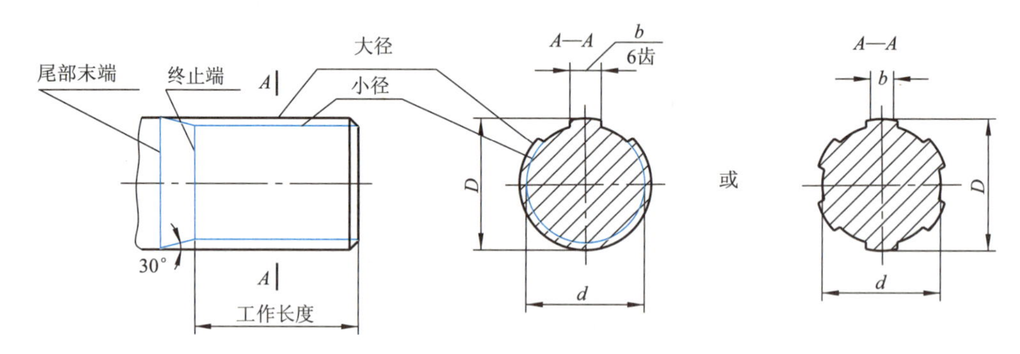

图 7-25　矩形外花键的画法

（2）矩形内花键的画法。画矩形内花键时，通常采用两个视图，如图 7-26 所示。在平行于轴线的视图中，大、小径均用粗实线表示，剖面线画到大径处止；在垂直于轴线视图中，可画出部分齿形或全部齿形。

（3）矩形花键的标注。矩形花键可如图 7-25 和图 7-26 一样，直接在图上注出大径 D、小径 d、宽度 b 和齿数 Z；或用指引线在大径上引出，标注出花键代号，如图 7-27 所示。

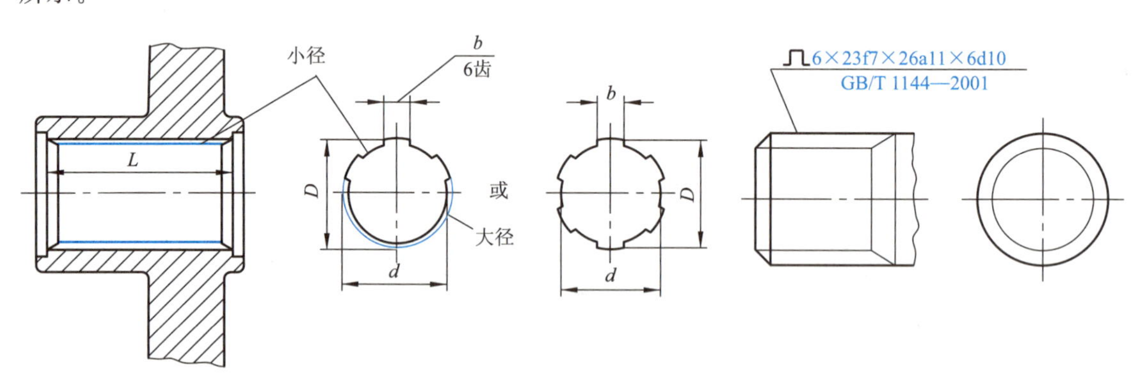

图 7-26　矩形内花键　　图 7-27　矩形花键的标注

图 7-27 中矩形花键标记的含义为：⎍表示矩形花键；6 表示 6 个键齿；23 表示小径 d

为23 mm，f7 为小径公差带代号；26 表示大径 D 为 26 mm，a11 表示大径公差带代号；6 表示键宽 b 为 6 mm；d10 表示键宽公差带代号。

（4）矩形花键连接的画法及标注。矩形花键连接时其连接部分按外花键画出。连接时的画法和标注如图 7－28 所示。

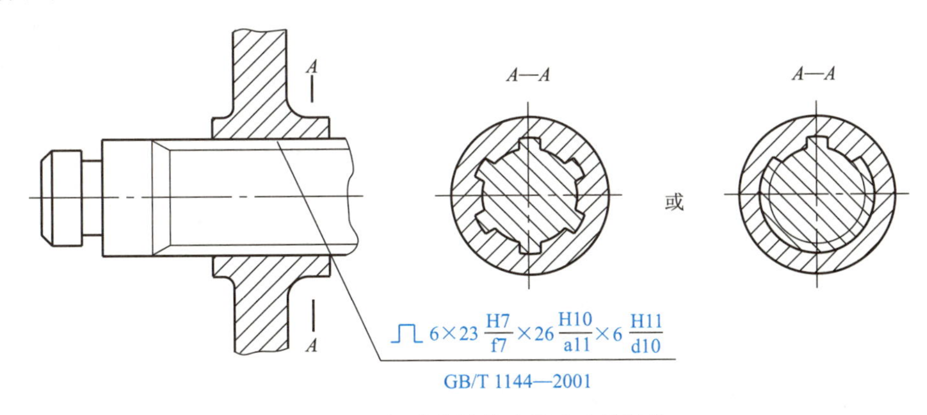

图 7－28　矩形花键的连接画法及标注

其中 H7、H10 和 H11 分别表示用于连接的内花键的小径、大径和键宽的公差带代号。

二、销连接

销也是标准件，用于零件间的连接或定位。常见的销有圆柱销、圆锥销和开口销等。它们的型式、标准、画法及标记见表 7－4。

表 7－4　销的标准、型式、画法及标记

名称	标 准 号	图　　例	标记示例	连接画法
圆柱销	GB 119.1—2000	15°　d　c　c　L	直径 $d=5$，$L=20$，材料为 35 钢，表面氧化处理的圆柱销，标记为： 销　GB　119.1—2000　5m 6×20	
圆锥销	GB/T 117—2000	1:50　SR_1　SR_2　d　c　c　L	直径 $d=10$，$L=100$ 的圆锥销，A 型，材料为 35 钢，表面氧化处理，热处理硬度为 28～38 HRW。其标记为： 销 GB/T 117—2000　10×100	

续表

名称	标准号	图　例	标记示例	连接画法
开口销	GB/T 91—2000	b L a c d	公称直径 $d_0=3.2$（销孔直径 d_0），$L=20$，材料为低碳钢，不经表面处理的开口销，其标记为： 销 GB/T 91—2000 3.2×20	

§7—3 齿　　轮

齿轮是应用最广泛的传动零件之一，它能将一根轴的动力传递到另一根轴上，并可以改变转速或旋转方向。

按两轴的相对位置不同，常用的齿轮有以下三种：

(1) 圆柱齿轮——用于两平行轴间的传动，如图 7-29（a）所示。

(2) 圆锥齿轮——用于两相交轴间的传动，如图 7-29（b）所示。

(3) 蜗轮与蜗杆——用于两交错轴间的传动，如图 7-29（c）所示。

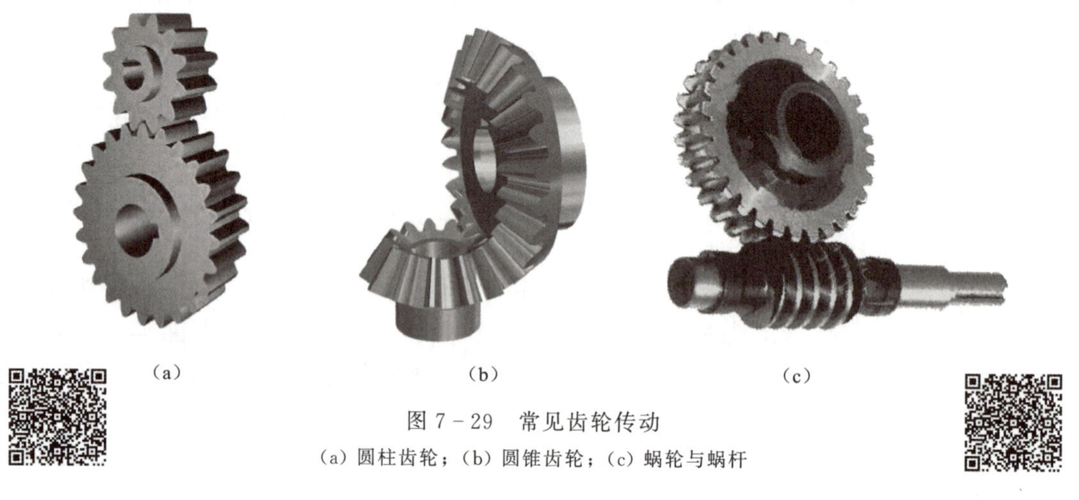

图 7-29　常见齿轮传动

(a) 圆柱齿轮；(b) 圆锥齿轮；(c) 蜗轮与蜗杆

一、圆柱齿轮

圆柱齿轮是将轮齿加工在圆柱面上，由轮齿、轮体（齿盘、辐板或辐条、轮毂等）组成，如图 7-30 所示。

圆柱齿轮有直齿、斜齿和人字齿等，其中直齿圆柱齿轮的应用最广泛。

轮齿是齿轮的主要结构，有标准与非标准之分，轮齿的齿廓曲线有渐开线、摆线、圆弧等，在生产中应用最广泛的是渐开线齿轮。本节主要介绍标准渐开线齿轮的基本知识和规定画法。

(a)

(b)

(c)

图 7-30　圆柱齿轮

(a) 直齿；(b) 斜齿；(c) 人字齿

1. 直齿圆柱齿轮轮齿各部分名称及尺寸关系

(1) 齿数（z）。齿轮上轮齿的个数。

(2) 齿顶圆（d_a）。在圆柱齿轮上，其齿顶圆柱面与端平面的交线，称为齿顶圆。

(3) 齿根圆（d_f）。在圆柱齿轮上，其齿根圆柱面与端平面的交线，称为齿根圆。

(4) 分度圆（d）。圆柱齿轮的分度圆柱面与端平面的交线，称为分度圆。

(5) 节圆（d'）。当两齿轮传动时，其齿廓（齿轮在齿顶圆和齿根圆之间的曲线段）在两齿轮中心的连线上的接触点 A 处，两齿轮的圆周速度相等，分别以两齿轮中心到 A 的距离为半径的两个圆称为相应的齿轮的节圆。

一对装配正确的标准齿轮，其节圆与分度圆重合，即 $d=d'$。

(6) 齿顶高（h_a）。齿顶圆与分度圆之间的径向距离，称为齿顶高。

(7) 齿根高（h_f）。齿根圆与分度圆之间的径向距离，称为齿根高。

(8) 齿高（h）。齿顶圆与齿根圆之间的径向距离，称为齿高。

(9) 齿距（P）。在分度圆上，相邻两齿对应点之间的弧长称为齿距。

齿距由槽宽（e）和齿厚（s）组成。在标准齿轮中，$e=s$，即 $P=e+s$，如图 7-31 所示。

(10) 压力角（α）。两个相啮合的轮齿齿廓在接触点 A 处的受力方向与运动方向的夹角。我国标准齿轮的分度圆压力角为 20°。通常所称压力角即指分度圆压力角。

(11) 中心距（a）。两啮合齿轮轴线之间的距离称为中心距。

(12) 模数（m）。由于分度圆周长 $\pi d=Pz$，所以 $d=z\cdot P/\pi$，为计算方便，国标将 P/π 予以规定，用字母 m 来表示，

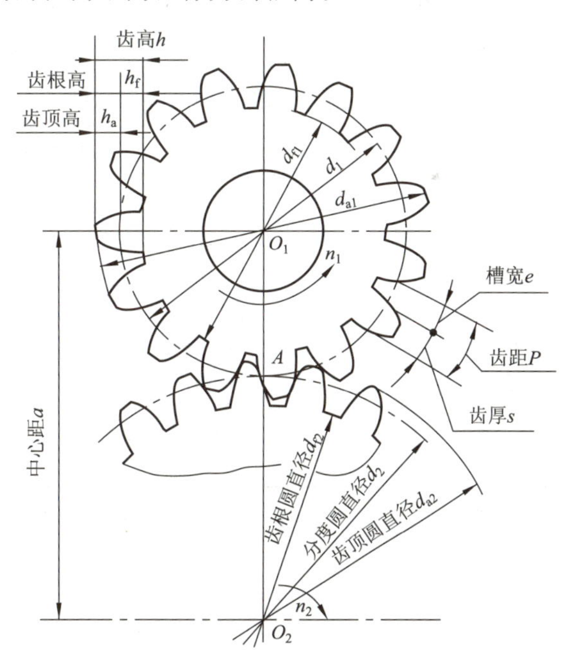

图 7-31　直齿圆柱齿轮各部分名称及代号

称为模数，则分度圆直径为$d=mz$。

模数是设计和制造齿轮的一个基本参数。相互啮合的两齿轮，模数应相等。在标准齿轮中，$h_a=m$，$h_f=1.25m$。所以当模数m变大时，齿顶高h_a和齿根高h_f也随之变大，即模数越大，轮齿越大；模数越小，轮齿就越小。

为简化和统一齿轮的轮齿参数规格，提高齿轮的互换性，便于齿轮的加工、修配，减少齿轮刀具的规格品种，提高其系列化和标准化程度，国家标准对齿轮的模数作了统一规定，见表7-5。

表7-5　齿轮标准模数系列（圆柱齿轮摘自GB/T 1357—1987；圆锥齿轮摘自GB/T 12368—1990）

圆柱齿轮	第一系列	1，1.25，2，2.5，3，4，5，6，8，10，12，16，20，25，32，40
	第二系列	1.75，2.25，2.75，(3.25)，3.5，(3.75)，4.5，5，(6.5)，7，9，(11)，14，18，22
圆锥齿轮（大端端面模数）m_e	1，1.125，1.25，1.375，1.5，1.75，2，2.25，2.5，2.75，3，3.25，3.5，3.75，4，4.5，5，5.5，6，6.5，7，8，9，10，11，12，14，16，18，20，22，25，28，30，32，36，40	
注：① 优先选用第一系列，其次选用第二系列，括号内的模数尽量不用。 ② 对斜齿轮指法向模数m_n。		

2. 标准直齿圆柱齿轮各部分的尺寸关系

模数m、齿数z确定后，直齿圆柱齿轮各部分的尺寸可按表7-6中的计算公式算出。

表7-6　标准直齿圆柱齿轮各部分尺寸计算公式

	代号	计算公式	说　明
齿数	z	根据设计要求或测绘而定	z、m是齿轮的基本参数，设计计算时，先确定m、z，方可计算出其他各部分尺寸
模数	m	$m=P/\pi$，根据强度计算或测绘而得	
分度圆直径	d	$d=mz$	
齿顶圆直径	d_a	$d_a=d+2h_a=m(z+2)$	齿顶高$h_a=m$
齿根圆直径	d_f	$d_f=d-2h_f=m(z-2.5)$	齿根高$h_f=1.25m$
齿宽	b	$b=2P\sim3P$	齿距$P=\pi m$
中心距	a	$a=(d_1+d_2)/2=(z_1+z_2)m/2$	齿高$h=h_a+h_f$

3. 圆柱齿轮的规定画法

(1) 单个圆柱齿轮的规定画法。齿轮一般用两个视图表示。主视图中齿轮轴线水平放置，当用全剖视图表示时，齿顶线用粗实线绘制，分度线用点画线绘制，齿根线用粗实线绘制，如图 7－32（b）所示；未剖开时，齿顶线和分度线的表示方法不变，齿根线改用细实线绘制或省略不画，如图 7－32（a）所示；在投影为圆的视图中，齿顶圆用粗实线绘制，分度圆用点画线绘制，齿根圆用细实线绘制或省略不画，如图 7－32（d）所示。

注意：在剖视图中，规定轮齿按不剖绘制，所以不得在轮齿部分画剖面线。

单个圆柱齿轮的画法如图 7－32 所示。

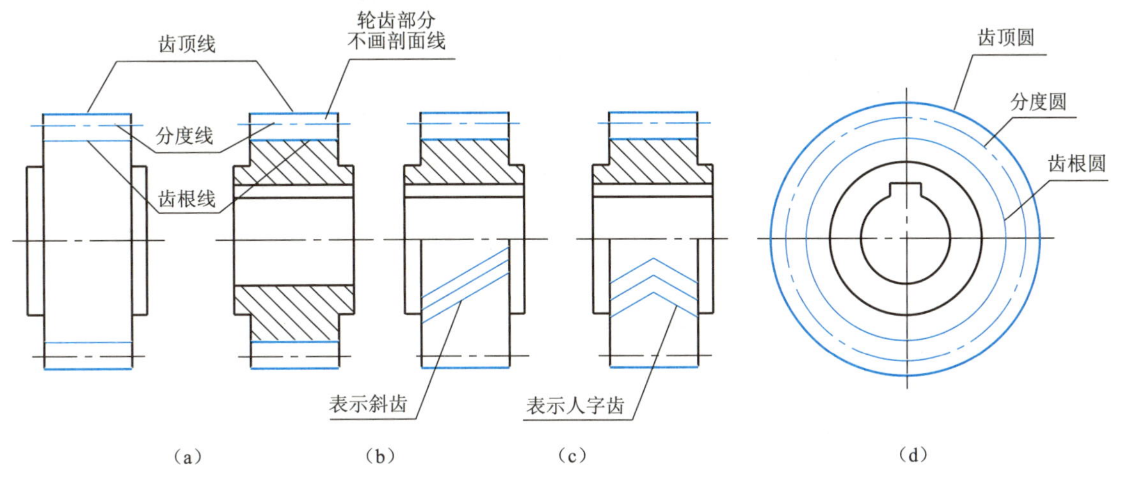

图 7－32　单个圆柱齿轮的规定画法

当轮齿为斜齿或人字齿时，可按图 7－32（c）所示的形式绘制。

（2）圆柱齿轮啮合的规定画法。

① 非啮合区：分别按单个齿轮的规定画法绘制。

② 啮合区：在剖视图中，啮合区的投影如图 7－33（a）所示，齿顶与齿根之间应有 0.25 m 的间隙（见图 7－34），被挡住的齿顶线可画成虚线或省略不画；若不作剖视，则齿根线可不必画出，此时分度线应用粗实线绘制，如图 7－33（c）所示。

在投影为圆的视图中，啮合区内的齿顶圆用粗实线绘制或省略不画，如图 7－33 所示。

4. 直齿圆柱齿轮的测绘

根据齿轮实物，通过测量和计算，确定齿轮的主要参数并画出齿轮工作图的过程，称为齿轮测绘。

（1）压力角：标准齿轮 $\alpha=20°$，不用测量。

（2）齿数 z：直接从齿轮上数出。

（3）模数的确定：测量出齿顶圆直径后，可根据公式 $d_a=m(z+2)$ 导出 $m=\frac{d_a}{z+2}$ 之后计算出模数，再将计算的结果标准化后即可得出 m 值，然后根据表 7－6 的公式计算出齿轮各部分的尺寸。

注意：测量齿顶圆直径时，若齿数为偶数，可直接测量；若齿数为奇数，应按图 7－35 所示的方法测量后通过计算得出。

（4）按实物测量出齿轮的其他尺寸。

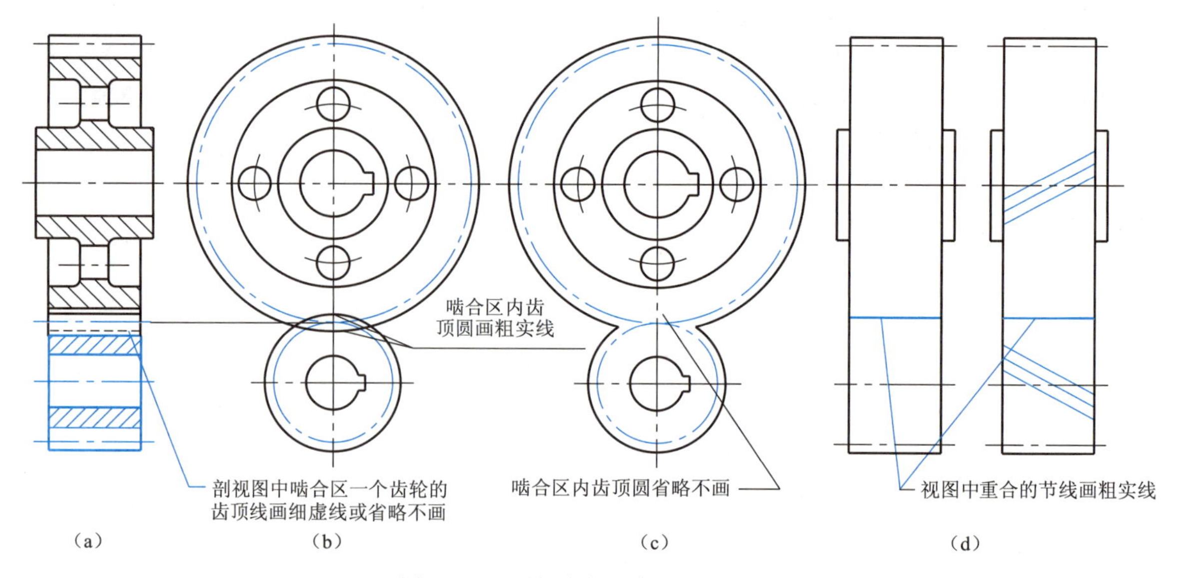

图 7-33　圆柱齿轮啮合的规定画法

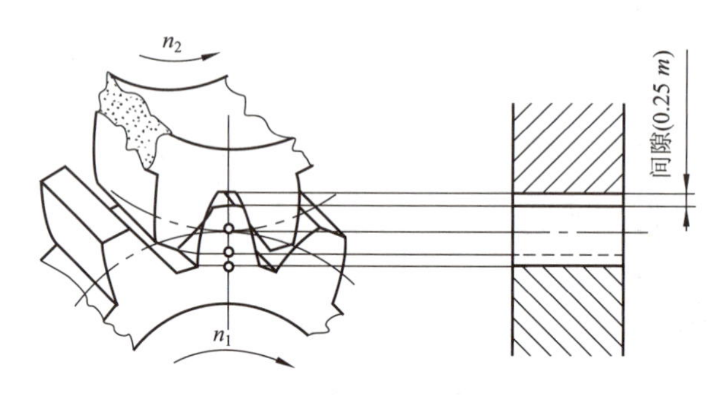

图 7-34　齿轮啮合区的画法

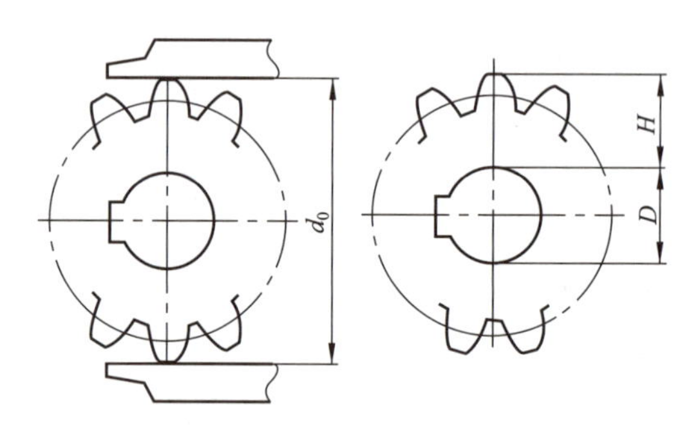

图 7-35　偶数齿和奇数齿的测量方法

【例】 直齿圆柱齿轮的齿数 $z=44$，测出其齿顶圆直径 $d_a=130$，试绘制齿轮的工作图。

(1) 求模数。

$$m=\frac{d_a}{z+2}=\frac{130}{44+2}=2.95$$

查表 7-5，在第一系列中和它最接近的是 3，则取 $m=3$ mm。

（2）计算三个圆（齿顶圆、齿根圆、分度圆）的尺寸。

$$d_a = m(z+2) = 3\times(44+2) = 138(\text{mm})$$

$$d_f = m(z-2.5) = 3\times(44-2.5) = 124.5(\text{mm})$$

$$d = mz = 3\times 44 = 132(\text{mm})$$

（3）计算和确定齿轮其他部分的尺寸。

齿轮宽度 $b=2P\sim 3P=(2\sim 3)\pi m=18.85\sim 28.27$ mm。取 $b=25$ mm，轮孔直径 $D=40$ mm，查表得出键槽尺寸：键宽 12 mm，键槽深 3.3 mm。

（4）绘制齿轮工作图，如图 7-36 所示。

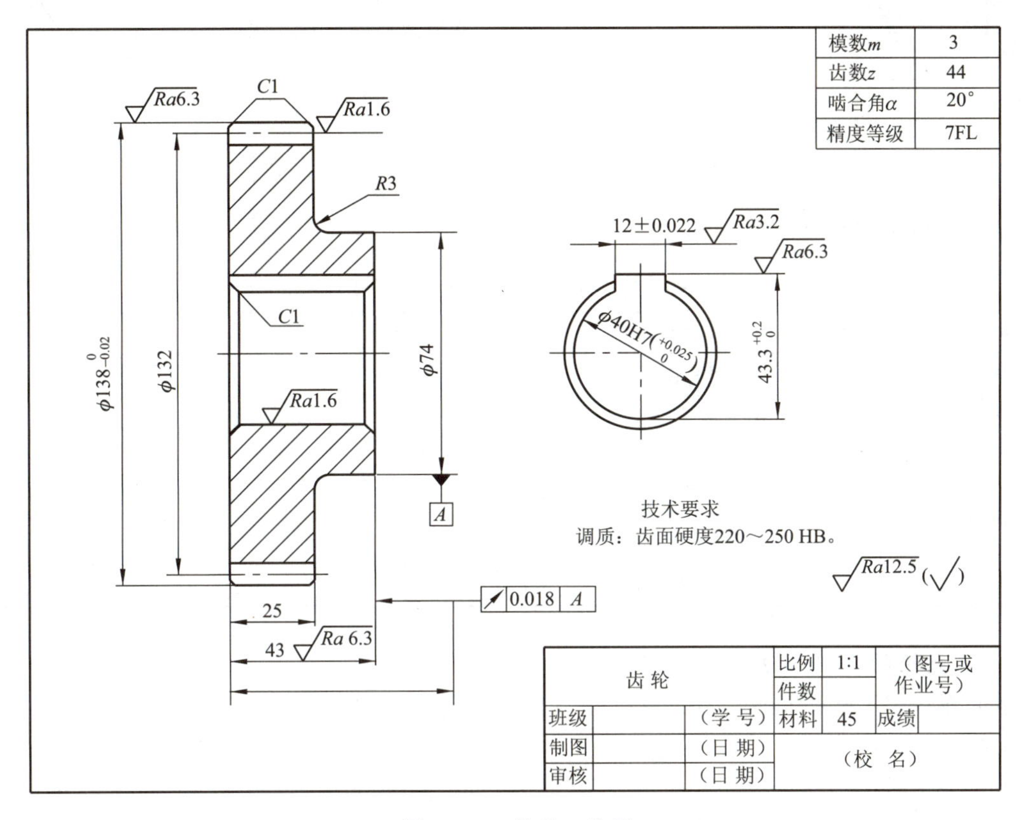

图 7-36　齿轮工作图

二、直齿圆锥齿轮

圆锥齿轮的轮齿是在圆锥面上切出来的，所以轮齿一端大、一端小；齿厚沿圆锥素线变化，直径和模数也随着齿厚而变化。为了计算和加工方便，国标规定以大端端面的模数（大端端面模数数值由 GB/T 12368—1990 决定，参见本章表 7-5 中的 m_e）为标准模数来计算其他各部分尺寸。

1. 直齿圆锥齿轮各部分名称

直齿圆锥齿轮有五个锥面，即顶锥、根锥、分锥（又叫节锥）、背锥和前锥。其中，背锥和前锥分别与节锥垂直（在标准情况下，分锥与节锥重合）。还有三个角，即分锥角（又叫节锥角）δ、顶锥角 θ_a 和根锥角 θ_f。如图 7-37 所示。

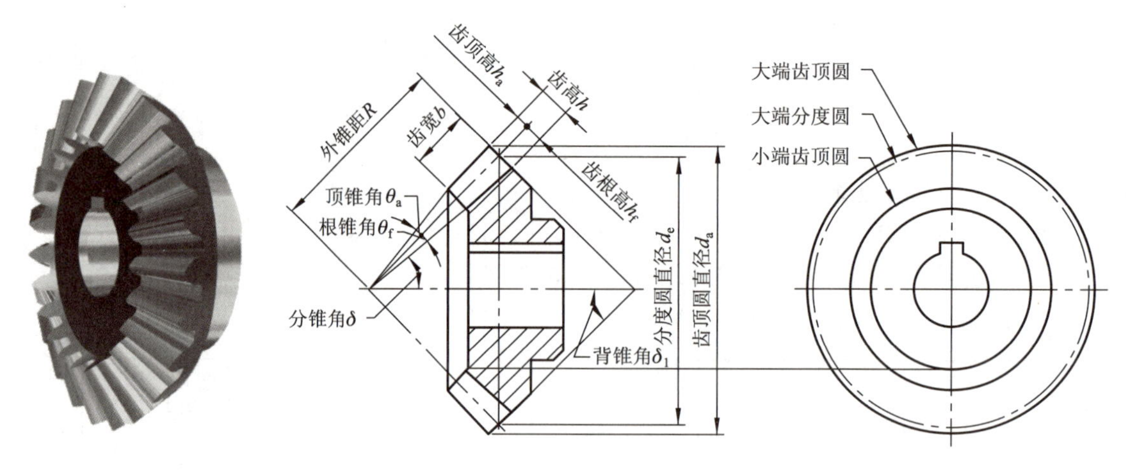

图 7－37　锥齿轮各部分的名称及符号

锥齿轮各部分尺寸计算见表 7－7。

表 7－7　锥齿轮各部分尺寸计算

名　　称	代号	计算公式	名　　称	代号	计算公式
齿顶圆直径	d_a	$d_a=m(z+2\cos\delta)$	齿根高	h_f	$h_f=1.2m$
齿根圆直径	d_f	$d_f=m(z-2.4\cos\delta)$	外锥距	R	$R=mz/2\sin\delta$
分度圆直径	d_e	$d_e=mz$	顶锥角	θ_a	$\theta_a=\arctan(2\sin\delta/z)$
分锥角	δ	$\delta_1=\arctan z_1/z_2$ $\delta_2=\arctan z_2/z_1$	根锥角	θ_f	$\theta_f=\arctan(2.4\sin\delta/z)$
齿顶高	h_a	$h_a=m$	齿　宽	b	$b\leqslant R/3$

2. 锥齿轮的规定画法

（1）单个锥齿轮的画法。图 7－37 所示的锥齿轮的画图步骤如图 7－38 所示。

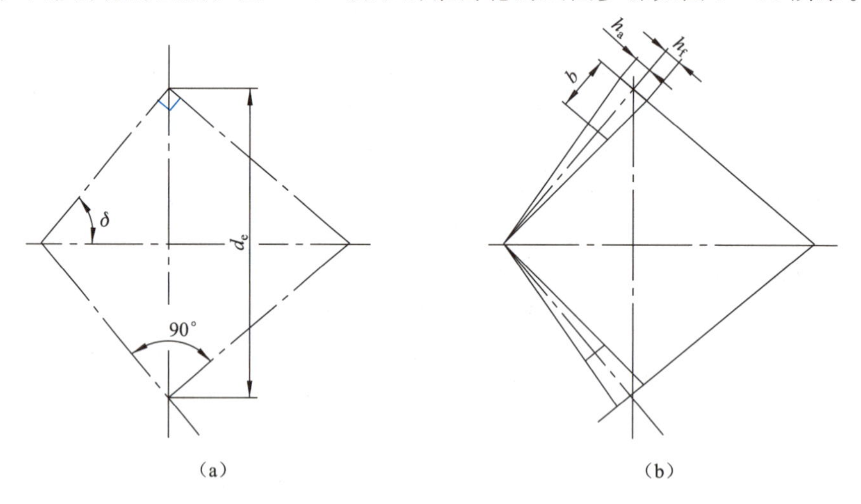

图 7－38　单个锥齿轮的画法

(a) 画分度圆锥、背锥；(b) 画大端齿顶、齿根及齿宽

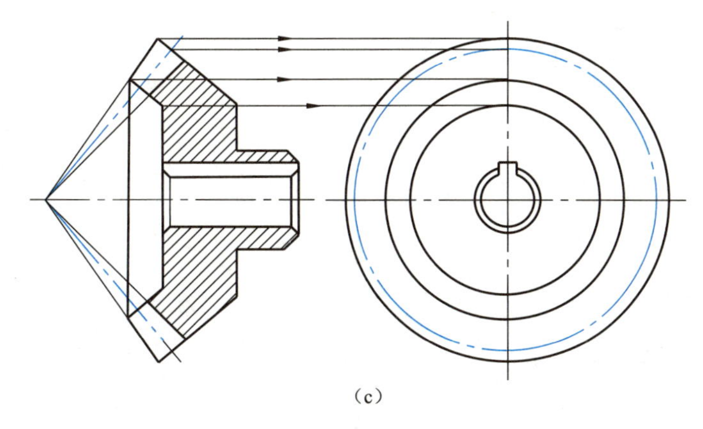

(c)

图 7-38　单个锥齿轮的画法（续）

(c) 画出其余结构，完成全图

（2）锥齿轮的啮合画法。两锥齿轮的正确啮合条件为模数相等、节锥相切，其啮合画法如图 7-39 所示。

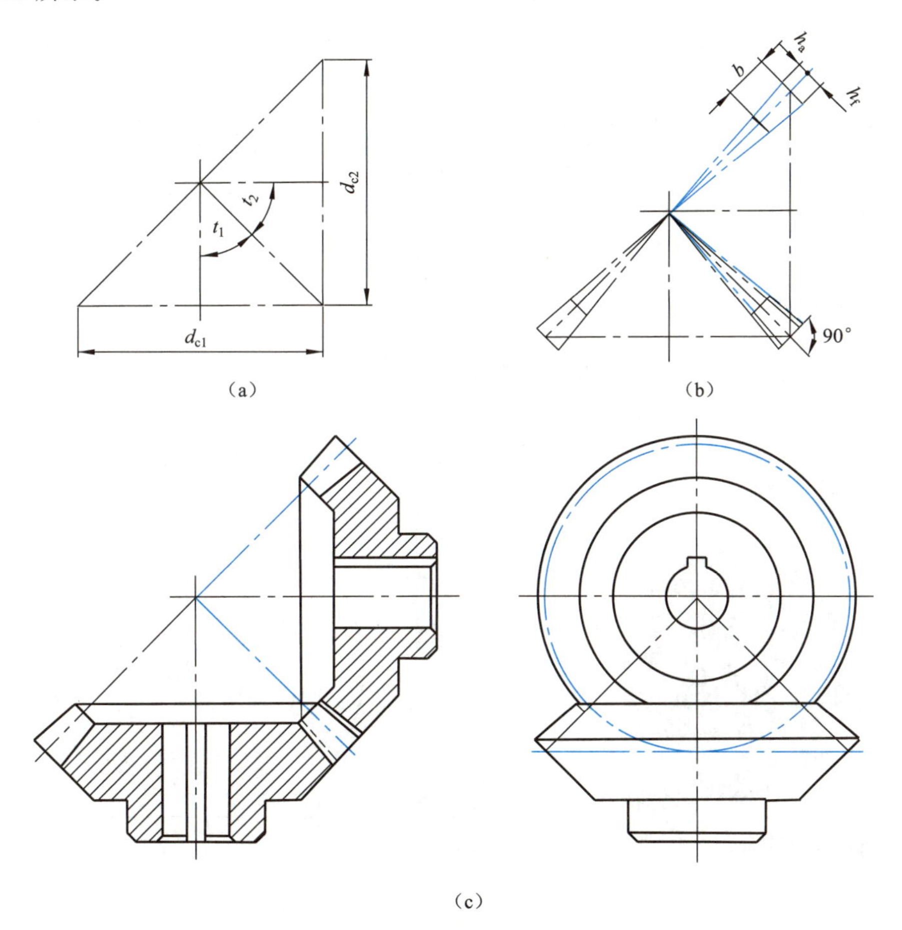

图 7-39　锥齿轮的啮合画法

(a) 画两分度圆锥 d_{c1}、d_{c2}；(b) 画两锥齿轮啮合区及轮齿；

(c) 画出两锥齿轮其余结构，完成全图

圆锥齿轮工作图如图7-40所示。

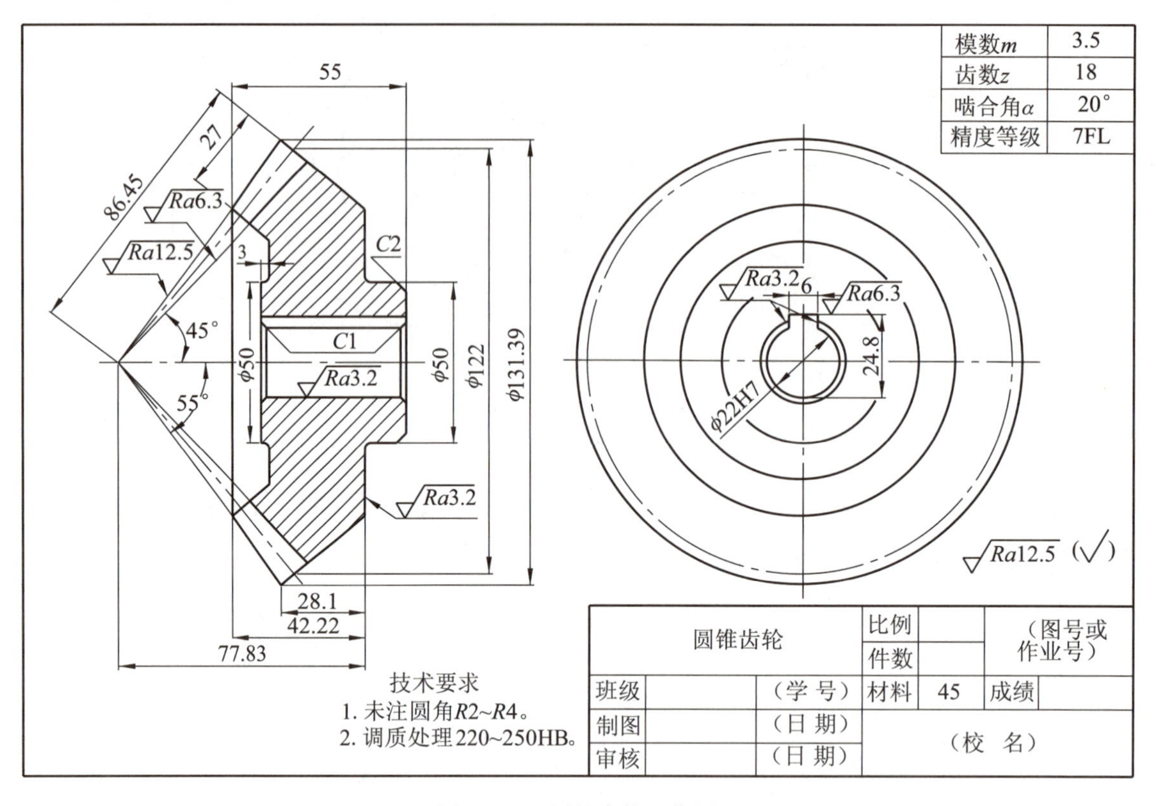

图7-40　圆锥齿轮工作图

三、蜗轮蜗杆

蜗轮蜗杆用于两交叉轴之间的传动。蜗杆一般为圆柱形，类似梯形螺杆；蜗轮类似斜齿圆柱齿轮。

为了改善传动时蜗轮与蜗杆的接触情况，常将蜗轮加工成凹形环面，如图7-41所示。

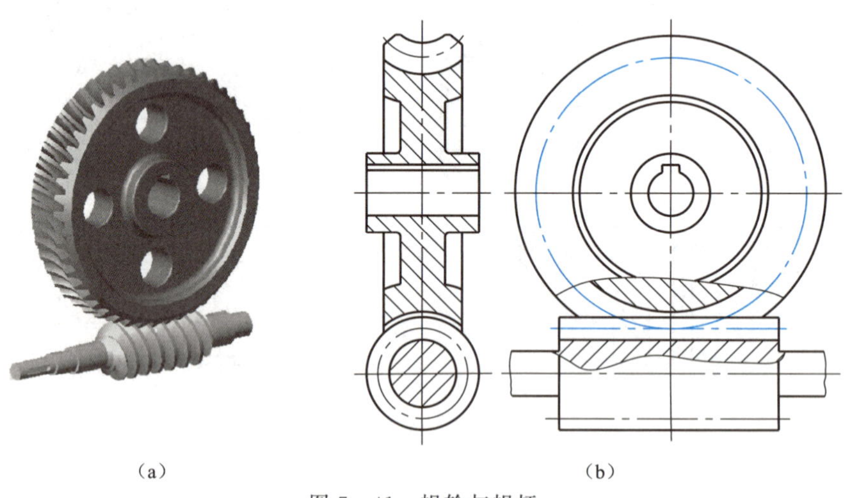

图7-41　蜗轮与蜗杆

(a) 实物图；(b) 剖视图

1. 蜗轮、蜗杆的规定画法

（1）蜗杆的规定画法。蜗杆一般用两个视图表示。在平行于轴线的视图上，其齿顶线、齿根线、分度线画法均与圆柱齿轮相同。一般用局部剖视图或局部放大图表达蜗杆的牙型，如图 7－42 所示。

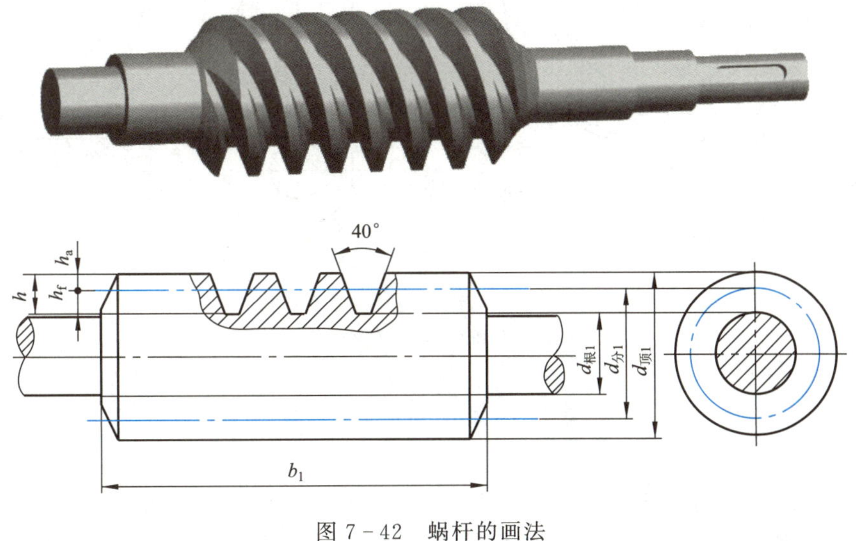

图 7－42　蜗杆的画法

（2）蜗轮的规定画法。在剖视图中轮齿的画法与圆柱齿轮相同，只是蜗轮在与轴线成垂直方向的视图中，只画分度圆和最外圆，而齿顶圆和齿根圆不必画出，如图 7－43 所示。

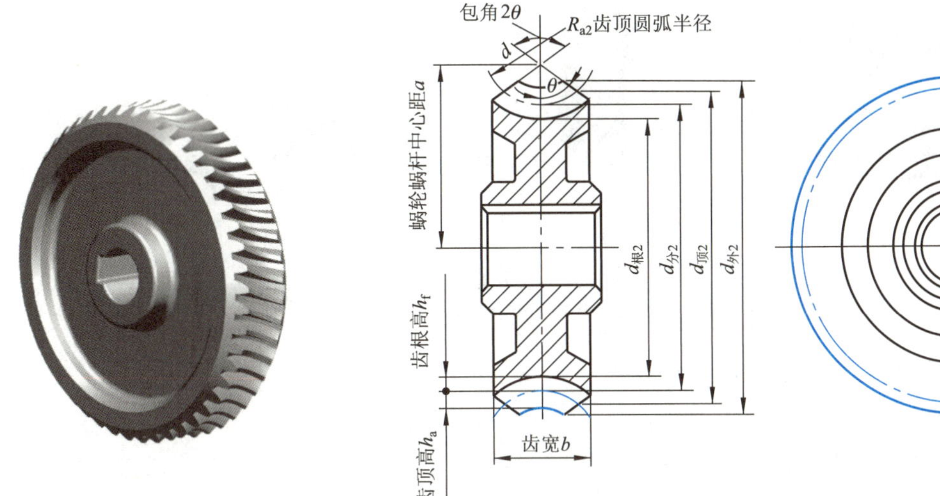

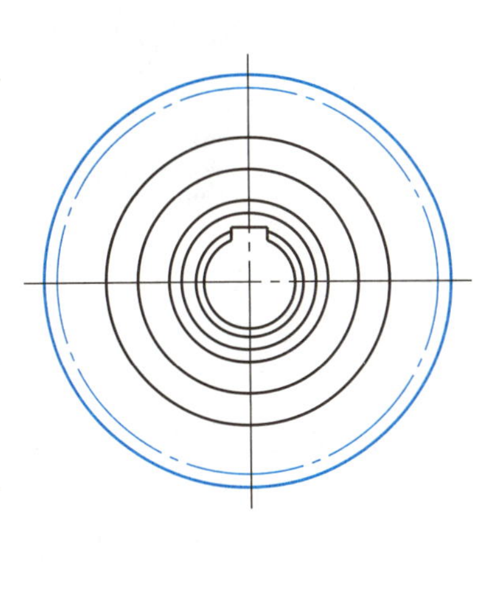

图 7－43　蜗轮的画法

2. 蜗轮、蜗杆的啮合画法

一对啮合的蜗轮、蜗杆模数相等，其画法如图 7－44 所示。

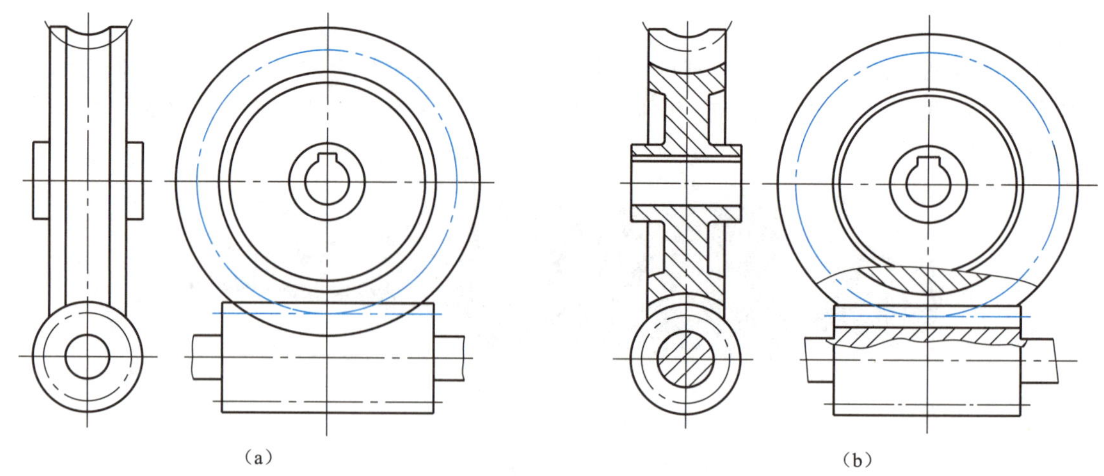

(a)　　(b)

图7-44　蜗轮、蜗杆的啮合画法

(a) 视图画法；(b) 剖视图画法

§7—4　弹　簧

弹簧具有储存能量的特性，常被用于减震、夹紧、测力等。弹簧的种类很多，根据受力不同，有压缩弹簧、拉伸弹簧和扭力弹簧等，如图7-45所示。最常用的是圆柱螺旋弹簧。本节主要介绍圆柱螺旋压缩弹簧的画法。

(a)　　(b)　　(c)

图7-45　圆柱螺旋弹簧

(a) 圆柱螺旋压缩弹簧；(b) 圆柱螺旋拉伸弹簧；(c) 圆柱螺旋扭力弹簧

1. 圆柱螺旋压缩弹簧各部分名称及尺寸关系

(1) 簧丝直径 d：绕制弹簧的钢丝直径。

(2) 弹簧外径 D：弹簧的最大直径。

(3) 弹簧内径 D_1：弹簧的最小直径。其中 $D_1=D-2d$。

(4) 弹簧中径 D_2：弹簧的平均直径。$D_2=\dfrac{D+D_1}{2}=D_1+d=D-d$。

(5) 节距 P：除支承圈外，相邻两圈间的轴向距离。

(6) 支承圈数 n_0：为了使压缩弹簧工作时受力均匀，保证中心线垂直于支承面，弹簧两端常并紧且磨平。这部分圈数仅起支承作用，故称支承圈。

(7) 有效圈数 n 和总圈数 n_P：具有相等节距的圈数称有效圈数 n；有效圈数 n 与支承圈

数 n_0 之和称总圈数 n_P，即：$n_P=n+n_0$。

(8) 弹簧自由高度（或长度）H_0：弹簧在不受任何外力时的高度。

圆柱螺旋压缩弹簧各部分尺寸如图 7-46 所示。

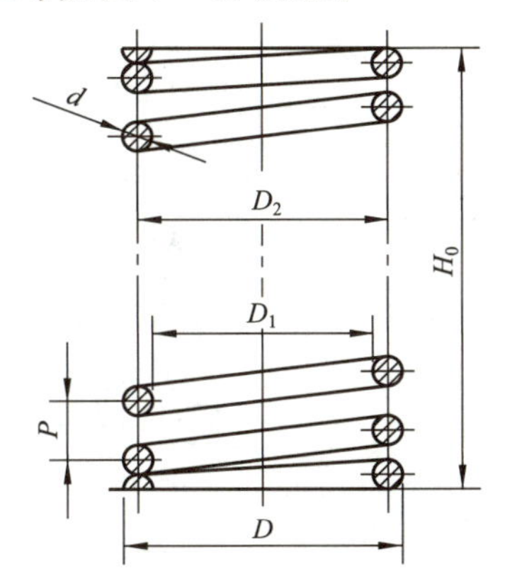

图 7-46　圆柱螺旋压缩弹簧各部分尺寸

2. 圆柱螺旋压缩弹簧的画法

圆柱螺旋压缩弹簧的画法如图 7-47 所示。作图时，应注意：

(1) 弹簧各圈轮廓画成直线。

(2) 右旋弹簧一定要画成右旋；左旋弹簧可画成左旋也可画成右旋，但要加注“左旋”。

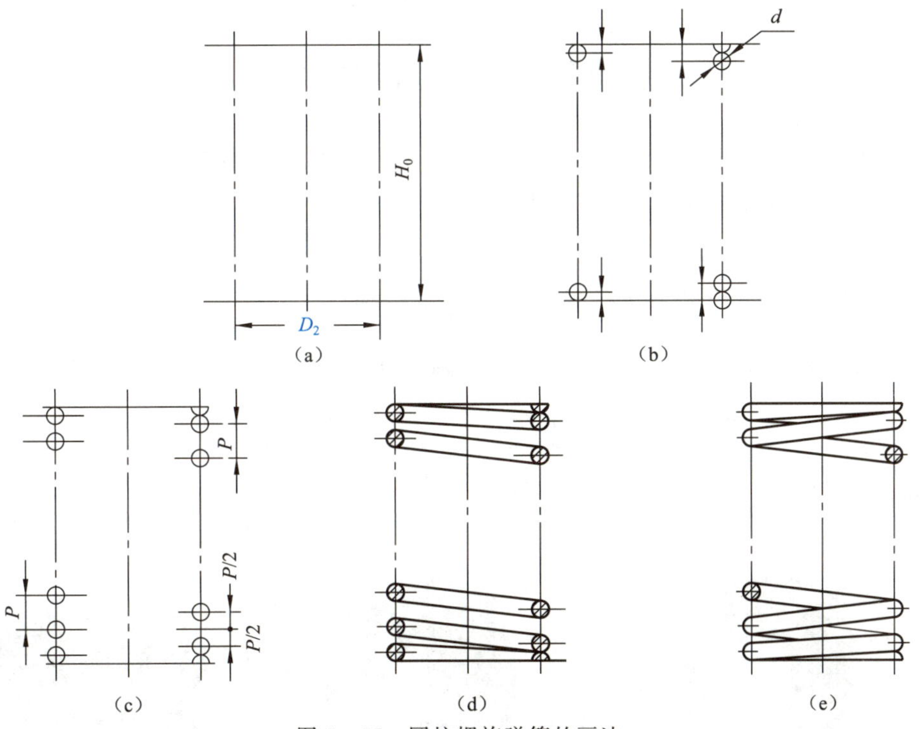

图 7-47　圆柱螺旋弹簧的画法

(a) 根据 D_2 作出中径（两平行中心线），定出自由高度 H_0；(b) 画出支承圈断面；(c) 画出有效部分支承圈断面；(d) 按右旋方向作相应圆的公切线，再画上剖面符号，完成作图；(e) 若不画成剖视图，可按右旋方向作相应圆的公切线，完成弹簧外形图

螺旋压缩弹簧工作图如图 7－48 所示。

展开长度	120
旋向	右旋
有效圈数n	7
总圈数n_P	9.5

P_3=86 kg
P_2=66.8 kg
P_1=22 kg
113.6
127.33
146.4
ϕ48
ϕ8
15
$160_{-1.5}^{\ 0}$ Ra1.6

技术要求
1. 热处理：44~48HRW。
2. 表面发黑处理。

弹 簧			比例		（图号或作业号）	
			件数			
班级		（学 号）	材料	50CrVA	成绩	
制图		（日 期）	（校 名）			
审核		（日 期）				

图 7－48　螺旋压缩弹簧工作图

§7—5　滚动轴承

滚动轴承是用来支承旋转轴的一种部件。它的种类虽多，但结构大同小异，一般由外圈、内圈、滚动体和保持架组成，其结构型式、尺寸等已标准化，使用时，可根据设计要求查阅有关标准选用。

一、常用滚动轴承的类型、结构、代号和画法

常用滚动轴承的类型、结构、代号及规定画法见表 7－8。

表 7－8　常用滚动轴承的类型、结构、代号及规定画法

名称	深沟球轴承（60000） GB/T 276—1994	圆锥滚子轴承（30000） GB/T 297—1994	推力球轴承（51000） GB/T 301—1995
结构		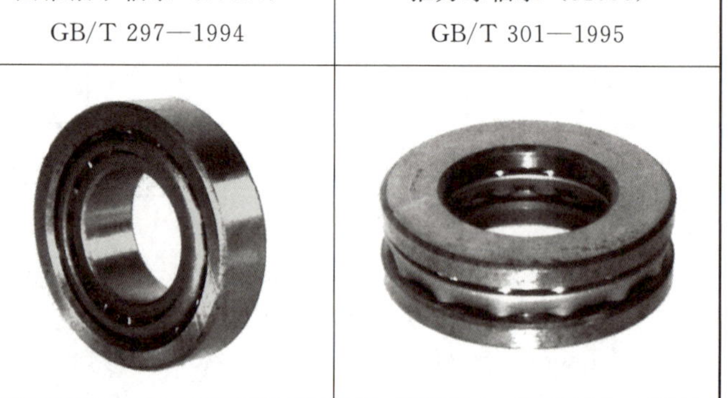	

续表

名称	深沟球轴承（60000） GB/T 276—1994	圆锥滚子轴承（30000） GB/T 297—1994	推力球轴承（51000） GB/T 301—1995
规定画法	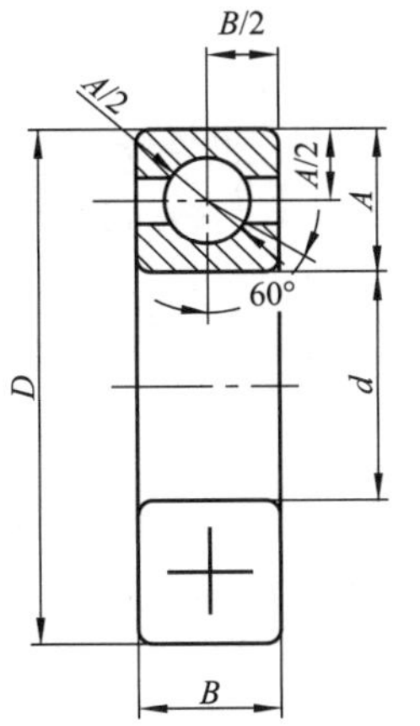	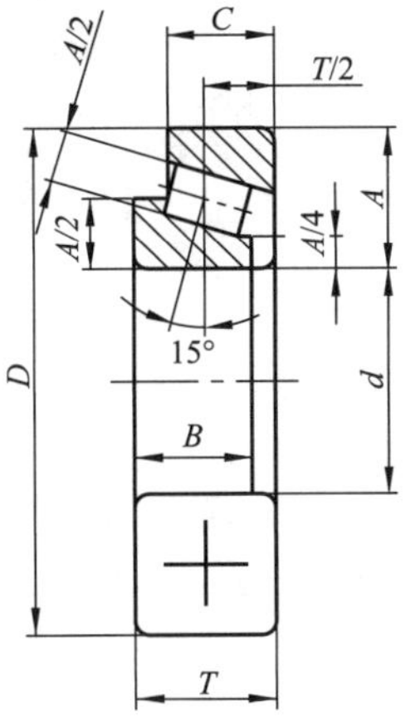	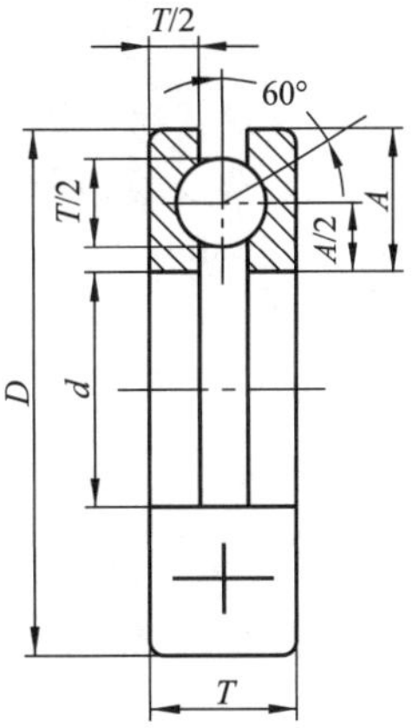
特征画法	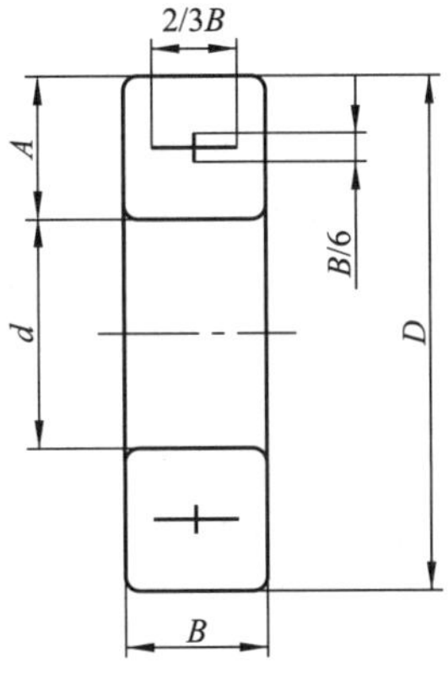	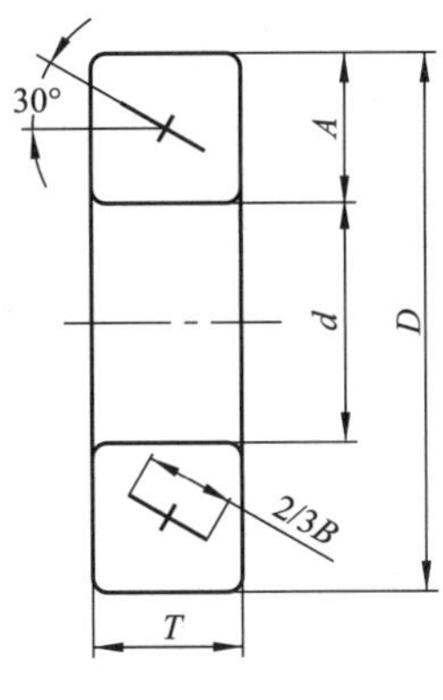	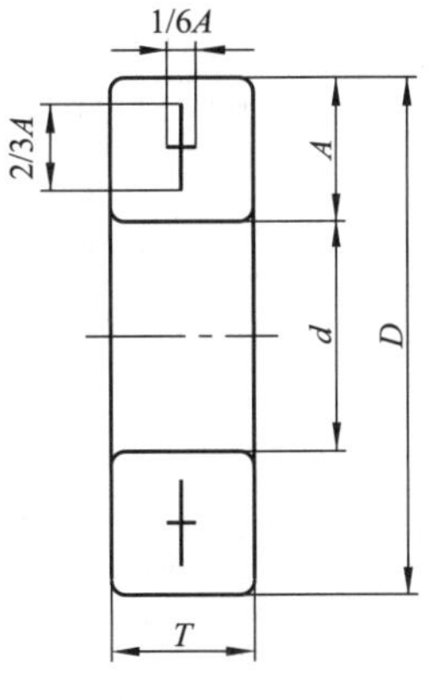
装配画法	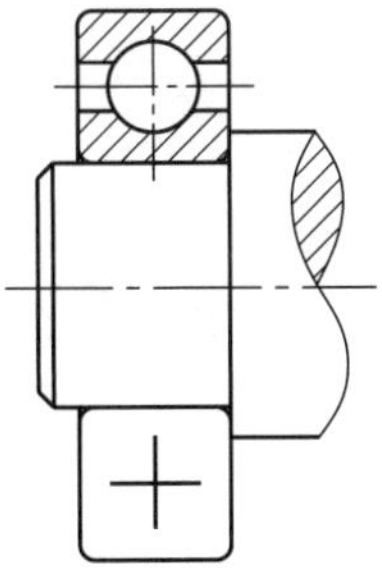	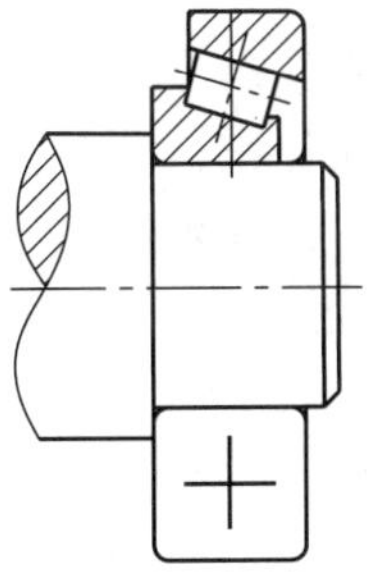	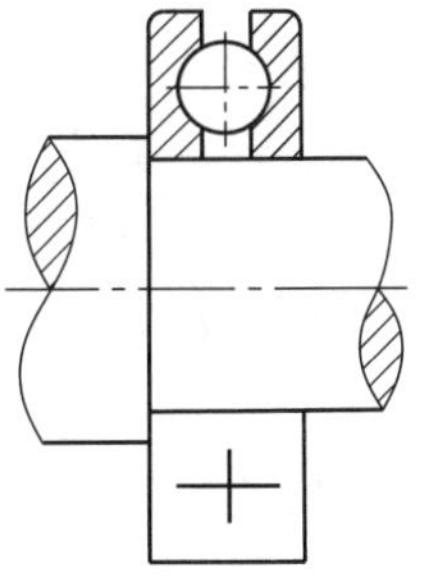

常用滚动轴承组成如图7-49所示。

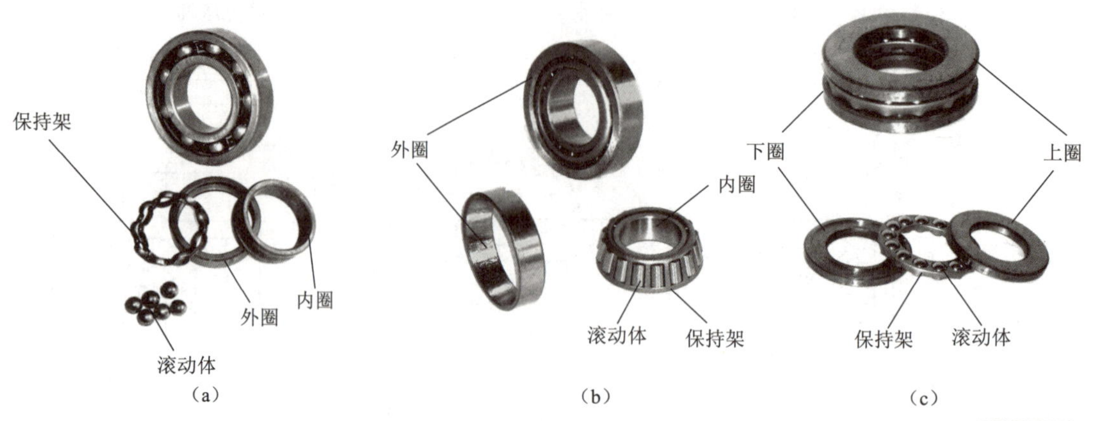

图7-49 常用滚动轴承

(a) 向心轴承；(b) 向心推力轴承；(c) 推力轴承

二、滚动轴承代号

滚动轴承的代号由基本代号、前置代号和后置代号构成。这里只介绍基本代号。

1. 基本代号

基本代号由轴承类型代号、尺寸系列代号和内径代号构成。

轴承类型代号：用数字或字母表示。见表7-9。

表7-9 轴承类型代号（摘自GB/T 272—1993）

代号	0	1	2	3	4	5	6	7	8	N	U	QJ
轴承类型	双列角接触球轴承	调心球轴承	调心滚子轴承和推力调心滚子轴承	圆锥滚子轴承	双列深沟球轴承	推力球轴承	深沟球轴承	角接触球轴承	推力圆柱滚子轴承	圆柱滚子轴承	外球面球轴承	四点接触球轴承

尺寸系列代号：由轴承的宽（高）度系列代号和直径系列代号组合而成，各用1位阿拉伯数字来表示。具体代号需查阅相关标准。

内径代号：表示轴承的公称内径，一般用两位阿拉伯数字表示。

——代号数字为00、01、02、03时，分别表示轴承内径d=10 mm、12 mm、15 mm、17 mm。

——代号数字为04～96时，代号数字乘5，即为轴承内径。

——轴承公称内径为1～9，大于或等于500以及为22、28、32时，用公称内径毫米数直接表示，但应与尺寸系列代号之间用“/”隔开。

2. 滚动轴承基本代号的内容

如 61804、51208 解释如下：

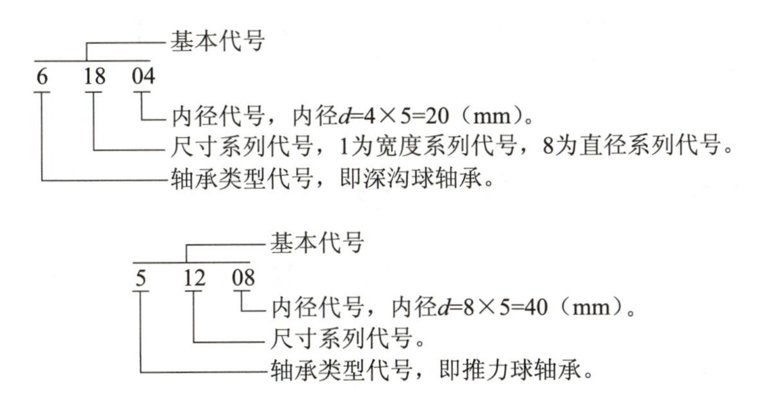

3. 滚动轴承标记示例

例 1：滚动轴承　62104 GB/T 276—1994。

例 2：滚动轴承　30307 GB/T 297—1994。

例 3：滚动轴承　51203 GB/T 301—1995。

第八章　零　件　图

零件是组成机器的基本单元。零件与机器的关系是个体与整体的关系。

§8—1　零件图概述

一、零件图的作用

任何机器或部件，都是由许多形状不同、大小不一的零件按一定的装配关系和技术要求装配起来的，如图 8－1（a）所示机用虎钳。零件图用来表示零件的结构、大小及技术要求等，是生产中主要的技术文件，也是制造和检验零件的依据，不能有丝毫的差错，因此要求我们要有精益求精的工匠精神。如：胡双钱一位数控机加车间钳工组组长，在 30 年的航空技术制造工作中，他经手的零件上千万，没有出过一次质量差错。如图 8－1（b）所示活动钳身零件图。

二、零件图的内容

一张完整的零件图，一般应具有以下内容：

（1）图形。用恰当数量的视图、剖视图、断面图等把零件的各部分结构形状完整、正确、清晰地表达出来。

（2）尺寸。用一组尺寸把零件各部分的大小和位置正确、完整、清晰、合理地标注出来。

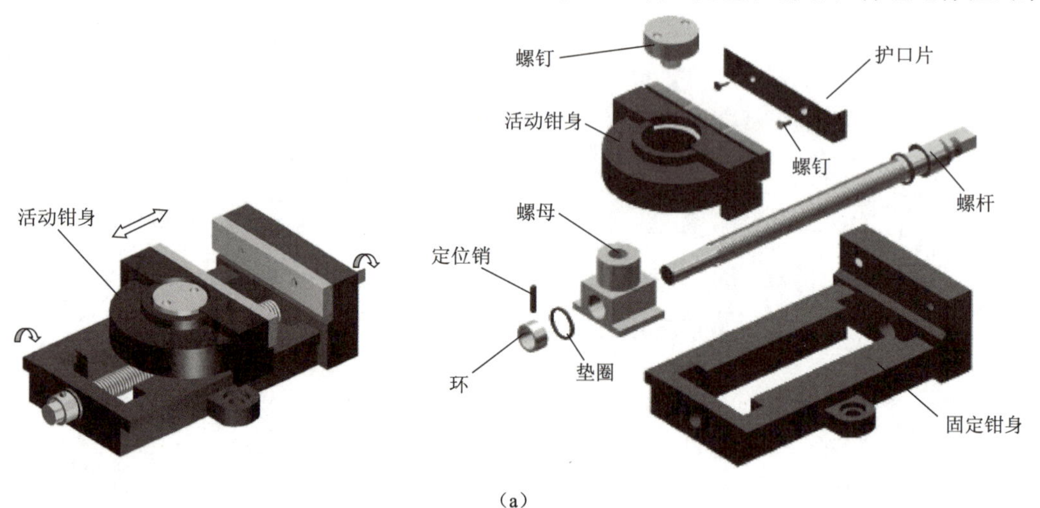

（a）

图 8－1　装配体与零件图

（a）机用虎钳轴测图

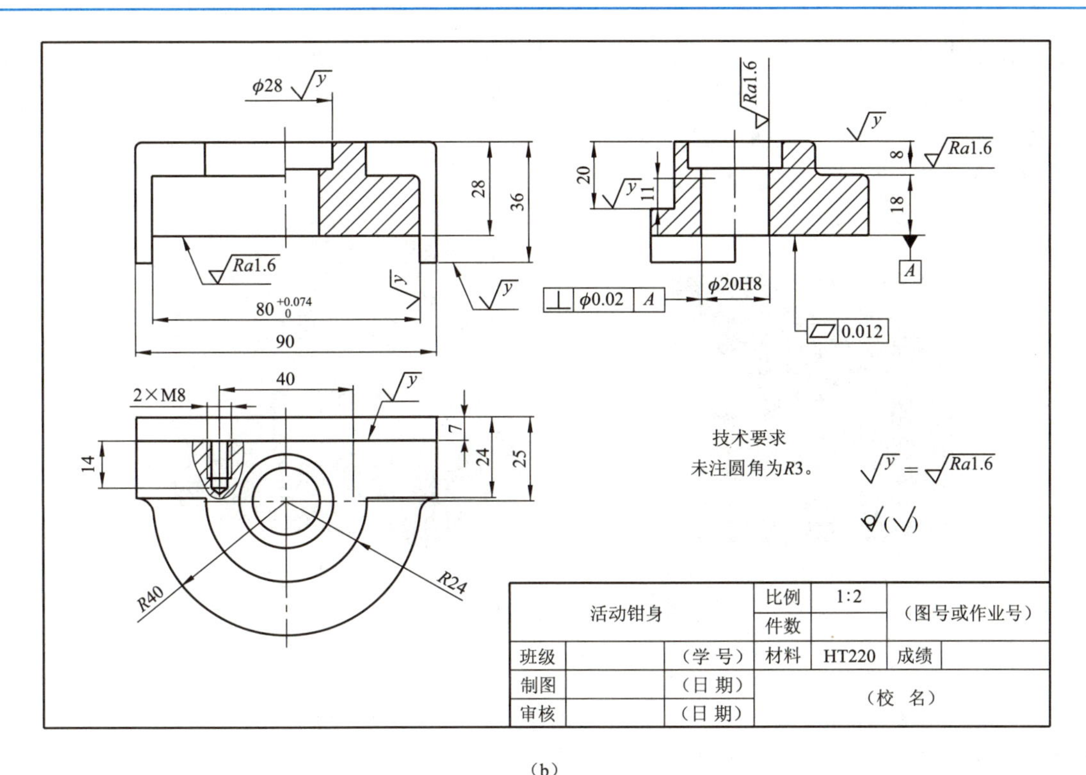

(b)

图 8-1　装配体与零件图（续）

(b) 活动钳身零件图

(3) 技术要求。说明零件在制造和检验时应达到的技术指标。例如：零件的表面结构、尺寸公差、形状与位置公差、材料及热处理等。

(4) 标题栏。说明零件的名称、材料、数量、图号、比例及制图、校核等有关责任人的签名和日期等。

§8—2　零件视图的选择

零件的视图选择应比组合体视图选择考虑更多的实际因素，除考虑形状特征外还必须综合考虑零件的加工方法、工作位置等，以便更好地为生产服务。

零件视图选择总的原则是：恰当、灵活地运用各种表达方法，结合考虑零件的功用和工艺过程，用最少数目的图形将零件的结构形状正确、清晰、完整地表达出来，并使看图方便、绘图简便。

一、主视图的选择

零件的主视图是一组视图的核心。它直接影响到其他视图投影、图幅的合理利用以及读图是否方便等。因此在表达零件时，应首先确定主视图，然后再确定其他视图。选择零件的主视图应从以下几个方面考虑：

(1) 形状特征原则。主视图应最能清楚地显示出零件的形状特征。

(2) 加工位置原则。主视图应符合零件主要加工工序位置，便于加工时看图，又可减少差错。如轴类和盘类零件主要工序是在车床上加工，加工时它们的轴线都是水平放置的，如图8-2所示。而对于板类、箱体类零件，主要是在加工中心（如图8-2（b）所示）进行加工，加工时通常底面水平放置。目前我国自主研发的高速加工中心，可稳定实现nm级表面效果的精细加工，完全可与世界最先进的机床媲美。

（a）

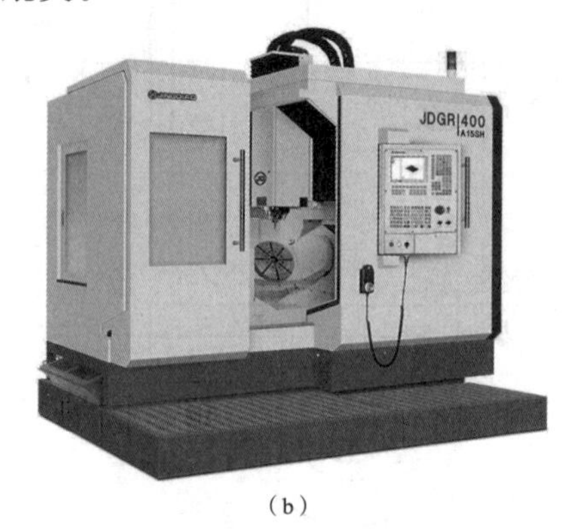

（b）

图8-2　轴在车床上加工情形

（a）轴在车床上加工情形；（b）五轴加工中心

（3）工作位置原则。主视图应与零件在机器中的工作位置一致，便于读图时把零件和机器联系起来，想象出零件的安装情况和工作情况。

上述三项原则并不是任何时候都能完全满足，因为有些零件在机器中工作位置不固定，有些零件在制造过程中要经过很多道工序等。因此，选择主视图时要对具体零件进行具体分析，一般是在满足形状特征原则的前提下，再考虑其他原则，同时兼顾其他视图投影方便及图幅的合理布局。表8-1是选择主视图的几个图例，供参考。

表8-1　主视图选择示例

零件及投影方向	主　视　图	分　　析
主视方向		形状特征、加工位置、工作位置统一
主视方向		形状特征、工作位置一致
主视方向		考虑主要加工工序位置

二、其他视图的选择

主视图选定以后，应仔细分析零件在主视图中尚未表达清楚的部分，根据零件的结构特点及内、外形状的复杂程度来考虑增加其他视图、剖视图、断面图和局部放大图等。所选的每一图形都应有表达的重点，具有独立存在的意义。

选择零件视图表达方案，应树立为生产服务的思想，分析比较不同的表达方案，选出最佳表达方案，既要把零件的内、外结构形状完整、清晰地表达出来，又要使读图、画图都方便；既要避免不必要的重复，又要注意不得遗漏任何一个细小结构。

§8—3 零件图的尺寸标注

一、零件图上尺寸标注要求

零件图上的尺寸是零件加工、检验的重要依据。在标注尺寸时，除了要符合组合体尺寸标注所要求的正确、完整、清晰之外，还要结合零件实际，尽量标注得合理。

尺寸标注是否合理，是指所注尺寸能否达到设计要求，同时又便于加工和测量。为了做到真正合理，还需要了解零件的功用及加工过程，结合具体情况合理地选择尺寸基准。

二、尺寸基准

1. 尺寸基准的概念

标注尺寸的起点称为尺寸基准。零件具有长、宽、高三个方向的尺寸，标注每个方向的尺寸都应选择基准，在图上可以作为基准的几何要素有平面、轴线和点。如图 8－3（a）所示的轴，其轴右端面为轴向尺寸的基准，轴线是径向尺寸的基准；如图 8－3（b）所示的轴承座，其高度方向尺寸是以支撑面底面为基准，长度方向是以对称面为基准；如图 8－3（c）所示的凸轮，其曲线上各点是以圆心为基准。

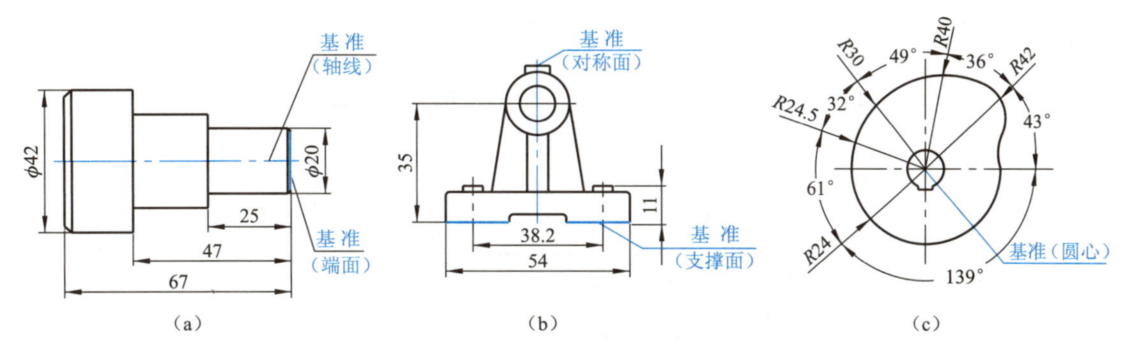

图 8－3 用面、线、点作尺寸基准的图例

（a）轴；（b）轴承座；（c）凸轮

2. 尺寸基准的分类

在零件的设计和生产中，根据基准的不同作用，可以把尺寸基准分为两类。

（1）设计基准。根据机器的构造特点及对零件的设计要求而选定的基准称为设计基准。

如图8－4所示轴承座，因为一根轴一般要由两个轴承支承，所以两者的轴孔应在同一轴线上，标注高度尺寸应以底面 B 为基准，才能保证轴孔到底面的距离。长度方向以左右对称面 C 为基准，以保证底板上两孔之间的距离以及对轴孔的对称关系。宽度方向以后端面 D 为基准，以底面 B 和对称面 C 为设计基准。

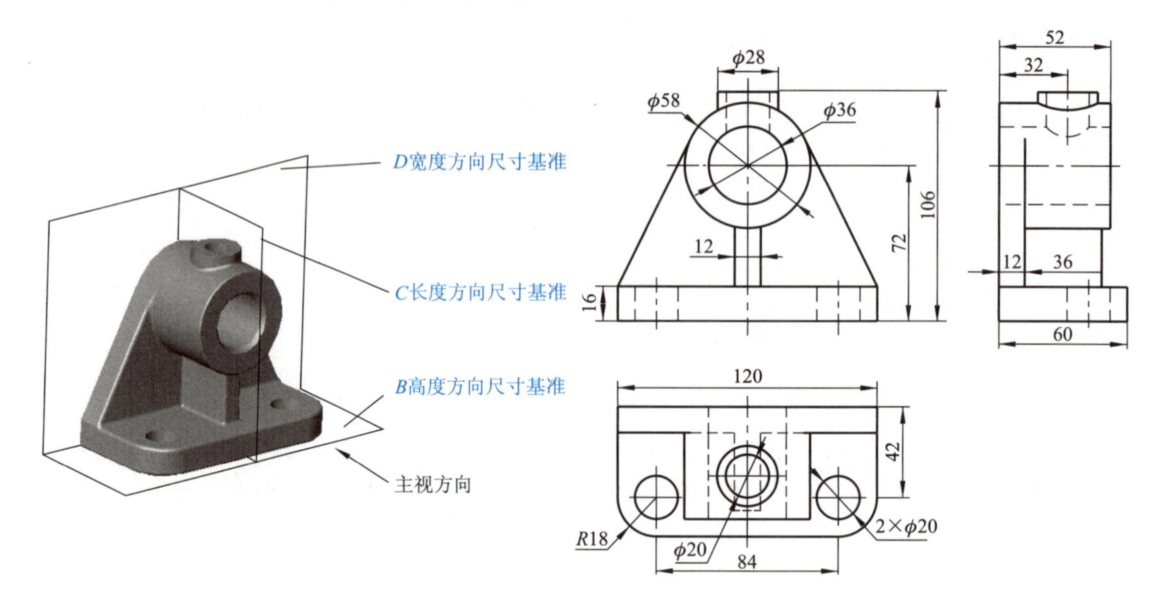

图8－4　轴承座的尺寸标注

（2）工艺基准。根据零件在加工、测量、安装时的要求而选定的基准，称为工艺基准。

图8－5所示为轴的尺寸标注，结合表8－2工序图可看出车削轴的各段长度时，以轴的两端为基准，即轴的两端面为工艺基准。

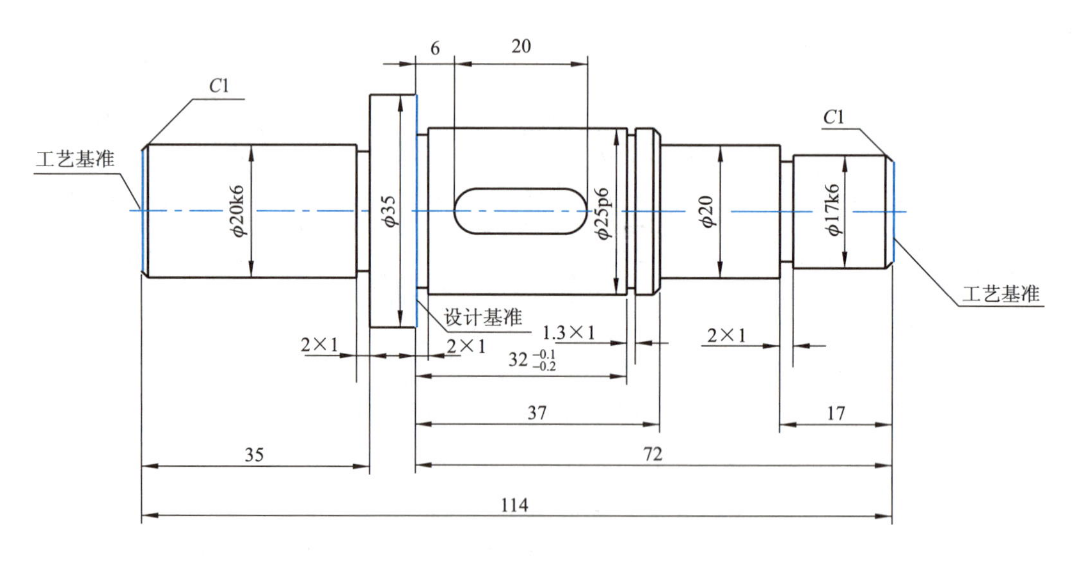

图8－5　轴的尺寸标注

表 8-2 轴的加工过程

序号	说明	工序简图	序号	说明	工序简图
1	下料：车两端面；打中心孔		5	切槽；倒角	
2	中心孔定位；车 $\phi 25$，长 72		6	调头：车 $\phi 35$，长 42；$\phi 20$，长 35	
3	车 $\phi 20$，长 35		7	切槽；倒角	
4	车 $\phi 17$，长 17		8	淬火后磨外圆 $\phi 17k6$，$\phi 20k6$，$\phi 25p6$	

在标注尺寸时，最佳选择是把设计基准与工艺基准统一起来，这样既能满足设计要求，又能满足工艺要求。如两者不能统一，应先保证设计要求。

三、尺寸的合理标注原则

（1）零件上的重要尺寸应直接注出，避免换算，以保证加工时直接达到尺寸要求。如图 8-6 所示。

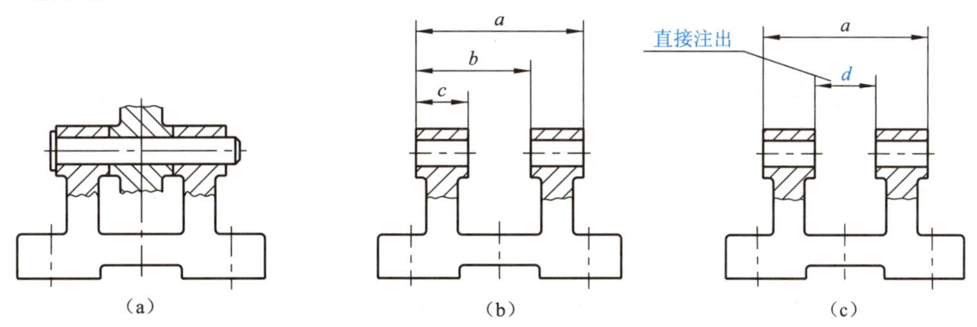

图 8-6 重要尺寸应直接标出
(a)，(b) 不好；(c) 好

（2）不要注成封闭尺寸链。一组首尾相接的链状尺寸称为尺寸链，如图8-7所示。当尺寸注成如图8-7（a）所示的封闭形式时，会给加工带来困难。尺寸链中任一环的尺寸误差，都是其他各环尺寸误差之和。因此，这种封闭尺寸链标注方法往往不能保证设计要求。正确的注法是：选择不太重要的一段不注尺寸，如图8-7（b）所示。

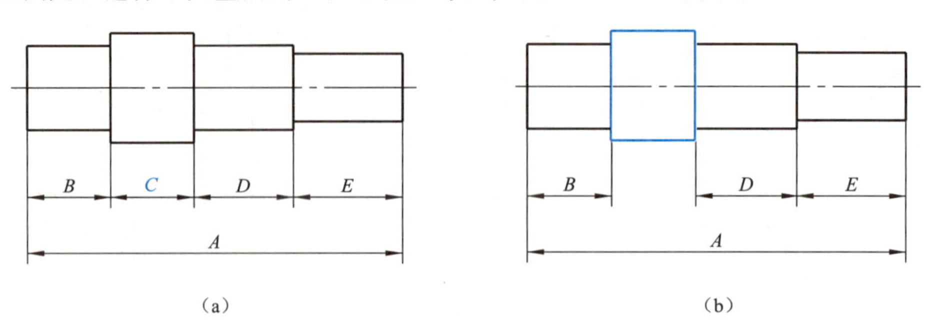

图8-7　不要注成封闭尺寸链

（a）不好；（b）好

（3）按加工顺序标注尺寸。零件图上除重要尺寸应直接注出外，其他尺寸一般尽量按加工顺序进行标注。每一加工步骤，均可由图中直接看出所需尺寸，也便于测量时减少差错。轴的车、磨加工顺序与标注尺寸的关系见表8-2。

（4）考虑测量的方便与可能。标注尺寸时必须考虑到测量的方便与可能，尽量做到使用常见普通的测量仪器，减少专用量具的使用和制造以降低产品成本。图8-8所示为常见的考虑测量方便时标注尺寸的图例。

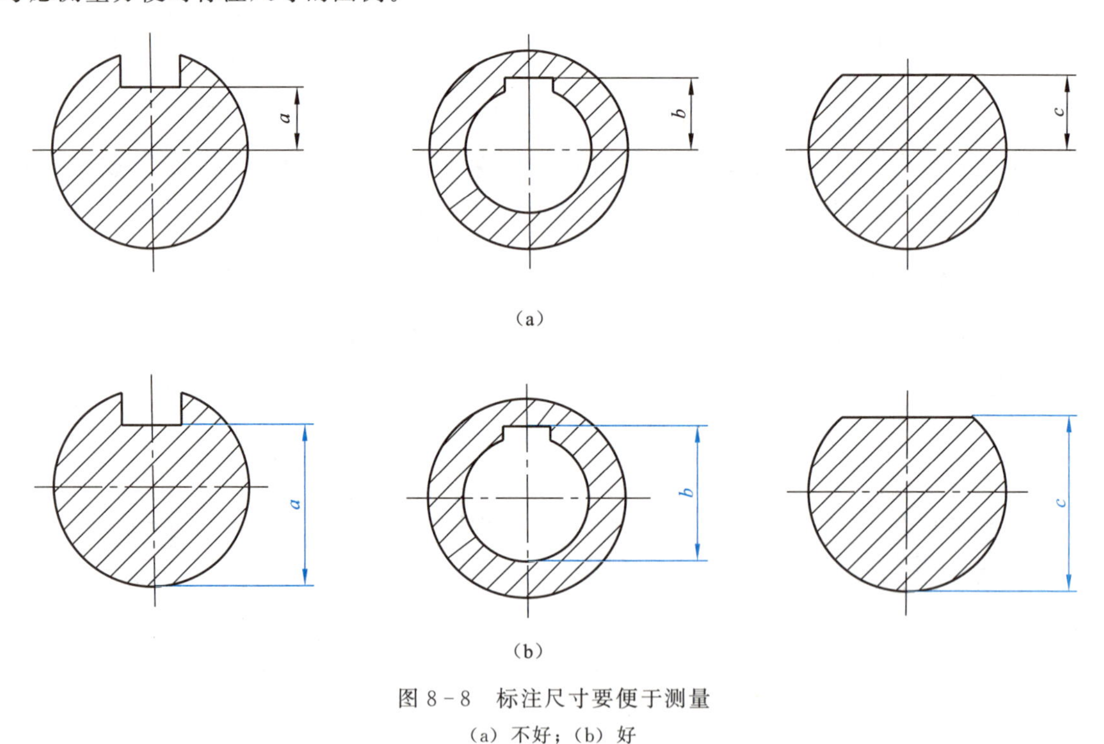

图8-8　标注尺寸要便于测量

（a）不好；（b）好

四、零件上常见孔的尺寸标注（表 8-3）

表 8-3 零件上常见孔的尺寸标注

零件结构类型		旁注法	普通注法	说明
螺孔	通孔	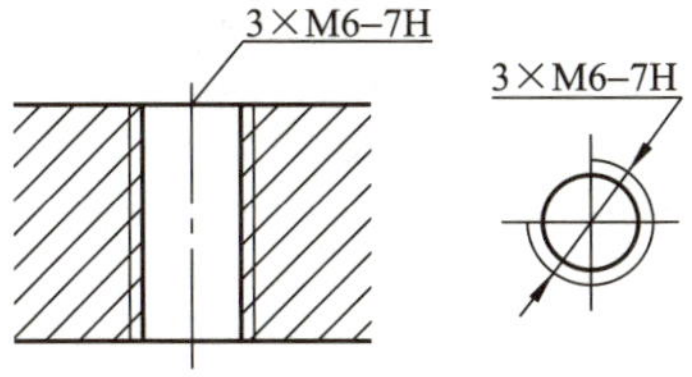3×M6−7H 3×M6−7H	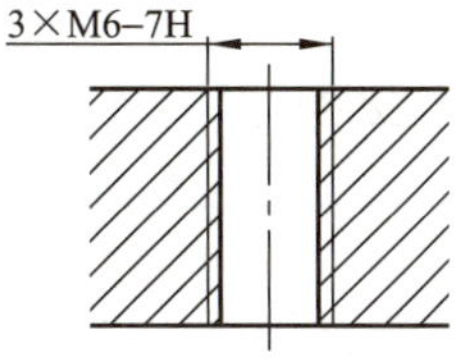3×M6−7H	3×M6 表示大径为 6，均匀分布的三个螺孔，可以旁注也可直接注出
螺孔	不通孔	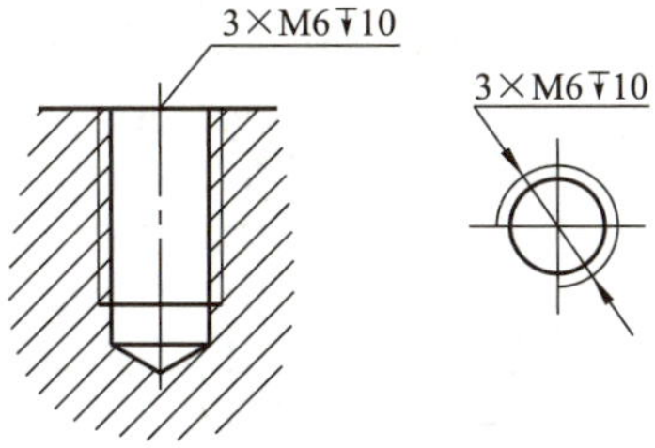3×M6↧10 3×M6↧10	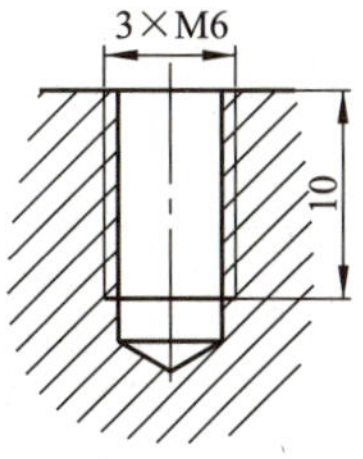3×M6 10	螺孔深度可与螺孔直径连注也可分开注出，符号"↧"表示深度
螺孔	不通孔	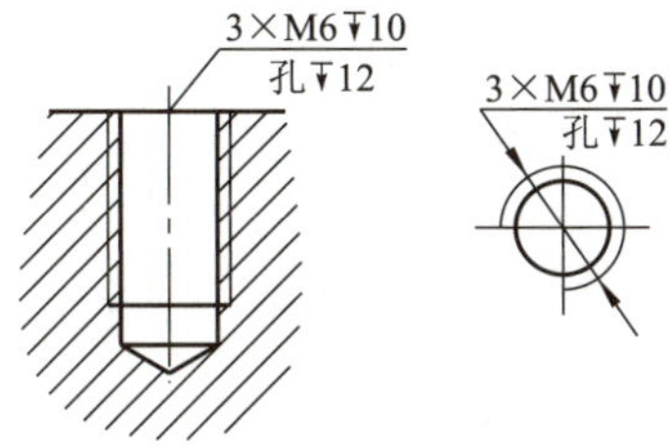3×M6↧10 孔↧12 3×M6↧10 孔↧12	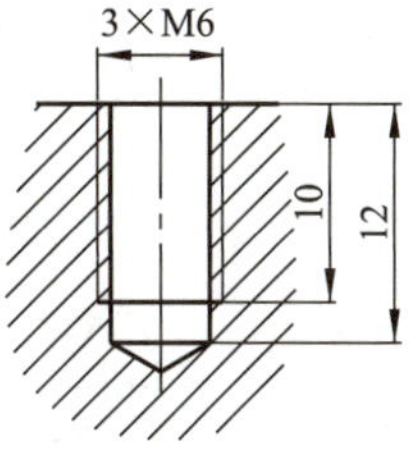3×M6 10 12	需要注出孔深时，应明确标注孔深尺寸
光孔	一般孔	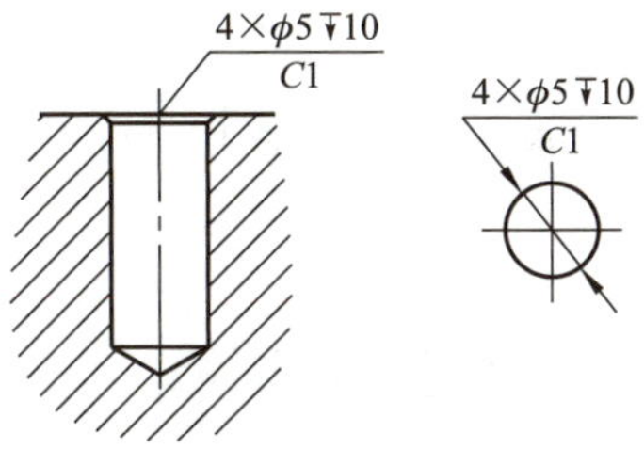4×φ5↧10 C1 4×φ5↧10 C1	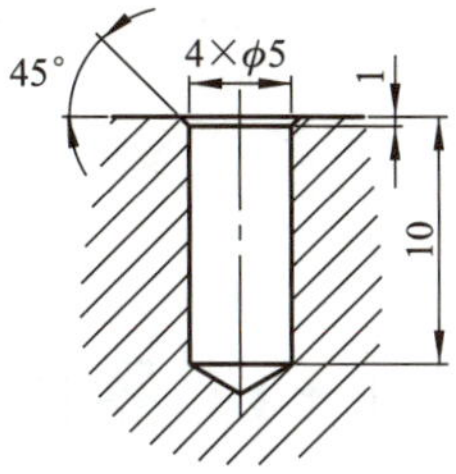45° 4×φ5 1 10	4×$\phi5$ 表示直径为 5、均匀分布的 4 个光孔，孔深可与孔径连注，也可以分开注出
光孔	精加工孔	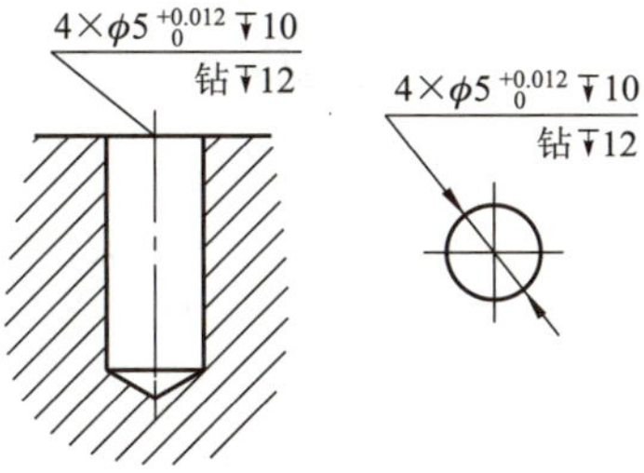4×φ5 +0.012 0 ↧10 钻↧12 4×φ5 +0.012 0 ↧10 钻↧12	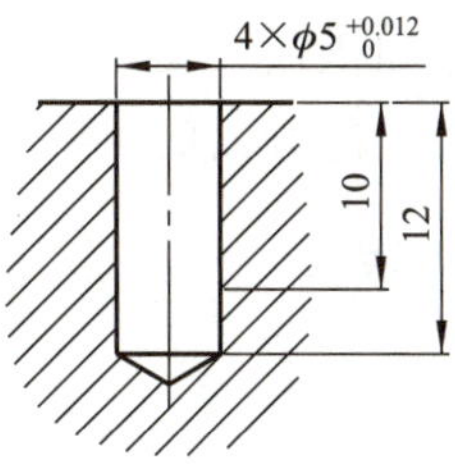4×φ5 +0.012 0 10 12	光孔深为 12，钻孔后需加工 $\phi5^{+0.012}_{0}$，深度为 10

续表

零件结构类型		旁注法	普通注法	说明
光孔	锥销孔	锥销孔φ5 装配时作；锥销孔φ5 装配时作	锥销孔φ5 装配时作	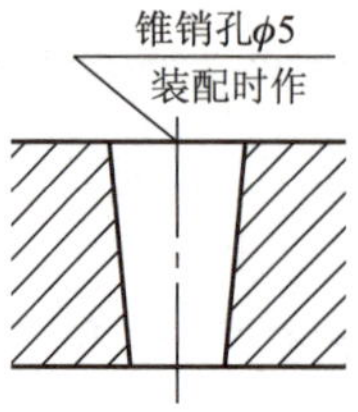 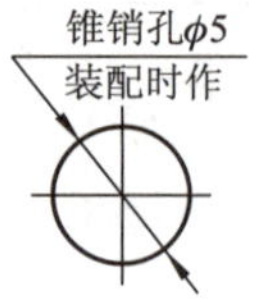 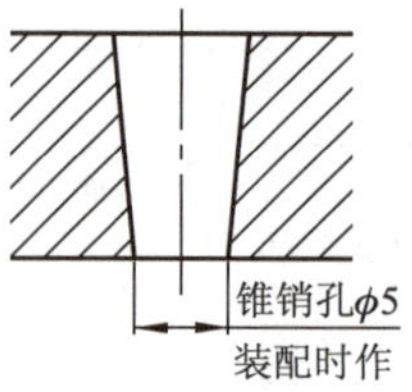 φ5为与锥销孔相配的圆锥销小头直径，锥销孔通常是相邻两零件装在一起时加工的
沉孔	锥形沉孔	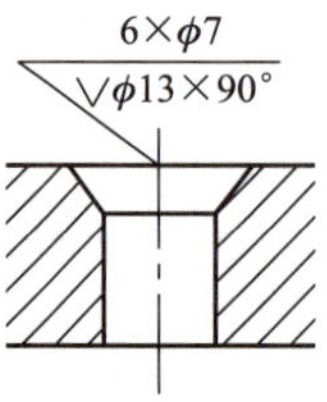 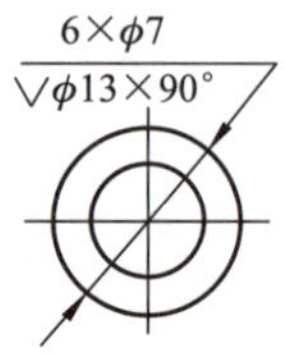 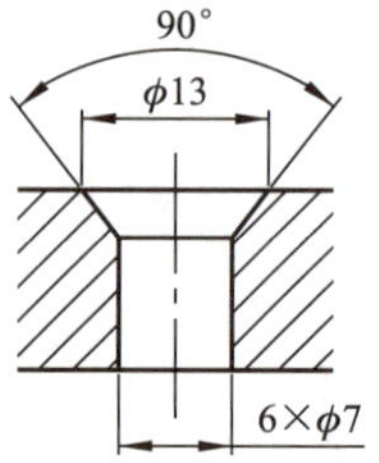 6×φ7 ⌵φ13×90°；6×φ7 ⌵φ13×90°	90° φ13 6×φ7	6×φ7表示直径为7、均匀分布的6个孔，锥形部分尺寸可以旁注，也可直接注出。符号“⌵”表示埋头孔
	柱形沉孔	4×φ8 ⌴φ10↧3.5；4×φ8 ⌴φ10↧3.5	φ10 3.5 4×φ8	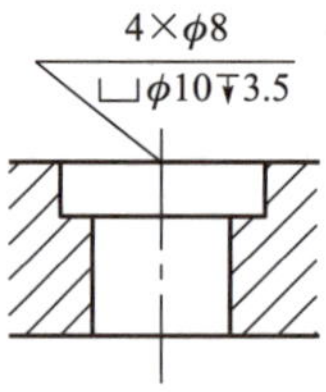 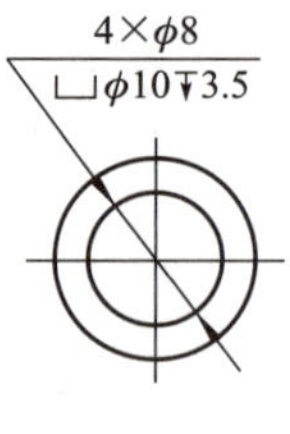 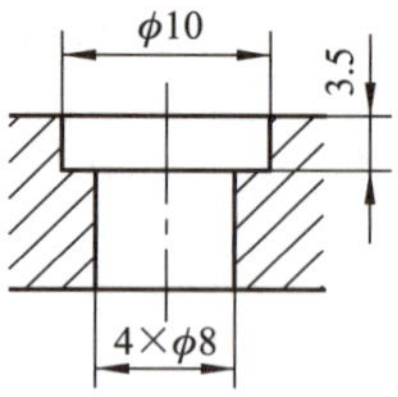 柱形沉孔的小直径为8，大直径为10，深度为3.5，均需标注
	锪平面	4×φ7⌴φ16；4×φ7⌴φ16	⌴φ16 4×φ7	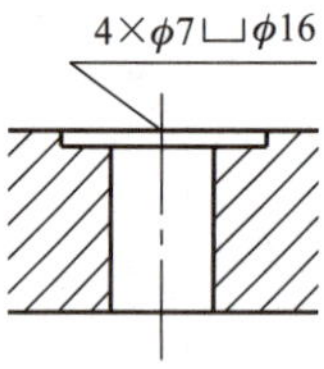 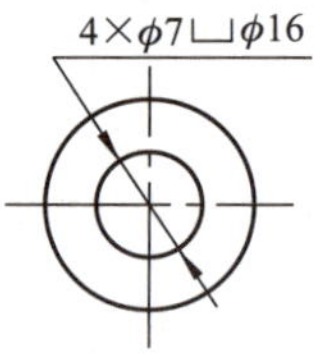 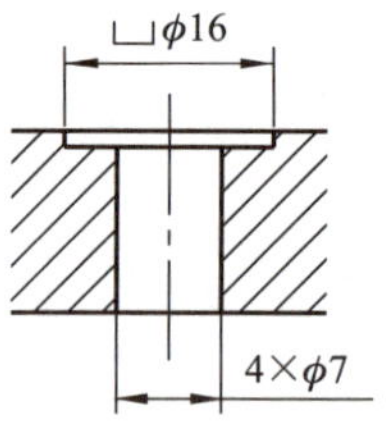 锪平φ16的深度不需标注，一般锪平到不出现毛面为止。符号“⌴”表示沉孔或锪平

国家标准《技术制图　简化表示法》中对以上常见结构规定了符号和缩写词，标注或识读时也可参阅本教材表1-5。

§8—4　零件上常见的工艺结构

绝大部分零件，都要通过铸造和机械加工来制成。因此，所绘制的零件图既要符合设计要求，又要符合铸造工艺和机械加工工艺的要求，以免造成废品和使制造工艺复杂化。下面介绍铸造工艺和机械加工工艺方面的一些基本常识。

一、机械加工工艺结构

1. 倒角和倒圆

为了去除毛刺、锐边和便于装配，在轴和孔的端部常加工成倒角；为了避免因应力集中而产生裂纹，在两不等径圆柱（或圆锥）轴肩处，常以圆角过渡，称为倒圆。倒角及倒圆在图中的标注如图 8-9 所示。

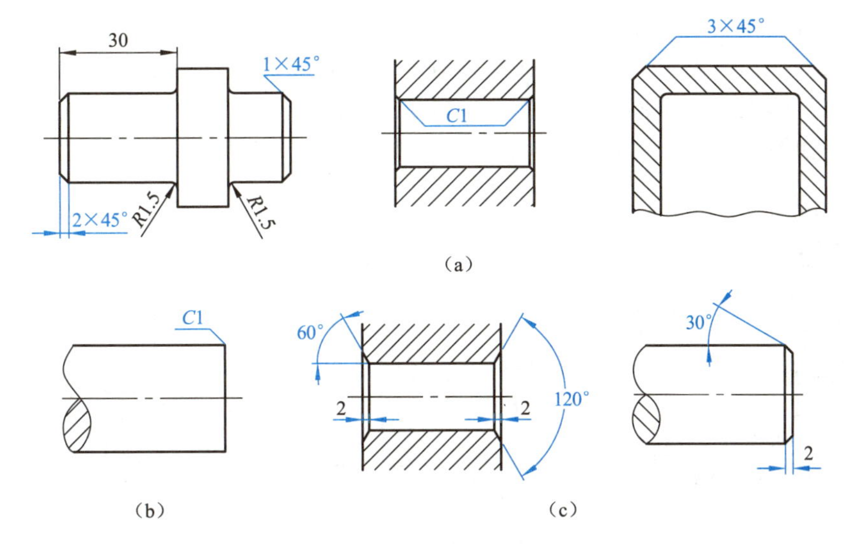

图 8-9　倒角和倒圆

当倒角为 45°时，标注方式如图 8-9（a）所示；也可以不必画出倒角，而用符号“C”表示“45°倒角”，如“1×45°”写成“C1”即可。当倒角不是 45°时，标注方式如图 8-9（c）所示；采用简化画法表示倒角时，标注方式如图 8-9（b）所示。

2. 退刀槽和砂轮越程槽

在加工内、外圆柱面和螺纹时，为了方便刀具退出或让砂轮稍微越过加工表面，常在待加工表面预先加工出退刀槽和砂轮越程槽，其结构形状和尺寸标注形式如图 8-10 所示。

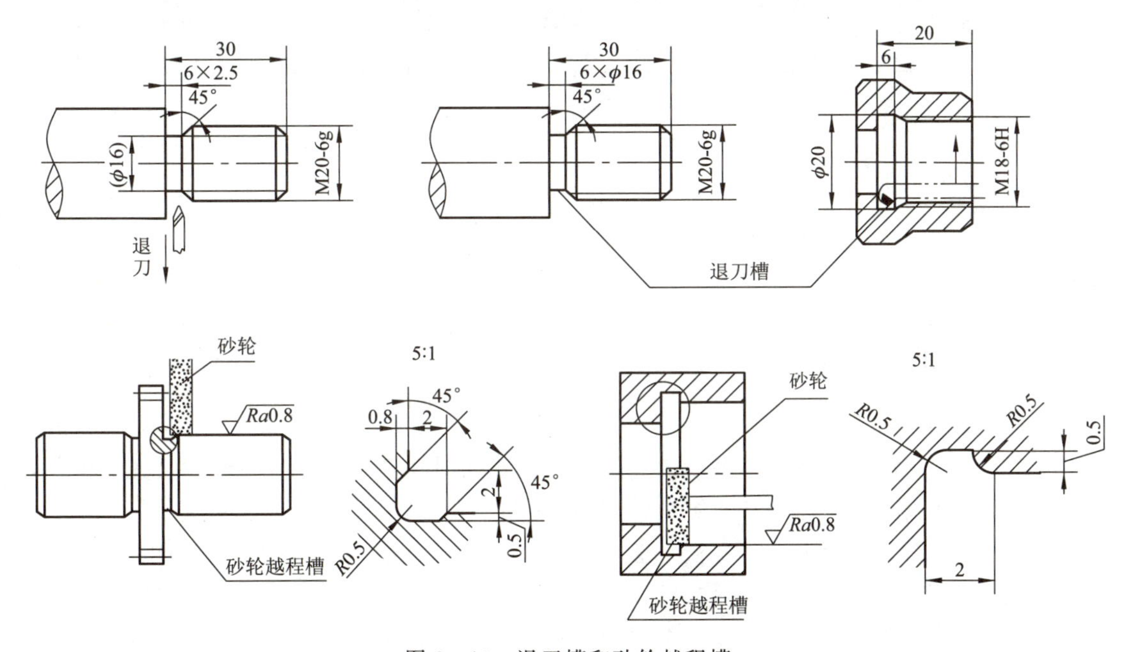

图 8-10　退刀槽和砂轮越程槽

一般的退刀槽可按“槽宽×直径”（如图 8－10 中“6×ϕ16”）或“槽宽×槽深”（如图 8－10 中“6×2.5”）的形式标注。

3. 钻孔结构

用钻头钻不通孔（也叫盲孔）或阶梯孔时，钻头顶角会在钻孔底部留下一个大约 120°的锥顶角，称为钻尖角。画图时，应按 120°画出钻尖角，但不必标注尺寸。钻孔深度不包括圆锥部分，如图 8－11 中钻孔深度“25”和“18”。

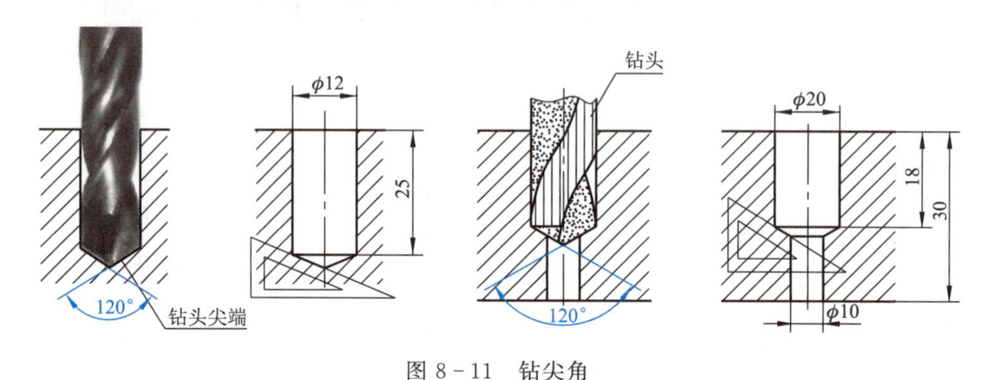

图 8－11　钻尖角

需要在斜面上钻孔时，为了使钻头受力均匀，应在孔口端面设置凸台或凹坑，如图 8－12 所示。

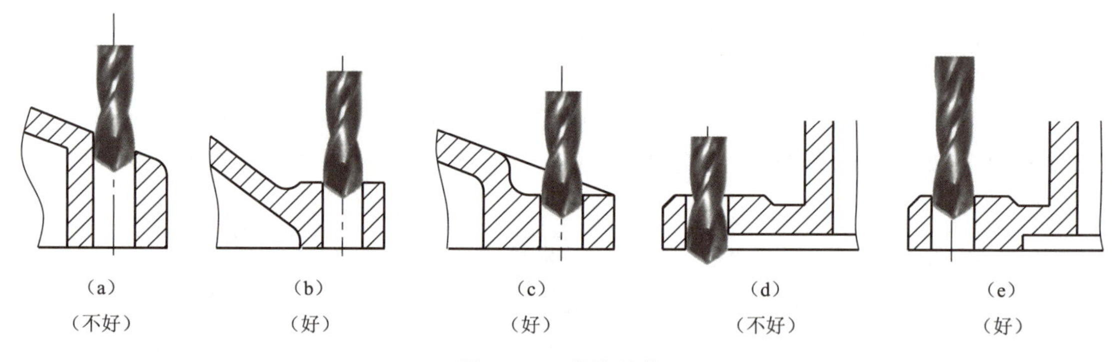

图 8－12　钻孔结构

(a) 钻头轴线与被钻表面不垂直，钻头容易折断；(b) 在斜面上预置凸台；(c) 在斜面处设置凹孔；(d) 钻头单边受力容易折断；(e) 做成凸台使钻孔完整

二、铸造工艺结构

1. 铸造圆角

为了防止浇注铁水时冲坏砂型或避免铁水冷却收缩时在转角处产生裂纹和缩孔，铸件各表面相交处均做成圆角，称为铸造圆角，如图 8－13 (a) 所示。

铸造圆角在图上应画出，其半径一般为 3～5 mm，常在技术要求中统一说明。

2. 拔模斜度

为了能从砂型中顺利取出木模，常在木模表面沿拔模方向做成 3°～6°的斜度，这个斜度会留在铸件上，称为拔模斜度，如图 8－13 (b) 和图 8－13 (c) 所示。拔模斜度在制作木模时予以考虑，但在图样上可以不画出来。

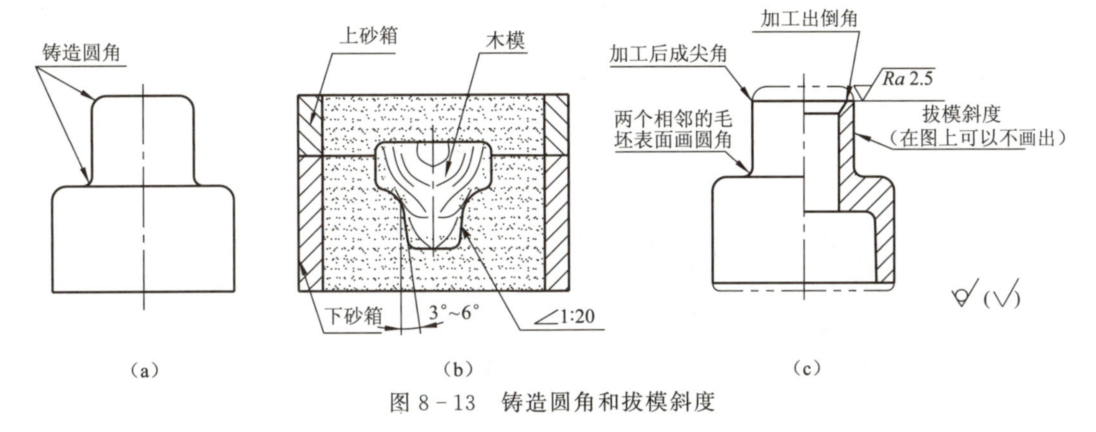

（a）　（b）　（c）

图 8－13　铸造圆角和拔模斜度

3. 铸件壁厚要均匀

为了避免铸件因冷却速度不同而产生缩孔、裂纹等缺陷，在设计零件时，应尽量使其壁厚均匀，如图 8－14 所示。

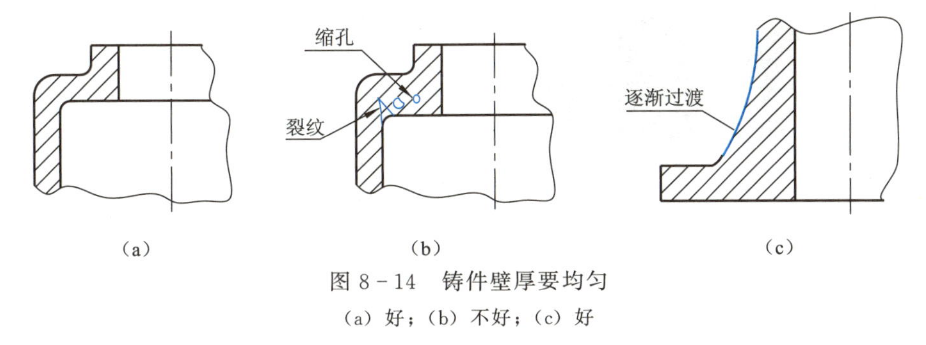

（a）　（b）　（c）

图 8－14　铸件壁厚要均匀

（a）好；（b）不好；（c）好

4. 过渡线

当零件上两相交表面以圆角光滑过渡时，两表面的交线就不明显了。为了使看图时容易分清形体，国标规定在分界处仍按没有圆角的情况画出交线，但两端画至理论交点处止而不与圆角接触。表 8－4 列举了几种常见结构的过渡线，供读者参考。

表 8－4　常见结构的过渡线

两形体表面相交形状	示　例　图	视　　图	过渡线特点
两不等径圆柱体相交			过渡线为相贯线，两端不与圆角轮廓线接触

续表

两形体表面相交形状	示 例 图	视 图	过渡线特点
两等径圆柱体相交	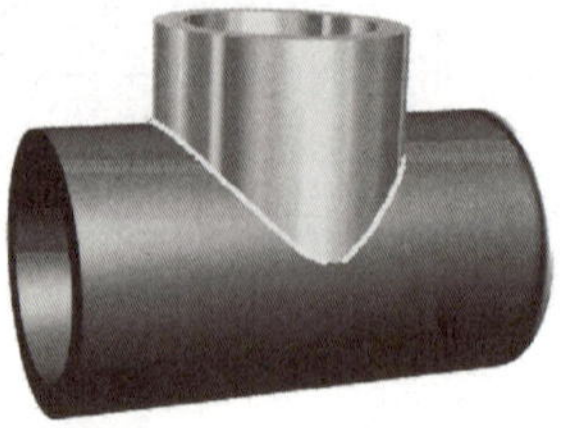	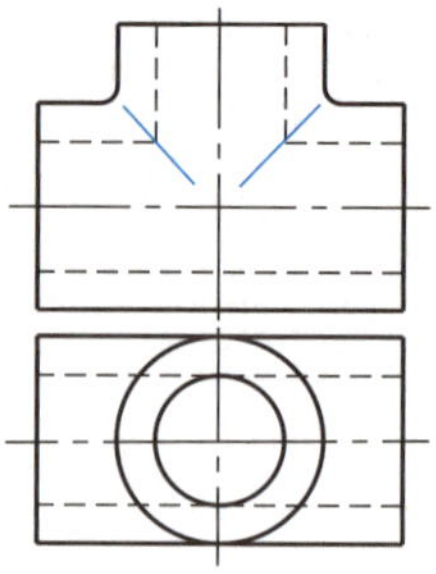	过渡线为相贯线，不与圆角轮廓线接触，且在切点附近断开
平面与曲面相切	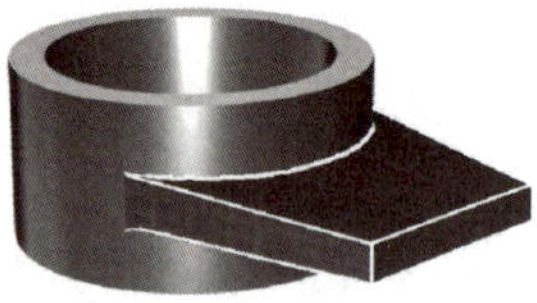	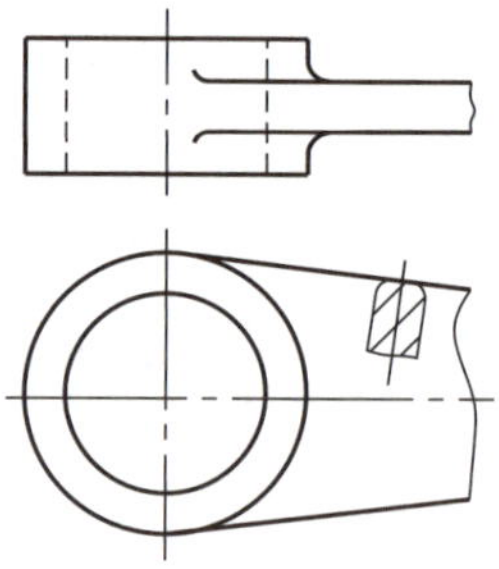	相切处无界线，平面的轮廓线用圆弧向两边分开
平面与曲面相交	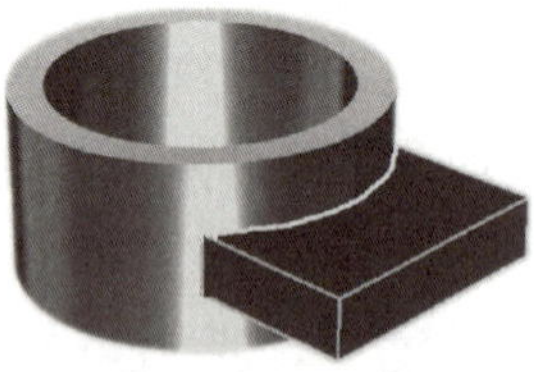	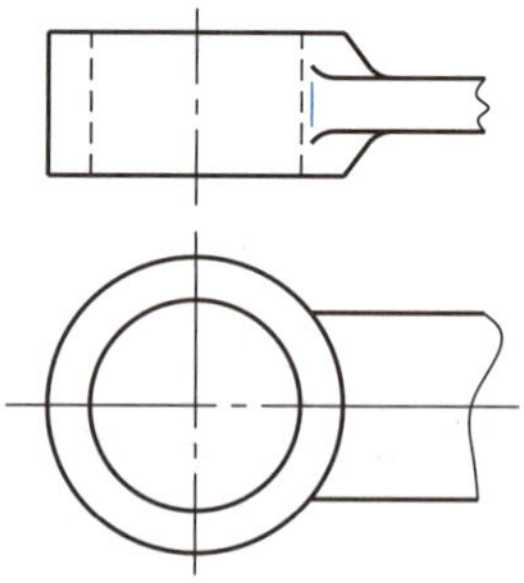	过渡线为直线，两端不与轮廓线接触，平面的轮廓线用圆弧向两边分开
曲面与曲面相切	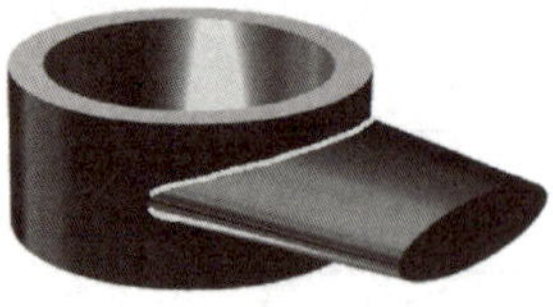	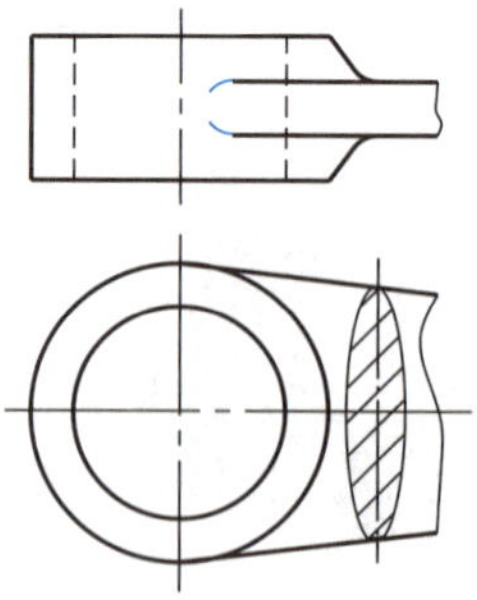	过渡线为不与轮廓线接触的曲线

续表

两形体表面相交形状	示例图	视图	过渡线特点
曲面与曲面相交	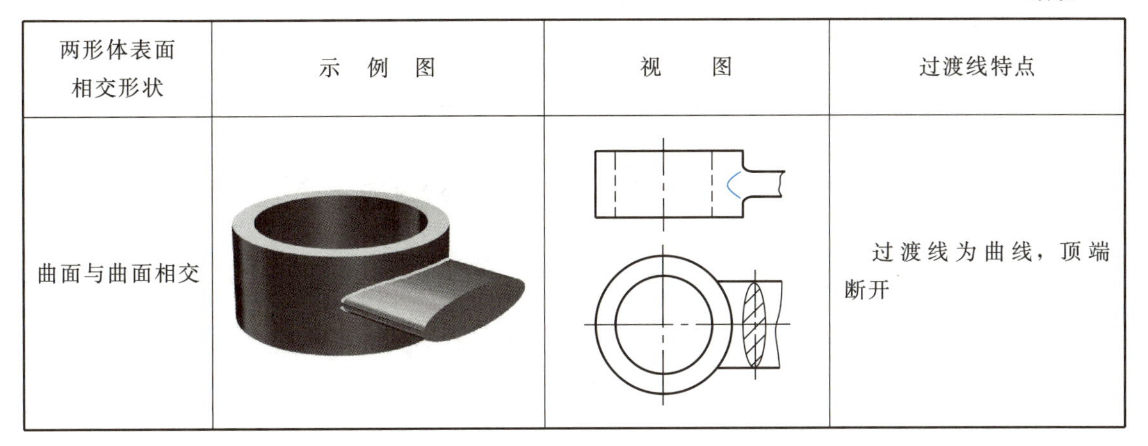		过渡线为曲线，顶端断开

§8—5 技术产品文件中表面结构的表示法

零件在加工过程中存在尺寸误差、形状和位置误差，为保证零件的使用要求，除了对零件的尺寸、形状和位置给出公差要求外，还要根据产品功能需要对零件的表面结构给出要求，表面结构包括表面粗糙度、表面波纹度、表面缺陷、表面纹理和表面几何形状。GB/T 131—2006 中对技术产品图样中表面结构的表示法作了具体规定，下面主要介绍表面结构中常用的表面粗糙度表示法。

一、基本概念

1. 表面粗糙度

在机械加工过程中，由于刀具或砂轮切削后留下刀痕、切削过程中切屑分离时产生塑性变形以及机床的震动等原因，会使被加工零件的表面产生微小的峰谷，零件的表面无论加工得多精细，在放大镜或显微镜下观察都能看到凹凸不平的痕迹，这些微小峰谷和间距所组成的微观几何形状称为表面粗糙度。表面粗糙度是评定零件表面质量的一项重要技术指标，对零件的使用、外观和零件的加工成本都有重要影响。

表面粗糙度、表面波纹度以及表面几何形状总是同时生成并存在于同一表面的，如图 8-15 所示。

2. 评定表面结构常用的轮廓参数

零件表面结构的评定参数有轮廓参数（GB/T 3505—2000 定义）、图形参数（GB/T 181618—2002 定义）和支承率曲线参数（GB/T 18778.2—2003 和 GB/T 18778.3—2006 定义）。

为了满足对零件表面不同的功能要求，国家标准根据表面微观几何形状的高度、间距和形状等特征，规定了相应的评定参数。在机械图样中常用的评定参数是轮廓参数，现主要介绍轮廓参数中的两个高度参数 Ra 和 Rz。

轮廓算术平均偏差 Ra：在取样长度内轮廓偏距绝对值的算术平均值，用 Ra 表示，如图 8-16 所示。

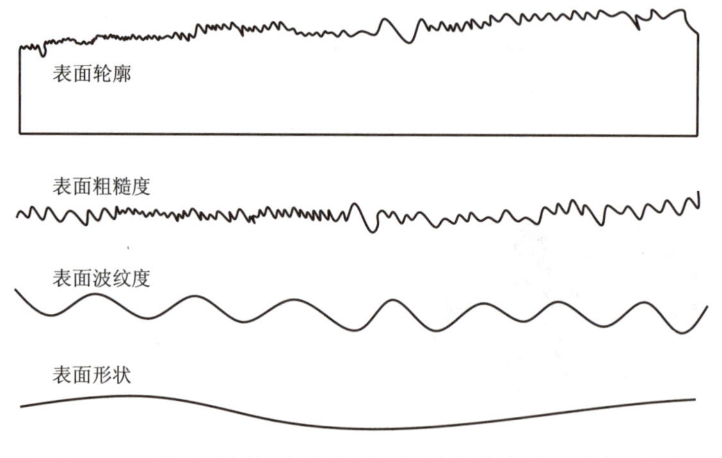

图 8-15　表面粗糙度、波纹度和形状误差综合影响的表面轮廓

其计算公式为：

$$Ra = \frac{1}{L}\int_{o}^{L} |\delta(x)| \mathrm{d}x$$

或近似表示为

$$Ra = \frac{1}{n}\sum_{i=1}^{n} |\delta_i|$$

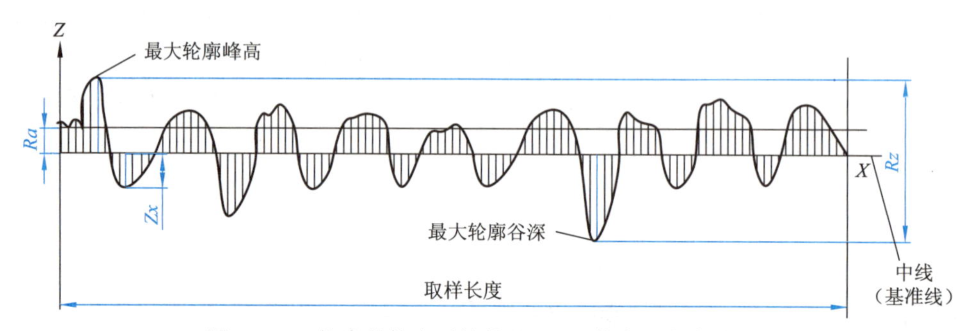

图 8-16　轮廓的算术平均偏差 Ra 和轮廓最大高度 Rz

轮廓最大高度 Rz：取样长度内轮廓峰顶线和轮廓谷底线之间的距离，用 Rz 表示，如图 8-16 所示。

二、标注表面结构的图形符号

在技术产品文件中对表面结构的要求可用几种不同的图形符号表示，每种符号都有特定含义。

1. 基本图形符号

未指定工艺方法的表面，当通过一个注释解释时可单独使用，如图 8-17（a）所示。

2. 扩展图形符号

图 8-17（b）所示为用去除材料方法获得的表面，仅当其含义是“被加工表面”时可单独使用。图 8-17（c）所示为用不去除材料的方法获得的表面，也可用于表示保持上道工序形成的表面（不管这种状况是通过去除材料或者是不去除材料的方法形成的）。

3. 完整图形符号

当要求标注表面结构特征的补充信息时，应在图 8-17 所示的图形符号的长边上加一横线，如图 8-18 所示。

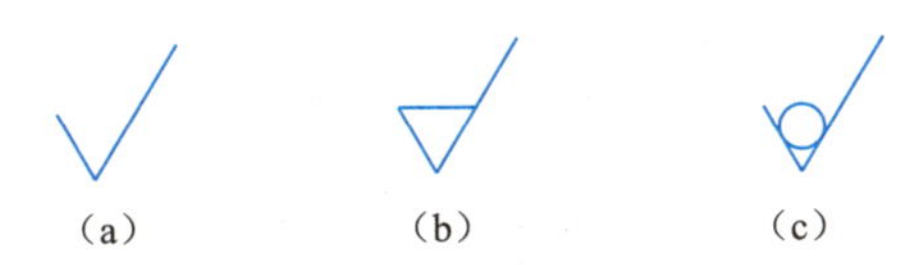

图 8-17 表面结构的图形符号

(a) 基本图形符号；(b) 去除材料扩展图形符号；(c) 不去除材料的扩展图形符号

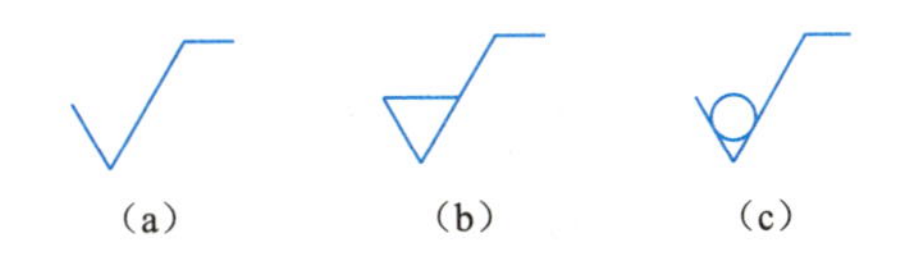

图 8-18 完整图形符号

(a) 允许任何工艺 (APA)；(b) 去除材料 (MRR)；(c) 不去除材料 (NMR)

在报告和合同的文本中用文字表达图 8-18 符号时，用 APA 表示图 8-18 (a)，MRR 表示 8-18 (b)，NMR 表示图 8-18 (c)，如图 8-19 所示。

当在图样某个视图上构成封闭轮廓的各表面有相同的表面结构要求时，在完整图形符号上加一圆圈，标注在图样中工件的封闭轮廓线上，如图 8-20 所示。如果标注会引起歧义时，各表面应分别标注。

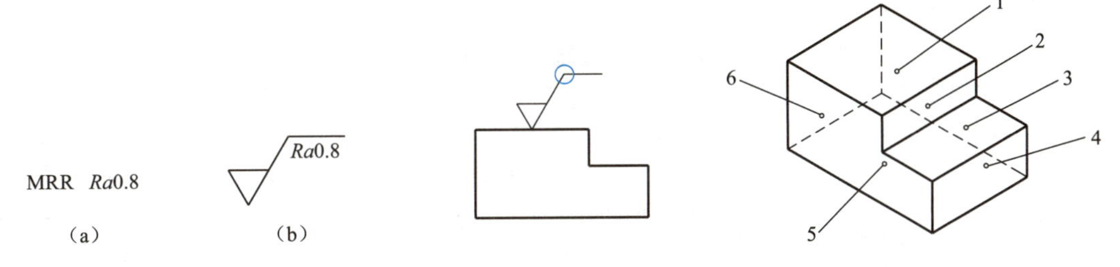

图 8-19 图形表达

(a) 在文本中；(b) 在图样上

图 8-20 对视图中封闭表面有相同的表面结构要求的注法

注：图示的表面结构符号是指对图形中封闭轮廓的六个面的共同要求（不包括前后面）。

4. 表面结构要求的图形符号的注写位置

为了明确表面结构要求，除了标注表面结构参数和数值外，必要时应标注补充要求，包括传输带、取样长度、加工工艺、表面纹理及方向和加工余量等，这些要求在图形符号中的注写位置如图 8-21 所示。在“*a*”“*b*”“*c*”和“*e*”区域中的所有字母高度应该等于 *h*，在“*c*”区域中的字体可以是大写字母、小写字母或汉字，这个区域的高度可以大于 *h*，以便能够写出小写字母的尾部。

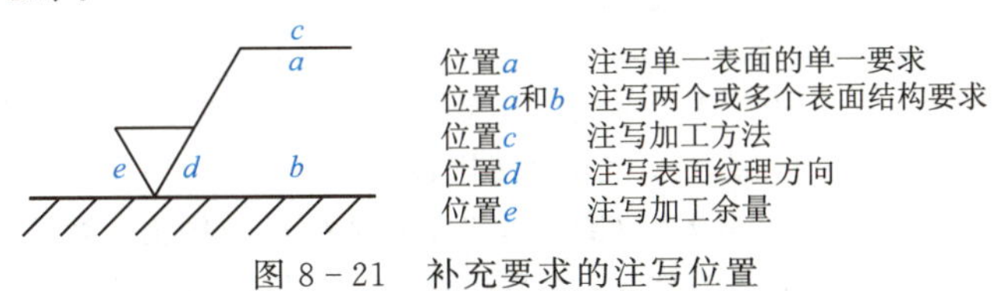

图 8-21 补充要求的注写位置

5. 图形符号的比例和尺寸（见图 8-22 和表 8-5）

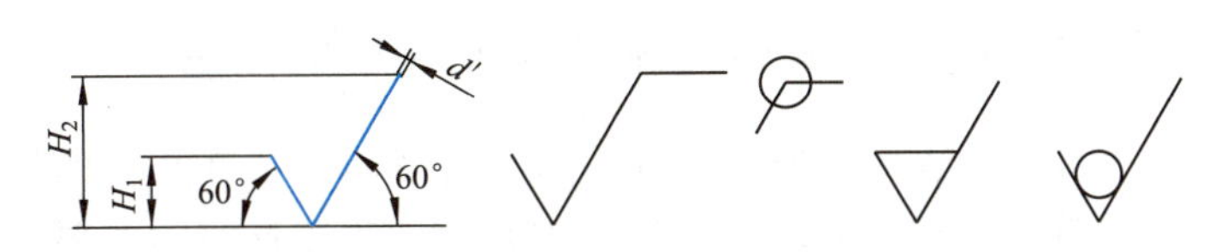

图 8-22 图形符号和附加标注的尺寸

表 8－5　数字、字母和符号的尺寸

mm

数字和字母高度 h（见 GB/T 14690）	2.5	3.5	5	7	10	14	20
符号线宽 d' 字母线宽 d	0.25	0.35	0.5	0.7	1	1.4	2
高度 H_1	3.5	5	7	10	14	20	28
高度 H_2（最小值）[a]	7.5	10.5	15	21	30	42	60
a：H_2 取决于标准内容。							

6. 表面结构代号示例

表面结构符号中注写了具体参数代号及数值等要求后即为表面结构代号。表面结构代号示例见表 8－6。

表 8－6　表面结构代号示例

NO.	代号示例	含义/解释
1	Ra0.4	表示不允许去除材料，单向上限值，默认传输带，Ra 轮廓，表面粗糙度的算术平均值为 0.4 μm，评定长度为 5 个取样长度（默认），“16%规则”（默认）。“16%规则”是指：运用本规则时，当被检测表面测得的全部参数值中，超过极限值的个数不多于总个数的 16%时，该表面是合格的
2	Rz_{max}0.2	表面去除材料，单向上限值，默认传输带，Rz 轮廓，表面粗糙度最大高度的最大值为 0.2 μm，评定长度为 5 个取样长度（默认），“最大规则”。“最大规则”是指：运用本规则时，被检的整个表面上测得的参数值一个也不应超过给定的极限值
3	0.008~0.8/Ra3.2	表示去除材料，单向上限值，传输带 0.008～0.8 mm，Ra 轮廓，算术平均偏差 3.2 μm，评定长度为 5 个取样长度（默认），“16%规则”（默认）
4	U Ra_{max}3.2 L Ra0.8	表示不允许去除材料，双向极限值，两极限值均使用默认传输带，Ra 轮廓，上限值：算术平均偏差 3.2 μm，评定长度为 5 个取样长度（默认），“最大规则”。下限值：算术平均偏差 0.8 μm，评定长度为 5 个取样长度（默认），“16%规则”（默认）

三、表面结构要求在图样和其他技术产品文件中的注法

（1）表面结构要求对每一表面一般只标注一次，并尽可能注在相应的尺寸及其公差的同一视图上，除非另有说明。所标注的表面结构要求是对完工零件表面的要求。

（2）根据 GB/T 4458.4 的规定，表面结构的注写和读取方向与尺寸的注写和读取方向一致，如图 8－23 所示。

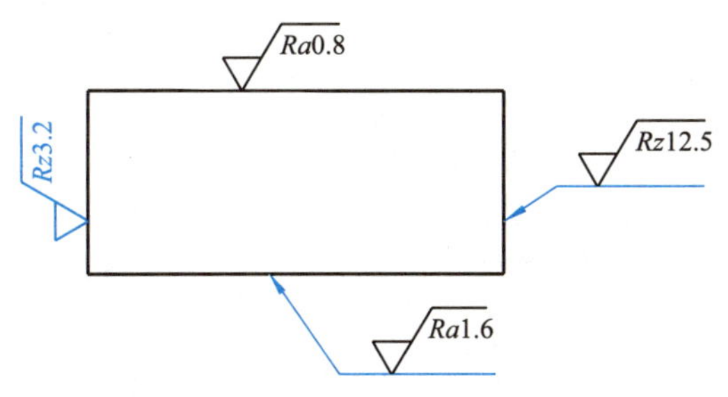

图 8-23 表面结构要求的注写方向

(3) 表面结构要求标注在轮廓线上，其符号应从材料外指向接触表面，必要时，表面结构符号也可用带箭头或黑点的指引线引出标注，如图 8-24 所示。

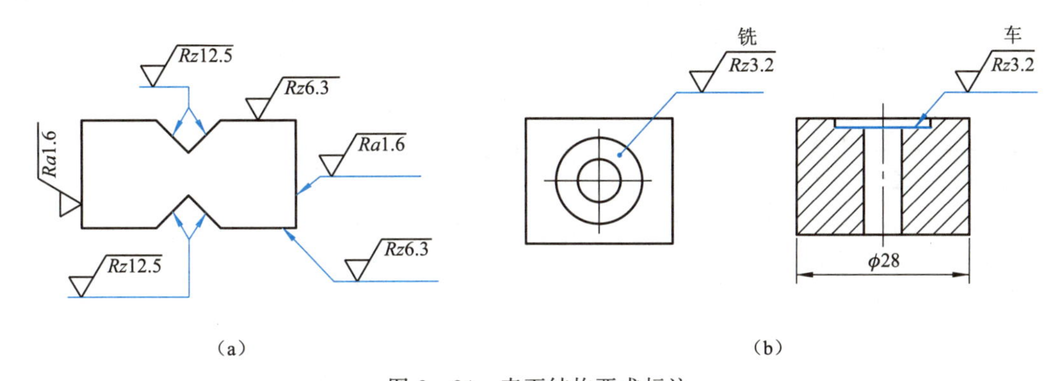

图 8-24 表面结构要求标注

(a) 表面结构要求在轮廓上的标注；(b) 用指引线引出标注表面结构要求

(4) 在不致引起误解时，表面结构要求可以标注在给定的尺寸线上，如图 8-25 所示。

(5) 表面结构要求可标注在形位公差框格上方，如图 8-26 所示。

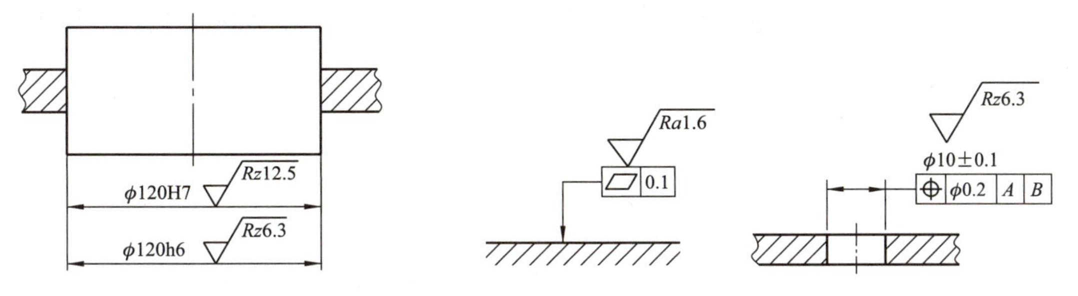

图 8-25 表面结构要求标注在尺寸线上

图 8-26 表面结构要求标注在形位公差框格上方

(6) 圆柱和棱柱表面的表面结构要求只标注一次，如图 8-27 所示，如果每个棱柱表面有不同的表面结构要求，则应分别单独标注，如图 8-27 (b) 所示。

(7) 表面结构要求的简化注法。

① 有相同表面结构要求的简化注法。如果在工件的多数（包括全部）表面有相同的表面结构要求，则其表面结构要求可统一标注在图样的标题栏附近。此时（除全部表面有相同要求的情况外），表面结构要求的符号后面应有：在圆括号内给出无任何其他标注的基本符号，如图 8-28 (a) 所示。在圆括号内给出不同的表面结构要求，如图 8-28 (b) 所示。

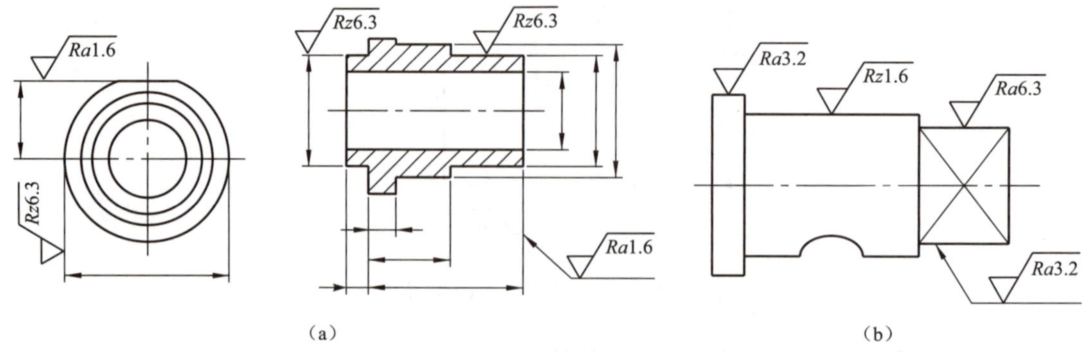

图 8 - 27　圆柱和棱柱表面结构要求标注

(a) 表面结构要求标注在圆柱特征延长线上；(b) 圆柱和棱柱的表面结构要求的注法

不同的表面结构要求应直接标注在图形中，如图 8 - 28 所示。

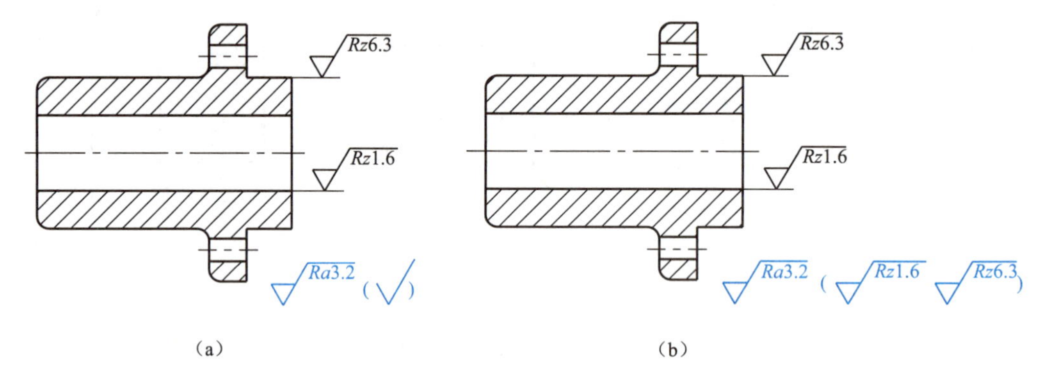

图 8 - 28　大多数表面有相同表面结构要求的简化注法

② 多个表面有共同要求的注法。用带字母的完整符号的简化注法，如图 8 - 29 所示。用带字母的完整符号，以等式的形式在图形标题栏附近，对有相同表面结构要求的表面进行简化标注。

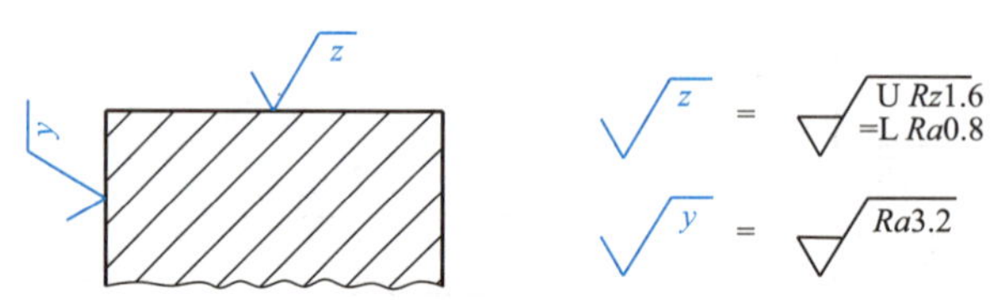

图 8 - 29　在图纸空间有限时的简化注法

只用表面结构符号的简化注法，如图 8 - 30 所示。用表面结构符号，以等式的形式给出对多个表面共同的表面结构要求。

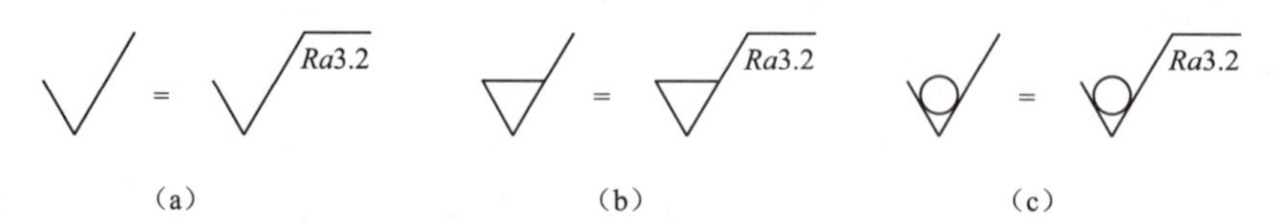

图 8 - 30　多个表面结构要求的简化标注

(a) 未指定工艺方法；(b) 要求去除材料；(c) 不允许去除材料

③ 两种或多种工艺获得的同一表面的注法。由几种不同的工艺方法获得同一表面，并需要明确每种工艺方法的表面结构要求时，可按图 8－31 进行标注。

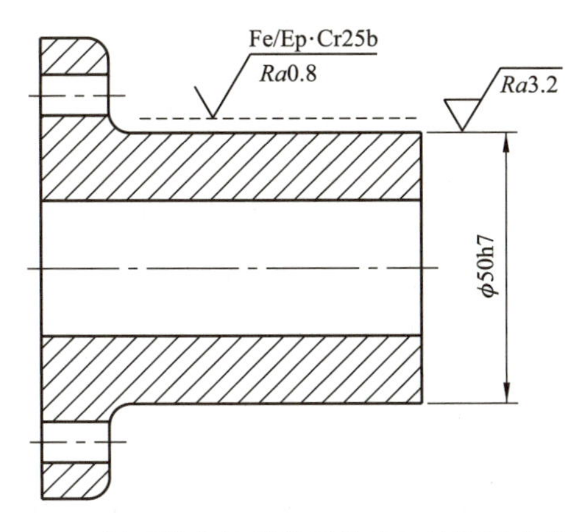

图 8－31　同时给出镀覆前后的表面结构要求的注法

四、表面结构要求标注在图样中综合举例［见图 8－1（b）］

五、表面结构要求图样标注的演变

表面结构要求图样标注 GB/T 131 演变到现在，已是第三版，见表 8－7。

表 8－7　表面结构要求图样标注的演变

序号	GB/T 131 的版本			
	1983（第一版）[a]	1993（第二版）[b]	2006（第三版）[c]	说明主要问题的示例
a	1.6	1.6　1.6	Ra1.6	Ra 只采用“16%规则”
b	R_y3.2	R_y3.2　R_y3.2	Rz3.2	除了 Ra“16%规则”的参数
c	_ d	1.6 max	Ra_{max}1.6	“最大规则”
d	1.6/0.8	1.6/0.8	−0.8/Ra1.6	Ra 加取样长度
e	_ d	_ d	0.025−0.8/Ra1.6	传输带
f	R_y3.2/0.8	R_y3.2/0.8	−0.8/Rz6.3	除 Ra 外其他参数及取样长度
g	1.6 R_y6.3	1.6 R_y6.3	Ra1.6 Rz6.3	Ra 及其他参数
h	_ d	R_y3.2	Rz6.3	评定长度中的取样长度个数如果不是 5

续表

序号	GB/T 131 的版本			
	1983（第一版）[a]	1993（第二版）[b]	2006（第三版）[c]	说明主要问题的示例
j	_ d	_ d	L Ra1.6	下限值
k	3.2 1.6	3.2 1.6	U Ra3.2 L Ra1.6	上、下限值

a. 既没有定义默认值也没有其他的细节，尤其是

——无默认评定长度；

——无默认取样长度；

——无“16%规则”或“最大规则”。

b. 在 GB/T 3505—1983 和 GB/T 10610—1989 中定义的默认值和规则仅用于参数 Ra，R_y 和 Rz（十点高度）。此外，GB/T 131—1993 中存在着参数代号书写不一致问题，标准正文要求参数代号第二个字母标注为下标，但在所有的图表中，第二个字母都是小写，而当时所有的其他表面结构标准都使用下标。

c. 新的 Rz 为原 R_y 的定义，原 R_y 的符号不再使用。

d. 表示没有该项。

§8—6　极限与配合及其标注方法

一、极限与配合的概念

1. 零件的互换性

按规定要求制造的成批大量零件，在装配时不经挑选任取一个，可以互相调换而不经过其他加工或修配，在装配后就能达到使用要求，称为互换性。零件具有互换性后，不但给机器的装配、维修带来了方便，更重要的是为大量生产、流水作业等提供了条件，从而缩短了生产周期，提高了劳动生产率和经济效益。常用的螺栓、螺母、轴承等都具有互换性。

2. 术语及定义

为了既能保证零件的使用精度要求，又能兼顾制造时的经济性，设计者给定的尺寸往往有最大值和最小值。零件的实际尺寸只要在这个规定范围内就是合格产品。这个允许的尺寸变动量就叫“尺寸公差”，简称“公差”。下面以图 8－32 为例，介绍尺寸公差名词、术语及相互关系。

（1）基本尺寸。设计时给定的尺寸称为基本尺寸，如图8－32 中 ϕ40。

（2）实际尺寸。通过测量所得的尺寸。由于存在测量误差，所以实际尺寸并非尺寸的真值。

（3）极限尺寸。允许尺寸变化的两个界限值。它以基本尺寸为基数来确定：两个界限值中较大的一个称为最大极限尺寸，较小的一个称为最小极限尺寸。如图 8－32 中最大极限尺寸为 ϕ40.10，最小极限尺寸为 ϕ39.85。

(4) 尺寸偏差(简称偏差)。某一尺寸减其基本尺寸所得的代数差。最大极限尺寸减其基本尺寸所得的代数差称为上偏差。上偏差代号:孔为 ES,轴为 es。最小极限尺寸减其基本尺寸所得的代数差称为下偏差。下偏差代号:孔为 EI,轴为 ei。上、下偏差统称为极限偏差。实际尺寸减其基本尺寸所得的代数差称为实际偏差。偏差可以为正、负或零值。如图 8-32 中"+0.10 和-0.15"。

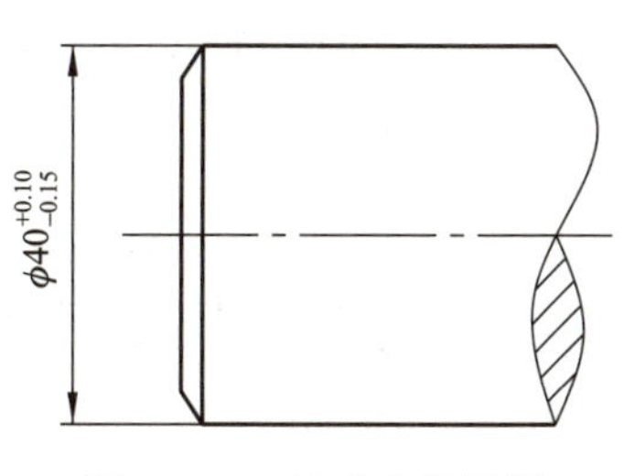

图 8-32 尺寸公差图例

(5) 尺寸公差(简称公差)。最大极限尺寸与最小极限尺寸代数差的绝对值,称为尺寸公差。即

$$公差=|最大极限尺寸-最小极限尺寸|=|40.10-39.85|=0.25$$

或
$$公差=|上偏差-下偏差|=|0.10-(-0.15)|=0.25$$

公差无正负之分,也不能为零。

(6) 零线、公差带和公差带图。

零线:在公差与配合图解(简称公差带图)中,确定偏差的一条基准直线,即零偏差线。零线通常表示基本尺寸。

公差带:公差带是分别表示孔和轴公差大小及相对于零线位置的一个区域。图 8-33 (a)表示孔和轴的公差带。按国家标准图例,孔公差带用细线表示,而轴公差线则用细点表示。如图 8-33 所示。

公差带图:将孔、轴公差带与基本尺寸相关联并按放大比例画成的简图称为公差带图,如图 8-33 (b) 所示。

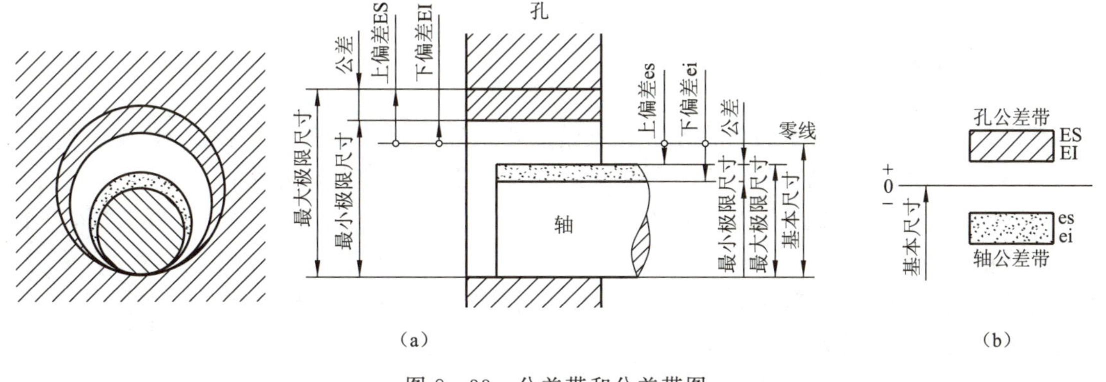

图 8-33 公差带和公差带图

3. 配合

相同基本尺寸的孔和轴相互结合,其孔、轴公差带之间的关系叫做配合。由于零件在机器上不同的配合部位起着不同的作用,配合的松紧程度也不同,所以国家标准将配合分为三种。

间隙配合:相同基本尺寸的孔和轴相互结合,具有间隙(包括最小间隙等于零)的配合。此时孔的公差带在轴的公差带之上。如图 8-34 所示。

过盈配合:相同基本尺寸的孔和轴相互结合,具有过盈(包括最小过盈等于零)的配合。此时孔的公差带在轴的公差带之下。如图 8-35 所示。

过渡配合:相同基本尺寸的孔和轴相互结合,可能具有间隙或过盈的配合,其间隙或过盈量较小。此时孔的公差带与轴的公差带相互交叠。如图 8-36 所示。

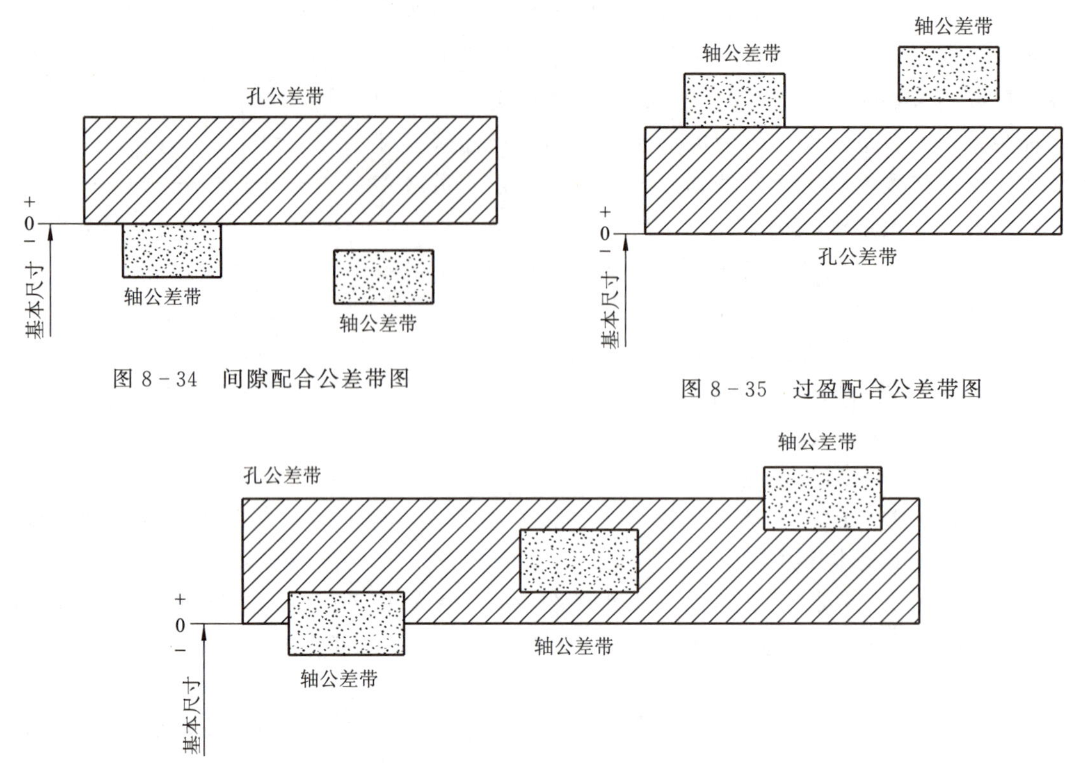

图 8-34　间隙配合公差带图

图 8-35　过盈配合公差带图

图 8-36　过渡配合公差带图

二、标准公差和基本偏差

标准公差用来限制公差带的大小；基本偏差用来确定公差带相对于零线的位置。标准公差和基本偏差是两个原则上彼此独立的要素，国家标准分别对它们实行了标准化。

1. 标准公差的等级、代号及数值

大国工匠案例四

标准公差的等级分为 20 级：分别用 IT01、IT0、IT1、IT2、…、IT18 表示。IT 是标准公差代号，数字表示公差等级，由 IT01 至 IT18，公差等级依次渐低（公差数值依次增大），即表示尺寸精确程度依次降低。IT01～IT11 用于配合尺寸，IT12～IT18 用于非配合尺寸。

标准公差数值见书后附录一，它的大小与基本尺寸分段和公差等级有关，即：对于同一基本尺寸段内的基本尺寸，公差等级越低，精度越低，公差值越大，加工越容易；公差等级相同时，不在同一基本尺寸段的基本尺寸越大，公差值亦越大，但加工难易程度相同。

2. 基本偏差代号及系列

尺寸的两个极限偏差（上或下偏差）中靠近零线的一个偏差称为基本偏差。由基本偏差数值的大小和正负号即可确定公差带相对于零线的位置。当公差带位于零线上方时，基本偏差为下偏差（正值）；当公差带位于零线下方时，基本偏差为上偏差（负值）。为了满足各种配合要求，国标根据不同的基本尺寸和基本偏差代号规定了基本偏差系列。

基本偏差代号用拉丁字母表示，孔用大写，轴用小写。孔、轴各有 28 个偏差代号。

基本偏差系列图（见图 8－37）只表示出公差带靠近零线一端的位置，所以画成半封闭形式，公差带另一端的位置取决于各级标准公差的大小。因此，根据孔、轴的基本偏差和标准公差，就可以计算出孔、轴的另一个极限偏差。

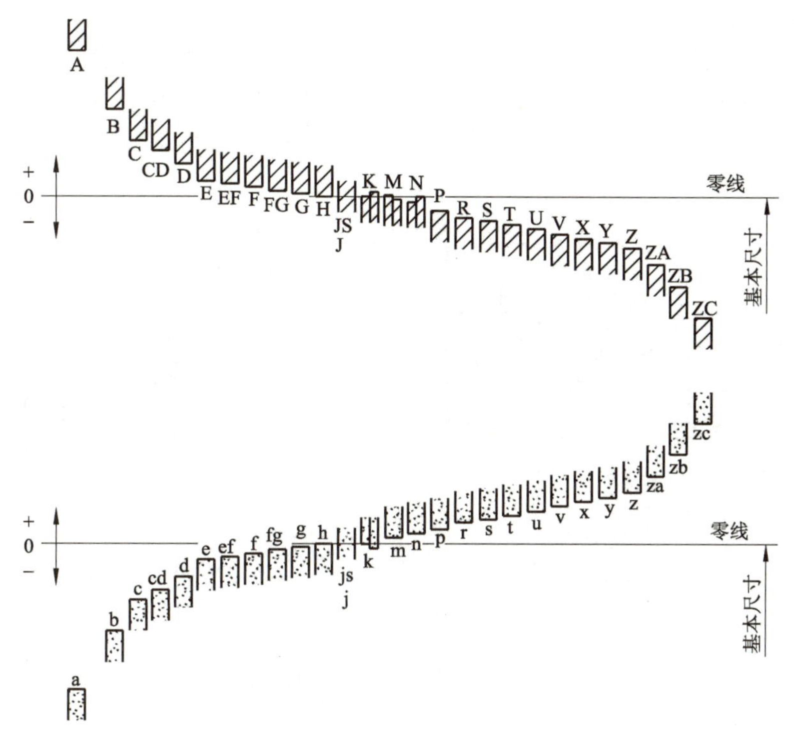

图 8－37 基本偏差系列示意图

在实际工作中，用计算的方法求另一偏差很麻烦。因此，国标中列出了优先选用的孔、轴的极限偏差表（见书后附录二和附录三），只要知道基本尺寸和公差带代号，就能查出孔、轴的两个极限偏差值。

3. 公差带代号

孔、轴公差带的代号由基本偏差代号与标准公差等级代号组成。例如：

ϕ30H7——因 H 是大写，故尺寸应注在孔的零件图中，其中 ϕ30 为孔的基本尺寸，H 为基本偏差代号，7 为标准公差等级代号。从附录中可以查出孔 ϕ30H7 上、下偏差值应为＋0.021 和 0，即尺寸为 $\phi 30^{+0.021}_{0}$。

ϕ40f7——因 f 是小写，故此尺寸应注在轴的零件图中，其中 ϕ40 为轴的基本尺寸，f 为基本偏差代号，7 为标准公差等级代号。从附录中我们可以查出轴 ϕ40f7 上下偏差值应为－0.025和－0.050，即尺寸为 $\phi 40^{-0.025}_{-0.050}$。

三、配合制度

在生产实际中，可将孔、轴公差带之一选定后，改变另一对象的公差带位置和大小以实现孔、轴间各种不同松紧程度的配合。因此，国家标准规定了两种配合制度。

1. 基孔制配合

基本偏差为一定的孔的公差带，与不同基本偏差的轴的公差带形成各种配合的一种制度，称为基孔制配合。基孔制配合的孔为基准孔，基本偏差代号为 H，其下偏差为零，如图 8－38（a）所示。在基孔制配合中 a～h 用于间隙配合，j～n 用于过渡配合，p～zc 用于过盈配合，如图 8－37 所示。

2. 基轴制配合

基本偏差为一定的轴的公差带与不同基本偏差的孔的公差带形成各种配合的一种制度称为基轴制配合。基轴制配合的轴为基准轴，基本偏差代号为 h，其上偏差为零，如图 8－38（b）所示。在基轴制配合中 A～H 用于间隙配合，J～N 用于过渡配合，P～ZC 用于过盈配合，如图 8－37 所示。

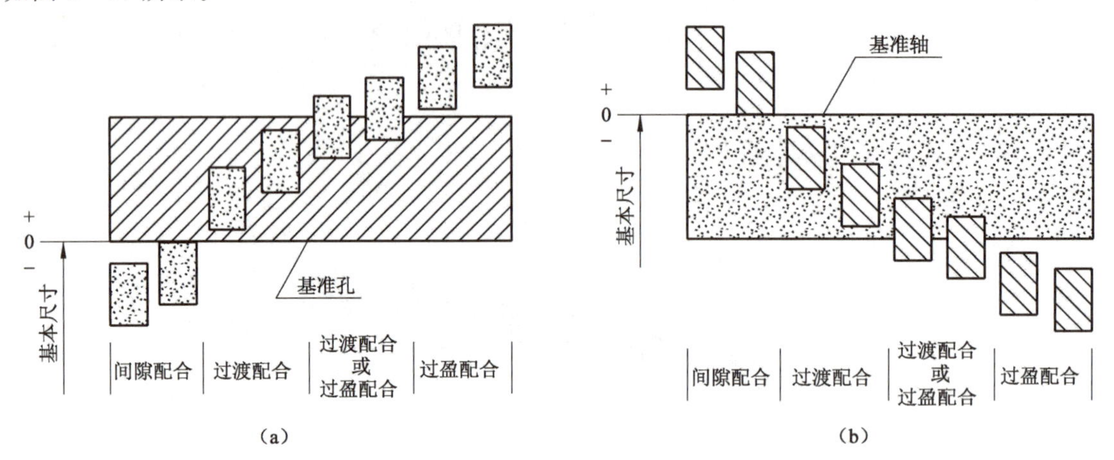

图 8－38　基孔制和基轴制配合

（a）基孔制配合；（b）基轴制配合

四、极限与配合的标注及查表方法

1. 极限与配合在零件图上的标注

用于大批量生产的零件图，可只注公差带代号。公差带的代号应注在基本尺寸的右边，如图 8－39（a）所示。用于中、小批量生产的零件图，一般只注极限偏差。上偏差注在基本尺寸的右上方，下偏差应与基本尺寸注在同一底线上，如图 8－39（b）所示。当要求同时标注公差代号和相应的极限偏差时，则应按图 8－39（c）所示标注。

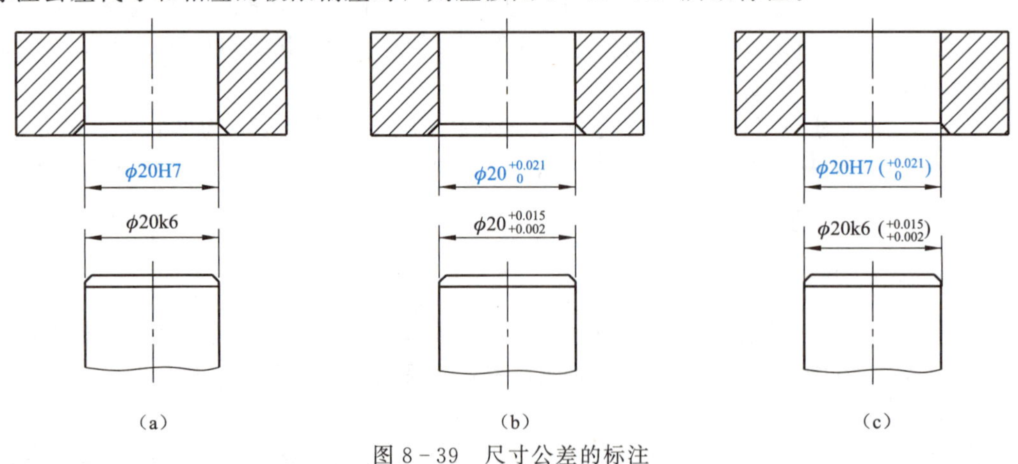

图 8－39　尺寸公差的标注

当标注极限偏差时，上、下偏差的小数点必须对齐，小数点后的位数也必须相同，如图8－39（b）所示。当上偏差或下偏差为“零”时，用数字“0”标出并与下偏差或上偏差的小数点前的个位数对齐，当公差值相对于基本尺寸对称地配置即两个偏差相同时，偏差只需注写一次，并应在偏差与基本尺寸之间注出符号“±”，且两者数字高度相同，如图8－40 所示。

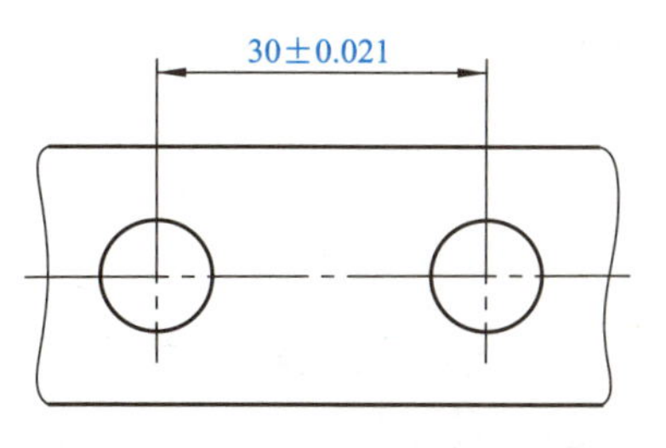

图 8－40　极限偏差值标注示例

2. 极限与配合在装配图中的标注

在装配图中标注线性尺寸的配合代号时，必须在基本尺寸的后边用分数的形式注出。分子为孔的公差带代号，分母为轴的公差带代号，如图8－41（a）所示，必要时也允许按图 8－41（b）或图 8－41（c）的形式标注。

在装配图中标注相配零件的极限偏差时，一般按图8－42（a)所示的形式标注，孔的基本尺寸和极限偏差注写在尺寸线上方，轴的基本尺寸和极限偏差注写在尺寸线下方，也允许按图 8－42（b）所示的形式标注。

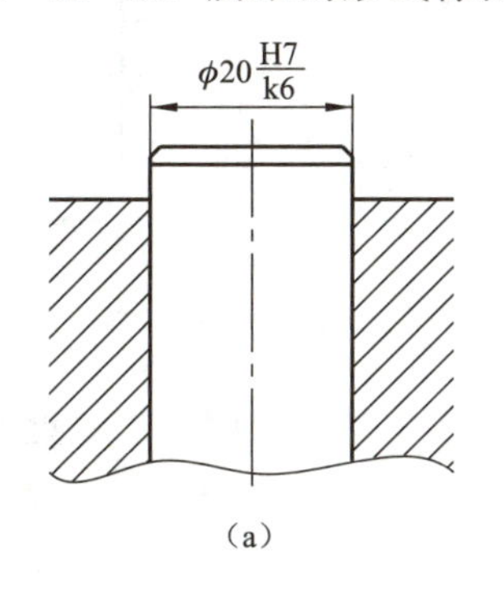

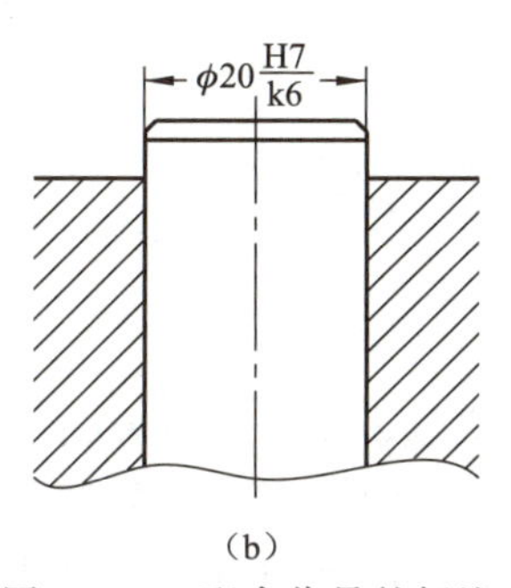

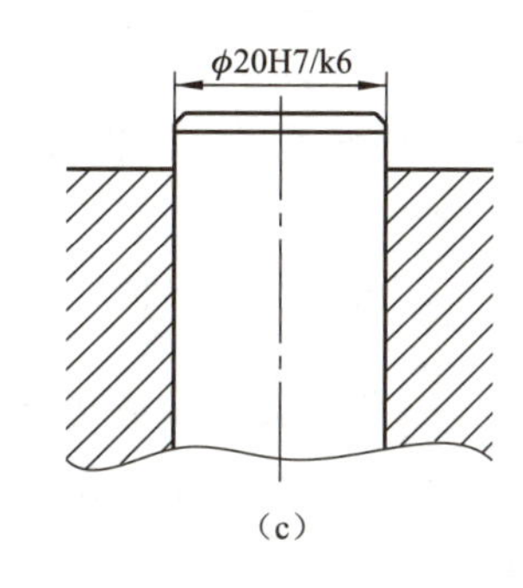

图 8－41　配合代号的标注

标注标准件、外购件与零件（轴或孔）的配合代号时，可以仅标注相配合零件的公差带代号，如图 8－43 所示。

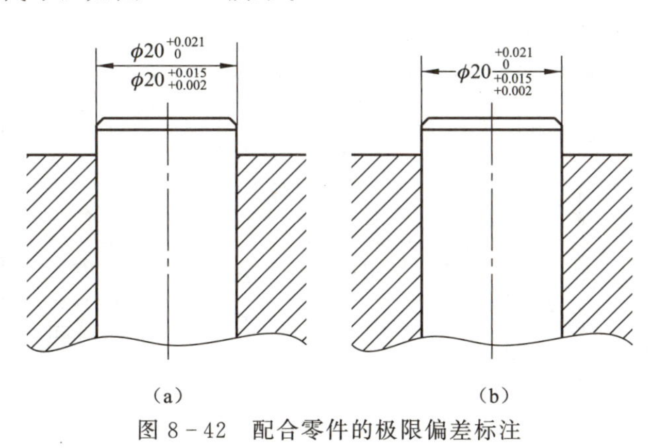

图 8－42　配合零件的极限偏差标注

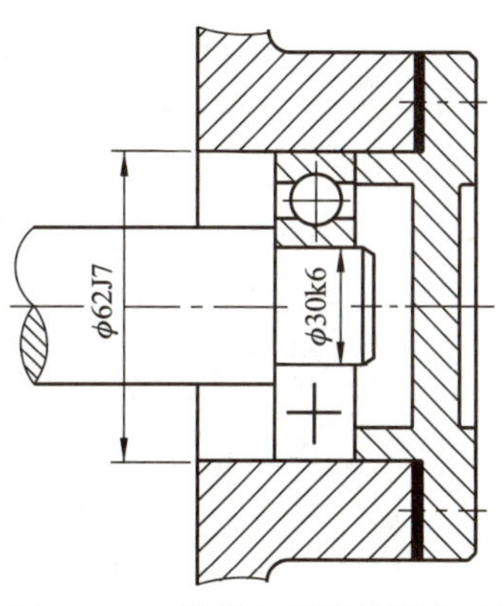

图 8－43　零件与标准件配合时只注零件的公差代号

【例 1】 查 $\phi30$H8/f7 的偏差数值。

分析： $\phi30$H8/f7 为基孔制的间隙配合，基本尺寸为 $\phi30$，由附表 1－3 可查得标准公差

8级的孔的极限偏差为 $\phi30^{+0.033}_{0}$，又由附表1-2可查得轴的极限偏差为 $\phi30^{-0.020}_{-0.041}$。

§8—7 几何公差

一、几何公差概述

零件的技术要求除了尺寸精度和表面结构之外，在加工过程中产生的形状误差和位置误差也是不可忽视的两个重要因素，它对零件的加工质量及在机器上的作用影响也很大。

图8-44（a）所示为一理想的圆柱销，而加工后的实际形状则可能是如图8-44（b）所示中间粗、两头细的情况。这种在形状上出现的误差，称为形状误差。

又如图8-45（a）所示为一理想的阶梯轴，但加工后的阶梯轴可能会出现如图8-45（b）所示各段圆柱的轴线不在同一条直线上的情形。这种在相对位置上出现的误差，称为位置误差。

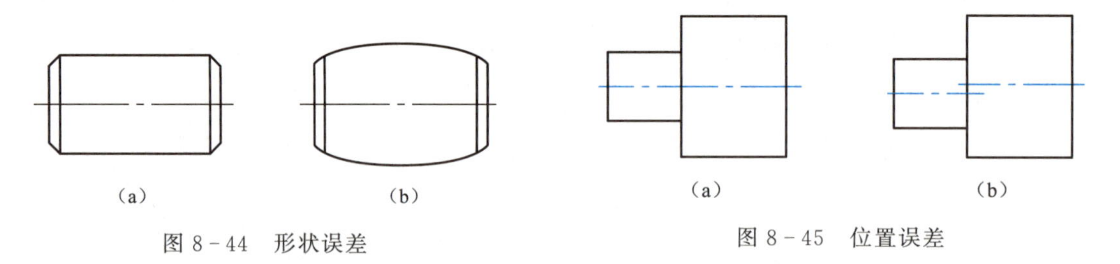

图8-44 形状误差

图8-45 位置误差

如果零件存在较严重的形状和位置误差，必将影响机器工作质量。因此对于精度要求较高的零件，必须根据实际需要，在图样中注出相应要素的形状和位置误差的最大允许范围，即注出这些要素的形状和位置公差。形状和位置公差合称几何公差。在技术图样中，几何公差应采用代号标注，当无法采用代号标注时，允许在技术要求中用文字说明。

二、几何公差的种类、名称及符号（见表8-8）

表8-8 几何公差的种类及符号

公差	项目	符号	有无基准
形状	直线度	—	无
	平面度	▱	无
	圆度	○	无
	圆柱度	⌭	无
形状或位置	线轮廓度	⌒	有或无
	面轮廓度	⌓	有或无

公差		项目	符号	有无基准
位置	定向	平行度	//	有
		垂直度	⊥	有
		倾斜度	∠	有
	定位	位置度	⌖	有或无
		同轴度	◎	有
		对称度	⌯	有
	跳动	圆跳动	↗	有
		全跳动	⌰	有

三、几何公差代号及基准代号

1. 几何公差代号

几何公差代号由框格和带箭头的指引线组成。框格用细实线绘出，水平或垂直放置。该框格由两格或多格组成，框格中的内容从左到右填写几何公差符号、公差数值、基准要素的代号及有关符号，如图 8－46 所示。框格高为图纸中数字高度的二倍（$2h$）。框格中字母和数字高应为 h。

2. 基准代号

基准代号由基准符号（等腰三角形）、正方形框格、连线和字母组成。基准符号用细实线与正方形框格连接，连线一端垂直于基准符号底边，另一端应垂直框格一边且过其中点，如图 8－47 所示。基准符号在图例上应靠近基准要素。无论基准要素的方向如何，正方形框格内字母都应水平书写。

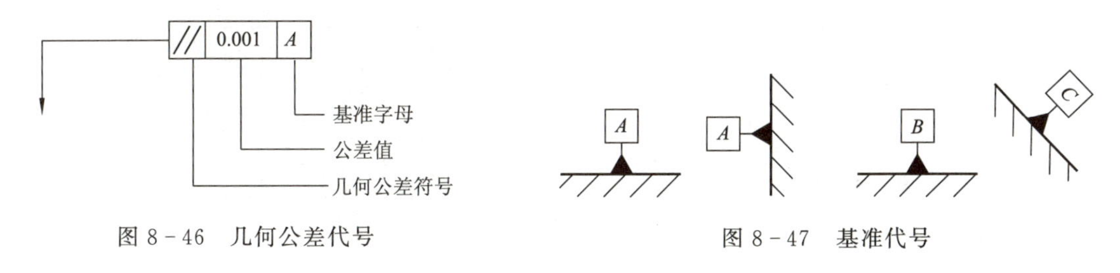

图 8－46　几何公差代号　　图 8－47　基准代号

四、几何公差的标注方法

（1）在图样中，几何公差一般采用代号标注，无法采用代号标注时，也允许在技术要求中用文字说明。

（2）基准要素或被测要素为轮廓线或表面时，基准符号应靠近该基准要素，箭头应指向相应被测要素的轮廓线或引出线，并应明显地与尺寸线错开。如图 8－48 所示。

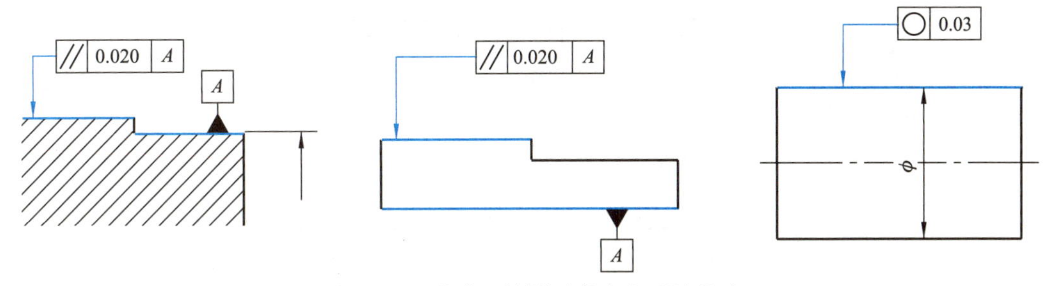

图 8－48　基准、被测要素为表面要素时

（3）当基准或被测要素为轴线、球心或中心平面等中心要素时，基准符号连线及框格指引线箭头应与相应要素的尺寸线对齐，如图 8－49 所示。

（4）同一要素有多项几何公差要求或多个被测要素有相同几何公差要求时，可按图 8－50 所示标注。

（5）当被测或基准范围仅为局部表面时，应用尺寸和尺寸线把此段长度和其余部分区分开来，如图 8－51 所示。

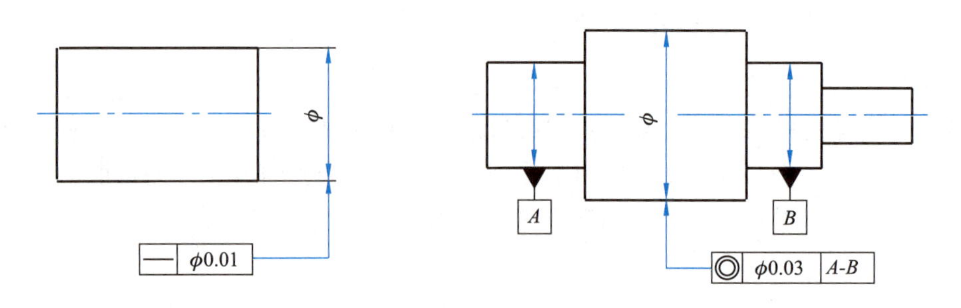

图 8-49　基准、被测要素为轴线或中心平面

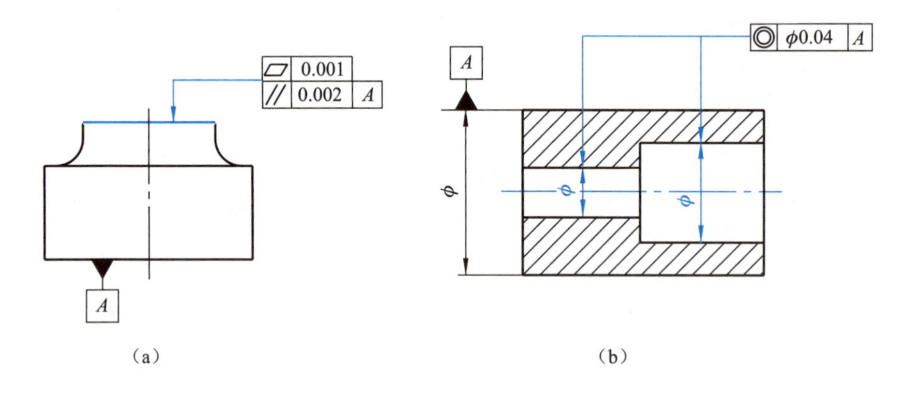

图 8-50　多项要求的标注方法

(a) 同一被测要素有多项几何公差要求；(b) 多个被测要素有相同几何公差要求

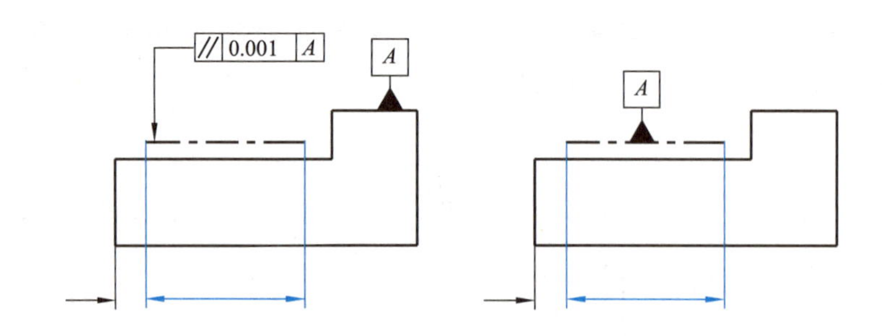

图 8-51　限定某一范围内为被测或基准的注法

五、几何公差在图上的标注示例

几何公差在图上的标注示例，如图 8-52 所示。图中所注几何公差表示：

(1) ϕ16f7 圆柱体的圆柱度公差为 0.005。

(2) $\phi36_{-0.34}^{\ 0}$ 圆柱体的右端面对 ϕ16f7 轴线的圆跳动公差为 0.003。

(3) M8 的轴线对 ϕ16f7 轴线的同轴度公差为 ϕ0.1。

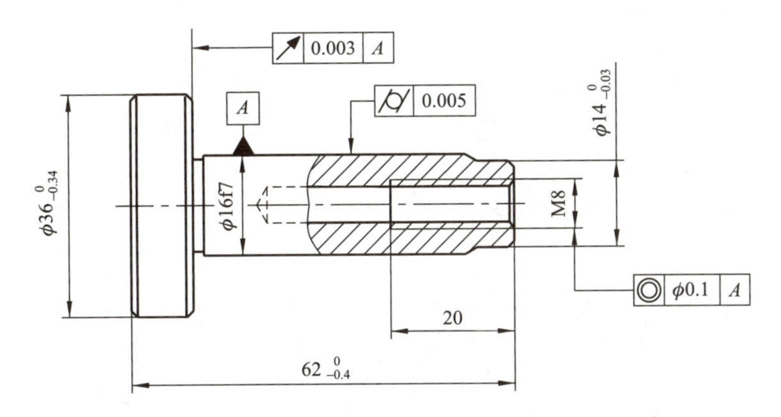

图 8-52 几何公差标注示例

§8—8 常见典型零件的图例分析

零件的结构形状虽然多种多样，但按其结构特点，可将其分为轴套类、轮盘类、叉架类和箱体类等四大类。同一类型的零件在工艺结构、视图表达和尺寸标注等方面有一些共性，也有各自的个性。下面就根据零件的分类来分析它们的个性、找出共性。

减速器输出轴系如图 8-53 所示。

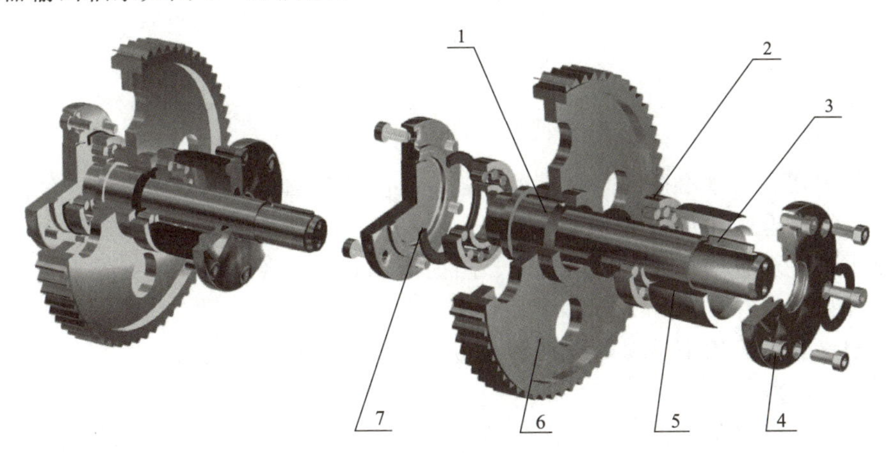

图 8-53 减速器输出轴系

1—轴；2—轴承；3—键；4—端盖；5—轴套；6—齿轮；7—调整环

一、轴套类零件

轴套类零件包括各种轴、套筒和衬套。它的主要作用是支承传动件，并通过传动件（如齿轮、皮带轮等）来实现旋转运动及传递扭矩。图 8-54 所示为减速器输出轴系中的输出轴零件图，以此为例说明轴类零件在画图中的一些特点。

1. 结构特征

轴套类零件通常由多段不同直径的圆柱或圆锥组成，其上多有键槽、销孔、退刀槽、砂

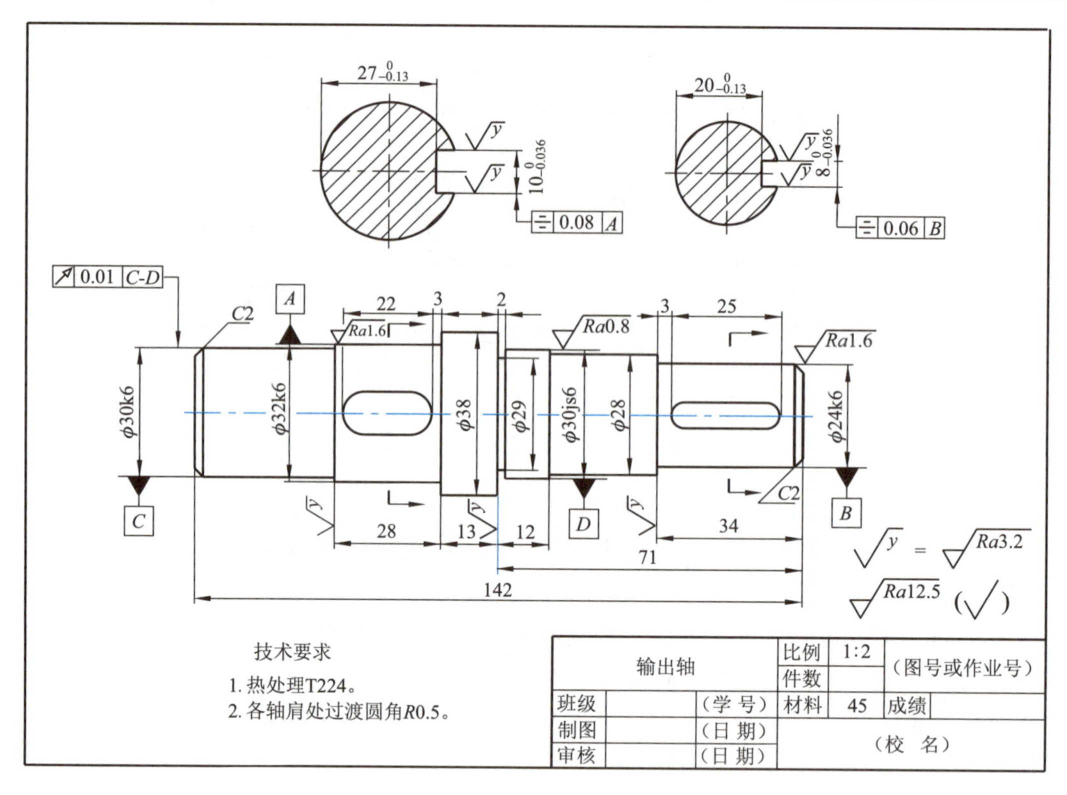

图 8－54　输出轴零件图

轮越程槽、倒角及螺纹等结构。

2. 表达方法

（1）一般只用一个基本视图来表示轴上各段长度及各轴段间的轴向位置，轴的轴线放成水平位置，使它符合主要加工工序——车削和磨削的位置，便于操作工人看图。

（2）轴上的孔和键槽等，用局部视图、断面图、局部剖视和局部放大等来表示，以便于表示其形状和标注尺寸。

（3）轴套类结构可用全剖视图或半剖视图表示，如图 8－55 所示。

3. 尺寸标注分析

轴套类零件通常以某一轴肩或端面为轴向基准（即长度方向基准），以轴线为径向基准（即宽、高度方向的基准），如图 8－55 所示以齿轮装配时的定位端面 E 端作为长度方向的基准，轴线作为宽度和高度方向的尺寸基准（即径向基准）。

4. 技术要求

轴套类零件视图上一般有以下技术要求：

各表面的表面结构；有配合要求的表面的尺寸公差和几何公差；轴颈和重要端面的几何公差等。

凡有配合要求的表面，其表面结构要求较高，如图 8－54 所示，ϕ32k6 和 ϕ30js6 段，因要与其他零件配合，所以表面结构为：MRR Ra1.6、Ra0.8。

此外，轴套类零件还常有热处理和表面处理方面的要求，如图 8－55 中“表面渗碳、淬火回火后硬度 56～62 HRW”。

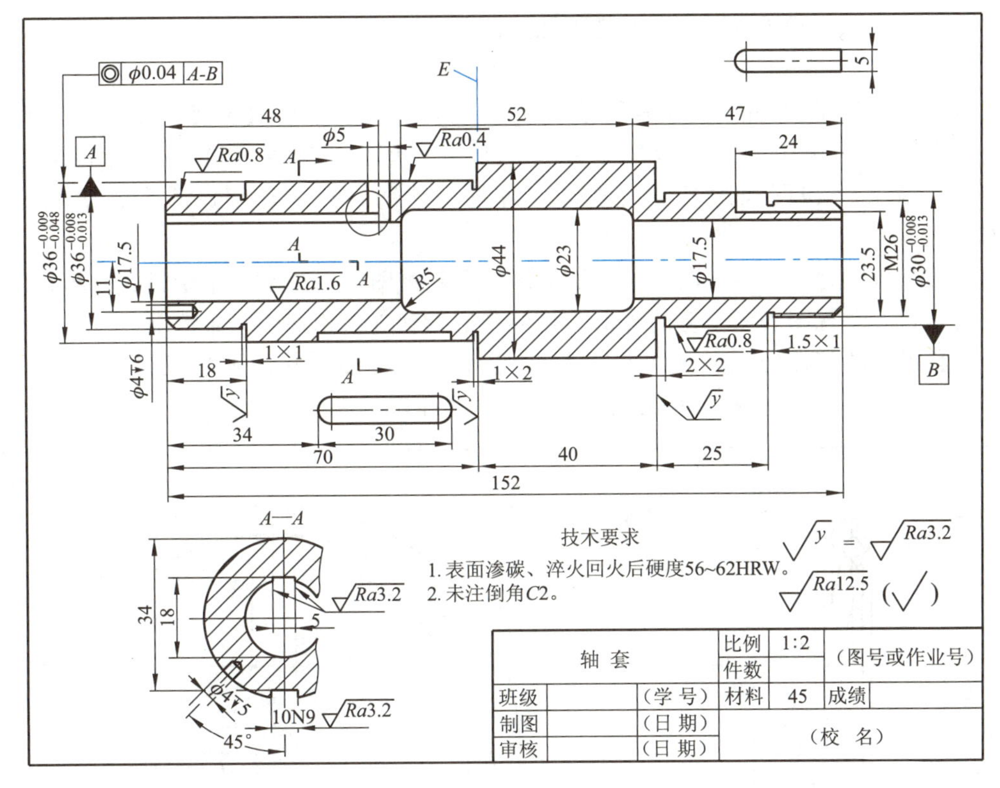

图 8 - 55　轴套零件图

二、盘盖类零件

盘盖类零件包括各种手轮、皮带轮、端盖、盘座等，多用于传递扭矩连接、支撑和密封等作用，如图 8 - 56 所示。

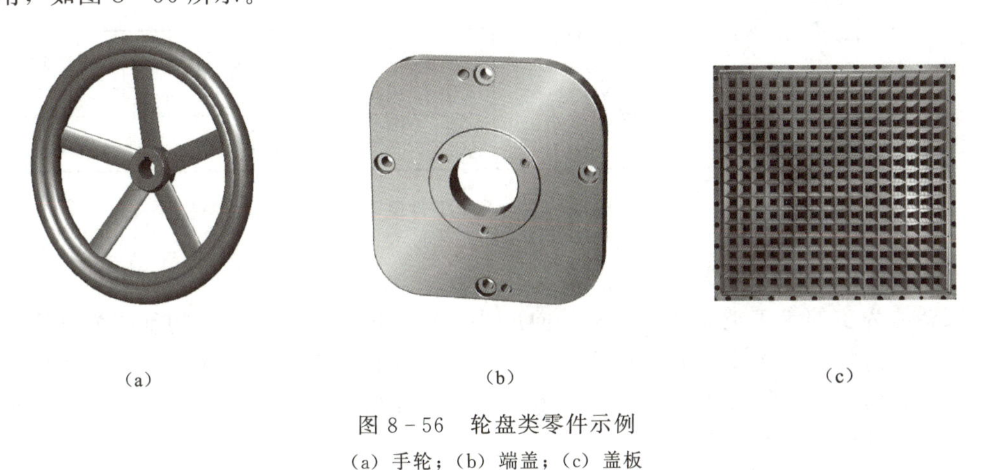

(a)　(b)　(c)

图 8 - 56　轮盘类零件示例

(a) 手轮；(b) 端盖；(c) 盖板

1. 结构特征

盘盖类零件的基本结构一般为回转体或其他平板形，多有肋、孔、轮辐、凸台和凹坑等结构。厚度方向的尺寸比其他两个方向的尺寸小，如图 8 - 56 (a) 所示手轮和图 8 - 56 (b)

所示端盖。通常铸或锻造成毛坯，经切削加工而成。

2. 表达方法

盘盖类零件通常用两个基本视图表达，一般取轴线水平横放位置，反映盘盖厚度方向的一面作为画主视图的方向以符合零件的加工位置。通常采用全剖或旋转剖表达其内部结构，而另一视图表达盘盖的外形，着重反映肋、孔、轮辐、凸台、凹坑等结构的分布情况。

图 8－57 所示为手轮零件图，主视图采用了全剖视图，表达了手轮轮毂的内部结构和轮缘的断面形状。左视图表示手轮的外形，可清楚地看到五条轮辐的分布情况。

盘盖类零件的其他结构，还可以根据需要作局部视图、断面图等反映个别细节，如图 8－57 所示的 $A—A$、$B—B$ 移出断面，即表达了轮辐的断面形状。

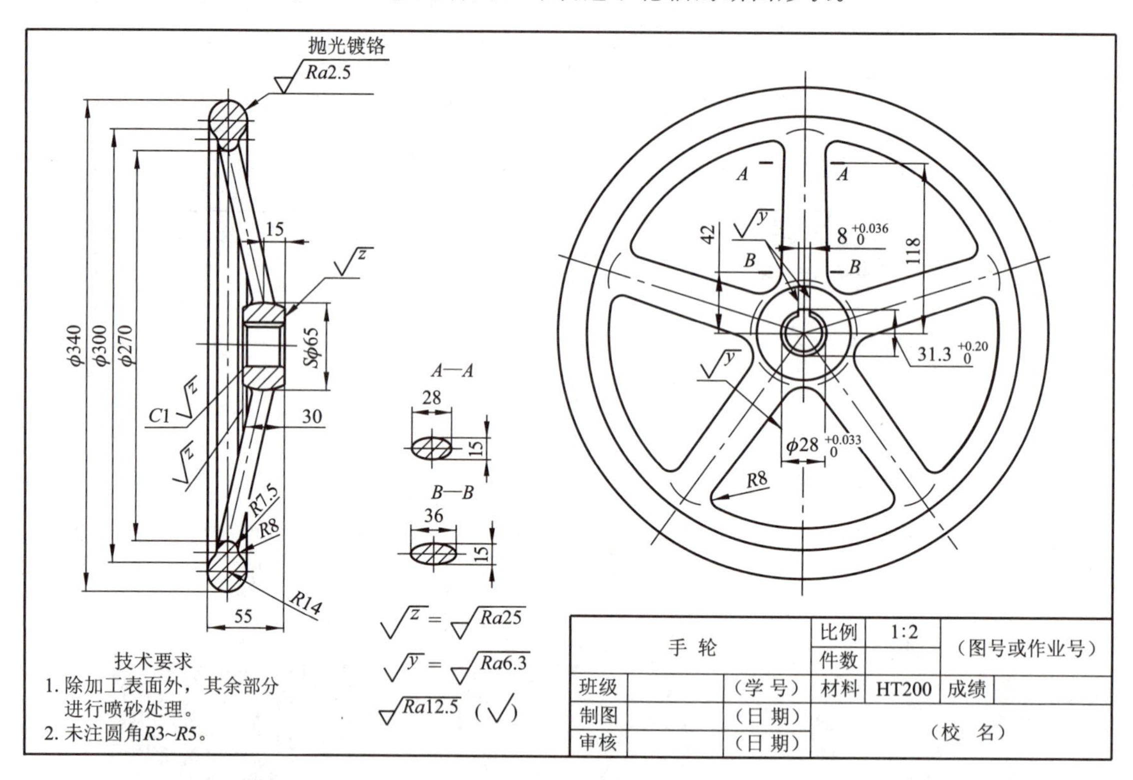

图 8－57 手轮零件图

3. 尺寸标注分析

以回转体为主的盘盖类零件主要是径向尺寸和轴向尺寸，径向尺寸的基准为轴线，轴向尺寸基准是经过加工的重要端面，如图 8－57 所示，以右端面为轴向基准，以回转轴线为径向基准；非回转体盘盖类零件则需从长、宽、高出发注出外形尺寸，再注出其上其余结构的定形和定位尺寸即可。

零件上各圆柱体的直径及较大孔径，其尺寸标注在非圆视图上，具体标注时，各形体的定形、定位尺寸应标注得正确、完整。

4. 技术要求

精度要求较高的盘盖类零件，端面、轴线与轴线之间或端面与轴线之间常有几何公差要求。有配合要求或起定位作用的表面，表面结构参数值较小。

这类零件多为铸造件，常有铸造圆角等工艺结构，一般在技术要求中统一标注。

箱盖零件图如图 8-58 所示。

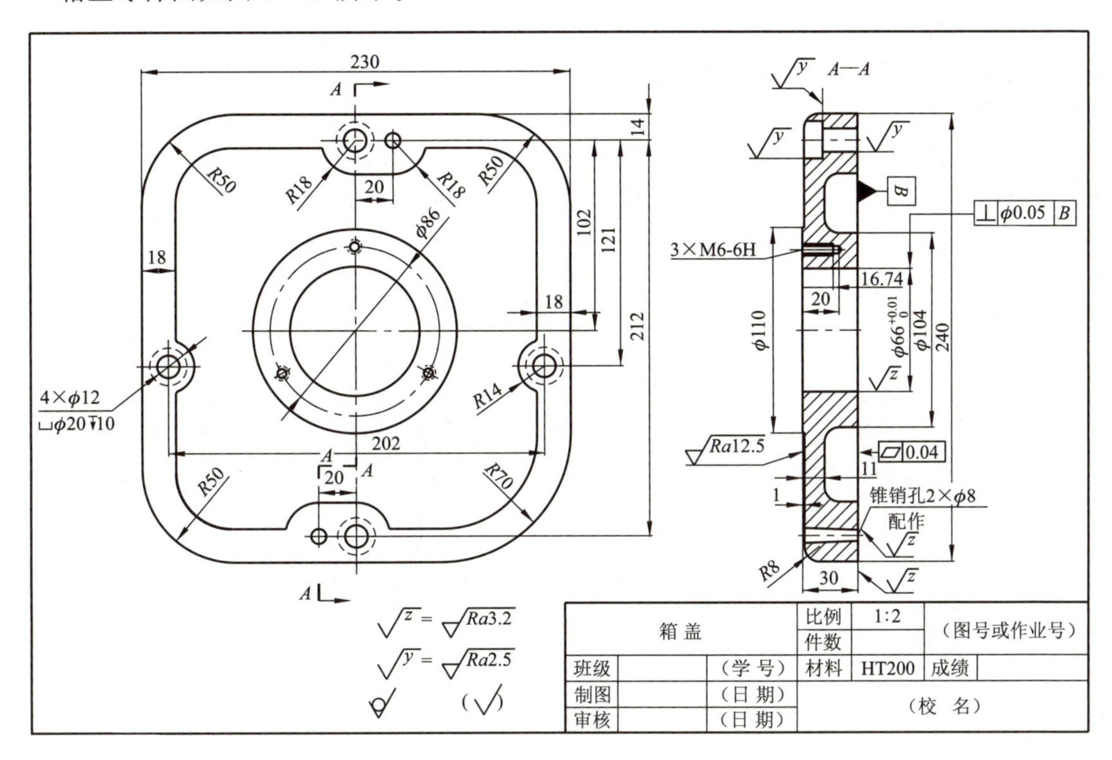

图 8-58 箱盖零件图

三、叉架类零件

叉架类零件包括拨叉、连杆和各种支架等，如图 8-59 所示，其作用是在机器的操纵系统及变速系统中完成某种动作或支撑其他零件。

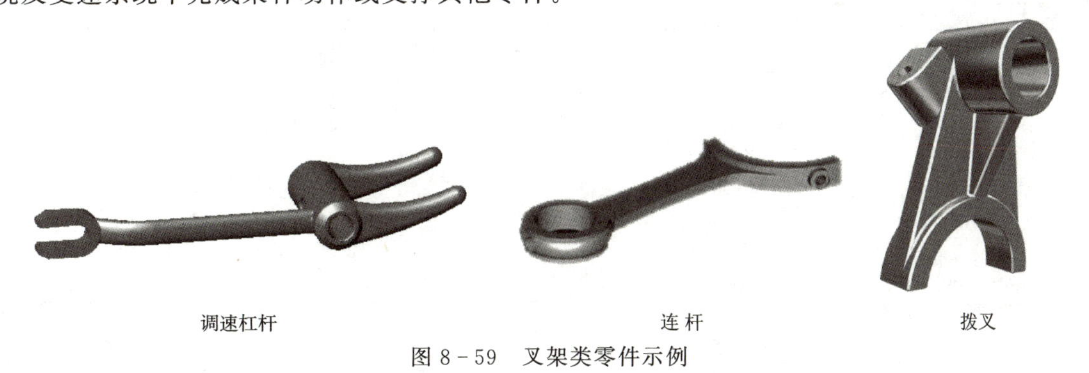

调速杠杆　　　连 杆　　　拨叉

图 8-59 叉架类零件示例

1. 结构特征

叉架类零件大都由支撑部分、工作部分和连接部分组成。连接部分多为肋板，支撑部分和工作部分有圆孔、螺孔、油槽、凸台和凹坑等结构。如图 8-60 所示调速杠杆零件图由叉口、圆筒、肋板等组成，这类零件通常不规则，且往往没有固定的加工位置，有的甚至没有确定的工作位置，加工时要经过车、铣、刨等多道工序。

2. 表达方法

叉架类零件一般需要两个以上的视图才能表达清楚。主视图一般根据零件的形状特征或自然安放位置来选择，根据具体结构需要辅以斜视图或局部视图，用斜剖等方式作全剖视图或半剖视图来表达内部结构，对于连接支撑部分，可以用断面图表示。如图 8-60 所示，主视图反映了零件的主要结构特征，并用局部剖视图表示空心圆柱体及其上两小孔。俯视图反映了叉口的形状，其上两个重合剖面反映了两力臂的断面形状。

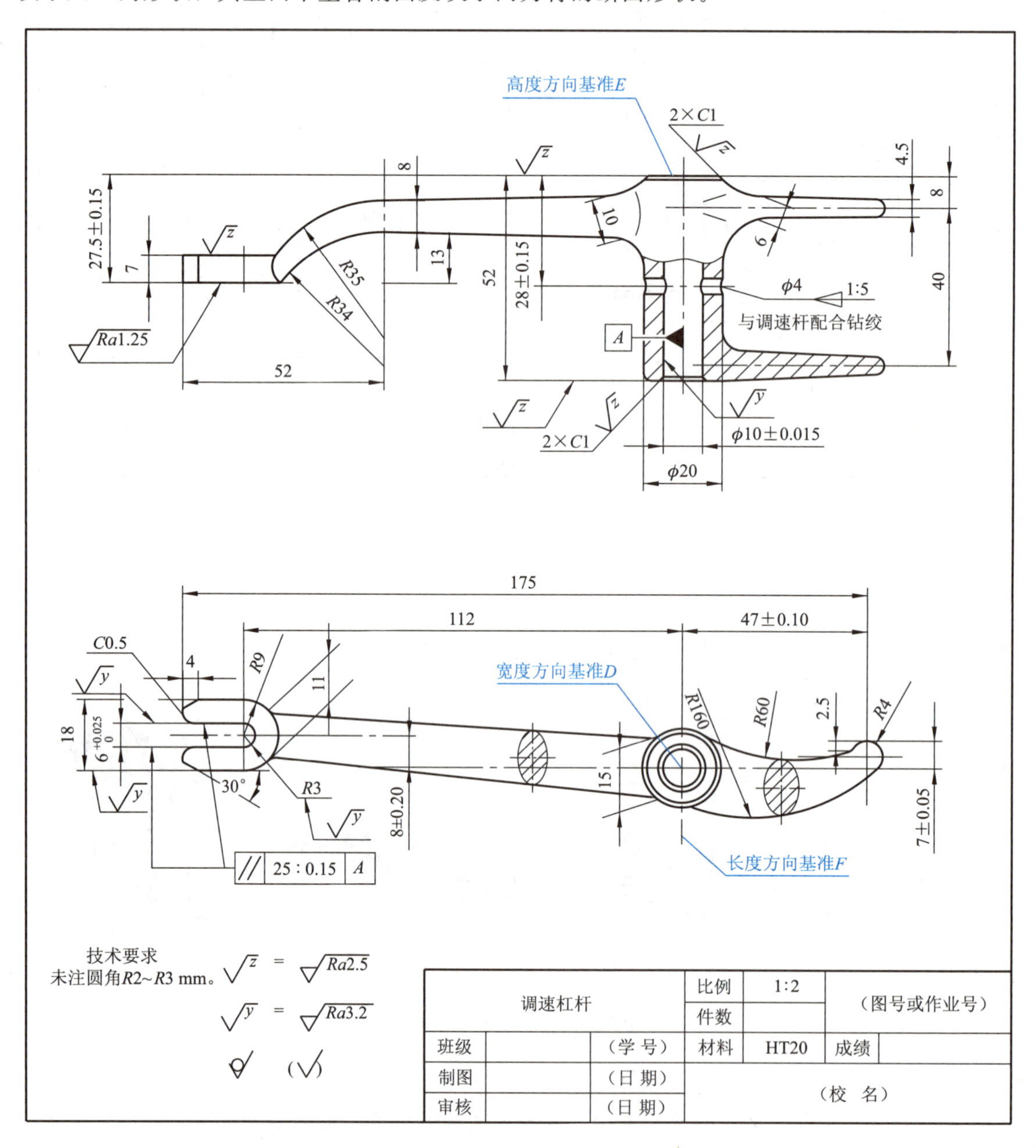

图 8-60　调速杠杆零件图

3. 尺寸标注分析

叉架类零件常以主要轴线、对称平面、安装平面或较大的端面作为长、宽、高三个方向的尺寸基准。图 8 - 60 所示调速杠杆以 E 为高方向尺寸基准，F 为长度方向尺寸基准，D 为宽度方向尺寸基准。由于叉架零件多为铸件，在标注尺寸时应采用形体分析法。铸件的一些特征如铸造圆角、拔模斜度等通常在图上可以不标注，而作为技术要求统一注写。

4. 技术要求

除配合面、支撑面等有加工要求的表面需根据使用要求注出表面结构、尺寸及几何公差外，叉架类零件大部分表面没有特殊要求。

图 8 - 61 所示拨叉也是一个叉架类零件，请读者参照前述方法和步骤自行分析，读懂该零件。

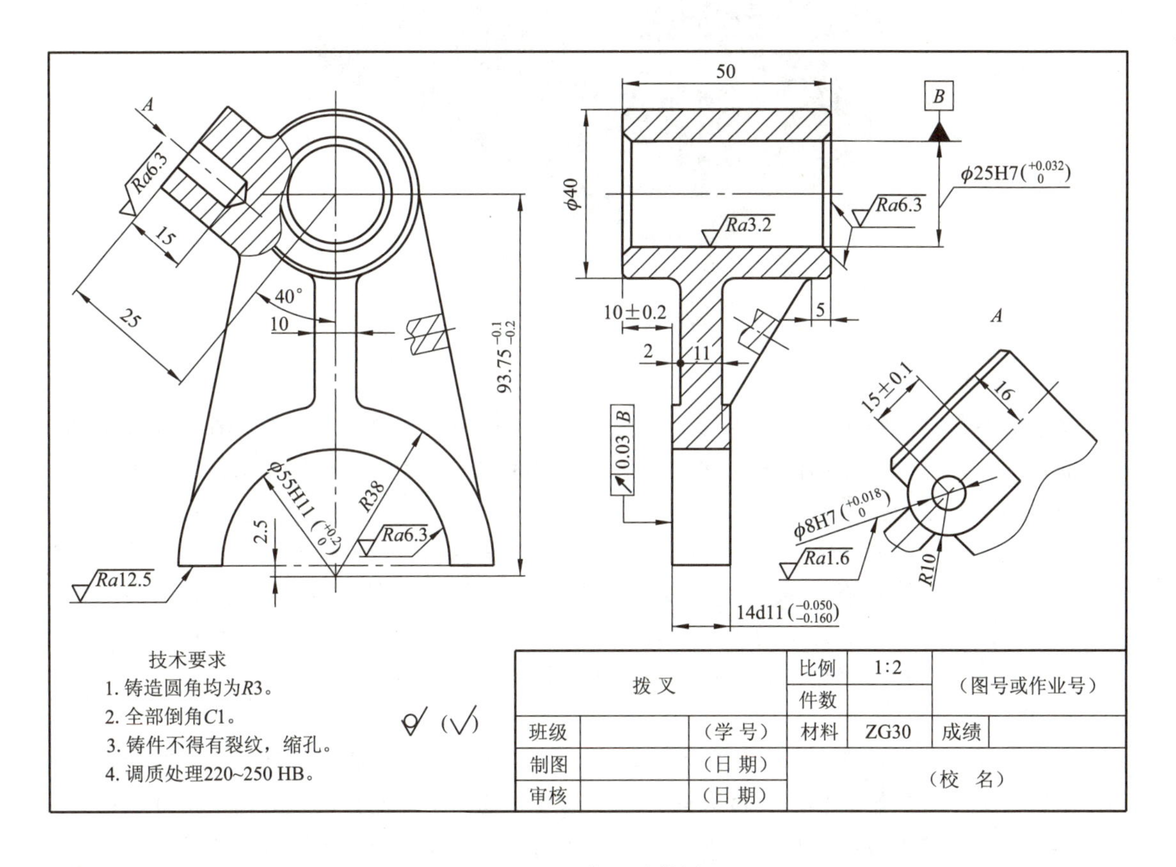

图 8 - 61　拨叉零件图

四、箱壳类零件

箱壳类零件结构比较复杂，一般为机器或部件的主体，用于容纳、支撑和保护运动零件或其他零件，也起定位和密封作用，如减速器的箱体和蜗轮壳体等。

1. 结构特征

箱壳类零件一般具有较大的用于容纳有关零件、油和气等介质的空腔。箱壁上常有支承轴和轴承的孔，有安装底板、凸台和凹坑等结构，如图8-62所示。

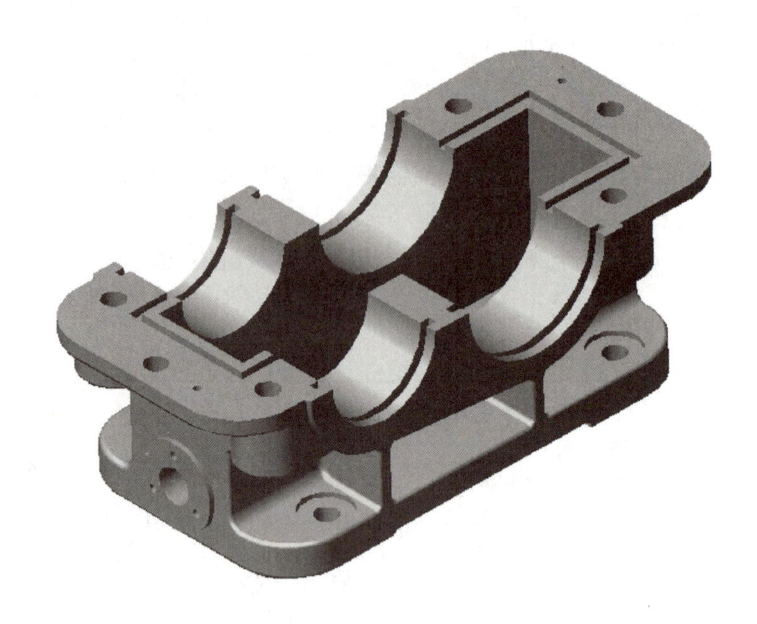

图8-62 减速器箱体

2. 表达方法

箱壳类零件的结构形状和加工情况比较复杂，一般需要三个以上视图，并根据需要选择合适的视图、剖视图、断面图来表达其复杂的外部和内部结构。主视图一般按零件的工作位置或主要加工工序位置来选择。

图8-63所示为减速器箱体零件图，共用了三个基本视图。主视图既符合工作位置，又与零件主要加工工序位置一致，便于加工时看图。主视图采用局部剖视图，既反映出箱体左、右底部的壁厚，又表达清楚了各安装孔的形状。俯视图表达了箱体结合面的形状特征和安装孔的分布。左视图采用了半剖视图，反映了箱体前、后的内、外结构。

3. 尺寸标注分析

箱壳类零件由于形状复杂、尺寸数量较多，通常运用形体分析法标注尺寸。减速器箱体零件图选择主要孔的轴线作为长度方向的尺寸基准，选择结合面为高度方向的尺寸基准，选择对称平面作为宽度方向的尺寸基准。孔与孔之间、孔与加工面之间的尺寸要直接注出。

4. 技术要求

箱壳类零件各加工表面的表面结构、尺寸精度等应根据使用要求确定。重要的轴线之间常有几何公差要求。减速箱体的结合面、孔的配合面表面结构参数值要求较高。

箱体一般为铸件，常有铸件结构和铸造工艺方面的要求。这些要求常用文字注在技术要求里面，如图8-63所示。

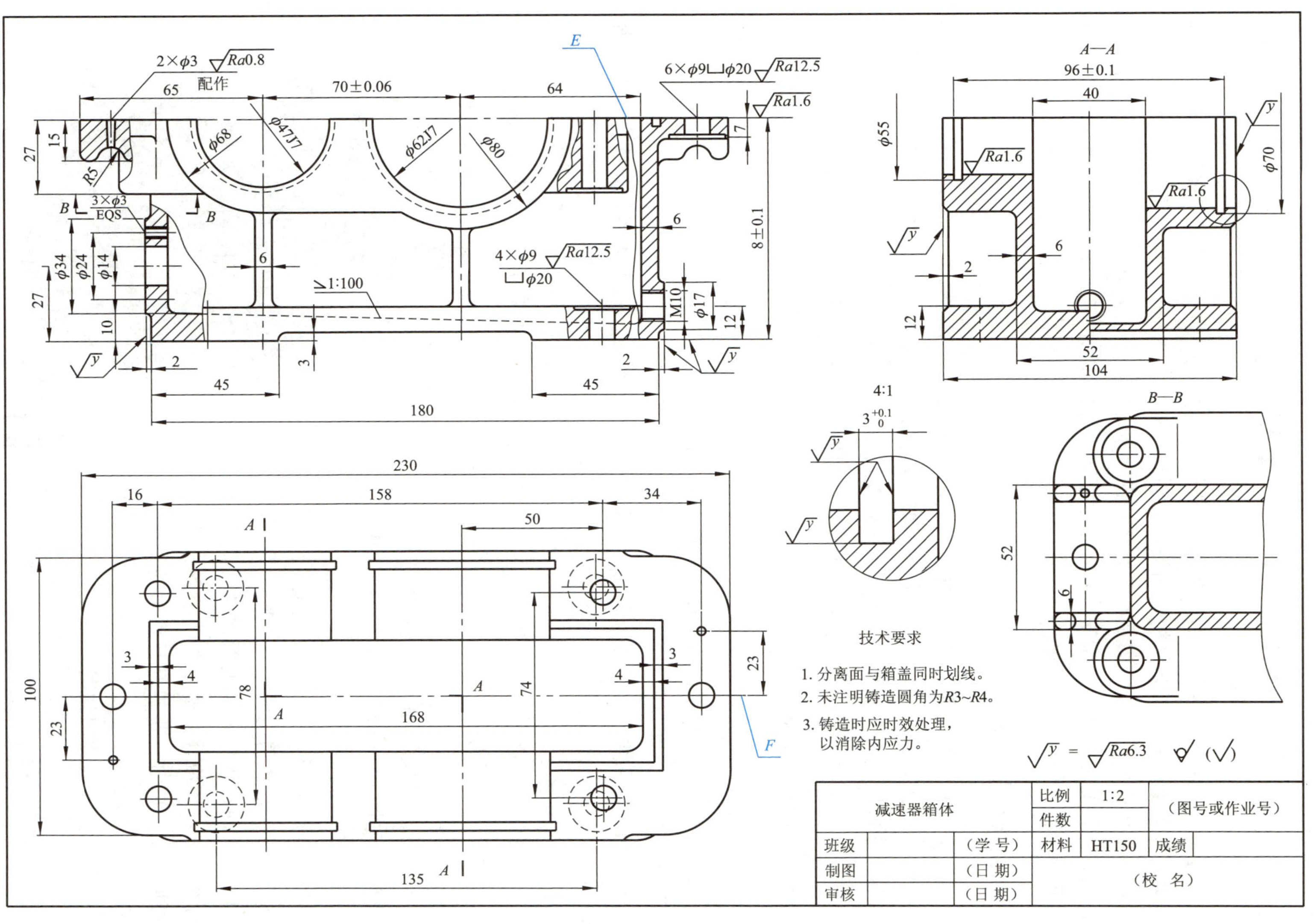

图8-63　减速器箱体零件图

§8—9 读零件图

读零件图是在读组合体视图的基础上进行的，因为组合体正是为了研究形体投影特点而暂时地将零件上的若干工艺结构（如倒角、倒圆、退刀槽、铸造圆角、过渡线等）去掉后的一种特殊形体。所以读零件图是在组合体读图基本方法——形体分析法、线面分析法的基础上，根据零件的功用和加工情况，配合所注尺寸、技术要求等，进一步对零件进行结构分析，从而全面了解零件的过程。

一、读图基本要求

（1）了解零件的名称、用途、材料和图形比例等。

（2）分析视图表达方案，弄清各图形的表达重点，想象零件的结构形状。

（3）分析尺寸及技术要求，进一步了解零件的结构特点。

（4）综合归纳，全面了解和认识零件，想象出零件的空间形状。

二、读零件图的方法和步骤

1. 看标题栏

从标题栏中可了解零件的名称、材料、画图比例等。

2. 分析图形，想象零件形状

按照组合体读图时的“初步浏览，仔细分析，综合想象”的基本步骤，读懂零件的内、外结构形状。

3. 尺寸分析

分析长、宽、高各个方向的尺寸基准，有助于进一步认识零件的结构特点；弄清各部分的大小能进一步想象出零件的空间状态。

4. 技术要求

技术要求反映了哪些部位的要求较高，从而有助于进一步认清和了解零件的功用。

5. 综合归纳

通过全面分析，将所得信息进行汇总、归纳，零件的总体情况便更加清晰了。

在看图的过程中，不但要注意提高自己的分析能力，还应注意吸收别人表达方案中的可取之处，以进一步提高自己表达零件形状的能力和技巧。

齿轮减速器立体图如图8-64所示。

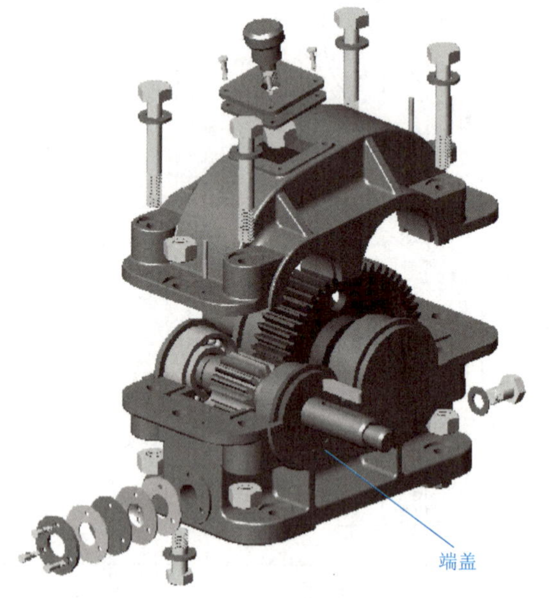

图8-64　齿轮减速器立体图

三、读图举例

【例2】读8-65减速器端盖零件图。

（1）读标题栏。由标题栏可知，减速器

端盖材料为 HT150，此图绘图比例为 2∶1，此件在减速器上仅为一件。

(2) 分析图形，想象零件结构形状。本零件只用了一个视图表达，且采用的是全剖视图，可见这是一个内形比外形复杂的较简单零件。参照齿轮减速器立体图可知，端盖的作用是保证减速器内的运动件能有一个密封的工作环境，它必须有一个能与箱体箱盖很好接触的结合面；它还应保证传动轴既能伸出来又不影响转动，即轴与盖孔之间应有间隙，而由此带来的新问题是消除由间隙可能引起的箱内油液外泄，所以必须在轴和盖之间加一密封圈。综上所述，从图 8-65 上看到的盖体中间的梯形空腔即为嵌密封圈的槽，其余部分读图就容易了。

(3) 尺寸分析。本例为一盘盖类零件，以回转体为主，故以回转轴线为径向尺寸基准；轴向则以其右端面为尺寸基准，因该端面伸入箱体内要为装在轴上的其他零件定位。

(4) 技术要求分析。尺寸公差：本例以代号或直接注公差值的方式，注明了端盖与其他零件接触表面的尺寸精度要求。

表面结构：由表面粗糙度高度参数值的大小，可进一步判断各表面与其他零件接触与否，这对分析该零件与其他零件的装配关系是有帮助的，读者可逐一分析。

(5) 综合归纳，端盖空间形状如图 8-66 所示。

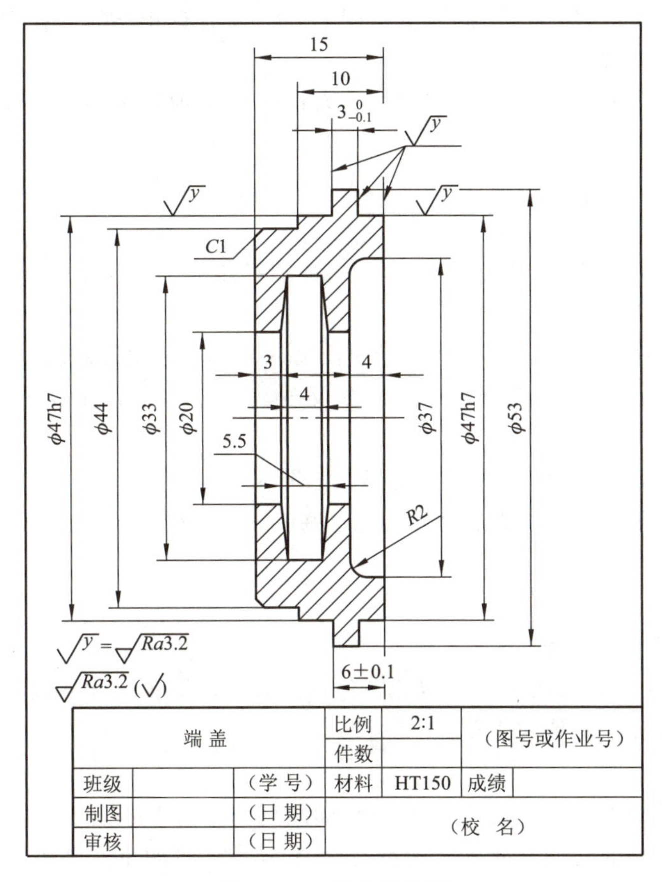

图 8-65 端盖零件图

图 8-66 减速器端盖

【**例 3**】读图 8-67 所示离合器壳体零件图。

（1）读标题栏。从图8-67标题栏可知，该零件名称为离合器壳体，材料是ZL401，画图比例为1∶1。

（2）分析图形，想象零件结构形状。

“浏览”全图，该零件的特点是孔多、肋多，可由此出发去分析各图形的表达重点。图8-67中共用了8个图形表达离合器壳的内外结构。

主视图：采用*G*—*G*全剖，表达壳体内腔的主要结构；

左视图：表达壳体外形及外部孔、肋的分布情况；

右视图：表达内腔结构及腔内孔、肋的分布情况；

↷*A*—*A*：用一对相交的剖切面作的局部剖，反映前下方方孔、带内凸台的螺孔、位于大端边缘上的光孔及壳体壁等结构；

↷*B*—*B*：重点反映左端螺孔及相关结构；

↷*C*—*C*：反映肋及壳体内腔壁的结构；

D—*D*↶：反映大端边缘图中所指3处孔的结构；

K↶：反映前下方向外凸出的凸台形状及其上两个不通螺孔的分布情况。

该零件上种类繁多的孔的情况分析如下。

方孔2个：左、右视图表达方孔位置及形状特征，主视图*G*—*G*全剖剖开上部方孔空腔，*A*—*A*相交剖切面剖开前下方方孔空腔；

左端（小端）螺孔5个：相同的4个由“↷*B*—*B*”剖开，带内凸台的螺孔由*A*—*A*局部剖剖开；

右端（大端）螺孔3个：2个不带凸台（2×M10×1.25-6H），1个带凸台（M10×1.25）；

光孔10个：不通孔2个（2×ϕ10H7铰深10，钻深14），主视图中用局部二次剖表示；通孔8个，其中4×ϕ26（锪平）、4×ϕ22（锪平）；

大端边缘处长方孔5个：左、右视图均反映其形状特征及分布情况，主视图中用虚线表示。

肋条及其分布：内、外各有6条肋相互对应，左、右视图反映其分布情况，主视图、↷*A*—*A*、↷*C*—*C*中均有反映。

综上所述，将各部分结构一一归纳组合，该壳体的空间形状如图8-68所示。

（3）尺寸分析。从图8-67中不难看出，离合器壳体长、宽、高各方向的尺寸基准如下。

长度方向基准：右端面；

宽度方向基准：前、后对称中心处0—0线；

高度方向基准：上、下对称中心处0—0线。

从图中可以看出，各孔的定位尺寸均是采用国标规定的简化标注方法，即各尺寸从同一基准0—0线处出发，用共用的尺寸线和箭头依次表示。

（4）技术要求分析。

① 读表面结构：离合器壳体上ϕ116H8、2×ϕ10H8孔的表面结构为MRR *Ra*6.3，左、右端面MRR *Ra*3.2，其他各孔为MRR *Ra*6.3，此外，大部分表面不经机械加工，其表面结构为保持上道工序的要求。

② 尺寸公差：离合器壳体上有尺寸公差要求的部位不多，仅中间孔ϕ116H8、2×ϕ10H9及各处螺孔等有尺寸公差要求。

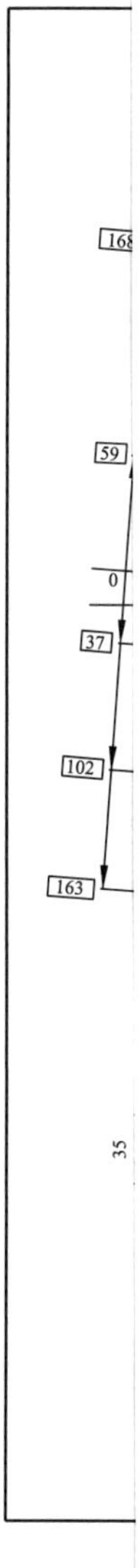

168

59

0

37

102

163

③ 识读几何公差：左、右端面有平行度要求；重要孔有位置度要求等。

④ 其他技术要求：文字说明中给出了铸造时的若干工艺要求及热处理要求等。

⑤ 综合归纳：离合器壳体的空间形状如图 8－68 所示。

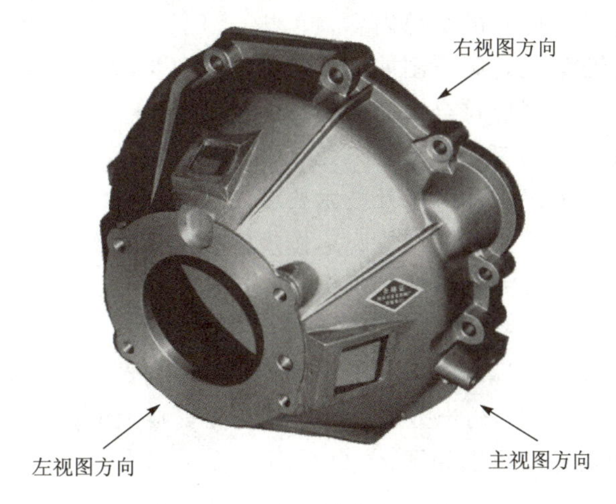

图 8－68 离合器壳体立体图

§8—10 零件测绘

根据实际零件，按照投影作图原理及机械图样的表达规定，凭目测徒手绘制出零件草图，然后进行测量，记入尺寸，并提出技术要求，填写标题栏，再以草图为原始资料，整理并画出生产所需要的零件图，此过程称为零件测绘。零件测绘被广泛地应用在修配、仿造过程中。

一、零件测绘的方法和步骤

现以本章图 8－1（a）所示机用虎钳的零件螺母为例，说明零件测绘的方法和步骤。

1. 了解测绘对象

参阅本教材图 8－1（a）可看出，螺母是装在活动钳身中间的，它上面有一螺钉固定，下面的突出部分“反钩”在固定钳身的导轨上。当螺杆转动时，螺母即沿螺杆轴线做轴向移动，从而带动活动钳身一起做轴向移动，让钳口开、合，达到松开或夹紧工件的目的。可见，该螺母处于装配体的“核心”部位，它既要与主要传动件螺杆旋合，又要与固定钳身导轨接触，还要带动活动钳身做轴向移动。零件的结构取决于它的功用，所以该螺母中间有与螺杆旋合的螺孔，下面有与固定钳身导轨接触的“反钩”，上面还有与活动钳身配合的圆柱面及其连接用的螺孔。

2. 选定视图表达方案

机用虎钳螺母可用两个基本视图和一个局部放大图表示，如图 8－69 所示。

3. 画零件草图

零件草图是测绘工作中获得的第一手资料，是画零件图的依据，决不能潦草从事。一张完好的零件草图应做到以下要求：

（1）图线清晰，比例匀称，投影关系正确，字体工整。

（2）图形各部分的比例应协调。

（3）零件上的制造缺陷及使用中造成的磨损不应画出。

（4）具备零件工作图上应有的全部内容。

认真选择视图表达方案也是画草图前必不可少的重要步骤，因为草图是绘制零件图的原始依据。选择表达方案的原则应符合前面所述各项原则。

凭目测徒手绘制零件草图时应注意以下几点：

（1）定位布局时，应考虑标注尺寸及技术要求的位置。

（2）零件上的倒角、倒圆等工艺结构，应按规定画法表达出来。

（3）集中将尺寸界线、尺寸线等全部画出。

（4）集中测量各尺寸并逐一填写。

（5）最后填写技术要求、标题栏等。技术要求的填写需要一定的生产实践经验，初学者可参照同类产品采用“类比法”初步拟定后再通过查阅资料确定。

机用虎钳螺母草图的画图步骤如图8－69所示。

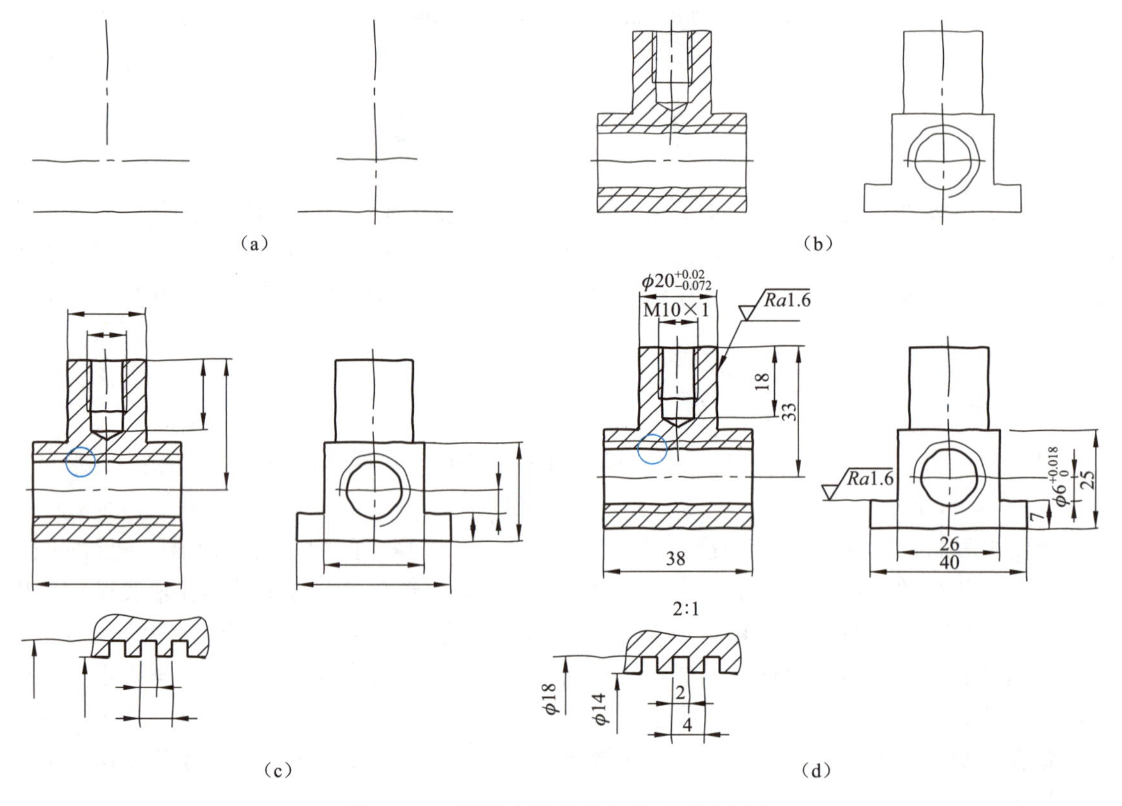

图8－69　机用虎钳螺母草图的画图步骤

（a）定位布局；（b）画内、外结构形状；（c）画尺寸界线和尺寸线；（d）测量并填写尺寸数字

二、常用量具及其使用方法

测量尺寸时，应针对不同尺寸精度选用不同的测量工具。

图 8-70 和图 8-71 所示为常见测量工具及其用法。

1. 常见测绘工具

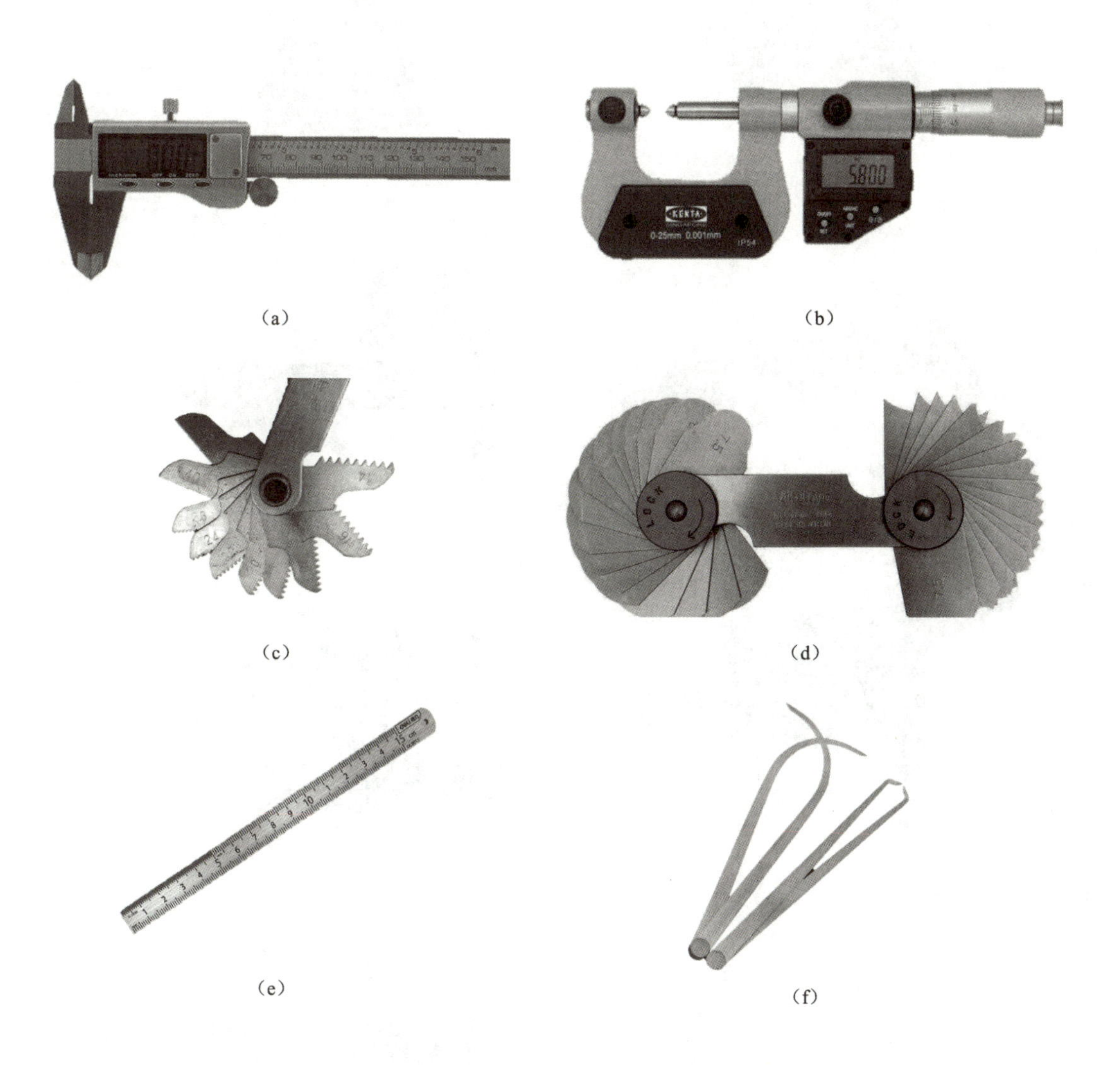

图 8-70 常见测量工具

(a) 游标卡尺；(b) 千分尺；(c) 螺纹规；

(d) R 规（圆角规）；(e) 直尺；(f) 内外卡钳

2. 零件尺寸的测量方法

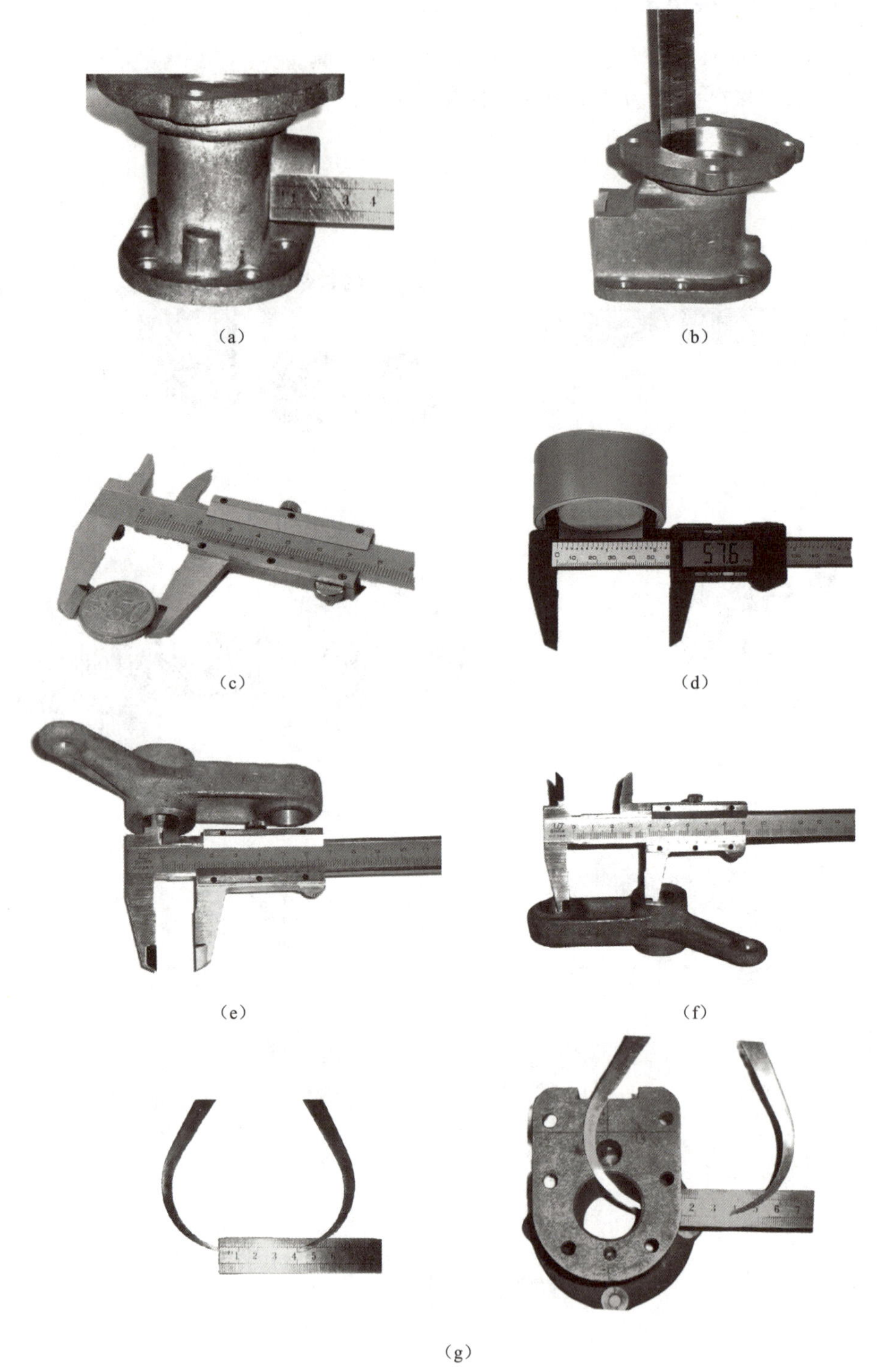

(a)　(b)　(c)　(d)　(e)　(f)　(g)

图8-71　常见测量工具及其使用方法

(a) 测量凸台长度；(b) 测量孔深；(c) 测量外径；(d) 测量内径；(e) 测量孔径；(f) 测量孔距　孔距 $A=L_{测}+(D+d)/2$；(g) 用直尺与卡尺配合测量壁厚

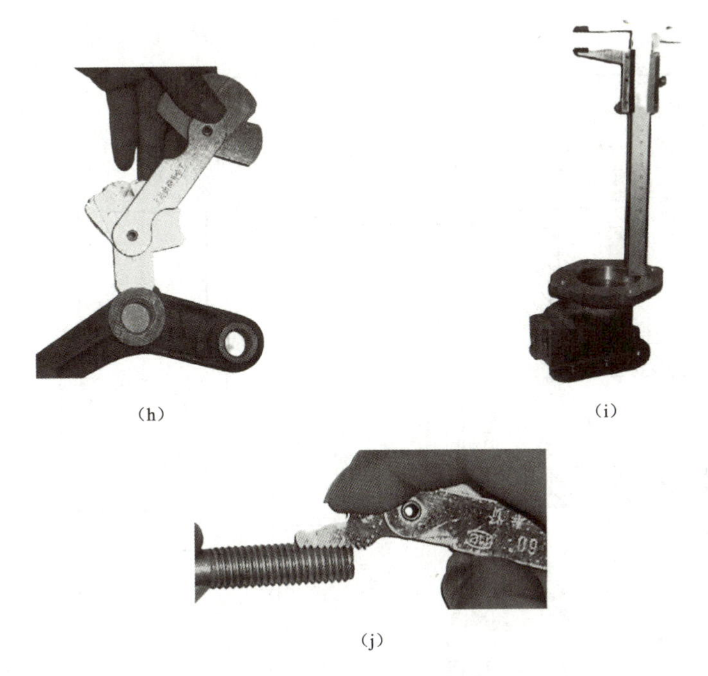

(h)　　(i)

(j)

图 8－71　常见测量工具及其使用方法（续）

(h) 用圆角规测量半径；(i) 用游标卡尺测量孔深；(j) 用螺纹规测量螺距

3. 测量仪器

全自动影像测量仪和三坐标测量仪见图 8—72 所示。

大国工匠案例五

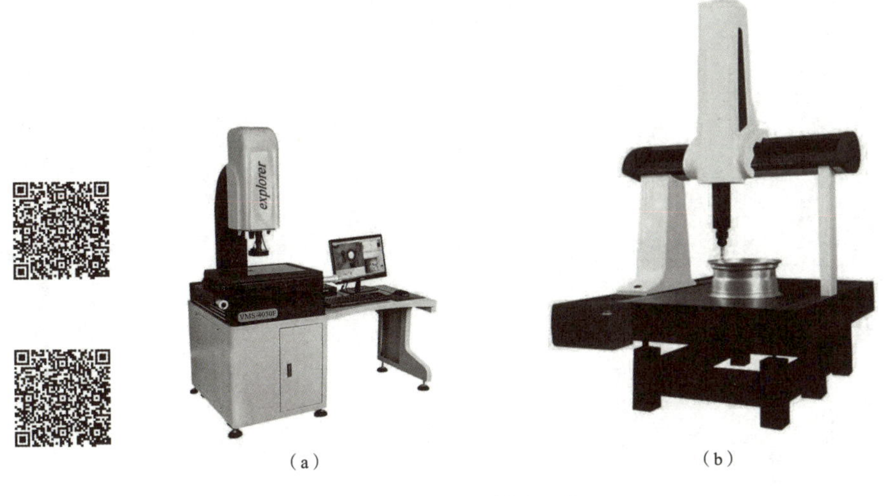

(a)　　(b)

图 8－72

(a) 全自动影像测量仪；(b) 三坐标测量仪

三、根据零件草图画零件图

以草图为原始依据绘制零件图，应用绘图仪器和工具认真地完成。但在绘制的过程中还应进一步对草图中有关内容进行校核、修改和完善。图 8－73 所示为根据图 8－69 草图整理画出的零件图。

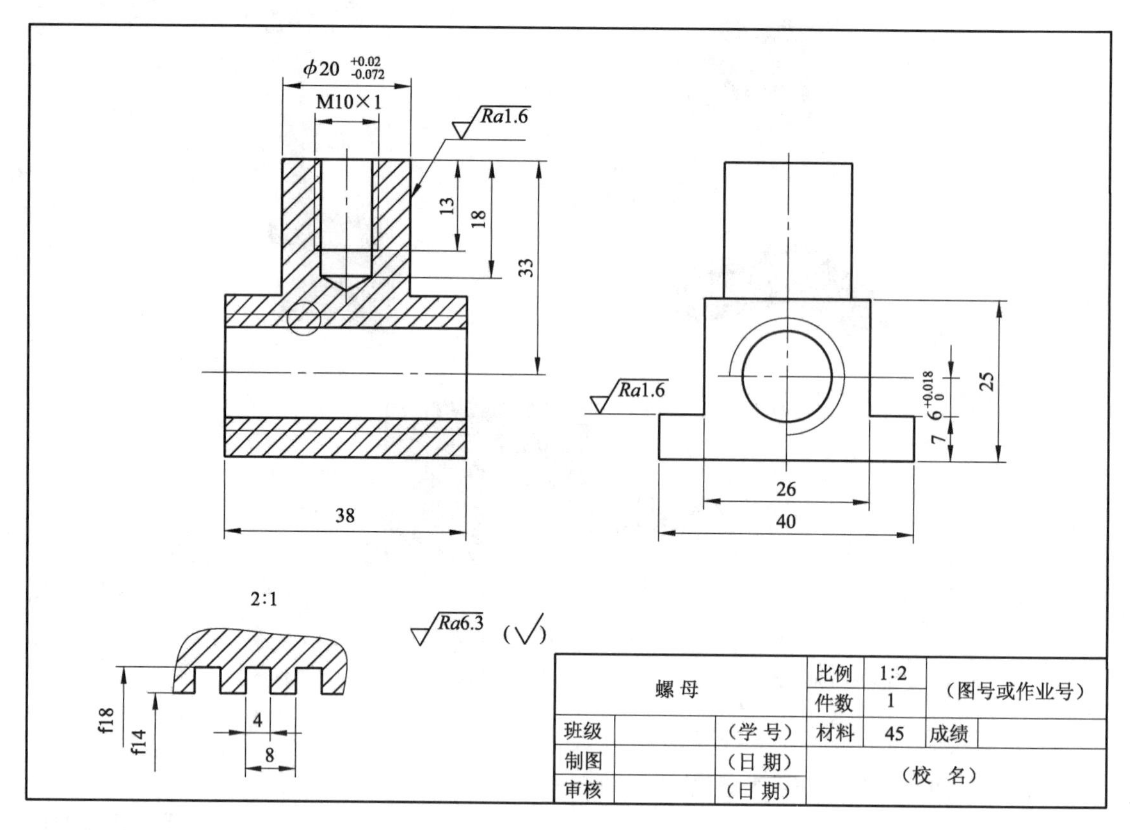

图 8－73　机用虎钳螺母零件图

第九章　装　配　图

大国工匠案例六

§9—1　装配图的作用和内容概述

一、装配图的作用

由若干个零件装配而成的机器或部件称为装配体。装配图的作用就是表达装配体的结构形状、零件间的装配连接关系、工作运动情况及技术要求等。中国船舶重工集团公司第七〇二研究所“两丝”钳工顾秋亮的那双指纹已不清晰的手，给亿万观众留下了深刻印象。他在钳工岗位上一干就是 43 年，把在中国首个自主设计制造的 4 500 米载人潜水器的组装做到精密度达“丝”级。与零件图相比，零件图的表达对象侧重于个体，而装配图的表达对象则侧重于总体。

如图 9－1 所示液压挺柱是发动机配气系统的关键部件之一，其功能为自动消除气门间隙。该部件由七个零件装配而成，图 9－2 所示为该部件的装配图。

图 9－1　液压挺柱组件

1—球塞；2—钢球；3—复位弹簧；4—帽盖；5—柱体；6—单向阀支座；7—单向阀弹簧

二、装配图的内容

从图 9－2 可以看出装配图应包括以下内容。

1. 恰当的图形

用以表达装配体的结构及零件之间的装配关系。

2. 必要的尺寸

标注有关装配体性能、规格及装配、安装、检验等所必需的尺寸。

3. 技术要求

用文字或符号指明装配体在装配、检验、调试时的要求、规格和说明等。

4. 零件序号和明细栏

将组成装配体的所有零件逐一顺序编号，并用表格注明各零件的名称、序号、材料、数量及标准件的规格和标准代号等。

5. 标题栏

注明装配体的名称、绘图比例、重量、图号以及与设计和生产管理有关的内容等。

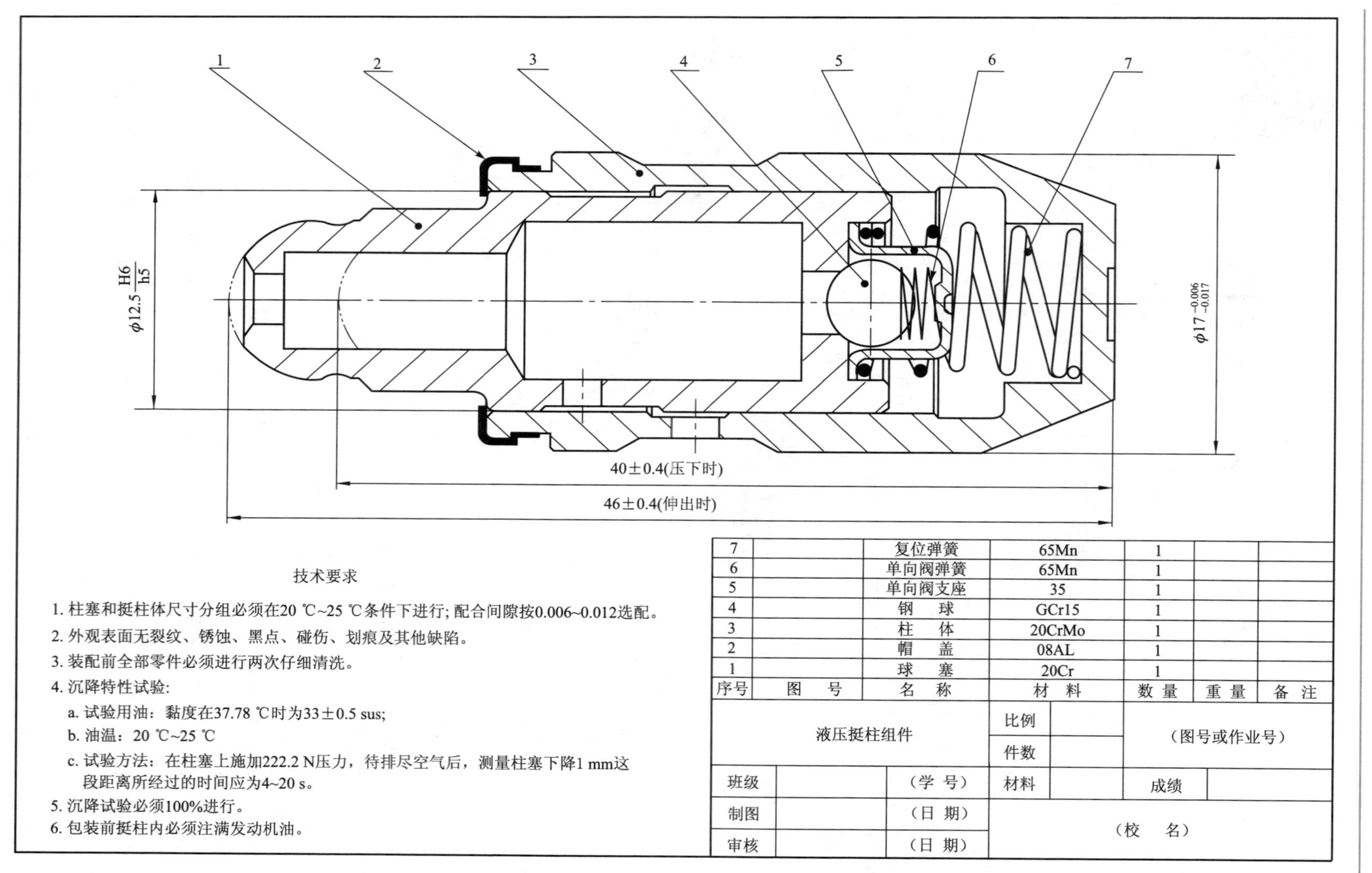

技术要求

1. 柱塞和挺柱体尺寸分组必须在20 ℃~25 ℃条件下进行；配合间隙按0.006~0.012选配。
2. 外观表面无裂纹、锈蚀、黑点、碰伤、划痕及其他缺陷。
3. 装配前全部零件必须进行两次仔细清洗。
4. 沉降特性试验：
   a. 试验用油：黏度在37.78 ℃时为33±0.5 sus;
   b. 油温：20 ℃~25 ℃
   c. 试验方法：在柱塞上施加222.2 N压力，待排尽空气后，测量柱塞下降1 mm这段距离所经过的时间应为4~20 s。
5. 沉降试验必须100%进行。
6. 包装前挺柱内必须注满发动机油。

7		复位弹簧	65Mn	1		
6		单向阀弹簧	65Mn	1		
5		单向阀支座	35	1		
4		钢　球	GCr15	1		
3		柱　体	20CrMo	1		
2		帽　盖	08AL	1		
1		球　塞	20Cr	1		
序号	图　号	名　称	材　料	数 量	重 量	备 注

液压挺柱组件		比例		（图号或作业号）	
		件数			
班级	（学　号）	材料		成绩	
制图	（日　期）	（校　名）			
审核	（日　期）				

图 9-2　液压挺柱装配图

§9—2　装配体的表达方法

一、一般表达方法

生产实际要求图样对装配体和零件表达的共同点都是要正确、清晰地反映出它们的内、外结构。所以画零件图所采用的图样画法如视图、剖视图、断面图等各种表达方法，也正是画装配图所用的一般表达方法。

但是，就表达而言，零件图表达单个零件的结构和形状，其表达必须详尽，才能为制造零件提供详细的技术资料；装配图则重点表达多个零件间的装配关系，重点解决“分得开，合得拢”的关键问题，从而为装配提供依据。因此，除了前述表达方法外，有关标准还对装配图的画法作了若干专门规定。

二、规定画法

(1) 装配图中的相邻零件应取不同的剖面线（或方向不同、或间隔不等），如图 9－3 所示。

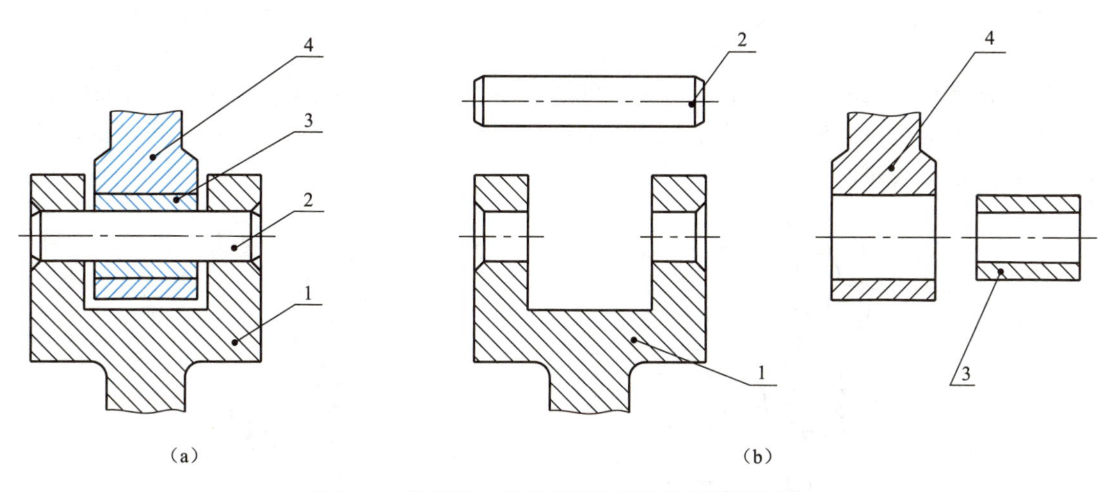

图 9－3　装配图中的相邻零件应取不同的剖面线

1—底座；2—销轴；3—衬套；4—连杆

必须注意：同一零件在同一图纸上各视图中的剖面线方向和间隔必须一致。

(2) 相邻两零件的接触面处只画一条线；相邻两零件不接触时，即使间隙很小，也应用两条线放大画出，如图 9－4 所示。

(3) 当剖切平面通过实心件（轴、杆、球等）或标准件的基本轴线时，这些零件按不剖绘制，如图 9－3 中的销轴及图 9－4 中的螺栓、垫圈和螺母等。

三、特殊画法

1. 拆卸画法

当某些零件在某一视图中已反映清楚，在别的视图中无必要再画出时，可假想将其拆卸后绘制，需要说明时可注明“拆去×、×”等，如图 9－19 中左视图所示。

当沿某些零件的结合面剖切时，在零件的结合面上不画剖面线，其他被剖到的零件仍要画剖面线。

2. 假想画法

当需要表示某些运动件的运动范围和极限位置时，可以用双点画线画出这些零件的轮廓，这种画法叫假想画法，如图 9－5 和图 9－6（a）所示手柄的不同位置。

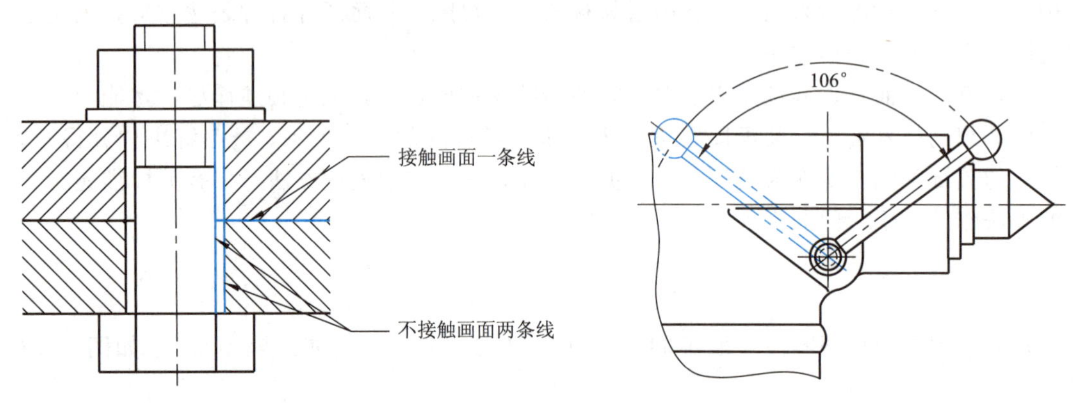

图 9－4　接触面和不接触面的画法

图 9－5　运动零件极限位置

在装配图中，有时需要表示虽不属于本装配体，但与本装配体的表达密切相关的其他零、部件，此时也可采用假想画法，用双点画线画出其轮廓，如图 9－6（a）所示的齿轮 4 及左视图中的床头箱轮廓。

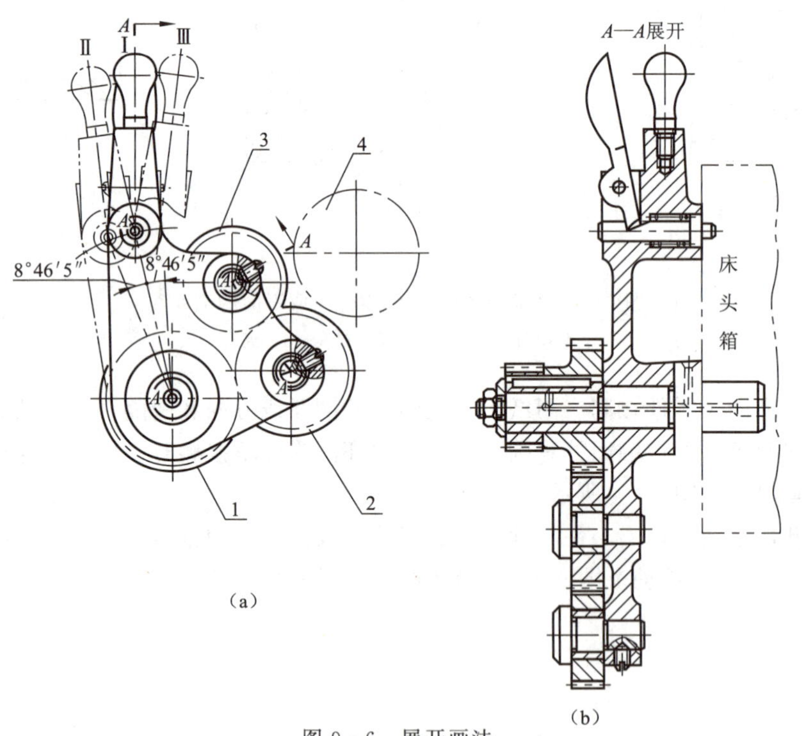

图 9－6　展开画法

3. 展开画法

在传动机构中，为了表示多级传动机构的传动路线及各轴的装配关系，可假想按传动顺序将各轴沿轴线剖开后依次展开摊平，画在同一平面上（与某投影面平行），如图 9-6（b）所示。

4. 简化画法

（1）对于装配图中重复出现的相同零件组（如螺栓连接），允许仅详细地画出一处或几处，其余则以点画线示出其中心位置，如图 9-7 所示。

（2）装配图上零件的工艺结构如倒角、倒圆及退刀槽等，在不影响看图的前提下，允许不画出；螺母及螺栓头部因倒角而产生的曲线也可不画出，如图 9-7 所示。

（3）装配图中厚度小于或等于 2 mm 的零件被剖开时可以涂黑代替剖面线，如图 9-7 所示。

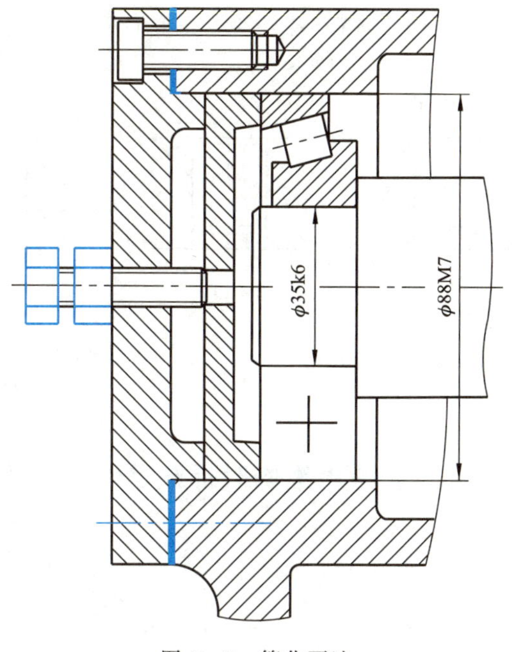

图 9-7 简化画法

5. 夸大画法

当装配图中的较小结构如薄片、小间隙、较小斜度和锥度等按原比例表示不清楚时，可将该部分适当放大画出。

§9—3 装配工艺结构简介

装配结构的合理与否，将直接影响到机器（或部件）的装配性能好坏及检修时拆装的方便与可能。为使装配图画得更为合理，应了解有关装配工艺常识。

一、考虑面与面之间的接触性能

（1）零件在同一方向（横向或竖向）只能有一对接触面，如图 9-8 所示。

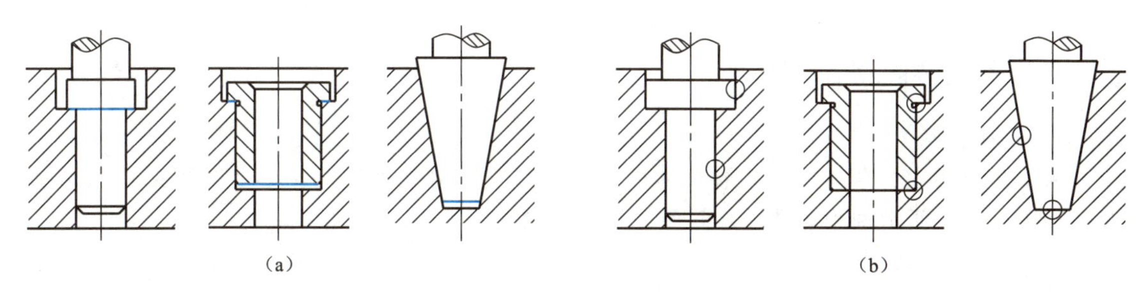

图 9-8 同一方向只能有一对接触面

（a）正确；（b）不正确

（2）两零件有一对相交的表面接触时，为保证转折处接触良好，应在转角处制出倒角、退刀槽和消气槽等，如图 9 - 9 所示。

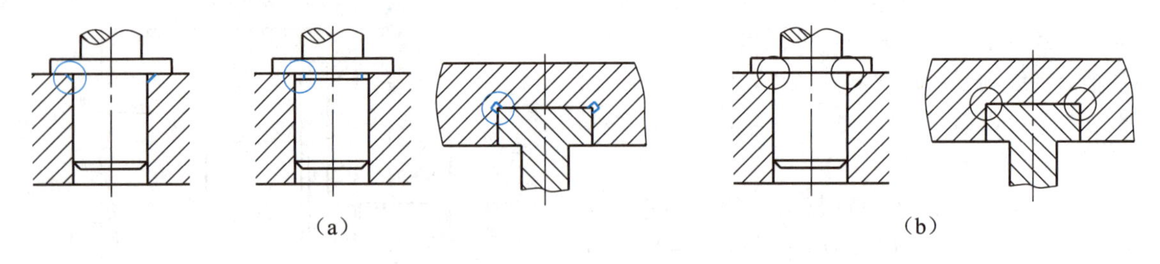

图 9 - 9 转折处的倒角、退刀槽、消气槽

（a）正确；（b）不正确

二、应考虑维修时拆卸零件的方便与可能（见图 9 - 10）

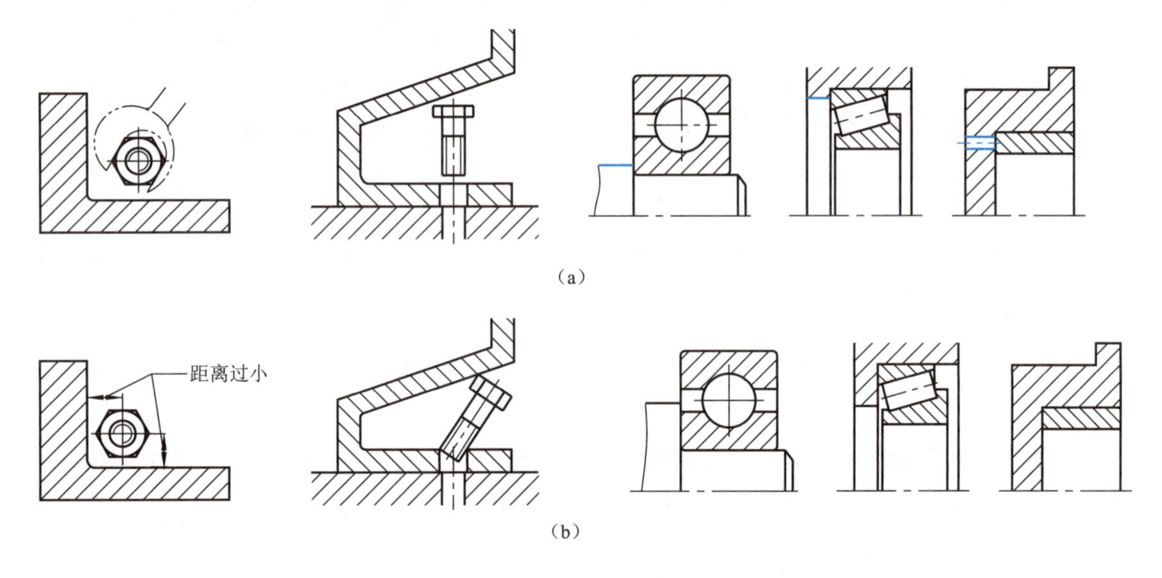

图 9 - 10 装配结构要便于拆卸

（a）正确；（b）不正确

三、其他装配结构

1. 密封装置

为了防止灰尘、杂屑等进入装配体内部，并防止润滑油外溢等，必要时可采用密封装置，如图 9 - 11 所示轴颈与端盖之间用密封圈消除了间隙。

2. 轴向定位装置

为了便于并紧零件，轮子轴孔的长度应大于轴上装轮子部分的长度，如图 9 - 11 所示齿轮孔长与轴的相应部分长度的关系。

轴上的零件应有轴向定位装置，以免运动时发生轴向移动，以致脱落，如图 9 - 12 所示。

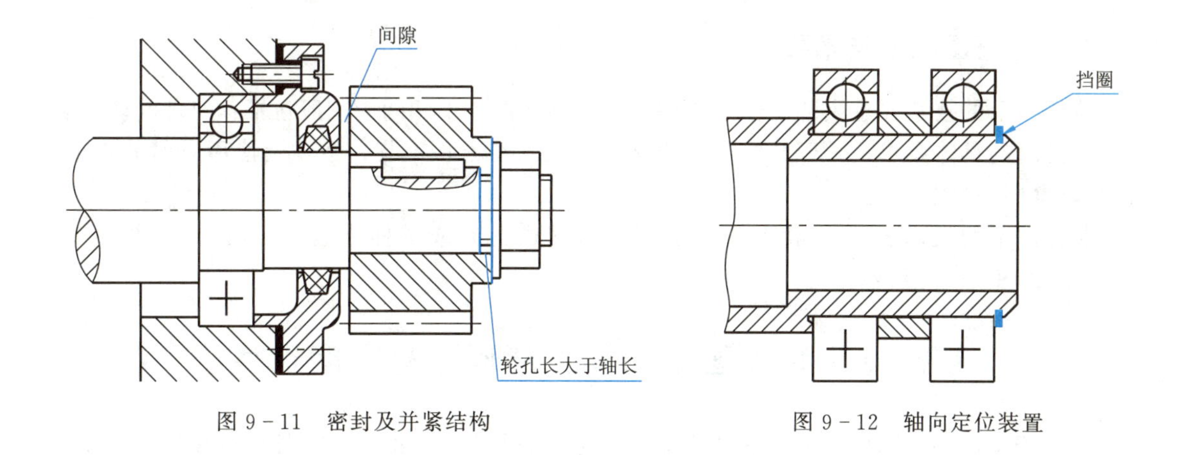

图 9-11 密封及并紧结构　　图 9-12 轴向定位装置

§9—4 装配图上的尺寸和技术要求

一、装配图上的尺寸

装配图主要是表达零件之间的装配关系，而不是依据它来加工零件，所以不必像零件图那样注出全部定形、定位尺寸，而是根据需要，注出与装配、检验、安装和调试等有关的尺寸。

装配图一般标注以下几类尺寸。

1. 规格尺寸

这类尺寸是指表示机器或部件的性能和规格的尺寸，通常是设计时确定的尺寸。如图 9-19 中铣刀头中心高 115 和刀盘铣削直径 ϕ120 等。

2. 配合尺寸

配合尺寸指零件间有公差配合要求的尺寸。如图 9-2 中的 ϕ12.5H6/h5。这些尺寸的标注在读图时有助于理解零件间的装配关系和工作情况，也是由装配图拆画零件图时确定尺寸公差的依据。

3. 外形尺寸

反映装配体的总长、总宽和总高的尺寸称为装配体的外形尺寸。它是包装运输、厂房设计等所需要的尺寸。

4. 安装尺寸

安装尺寸指表示装配体与其他零、部件或基座间安装所需要的尺寸。如图 9-19 中铣刀头座体底板安装孔的直径 4×ϕ11 和孔的中心距 155、150。

5. 其他必要尺寸

设计中计算出的某些重要尺寸、运动机构的极限位置尺寸等也需标注。如图 9-2 所示中表示液压挺柱工作行程的“（伸出时）46±0.4，（压下时）40±0.4”等。

上述五类尺寸，并非在每张装配图上都要注全，有的或许也不只限于这几种尺寸。所以在标注尺寸时，应根据实际情况具体分析而定。

二、装配图上的技术要求

装配图上的技术要求因装配体的作用、性能不同而各不相同。一般包括：对装配体在装配、检验时的具体要求；关于装配体性能指标方面的要求；安装、运输及使用方面的要求；有关试验项目的规定等。

装配图上的技术要求一般用文字注写在明细栏上方或图样下方空白处。如图9－2、图9－19和图9－20所示。

§9—5 装配图中的零、部件序号和明细栏

为便于读懂装配图以及方便图样管理，要对装配图中所有的零、部件进行编号，该编号称为序号。

一、编写序号的方法

（1）装配图中所有的零、部件都必须编写序号，规格完全相同的零件可只编一个序号。

（2）零件序号应标注在视图周围，按顺时针或逆时针方向顺序排列，在水平方向或垂直方向应排列整齐，如图9－2、图9－19和图9－20所示。

（3）零件序号和所指零件之间用指引线连接，指引线自所指零件的可见轮廓内引出，并在端部画一小黑点，另一端画一小段水平线或圆（细实线）用以填写序号，如图9－13（a）所示。当所指部分很薄或剖面涂黑时，可以箭头代替小黑点，并指向该部分轮廓，如图9－13（b）所示。

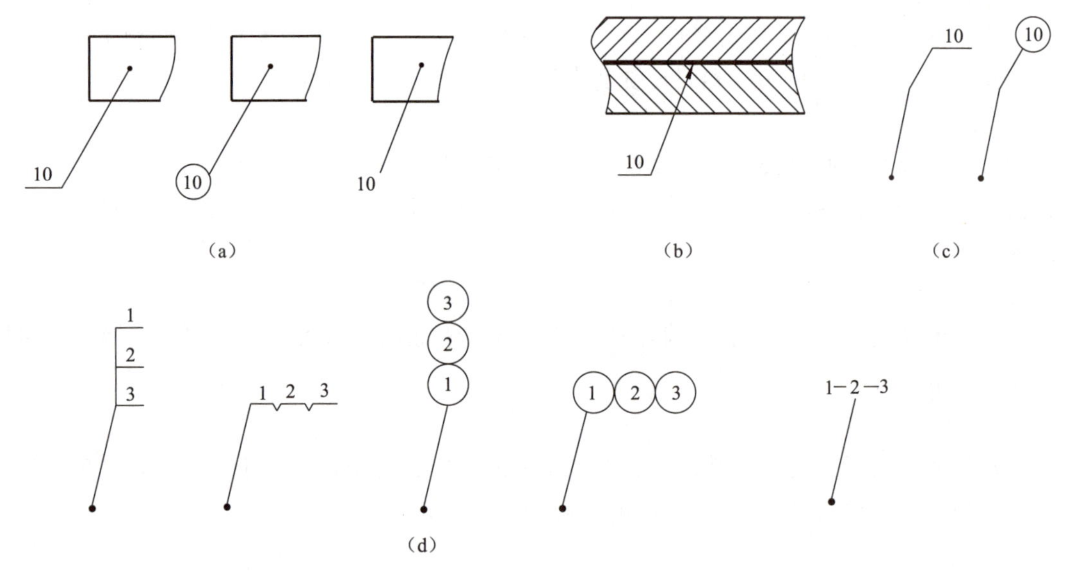

图9－13 零件序号的引注形式

（4）指引线不能相互交叉，也不能与图中其他图线平行。指引线一般为直线，必要时允许转折一次，如图9－13（c）所示。

(5) 装配图中一组紧固件或装配关系清楚的零件组，可采用公共指引线，如图 9-13 (d)所示。

二、明细栏

明细栏是装配图中全部零件的详细目录，包括所有零件的序号、名称、数量、材料、标准件的标准编号等。

明细栏一般画在标题栏上方，必要时也可移一部分至标题栏左边。明细栏序号应与图中零件序号一一对应，并按顺序自下而上填写。若零件过多，在图面上画不下明细栏时，也可在另一页纸上单独编写。

§9—6 装配体测绘及装配图的画图步骤

一、装配体测绘

对现有装配体进行测量，并绘出其零件图及装配图的过程称为装配体测绘。

现以图 9-14 所示铣刀头为例，介绍装配体测绘的方法及步骤。

1. 了解测绘对象

在开始测绘之前，应对被测绘的装配体进行详细观察，了解其用途、性能、工作原理、结构特点和零件之间的装配关系等。也可以对照产品说明书或参考同类产品的有关资料，以便对测绘对象心中有数，使测绘工作顺利地进行。

如图 9-14 所示铣刀头是铣床上用来装刀盘的装置。其工作原理是：皮带轮通过皮带将动力引入，由键 1 传递给轴，再通过键 2 带动刀盘转动，从而进行铣削。

2. 拆卸零件，画装配示意图

在拆卸零件时，要按正确的顺序进行，对不可拆连接和过盈配合的零件尽量不拆，以免损坏零件或影响装配体的性能及精度。拆卸时使用工具要得当，拆下的零件应妥善放置。拆卸过程中要仔细研究零件，通过拆卸进一步了解各零件的作用及零件间的装配连接关系。

为便于拆卸后重装以及为画装配图提供参考，在拆卸过程中可绘制装配示意图。装配示意图是一种表意性的图示方法，它是用部分规定的符号和一些简单形象的线条按零件的外形特点绘制的图样，示意地表达零件间的相对位置、连接关系和配合性质，图中可注明零件的名称、数量和编号等，如图 9-15 所示。

3. 测绘零件并画出零件草图

零件草图是绘制装配图和零件图的原始资料和主要依据。在装配体的零件测绘中，必须注意以下几点：

(1) 凡是两零件有配合关系的部位，其基本尺寸是相同的，测绘时可对其中一个零件测量后，分别注在两个零件的对应部分；同时，必须注意到相邻零件间相关尺寸的协调关系。

(2) 标准件一般只需测量其主要尺寸，再通过有关标准手册查出它们的标准代号填入明细栏内即可，不必画零件草图。

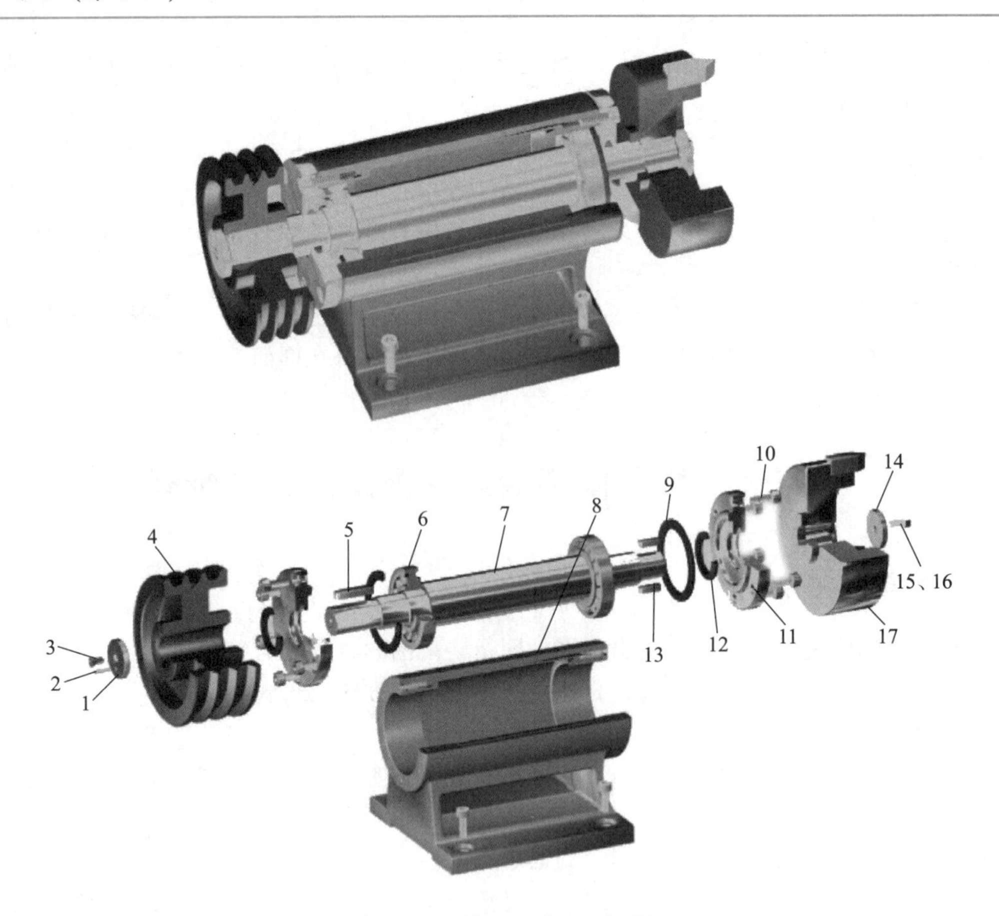

图 9-14　铣刀头零件分解图

1，14—挡圈；2—销；3—螺钉；4—皮带轮；5，13—键；6—轴承；7—轴；8—座体；9—调整环；10—螺钉（6×2）；11—端盖；12—毡圈；15—螺栓；16—垫圈；17—刀盘

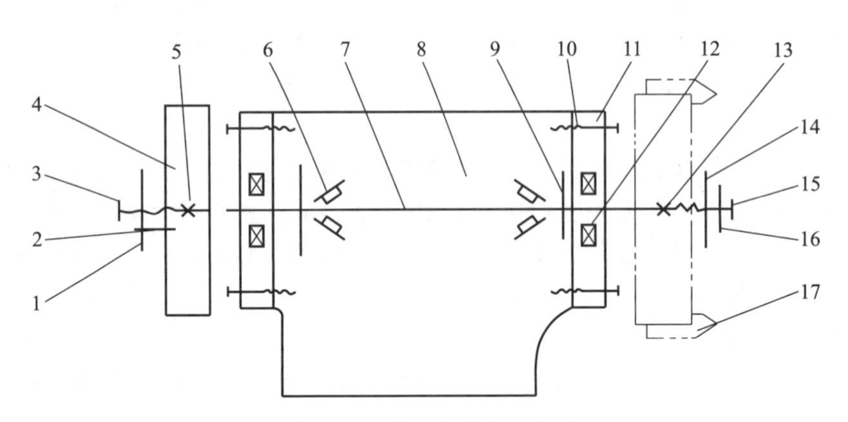

图 9-15　铣刀头装配示意图

1，14—挡圈；2—销（3n6×12）；3—螺钉（M6×18）；4—皮带轮；5，13—键（8×40）；6—滚动轴承（3037）；7—轴；8—座体；9—调整环；10—螺钉（M8×22）；11—端盖；12—毡圈；15—螺栓（M6×20）；16—垫圈；17—刀盘

（3）初学者在零件图上注写技术要求时，常因经验不足而无从下手。可通过参阅同类产

品的资料，用类比法决定。

图 9－16～图 9－18 所示为铣刀头的几个主要非标准零件的零件图。

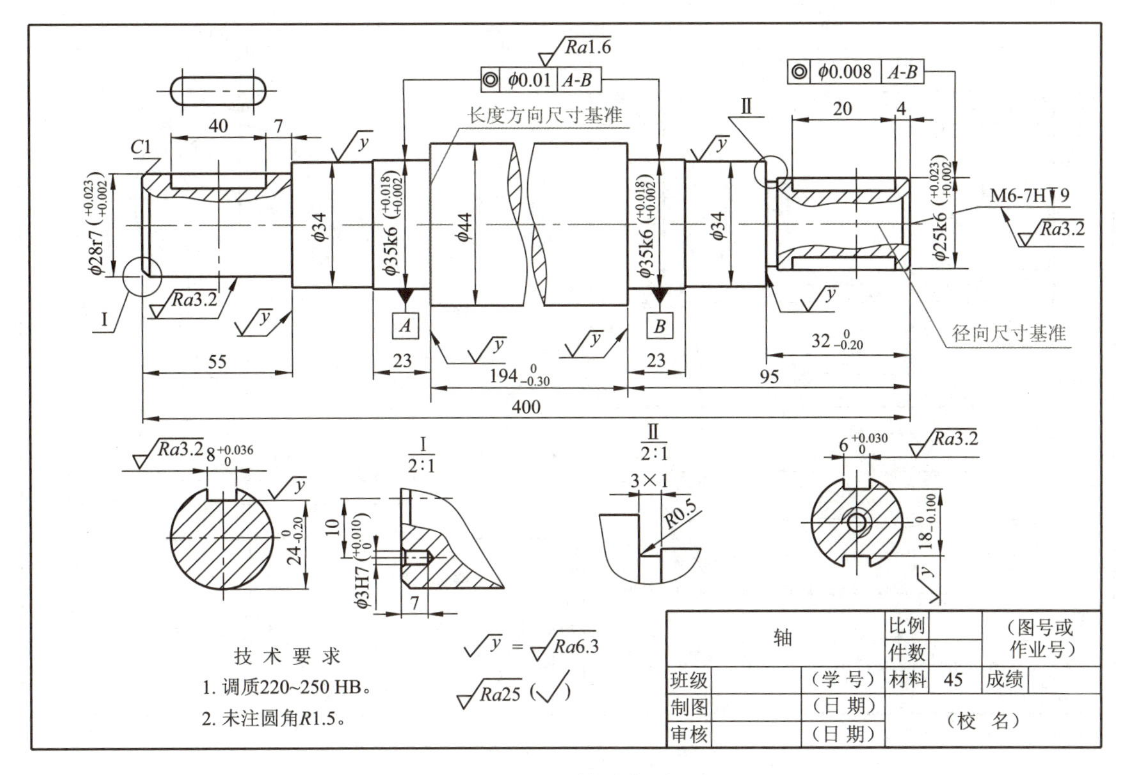

图 9－16 轴零件图

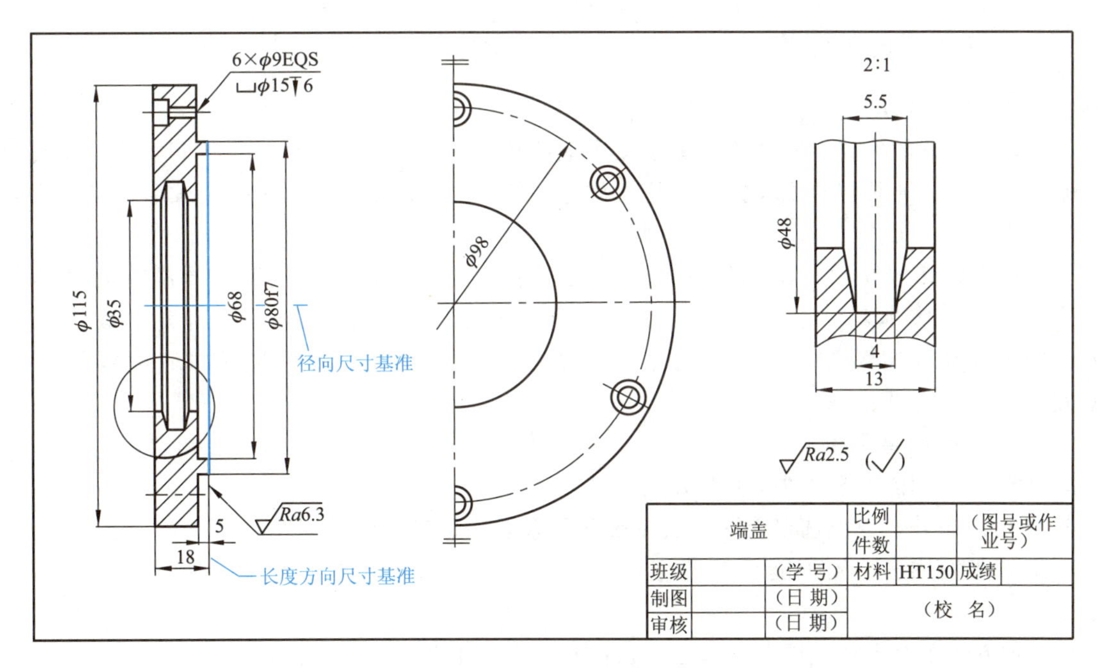

图 9－17 端盖零件图

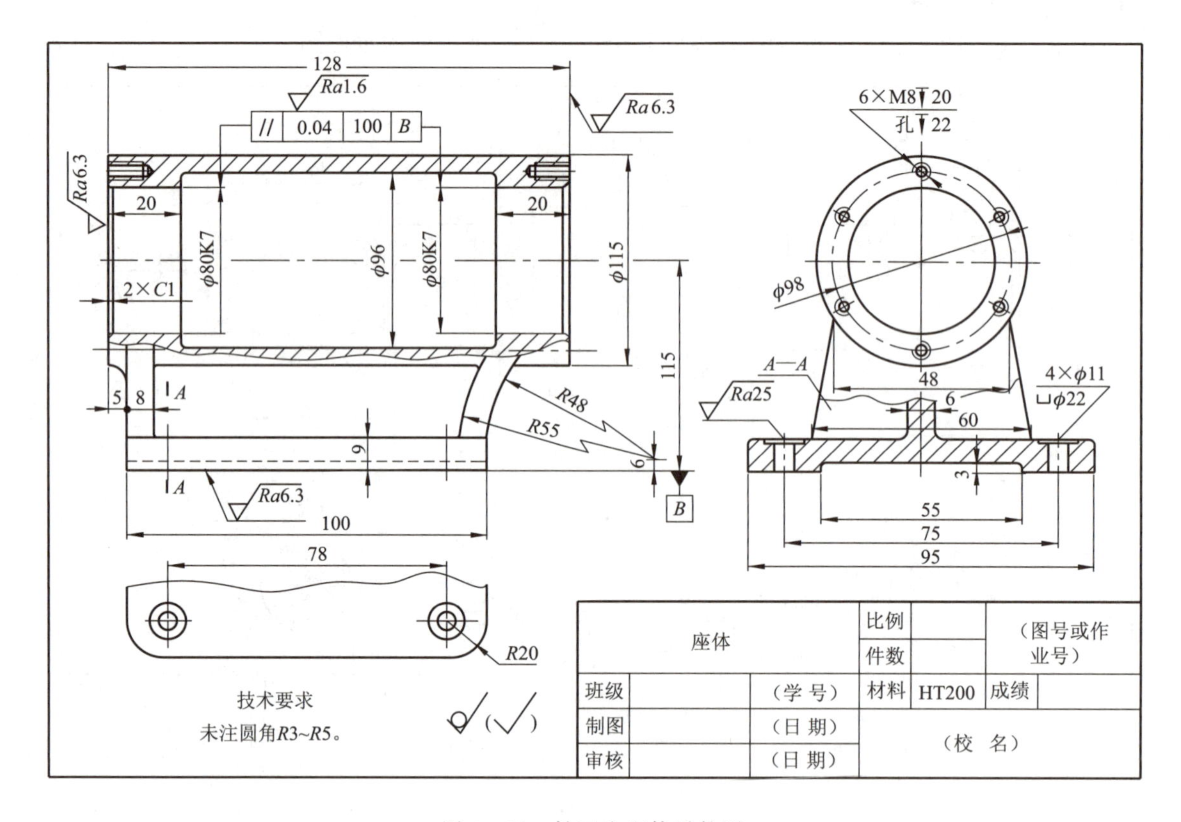

座体			比例		（图号或作业号）	
			件数			
班级		（学 号）	材料	HT200	成绩	
制图		（日 期）	（校 名）			
审核		（日 期）				

图 9-18 铣刀头座体零件图

二、装配图的画图步骤

1. 确定表达方案

（1）主视图的确定。所选主视图应较多地反映装配体的主要结构、零件间的相对位置和装配连接关系。通常将装配体按工作位置放置，使装配体的主要轴线或主要安装面呈水平或垂直位置。

（2）选择其他视图。其他视图是对主视图表达的补充，凡是主视图上没有而又必须表达的内容，应本着“重点突出，互相配合，避免重复”的原则，选用较少数量的视图、剖视和断面图形等，准确、清楚、简便地表达出各零件的形状及与其他零件的装配关系。

2. 装配图的画图步骤

画装配图通常有两种“入手”方式：

① 由内向外——由选定装配干线按装配关系逐层扩展画出各零件；

② 由外向内——先画能容纳若干零件的箱体、箱壳等，再视定位方便逐一装入其他零件。

两种方式各有千秋，读者可通过实践认真体会，不断总结、提高。

下面以画铣刀头的装配图为例，介绍装配体的画图步骤，如图 9-19 所示。

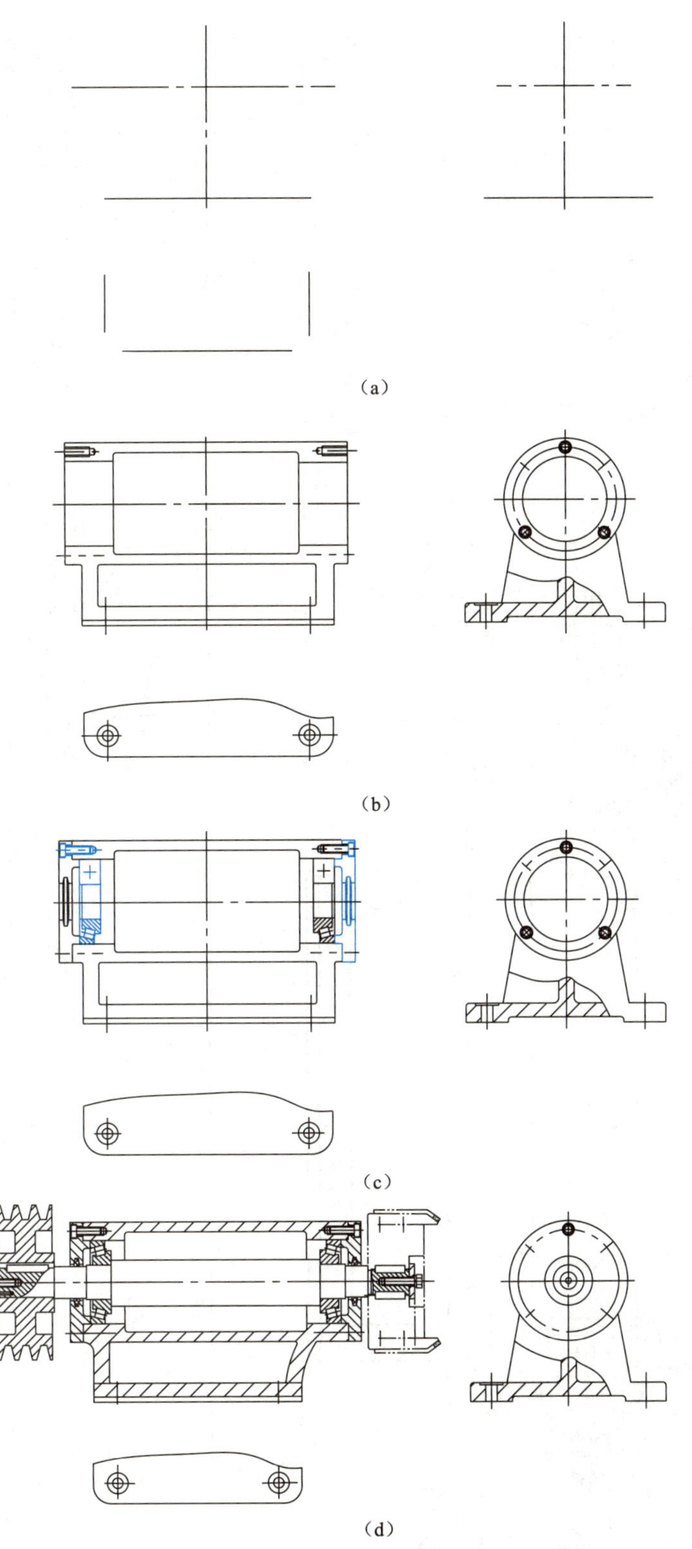

(a)

(b)

(c)

(d)

图 9-19 铣刀头装配图的画图步骤

(a) 绘制图框线及各视图的主要基准线；(b) 绘制座体；(c) 视定位方便逐一“装入”其他零件；

(d)“装”完所有零件后检查、核对、描深图线，画剖面线

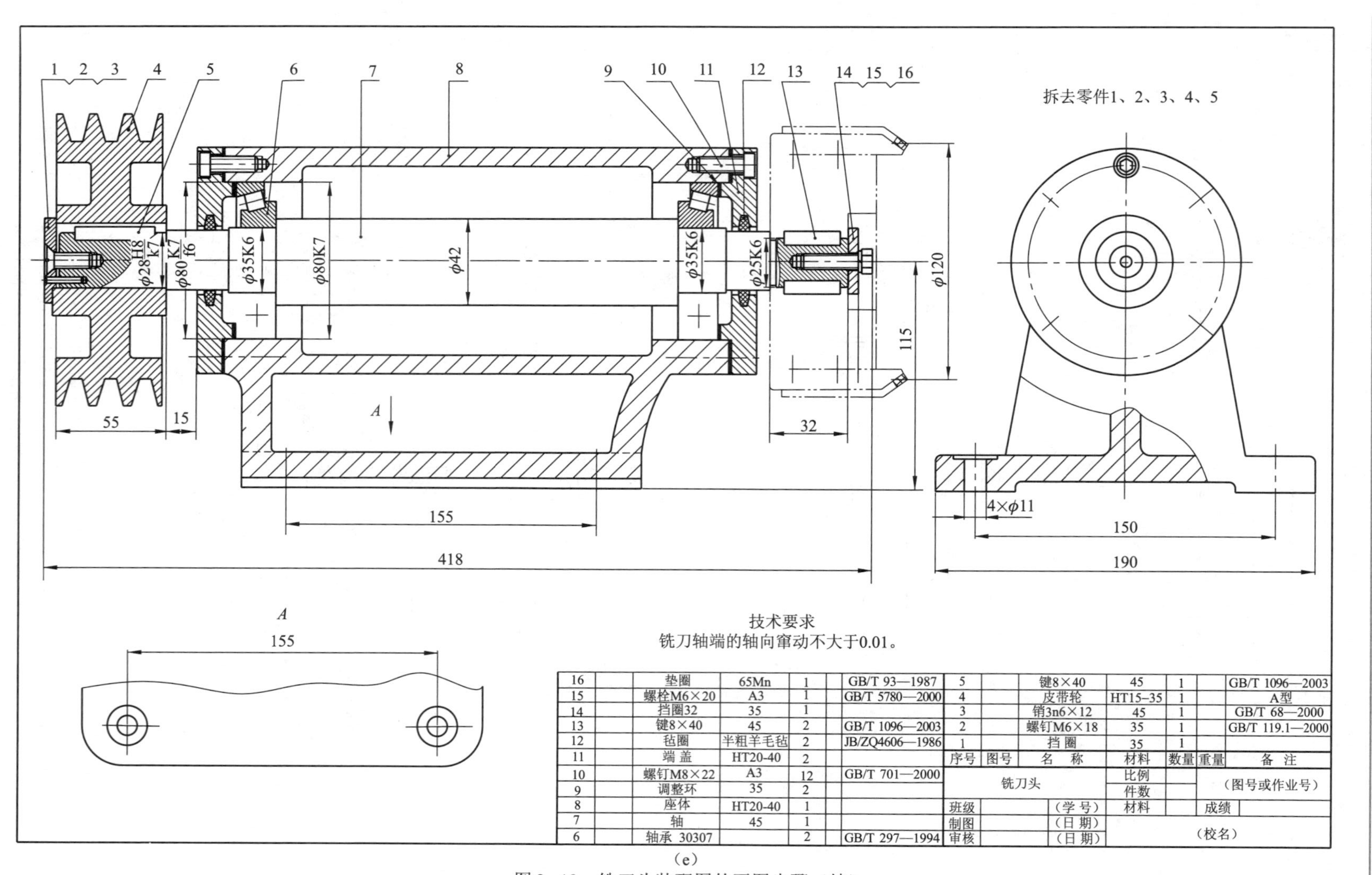

16		垫圈	65Mn	1		GB/T 93—1987	5		键8×40	45	1		GB/T 1096—2003
15		螺栓M6×20	A3	1		GB/T 5780—2000	4		皮带轮	HT15-35	1		A型
14		挡圈32	35	1			3		销3n6×12	45	1		GB/T 68—2000
13		键8×40	45	2		GB/T 1096—2003	2		螺钉M6×18	35	1		GB/T 119.1—2000
12		毡圈	半粗羊毛毡	2		JB/ZQ4606—1986	1		挡圈	35	1		
11		端盖	HT20-40	2			序号	图号	名称	材料	数量	重量	备注
10		螺钉M8×22	A3	12		GB/T 701—2000	铣刀头			比例		（图号或作业号）	
9		调整环	35	2						件数			
8		座体	HT20-40	1			班级		（学号）	材料		成绩	
7		轴	45	1			制图		（日期）	（校名）			
6		轴承 30307		2		GB/T 297—1994	审核		（日期）				

（e）

图9-19 铣刀头装配图的画图步骤（续）

（e）标注尺寸，编写序号，画标题栏、明细栏，注写技术要求，检查全图，清洁、修饰图面，完成全图

§9—7 读装配图

在生产实际中，无论是设计机器、装配产品或是从事设备的安装、检修及进行技术交流、技术革新等，都会遇到读装配图的问题。因此，工程技术人员必须具备读装配图的能力。

一、读装配图的基本要求

(1) 了解装配体的名称、用途、结构及工作原理。
(2) 了解零件之间的连接形式及装配关系。
(3) 了解各零件的主要结构形状和作用。
(4) 了解装配体的拆、装顺序。

二、读装配图的方法和步骤

现以图 9-20 所示机用虎钳装配图为例，介绍读装配图的一般方法和步骤。

1. 浏览全图，概括了解

从标题栏可知，这是一台机用虎钳，即机床上夹持工件用的。由明细栏可知，该虎钳由 11 种零件装配而成，其中标准件 2 种，非标准件 9 种。通过总体浏览可知，该装配体体积不大，结构也不太复杂。

2. 分析视图，了解各视图表达的重点

机用虎钳装配图用了三个基本视图、一个局部放大图、一个局部视图和一个断面图共六个图形。其中主视图采用全剖视，把围绕螺杆 9 装配的各零件沿轴线方向的位置和装配关系表达得很清楚；左视图采用半剖，反映了固定钳身、活动钳身、螺母、螺钉之间的接触配合情况；俯视图以表达外形为主，其上局部剖表明了螺钉 10 连接护口片 2 和固定钳身 1 的情况；局部放大图反映了螺杆 9 的牙型；“零件 2A”则表明了护口片上的螺钉安装孔位置及护口片工作表面的情况；螺杆 9 的头部用移出断面图表明了其断面形状和大小。

3. 分析零件，进一步了解工作原理和装配关系

装配图与零件图最大的区别在于装配图是在同一个图中表达多个零件，读图时很关键的一步是要将这些零件“分得开，合得拢”。对于装配体中的标准件、常用件，因其结构形状固定，较容易从视图中区分出来；对于一般零件，则应由各零件剖面线的不同方向和间隔，根据实心杆件在装配图中的画法规定等，分清各零件的轮廓范围，由配合代号了解零件间的配合关系，根据零件序号和明细栏了解各零件的名称、数量、材料、规格等，研究零件间的装配连接关系，从而进一步弄清装配体的工作原理。

固定钳身是虎钳的主体零件。从主视图可以看出，主要传动件之一螺杆 9 的两个圆柱面分别装在固定钳身左、右两端的孔内，且分别以 $\phi12H9/f8$、$\phi18H9/f8$ 相配合；螺杆向左的轴向移动由其自身右段的轴肩限制，向右的轴向移动由垫圈 5、套 6 和销 7 限制，即螺杆 9 在固定钳身内只能转动而不能做轴向移动；从左视图可以看出，活动钳身像马鞍一样“骑”在固定钳身上，其底面与固定钳身的上面接触，螺母 8 上部与活动钳身的孔以 $\phi22H8/f8$ 相配合，并可通过螺钉 3 调整其上、下位置；螺母 8 下部与螺杆 9 旋合，当螺杆 9 转动时，螺母只能沿螺杆 9 做轴向移动，从而带动活动钳身移动，实现钳口的开、合。在固定钳身和活动钳身内侧夹持工件的部位分别装有护口片，便于磨损后更换。

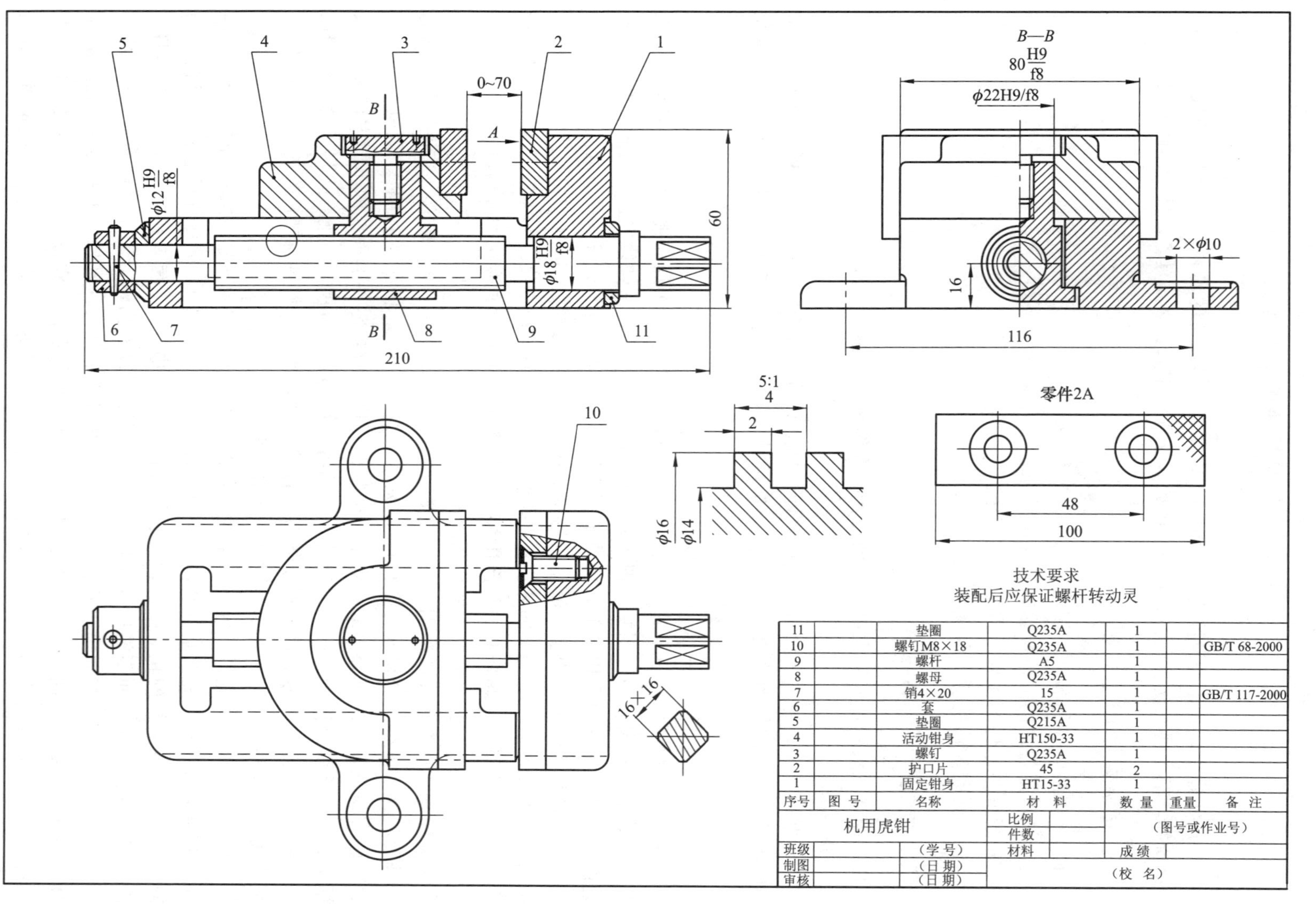

图 9-20 机用虎钳装配图

综上所述，可以分析得出该虎钳的工作原理是：转动螺杆 9——螺母 8 轴向移动——活动钳身 4 轴向移动——钳口开、合——松开、夹紧工件。

由钳口距离 0～70 mm（规格尺寸）可知，被夹持工件的厚度可在 0～70 mm 之间变化。

4. 分析拆、装顺序

分析装配体拆、装顺序是为了拆、装工作能顺利进行，同时也是对装配图读图结果的检验。

从前述结构分析可知机用虎钳的拆卸顺序如下：

拆下销 7 ⟶取下套 6、垫圈 5 ⟶旋出螺杆 9、取下垫圈 11 ⟶旋出螺钉 3 ⟶取下螺母 8 ⟶卸下活动钳身 4 ⟶分别拆下固定钳身、活动钳身上的护口片。

装配顺序与拆卸顺序相反。图 9-21 和图 9-22 所示分别为机用虎钳装配轴测图和示意图。

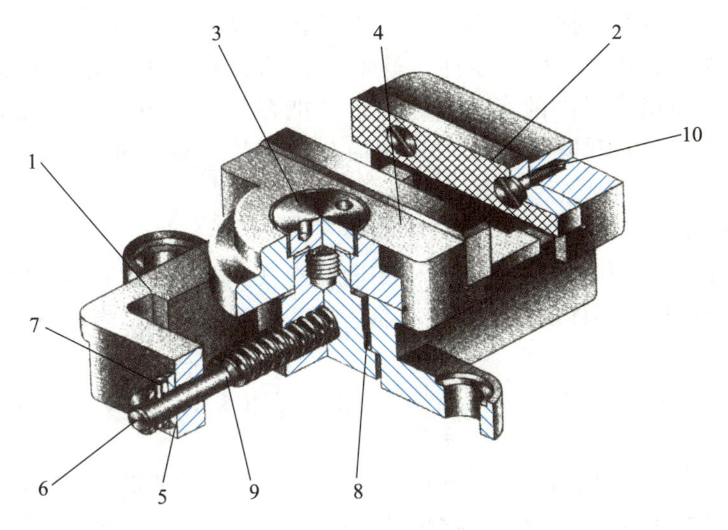

图 9-21　机用虎钳装配轴测图

1—固定钳身；2—护口片；3，10—螺钉；4—活动钳身；5—垫圈；6—套；7—销；8—螺母；9—螺杆

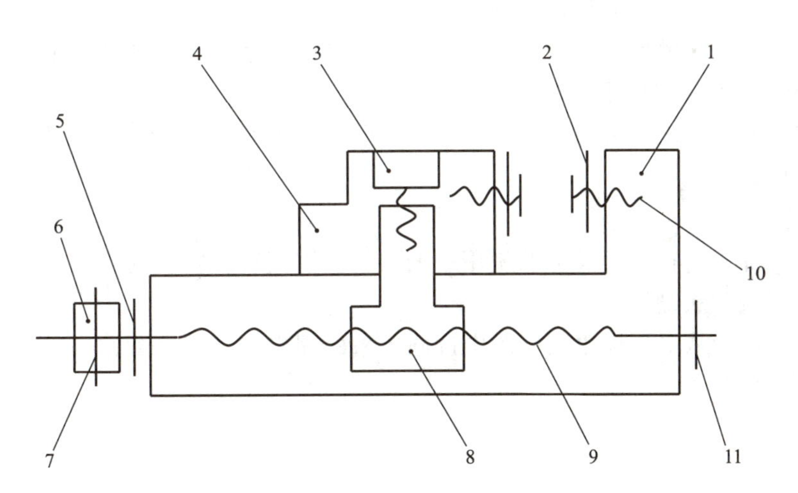

图 9-22　机用虎钳装配示意图

1—固定钳身；2—护口片；3，10—螺钉；4—活动钳身；5—垫圈；6—套；7—销；8—螺母；9—螺杆；11—垫圈

§9—8　由装配图拆画零件图

由装配图拆画零件图，必须在读懂装配图的基础上进行。拆画零件图不是简单地从装配图中照抄零件，而是一个继续设计零件的过程。

由装配图拆画零件图可按以下步骤进行。

1. 将要拆画的零件从装配图中分离出来

装配图仍是按投影法的基本原理画出来的，所以根据多面正投影中各视图的对应关系，再加上装配图中区分相邻零件的若干表达规定，在读懂装配图的基础上要分离出需要拆画的零件图，并想象出它的大致形状并不困难。

2. 按装配体结构构思零件的结构形状

在装配图上，并不要求把每个零件的结构形状都表达得十分详尽，在拆画零件图时应根据装配体的性能、特点及所画零件与其他零件的关系，并考虑到该零件在装配体中的作用及其制造与使用过程中的有关工艺要求，把在装配图中允许省略不画的结构（如倒角、倒圆、退刀槽等）和其他允许省略和简化的结构予以补充和完善，完整地构思出零件结构形状。

3. 视图表达方案的确定

由于装配图和零件图在表达上的侧重点不同，所以拆画零件图时不能照搬装配图对该零件的表达方案，而应根据零件的结构特点和表达需要重新考虑或适当调整。

4. 零件图上的尺寸标注

从装配图中拆画的零件图，其尺寸应根据装配图来决定。通常用以下方式确定各尺寸。

（1）抄注。装配图中注出的尺寸，多为重要尺寸，其中与所拆画零件有关的尺寸可直接抄注；配合尺寸可根据装配图中注出的配合代号查出偏差数值，注在相应的零件图上。

（2）查找。零件图上的一些常见结构如钻孔、螺孔深、键槽、销孔、倒角、圆角和退刀槽等，应从有关资料中查阅后确定尺寸。

（3）计算。某些尺寸数值，应根据装配图所给定的尺寸，通过计算确定，如齿轮的轮齿部分的分度圆、齿顶圆等尺寸。

（4）量取。装配图上没有标注的尺寸，可按装配图的画图比例在图中量取，但要注意零件之间的相互协调。

5. 技术要求

可根据零件加工、检验、装配及使用中的要求，查阅有关资料制定技术要求，初学者可参照同类产品用类比法确定。

图 9－23 所示为从机用虎钳装配图中拆画出来的固定钳身零件图。

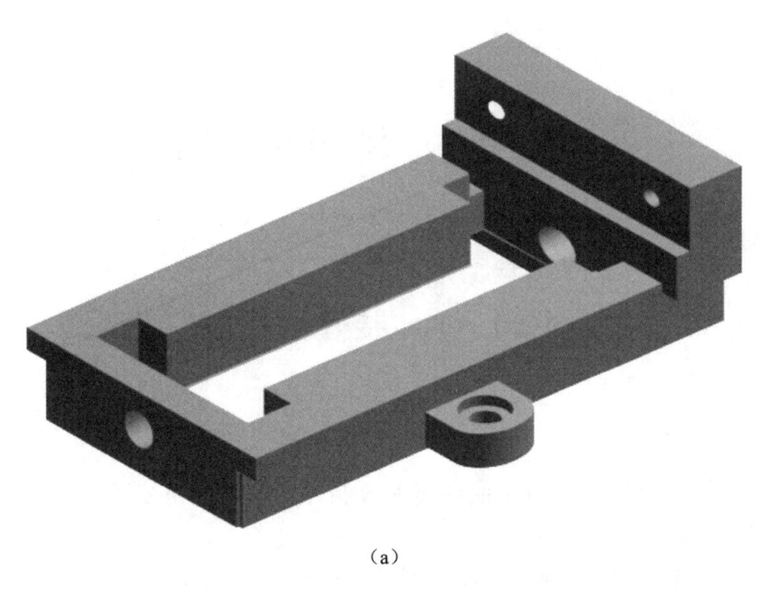

(a)

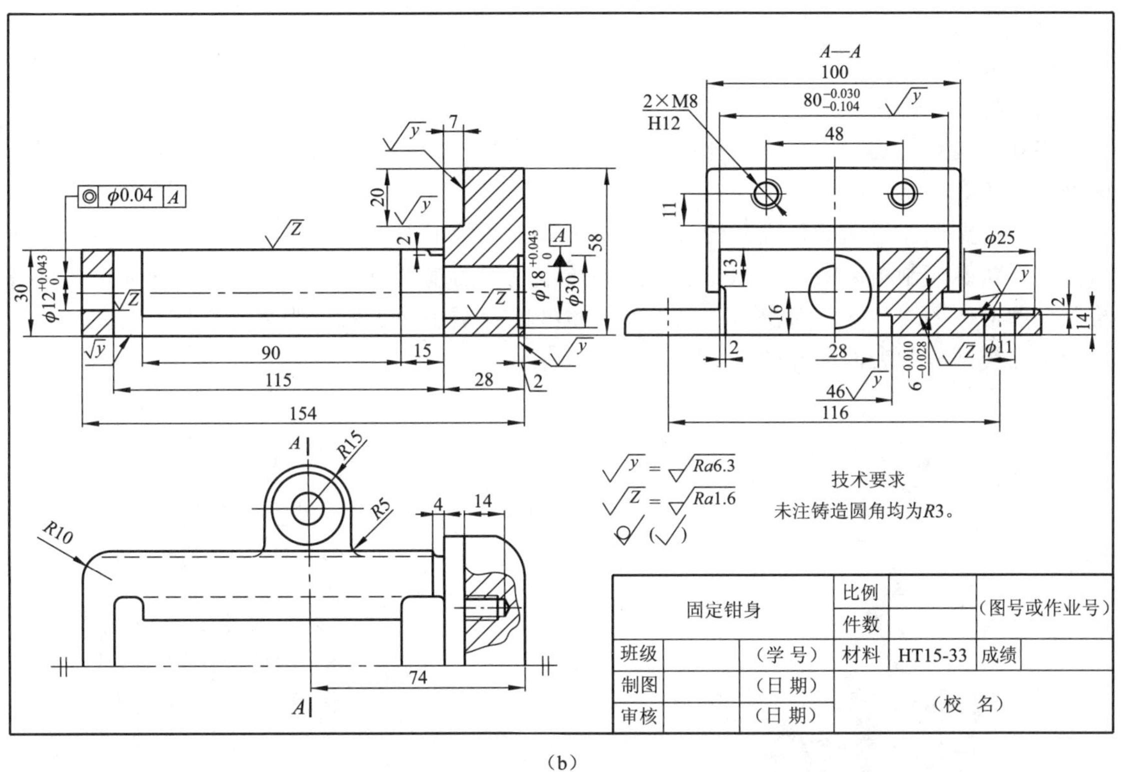

(b)

图 9-23　由装配图拆画零件图

(a) 固定钳身直观图；(b) 固定钳身零件图

第十章　表面展开图

§10—1　展开图概述

一、概述

工业生产和人们日常生活中所用的许多薄板制件大都按以下步骤加工而成：

（1）画出制件的视图（称为施工图）。

（2）根据视图按 1∶1 比例画出立体的展开图（称为放样图）。

（3）下料。

（4）成型。

（5）焊接或铆接。

将立体表面的实际形状依次摊平在一个平面内叫作立体表面的展开，展开后画出的图形即是立体的表面展开图。

制件的施工图表达的是成品的形状，是画展开图的依据。而展开图反映的是制件各表面的真实形状。绘制精确的展开图是加工出高质量制件的基本保证。因此机械专业人员应具备绘制各种形体的展开图、做出薄板制件的基本技能。图 10－1 所示为集粉筒实物，图 10－2 所示为斜交圆柱的表面展开图。

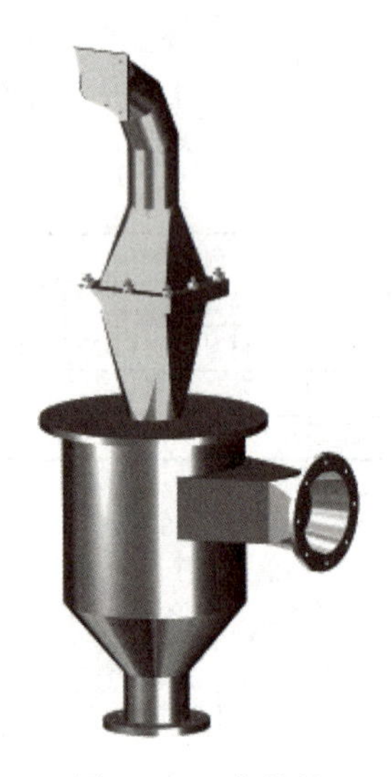

图 10－1　集粉筒

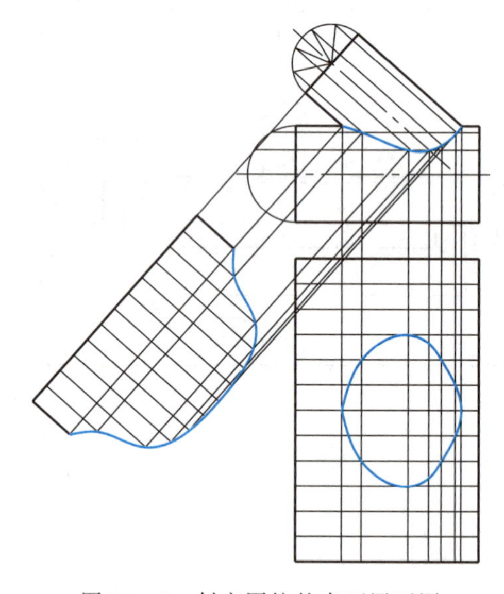

图 10－2　斜交圆柱的表面展开图

制件的表面分为可展表面和不可展表面。平面立体以及母线为直线且相邻两素线是平行或相交的曲面立体为可展立体，如棱柱、棱锥、圆柱和圆锥等。而相邻两素线是交叉的或母线为曲线的立体是不可展的，如球体、环面以及螺旋面等。对于不可展立体通常采用近似方法展开。

二、绘制展开图的方法

绘制立体表面展开图的方法有以下两种。

1. 计算法

运用数学工具计算出展开图上各点的坐标后绘制而成。随着计算机应用技术的普及，更多的是编制出绘图程序后由计算机完成各种运算并绘出展开图形。此方法作图准确，工作效率高，但需要相应的硬件和软件的支持，故在应用上受到一定的局限。

2. 图解法

图解法为加工制件的传统方法，即按投影理论手工绘出制件的展开图。此方法虽作图不够精确且效率较低，但简便灵活，易于掌握，是目前我国制造业中普遍采用的方法。

用图解法绘制展开图需要掌握以下知识：

(1) 求一般位置直线的实长。由于需要按制件的真实大小绘制展开图，所以在画展开图时应首先求出画展开图需要用到的、在投影图中不能反映实长线段的实际长度。

(2) 两相交立体的表面交线（相贯线）的画法。相贯线为相交立体表面的分界线，在视图中应准确作出相贯线的投影，为画立体的展开图做好准备。

§10—2 求一般位置直线的实长

一、直角三角形法

如图 10－3 (a) 所示，AB 为一般位置直线。过 B 点作直线 $BA_0 /\!/ ab$，$\triangle ABA_0$ 为一直角三角形。其斜边 AB 为所求，直角边 $A_0B=ab$（水平投影），另一直角边 $AA_0=Z_A-Z_B$。因此利用上述分析便可求得 AB 实长。

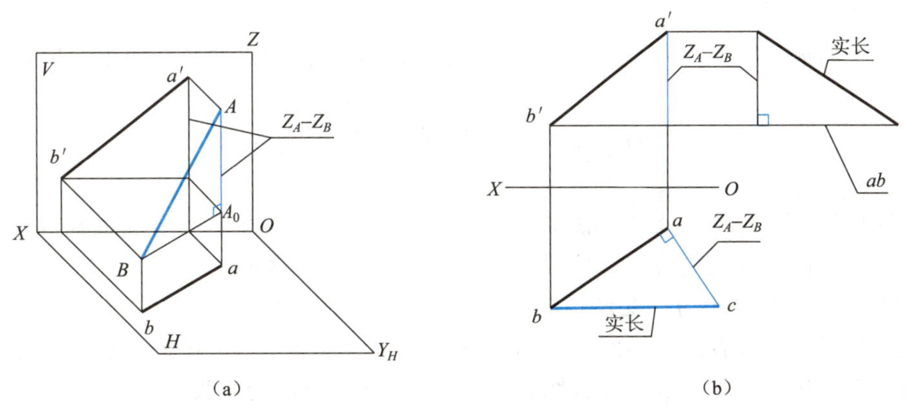

图 10－3 直角三角形法

作图步骤如下：

（1）过 a 点作 ab 的垂线，在垂线上量取 Z_A-Z_B 得 c 点。

（2）bc 的连线即为 AB 线段的实长，如图 10－3（b）所示。

二、旋转法

由于投影面平行线在所平行的投影面上的投影反映实长，因此可采用图 10－4 所示的方法，将一般位置直线以过 A 点的铅垂线为轴线旋转到正平线的位置，使其正面投影反映实长。由于旋转轴经过 A 点，故 A 点在直线的旋转过程中位置始终不变。而 B 点绕旋转轴旋转的轨迹为一圆，该圆的水平投影反映实形，正面投影成一直线。

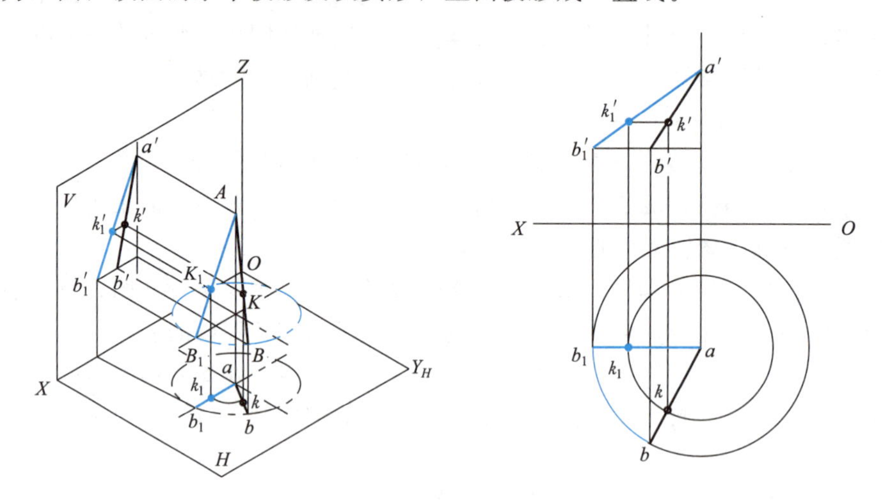

图 10－4　旋转法

作图步骤如下：

（1）以 a 点为圆心将 ab 旋转到与 X 轴平行的位置，即 $ab_1 /\!/ OX$ 轴。

（2）过 b' 作 OX 轴的平行线并与过 b_1 所作的 X 轴垂线交于 b_1' 点。

（3）连接 $a'b_1'$ 即为直线 AB 的实长。

（4）若 AB 上有一 K 点，则 K 点随 AB 线一同旋转。求 K 点旋转后的位置只需过 k' 作 X 轴的平行线交 $a'b_1'$ 于 k_1'。

在画圆锥的展开图时，便可利用此方法求锥面上素线的端点在展开图中的位置。

§10－3　平面体制件的展开

表面规整的平面立体如棱柱、棱锥的展开较为简单。在展开不规则平面体的表面时应先求出视图中一般位置直线的实长，再按三角形法依次展开各表面。

【例 1】 图 10－5 所示为一变形接头，试画出该接头展开图。

分析： 从图中可以看出立体的前面 $ABFE$ 为两相交平面，AF 线是两平面的交线。在画展开图前应先求出视图中一般位置直线 AF、BF、EF 及 AE 的实长。

作图：

（1）用直角三角形法求出图中一般位置直线的实长。

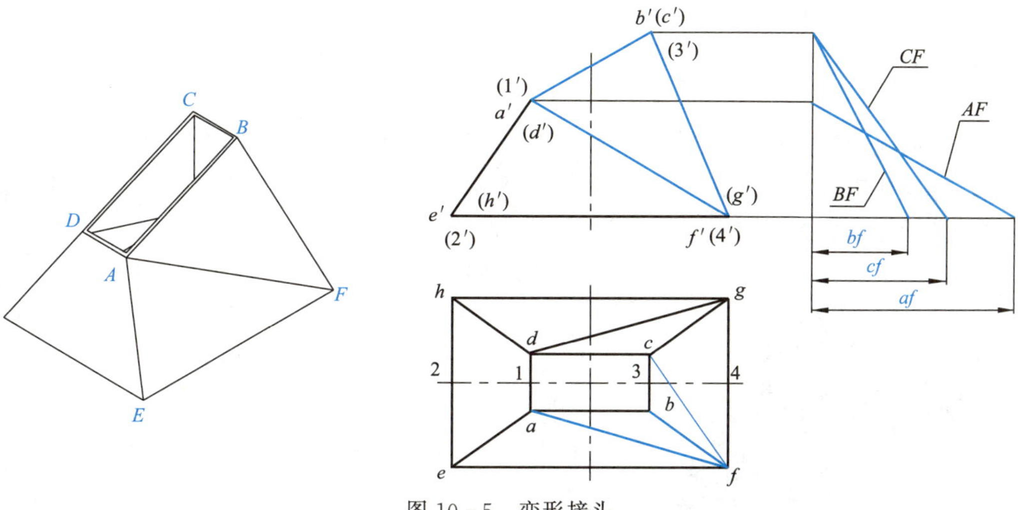

图 10－5 变形接头

（2）从视图左边的对称中心处开始按三角形法依次展开各表面。

（3）根据展开图下料后再按交线位置成型，如图 10－6 所示。

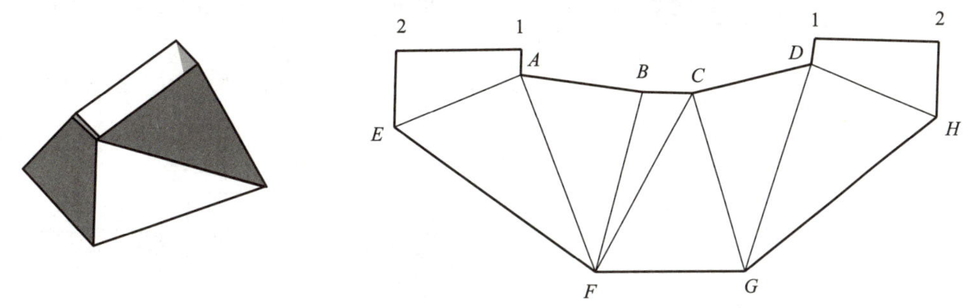

图 10－6 变形接头的展开图

§ 10—4 圆柱管制件的展开

圆柱管展开采用的是平行线法，凡圆柱类制件均可按此方法绘制展开图。

【例 2】 求作斜口圆柱管［见图 10－7（a）］的展开图。

（a）

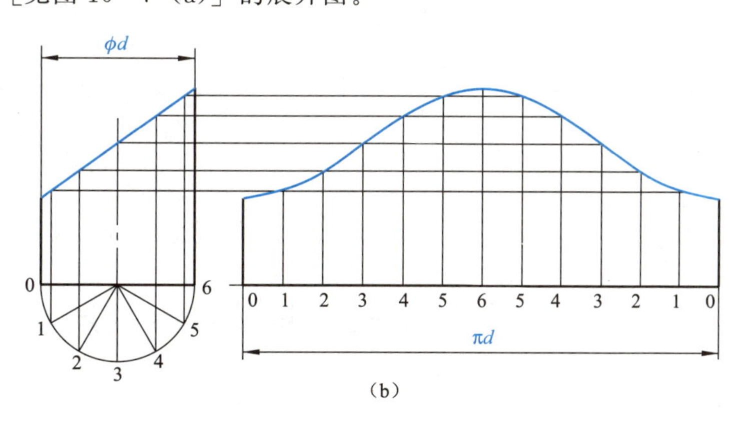

（b）

图 10－7 斜口圆管的展开

分析： 完整圆柱展开后为一矩形，将其底边 πd 及投影图中的圆分成相同份数，求得各等分线上的断点后连接即可。

作图：

（1）将俯视图圆分成十二等份，并过各等分点在主视图上作出素线。

（2）将圆柱底圆的展开长度 πd 分成十二等份，过等分点作素线并在其上求得各断点。

（3）光滑连接各点即得展开图，如图 10－7（b）所示。

图 10－8　五节等径直角弯管

【例 3】 作出五节直角弯管的展开图。

多节圆柱弯管常用于通风、除尘的管道中。图 10－8 所示为五节等径直角弯管，其中中间的三节为整节（两面带斜口），端部的两节为半节（一面带斜口）。图 10－8 中所示的半节斜面的倾斜角 $\alpha=\frac{90°}{8}=11.25°$。

若将各节一顺一颠排列恰可构成一圆管。因此，如有现成的直圆管即可按图 10－9（a）所示位置切成五节，定准各节的相对位置后焊成直角弯管。也可按图 10－9（b）图所示方法展开后，分别剪切出各节用料再焊接成型，此法不但节约用料，而且可提高工效。

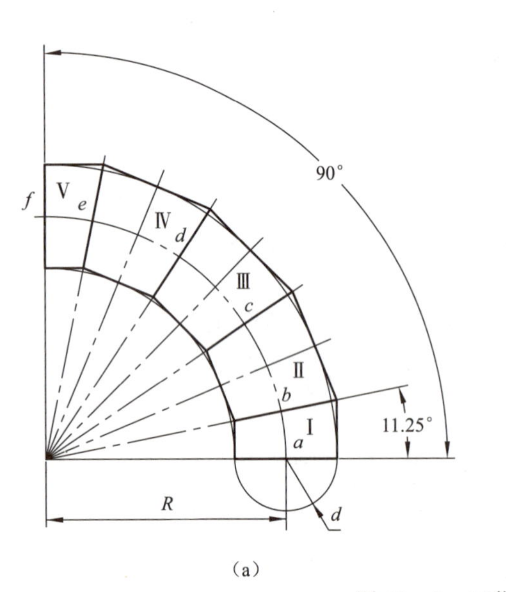

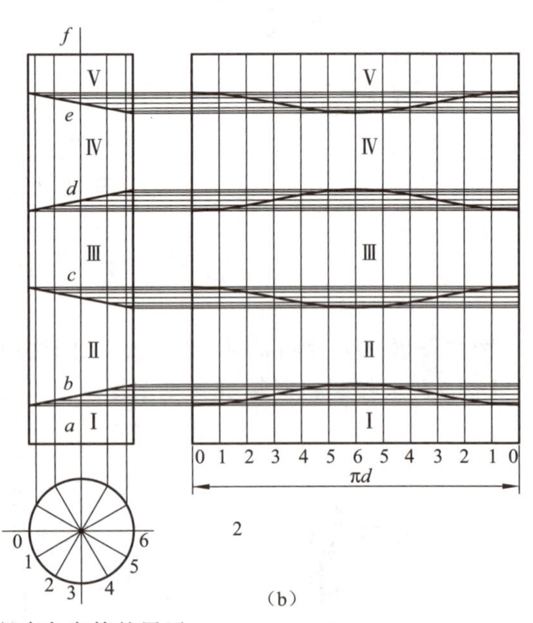

图 10－9　五节等径直角弯管的展开

§10—5　锥管制件的展开方法

圆锥体表面展开为一扇形，扇形角 $\theta=\frac{180°\times d}{L}$，展开方法如图 10－10 所示。

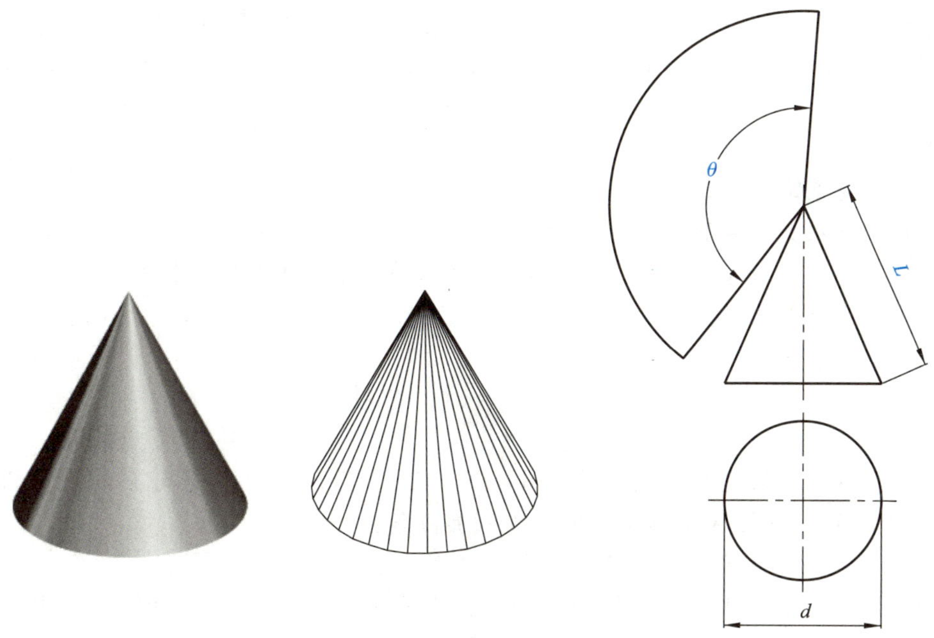

图 10－10　完整圆锥的展开图

作带切口的圆锥管的展开图，先要确定出切口上各点在展开图中的位置，然后连接各点。

【例 4】作斜切圆锥［见图 10－11（a）］的展开图。

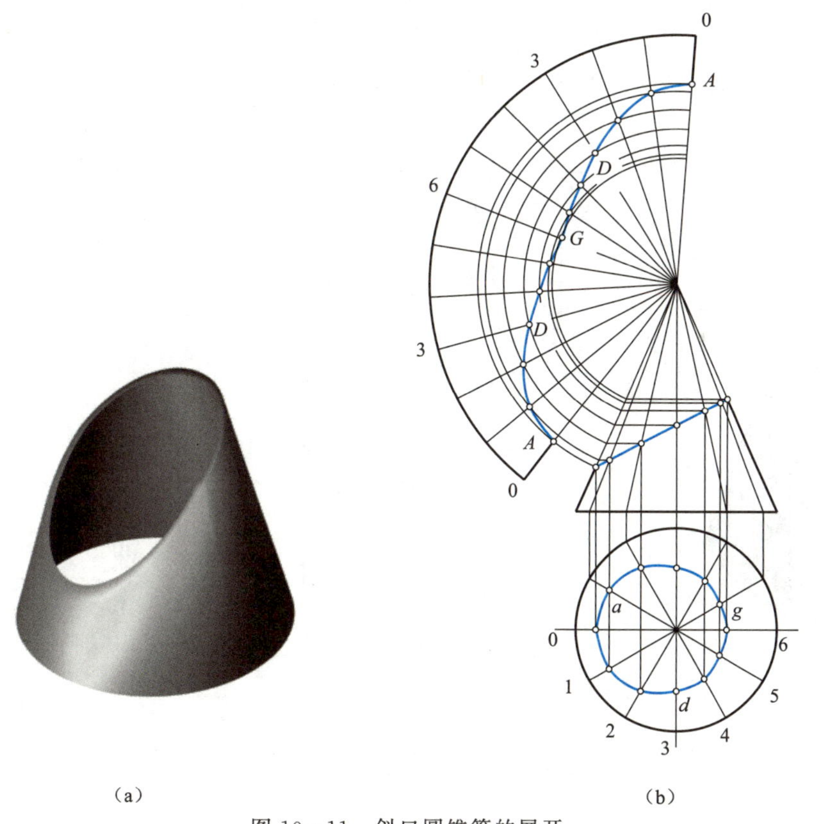

图 10－11　斜口圆锥管的展开

分析：正圆锥被倾斜于轴线的平面截切后在锥面上形成一椭圆，如图10－11（a）所示。椭圆切口在圆锥的展开图上为一曲线。作图的要点在于确定椭圆上各点在展开图上的位置。

作图：

（1）作出完整锥面的展开图（为一扇形）。

（2）将底圆及展开图中的扇形圆弧进行等分（本例为十二等分）。

（3）在视图中求出等分素线被截断部分的实长后，量取在展开图中相应的等分线上。

（4）依次光滑地连接各点，如图10－11（b）所示。

§10－6　异形管接头的展开

若管道的断面形状发生变化，则需用异形管接头进行连接。应用较多的是方圆变形接头，要特别注意在展开图中准确地作出四个过渡圆角。

【例5】作出方圆变形接头［见图10－12（a）］的展开图。

分析：该变形接头可视为一圆台被平面截切后所致，为方便作图，用直线代替平面与圆角相交的曲线。画展开图时，将视图中的四个圆角分为若干小三角形，用近似方法依次求得其实形。

作图：

（1）求出视图中的一般位置直线的实长。

（2）依次画出各三角形的实形。

（3）光滑连接各点即得展开图，如图10－12（b）所示。

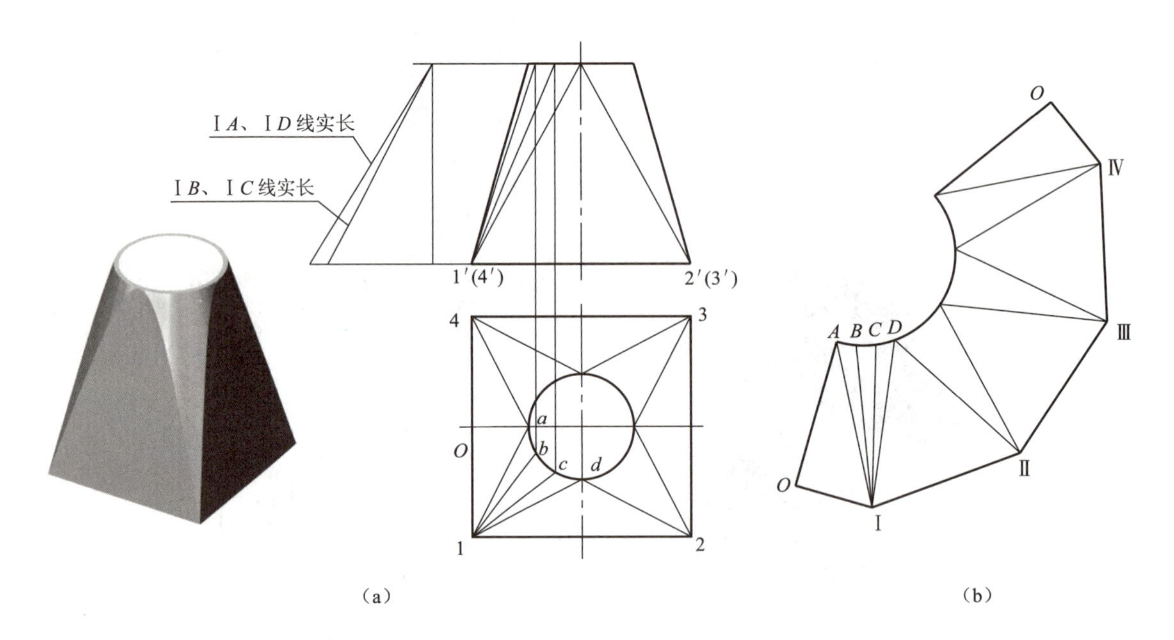

图10－12　方圆变形接头展开图

第十一章　焊　接　图

大国工匠案例七

焊接是利用局部加热填充熔化金属或施加压力等方法将两块金属熔接在一起形成不可拆的连接过程。焊接工艺设备及加工过程都较简单，并具有接合牢固等优点，因而，在工程中被广泛应用。常见的焊接方法有电弧焊、气焊等，其中电弧焊最多，手工电弧焊的代号为 111。

焊接图是焊接加工中所用的图样，它除了其零件图、部件图内容外，还有必须把焊接有关内容表达完整的要求。因此，国家标准规定了焊缝的画法、符号、尺寸注法、焊接方法的代号规定，本章主要介绍常见的焊缝符号和标注方法。

§11—1　焊缝的表达方法

一、焊缝的画法

如图 11 - 1 所示，常见的焊接接头形式有角接、搭接、T 形接和对接，焊缝是焊接后形成的接缝，国标中规定了用焊缝符号来表示焊接的方法。

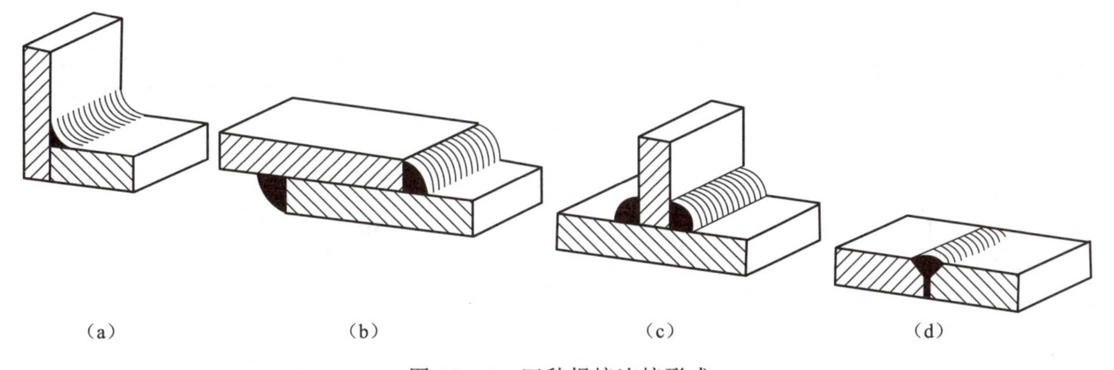

图 11 - 1　四种焊接连接形式

(a) 角接；(b) 搭接；(c) T 形接；(d) 对接

(1) 在视图中，焊缝用一系列细实线段表示并允许徒手绘制，也可以采用特粗实线表示(线宽 $2d$～$3d$)。

(2) 在同一张图样中，只能采用一种表示方法。

(3) 在剖视图、断面图上，金属的熔焊区一般用涂黑画出。焊缝的规定画法，如图 11 - 2 所示。

(4) 必要时也将焊缝部位按比例放大画出，并标注相关尺寸，如图 11 - 3 所示。

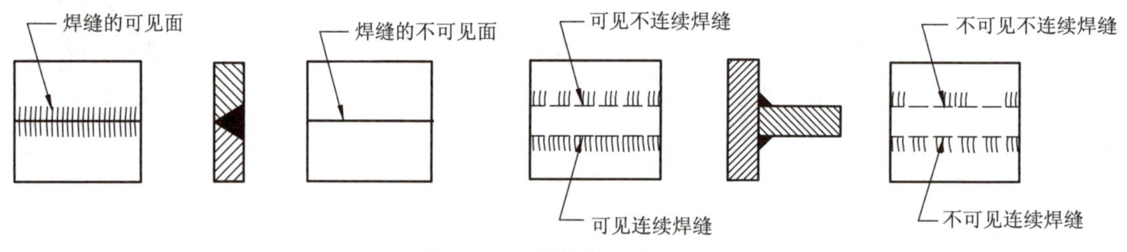

图 11－2 焊缝的规定画法

二、焊缝符号表示法

为了简化作图，对于焊缝分布简单明显的图样，可以不必画出焊缝，可只在焊缝处标注焊缝符号。焊缝符号一般由基本符号、指引线构成，需要时可加注上辅助符号、补充符号和焊缝尺寸符号加以说明。

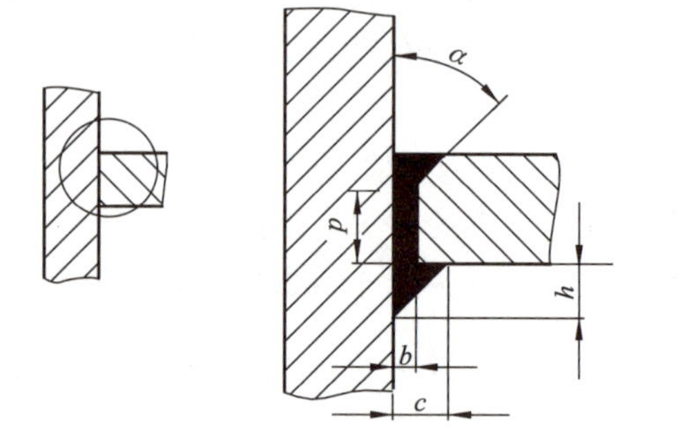

图 11－3 焊缝放大图

1. 基本符号

基本符号是表示焊接横截面形状的符号，见表 11－1。

表 11－1 焊缝符号及标注方法（摘自 GB/T 324—1988）

名称	符号	示意图	图示法	标注法
角焊缝	◺			
I形焊缝	‖			
V形焊缝	V			
单边V形焊缝	V			
带钝边Y形焊缝	Y			

续表

名称	符号	示意图	图示法	标注法
带钝边J形焊缝	ㄏ	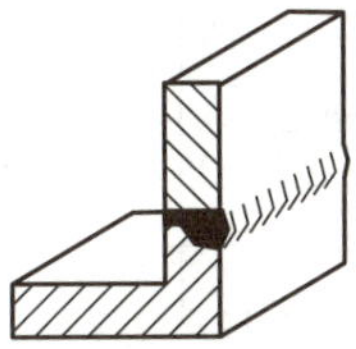	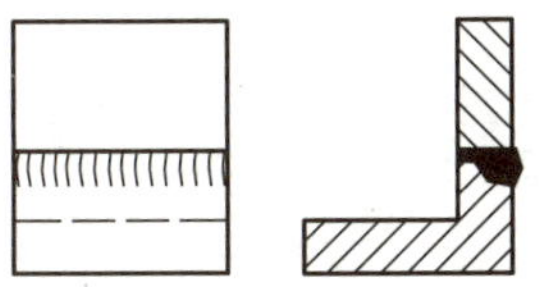	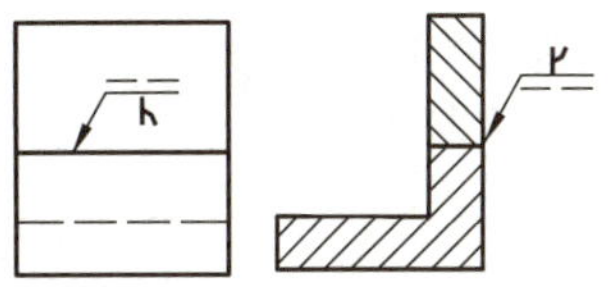
注：焊缝在视图和剖视图中标注时，表中的两种标注形式均可，选其一使用。				

2. 辅助符号

辅助符号是表示焊缝表面形状特征的符号，见表 11－2。

表 11－2 焊缝辅助符号及标注方法（摘自 GB/T 324—1988）

名称	符号	示意图	图示法	标注法	说明
凹面符号	⌣	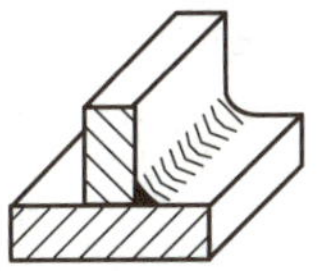	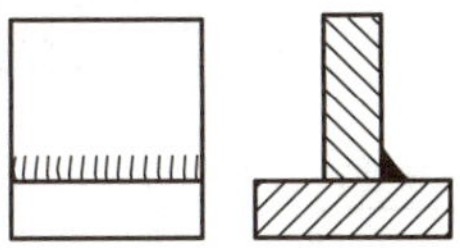	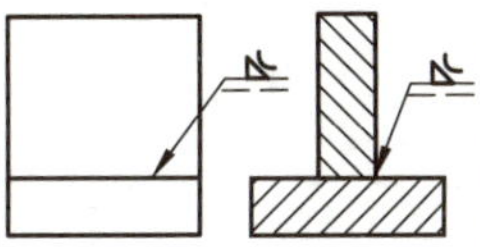	焊缝表面凹陷
凸面符号	⌢	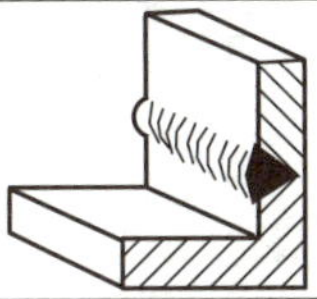	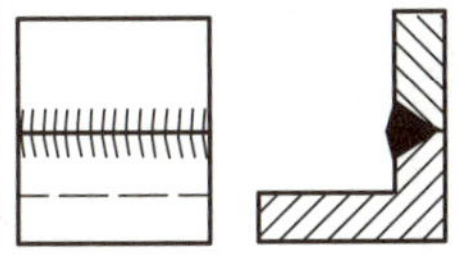	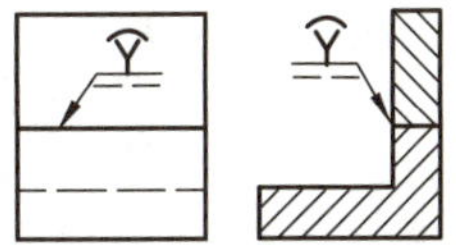	焊缝表面凸起
平面符号	—	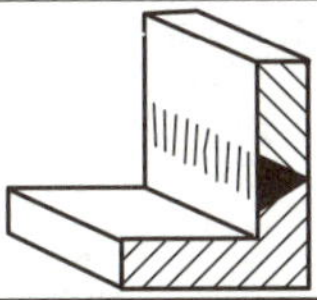	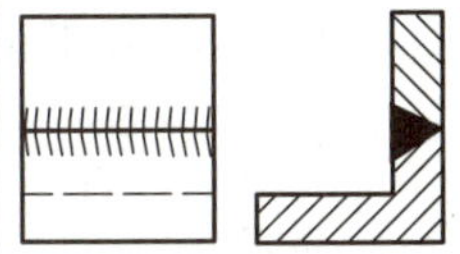	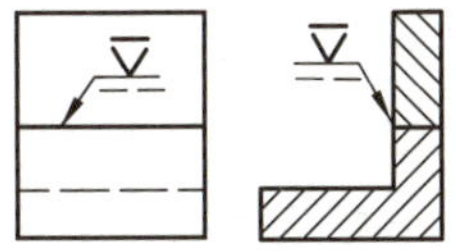	焊缝表面平齐

3. 补充符号

补充符号是为了补充说明焊缝的某些特征而采用的符号，见表 11－3。

表 11－3 焊缝补充符号及标注方法（摘自 GB/T 324—1988）

名称	符号	示意图	标注法	说明
带垫板符号	▭	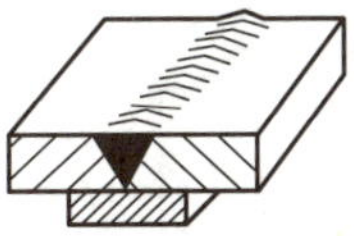	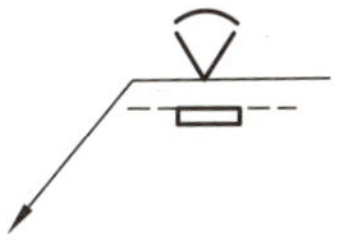	表示 V 形焊缝的背面底部带有垫板
三面焊缝符号	⊏	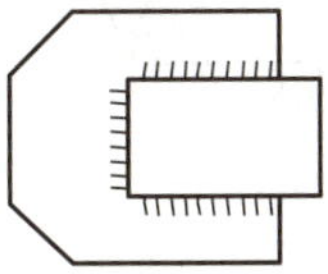	 111	工件三面带有焊缝，111 表示焊接方法为手工电弧焊
周围焊缝符号	○	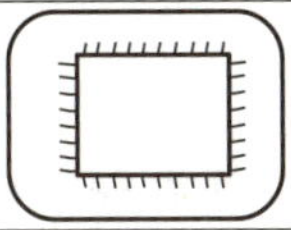	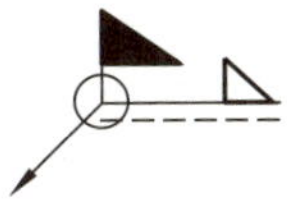	表示在现场或工地上进行焊接

续表

名称	符号	示意图	标注法	说明
现场焊接符号				表示在安装现场或工地上沿工件周围直接施焊
尾部符号			111	标注焊接方法的内容

4. 指引线

指引线一般由带有箭头的指引线（简称箭头线，用细实线画出）和两条相互平行的基准线（一条为细实线，另一条为虚线）两部分构成。如图 11-4 所示基准线一般应与图样的底边平行，特殊情况下也可垂直，且箭头指向焊缝处，如图 11-5 所示。

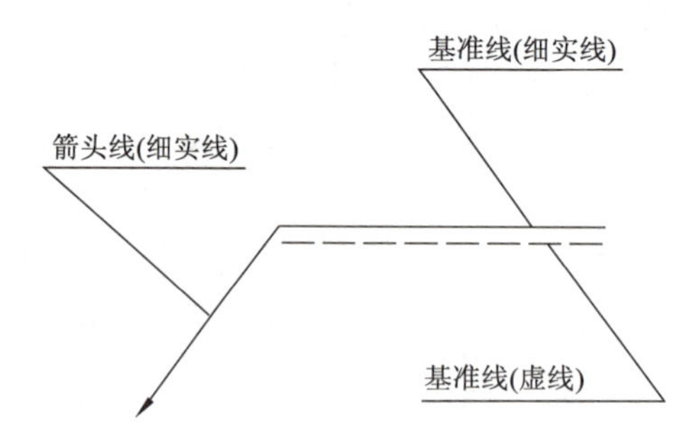

图 11-4　指引线

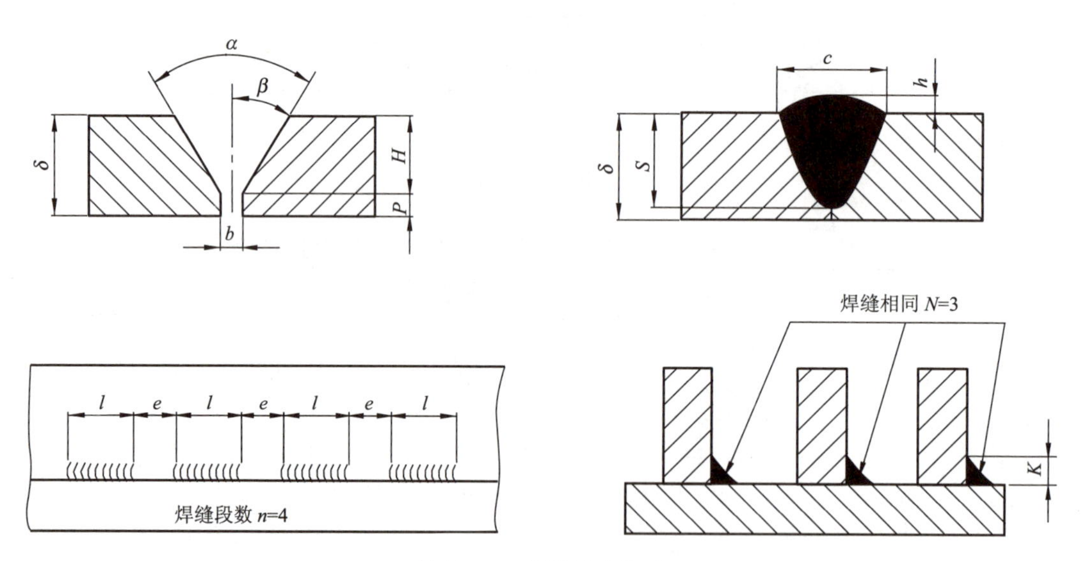

图 11-5　焊缝尺寸符号

5. 焊缝尺寸符号

焊缝尺寸一般不标注。如需要标注时，则是用字母代表焊缝尺寸要求，如图 11-5 中 α、

β、δ 等。焊缝尺寸符号的含义见表 11－4。

表 11－4 焊缝尺寸符号的含义（摘自 GB/T 324—1988）

符号	名称	符号	名称	符号	名称	符号	名称
δ	工件厚度	c	焊缝宽度	h	余 高	e	焊缝间距
α	坡口角度	R	根部半径	β	坡口面角度	n	焊缝段数
b	根部间隙	K	焊脚尺寸	S	焊缝有效厚度	N	相同焊缝数量
P	钝 边	H	坡口深度	l	焊 缝 长 度		

6. 焊接方法代号

当需要标明焊接方法时，可在基准线末端的尾部符号上标注，表 11－3 中数字 111 表示手工电弧焊。常用焊接方法代号见表 11－5。

表 11－5 常用焊接方法代号（摘自 GB/T 5185—1985）

焊接方法	代号	焊接方法	代号
涂料焊条电弧焊（手工电弧焊）	111	电渣焊	72
埋弧焊	12	熔化极气保焊（MIG）	131
气焊	3	冷压焊	48
硬钎焊	91	电阻对焊	25
摩擦焊	42	非熔化极气保焊	14

§11—2 焊缝的标注方法

一、箭头线与焊缝位置的关系

箭头线可以标在有焊缝的一侧或者另一侧，如图 11－6 所示。但当标注 V、Y、J 形焊缝时，应指向有坡口的一侧的工件。必要时，允许箭头弯折一次，如图 11－6（b）所示。

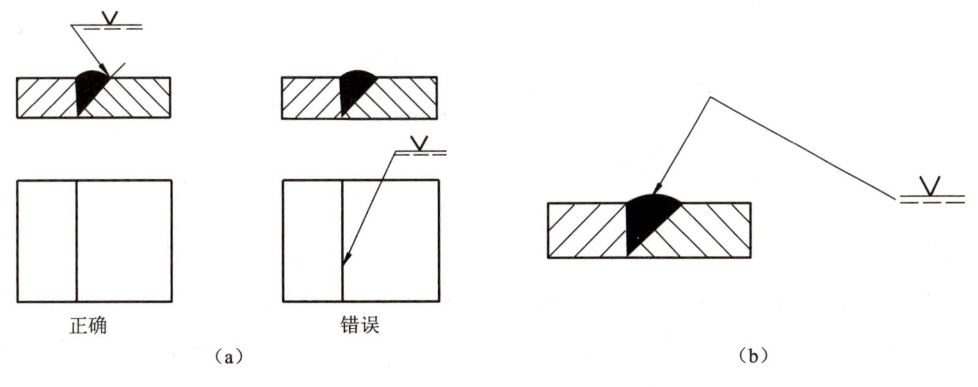

图 11－6 箭头线与焊缝位置

（a）标注 V、Y、J 形焊缝箭头指向工件有坡口的一侧；（b）允许箭头弯折一次标注

二、基本符号指引线上的位置

（1）若焊缝在接头的箭头一侧（箭头指向施焊面），则将基本符号标在基准线的实线一侧，如图 11 - 7（a）所示；反之，标在虚线一侧，如图 11 - 7（b）所示。

（2）标注对称焊缝和双面焊缝时，可以省去基准线虚线，如图 11 - 8 所示。

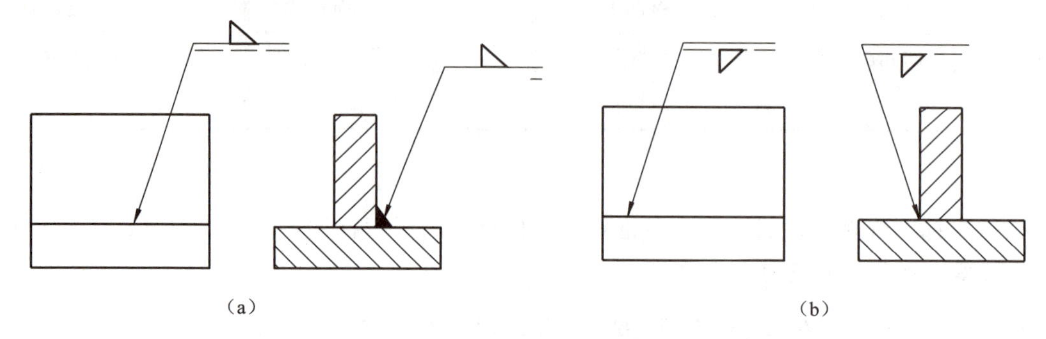

图 11 - 7　箭头、基本符号与基准线的位置

（a）箭头指向施焊面，基本符号标注在实线一侧；（b）箭头指向非施焊面，基本符号标注在虚线一侧

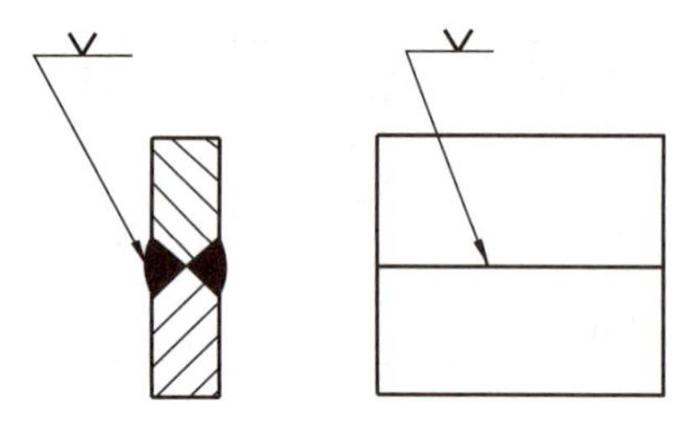

图 11 - 8　对称和双面焊缝

三、焊缝尺寸符号及数据的标注原则

焊缝尺寸标注原则如图 11 - 9 所示。

（1）焊缝横截面上的尺寸标在基本符号的左侧。

（2）焊缝长度方向尺寸标在基本符号的右侧。

（3）坡口角度、坡口面角度和根部间隙等尺寸标在基本符号的上侧或下侧。

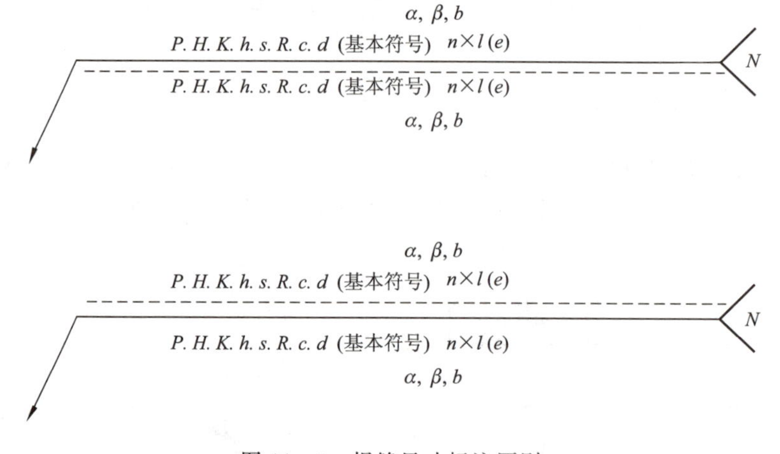

图 11 - 9　焊缝尺寸标注原则

（4）相同焊缝数量符号标在尾部，并用字母 N 表示（N 的取值见表 11 - 5）。

（5）当需要标注的尺寸数据较多又不易分辨时，可在数据前面增加相应的尺寸符号。当箭头线方向变化时，上述原则不变。

（6）关于尺寸符号的说明。

① 确定焊缝位置的尺寸不在焊缝符号中给出，而是将其标注在图样上。

② 基本符号的左侧无任何标注且又无其他说明时，意味着焊缝在工件的整个长度上是连续的。

③ 在基本符号的左侧无任何标注且又无其他说明时，表示对接焊缝要完全焊透。

§11—3　焊接图看图举例

【例 1】 图 11－10 所示为支臂焊接图，图中除具有完整的零件图、部件图内容之外，还必须将焊接有关内容要求表达清楚。

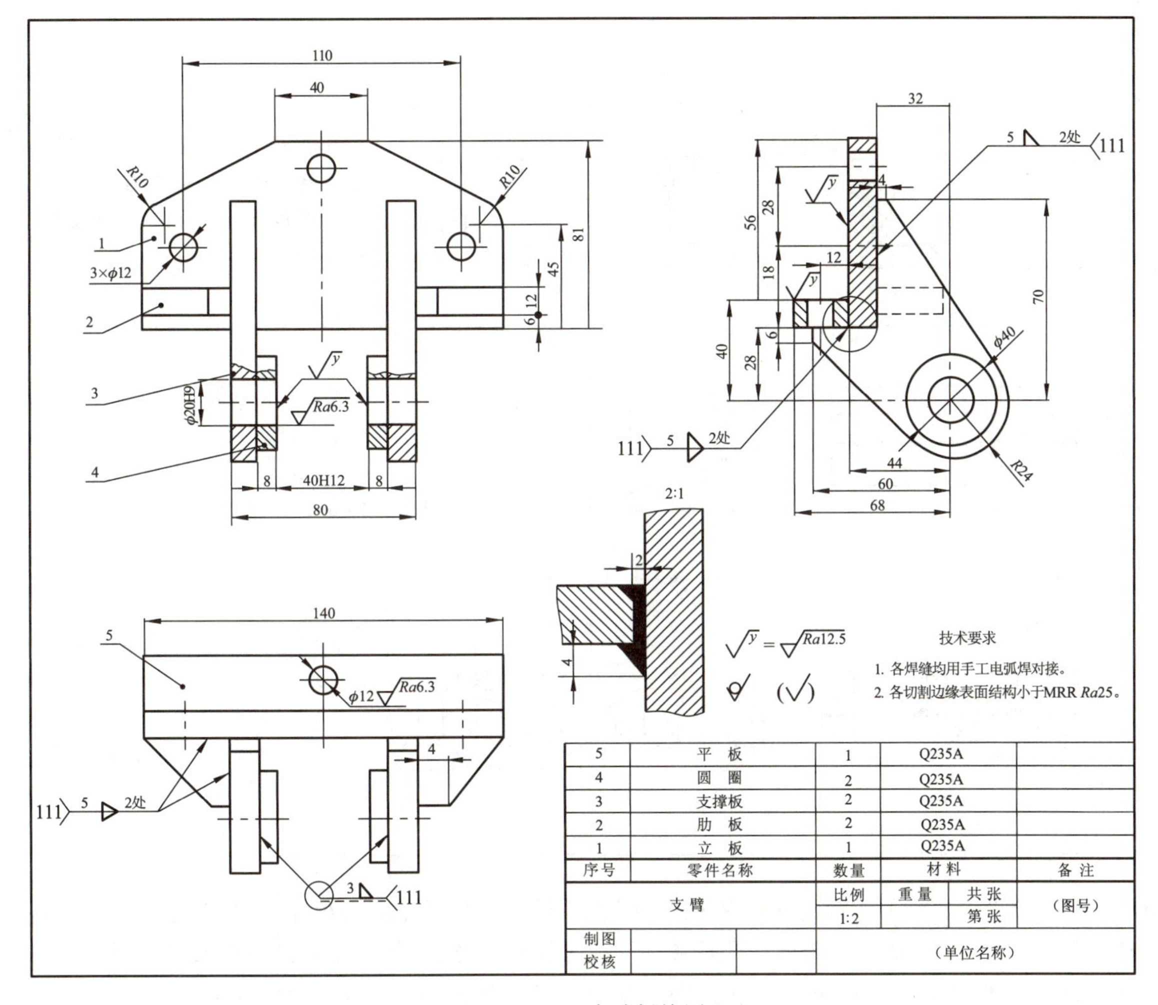

图 11－10　支臂焊接图

左视图上立板与支撑板间采用双面连接角焊缝、焊脚高为 5，平板 5 与立板 1 之间焊缝上面是单边 V 形带根焊缝，坡口面角度为 45°，根部间隙为 2，下面是焊脚高为 5 的角焊缝。俯视图圆圈 4 与支撑板 3 间采用双面连续角焊缝，焊脚高为 3，由技术要求可知各焊缝均采用手工电弧焊接。焊缝画法及标注综合举例见表 11－6。

表 11-6　焊缝画法及标注综合举例

焊缝画法及焊缝结构	标注格式	标注实例	说　明
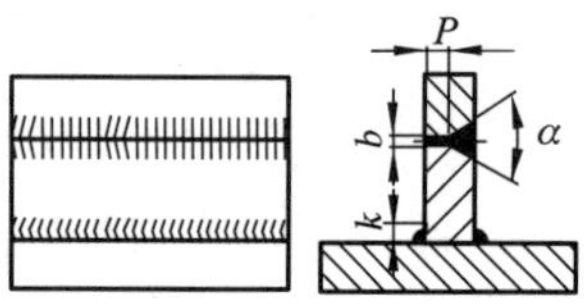 P b k α	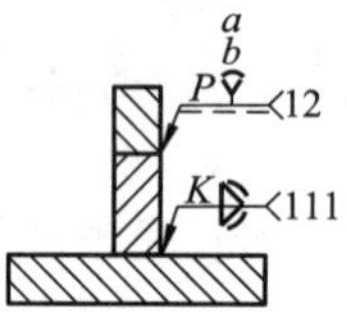 a b P K 12 111	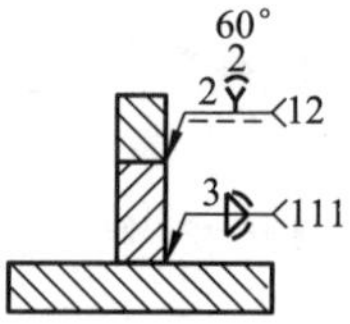 60° 2 2 3 12 111	① 用埋弧焊形成的带钝边 V 形连续焊缝（表面凸起）在箭头一侧，钝边 $P=2$ mm，根部间隙 $b=2$ mm，坡口面角度 $\alpha=60°$。 ② 用手工电弧焊形成的连续、对称角焊缝（表面凸起）。焊角尺寸 $K=3$ mm
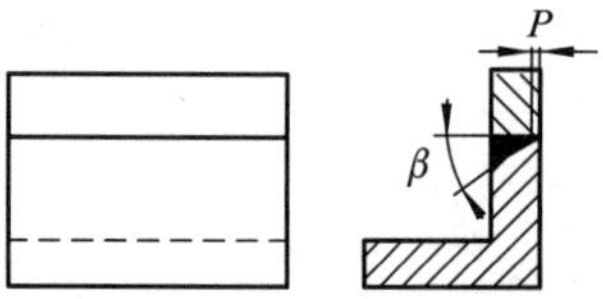 P β	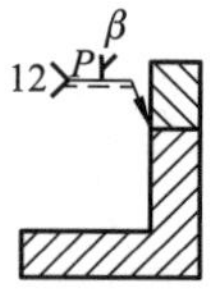 β 12 P	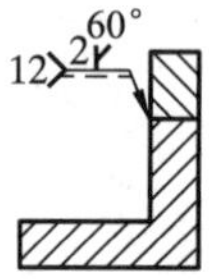 60° 12 2	表面用埋弧焊形成的带钝边的单边 V 形连续焊缝在箭头一侧，钝边 $P=2$ mm，坡口面角度 $\beta=45°$
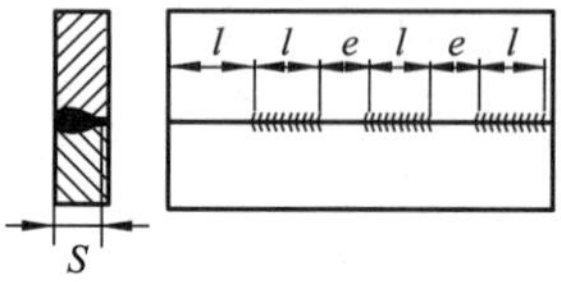 l l e l e l S	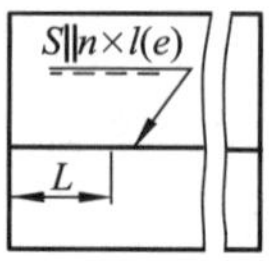 S‖n×l(e) L	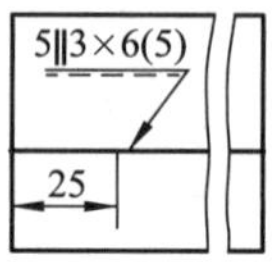 5‖3×6(5) 25	表示可见断续 I 形焊缝。焊缝有效厚度 $S=5$ mm，焊缝段数 $n=3$ mm，每段焊缝长度 $l=6$ mm，焊缝间距 $e=5$ mm
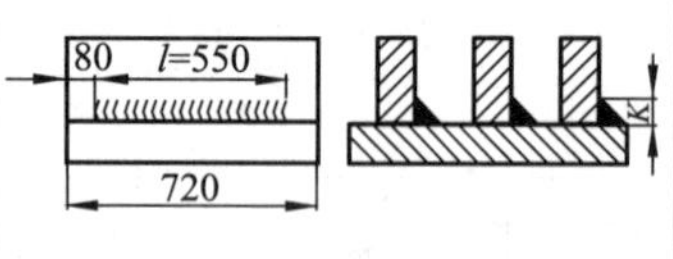 80 l=550 720 K	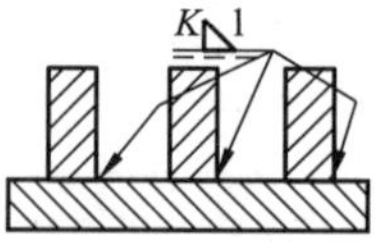 K 1	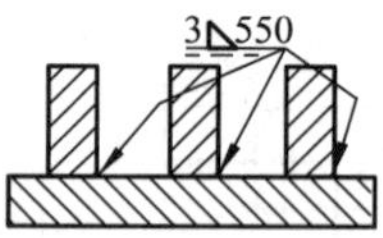 3 550	表示 3 条相同的角焊缝在箭头一侧，焊缝长度小于整个工件长度。焊角尺寸 $K=3$ mm，焊缝长度 $l=550$ mm，箭头线允许折弯一次标注

【例 2】图 11-11 所示为转向管柱焊接总成图，图中主要反映出了上调整支架 1、下调整支架 3、法兰 4、固定支架 5、螺母 6、与转向管柱 2 之间的相对位置关系及其焊接性质。如零件上调整支架 1 与转向管柱 2 之间采用“2◺<12”焊接，其中：2◺表示焊脚高度为 2 的角焊缝，12 表示埋弧焊。法兰 4 与转向管柱 2 之间采用“4◺6×13EQS”焊接，其中：4◺表示焊脚高度为 4 的角焊缝，12 表示埋弧焊，6 表示为焊缝段数为 6 段，13 表示每段焊缝长度为 13，并均匀分布。

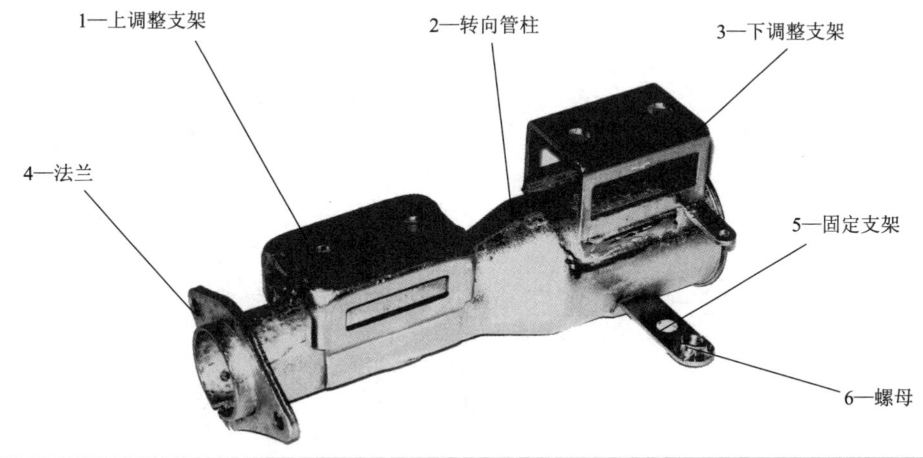

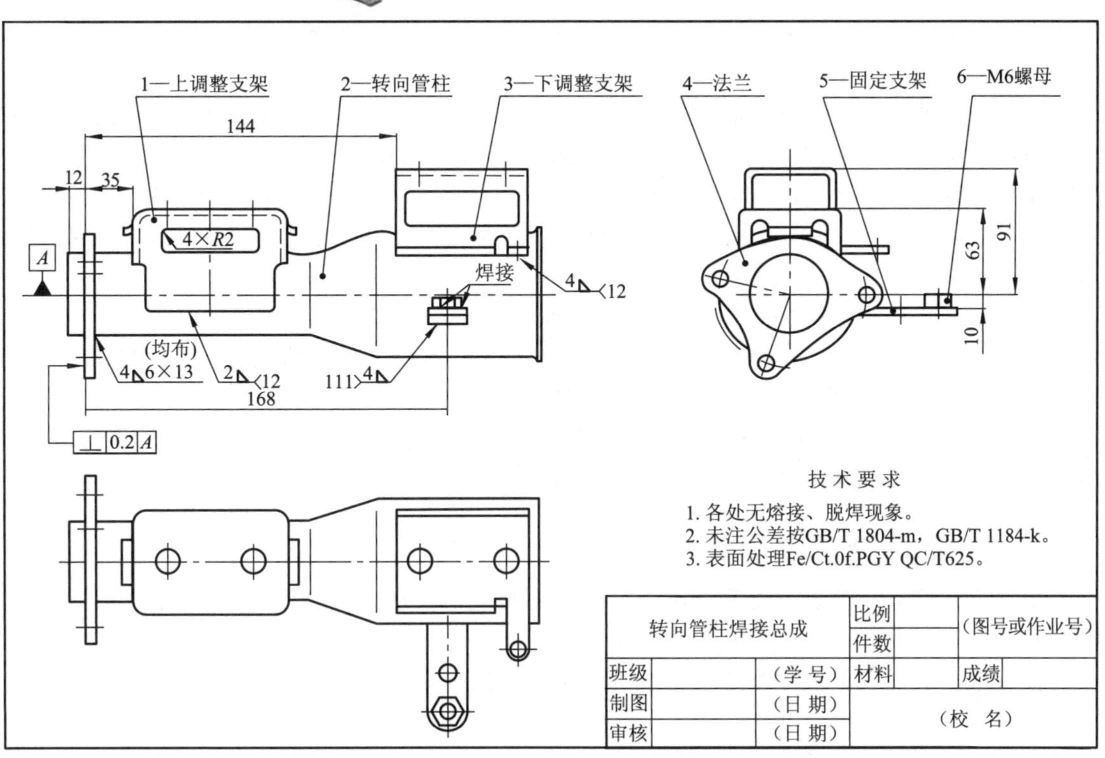

图 11－11 转向管柱焊接总成图

第十二章　第三角投影法

§12－1　第三角投影法的基本概念

一、正投影画图法的分类及使用情况

正投影画图法分为第一角法与第三角法两种基本投影法，世界各国分别选用不同的基本图示规定。

依据我国国家标准《技术制图—投影法》规定："技术图样应采用正投影法绘制，并优先采用第一角法""必要时才允许使用第三角法"（GB/T 14692—1993）。我国国家标准中所用图样，除特别注明之外，均为第一角法。

德国工业（DIN）一向采用第一角投影制，至今仍然以第一角法为主，但规定必要时可采用第三角法表示。

美国工业（ANS）一向采用第三角投影制。

日本工业（JIS）1973年最新修订，规定为"机械制图以第三角法为之，必要时得以第一角法表示之"。显然在机械制图方面，JIS是以第三角投影制为主。

国际标准化机构（ISO）采取第一角法与第三角法两投影制并行。因瑞士是此机构负责的干事国，故图样均采用第一角法投影表示。

二、第三角投影法

图12－1所示为三个互相垂直相交的投影面将空间分为八个部分，每部分为一个分角，依次为Ⅰ、Ⅱ、Ⅲ、Ⅳ、Ⅴ、Ⅵ、Ⅶ、Ⅷ分角。

将物体置于第三象限所作的投影，称为第三角投影法，如图12－2所示。

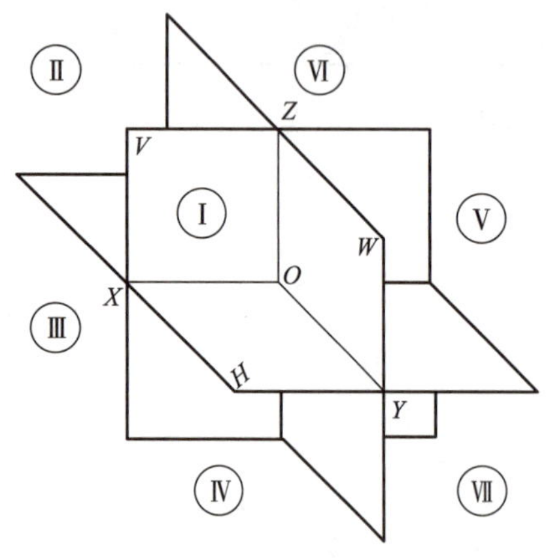

图12－1　三面投影体系

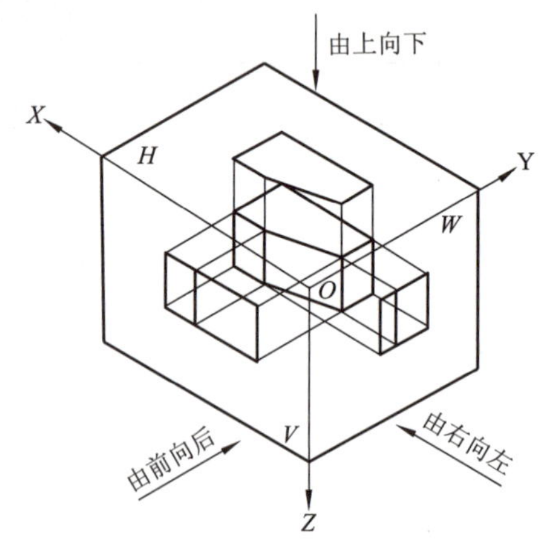

图12－2　第三角投影法三视图的形成

§12—2　第三角投影法的视图名称和配置

一、三投影面体系的建立

1. 投影面体系的建立

在第三分角内，三个相互垂直相交的平面即构成三投影面体系，其中，直立在观察者正对面的投影面叫正立投影面，简称正面，用 V 表示；右侧放置的投影面叫侧立投影面，简称侧面，用 W 表示。水平位置放置的投影面叫水平投影面，简称水平面，用 H 表示。三个投影面之间的交线称为投影轴，V 面与 H 面的交线称为 OX 轴（简称 X 轴），它代表长度方向；H 面与 W 面的交线称为 OY 轴（简称 Y 轴），它代表宽度方向；OZ 轴（简称 Z 轴）是 V 面与 W 面的交线，它代表高度方向。三根投影轴相互垂直，其交点 O 称为原点。如图 12-3 所示。

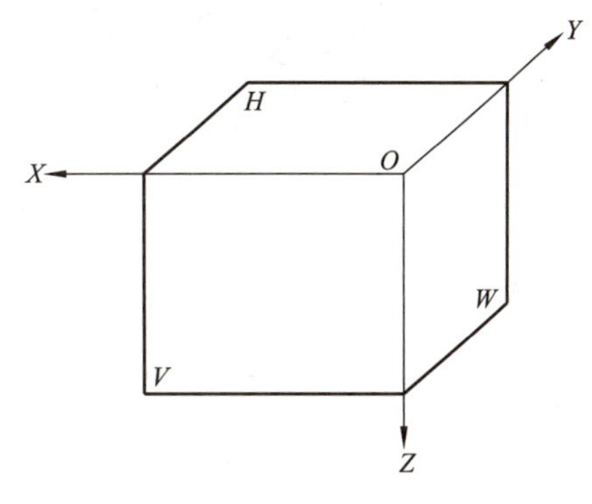

图 12-3　第三角投影的三投影面体系

2. 三视图的形成

将物体置于三投影面体系中，如图 12-4 所示，按正投影法分别向三个投影面投射，由前向后投射在 V 面上得到的视图称为主视图；由上向下投射在 H 面上得到的视图，称为俯视图；由右向左投射在 W 面上得到的视图，称为右视图。

3. 三投影面的展开

为了在同一张图纸上画出三个视图，需将三个投影面展开到同一平面上，其展开方法如下：V 面不动；H 面绕 OX 轴向上旋转 90°；W 面绕 OZ 轴向前旋转 90°，转到与 V 面处于同一平面上，如图 12-5 所示。俯视图（H 面）在主视图（V 面）的正上方，右视图（W 面）在主视图（V 面）的正右方。这种位置关系，在一般情况下是不允许变动的，如图 12-6 所示。由于视图所表达的物体形状与投影面的大小、投影面之间的距离无关，所以工程图样上常不画出投影面的边界和投影轴，如图 12-7 所示，这种画法称为无轴画法。

二、三视图的投影关系

如图 12-8 所示，物体有长、宽、高三个方向的尺寸。通常规定：物体左、右之间的距离为长（X），前、后间的距离为宽（Y），上、下间的距离为高（Z），如图 12-9 所示。一个视图只能反映物体两个方向的尺寸。主视图反映物体的长和高，俯视图反映物体的长和宽，右视图反映物体的宽和高。相邻两个视图同一方向的尺寸应相等，即：俯视图在主视图的上方且对应的长度相等，左、右两端恰好对正；右视图在主视图的右边且对应的高度相等并平齐；俯、右视图宽度相等。故三视图之间的投影关系可归纳为："长对正、高平齐、宽相等"的"三等"关系。它是三视图的投影规律，是画图、看图的依据。

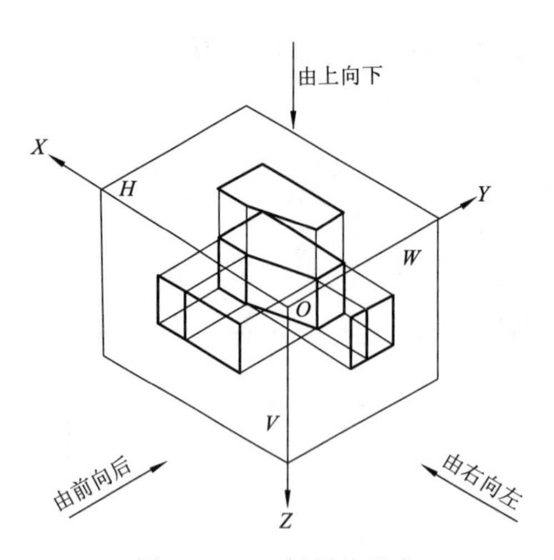

图 12-4　三视图的形成

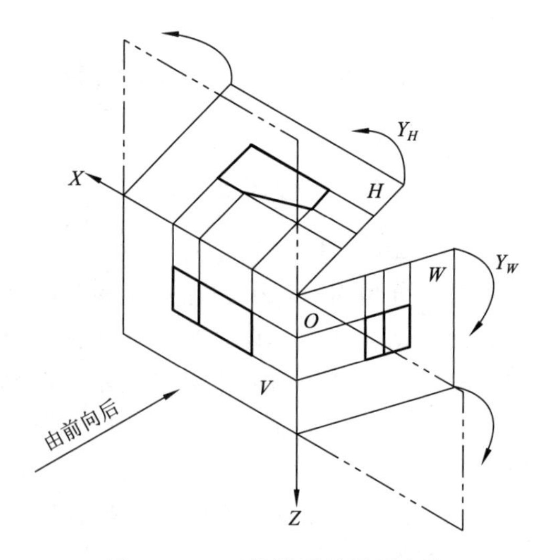

图 12-5　三投影面的展开方法

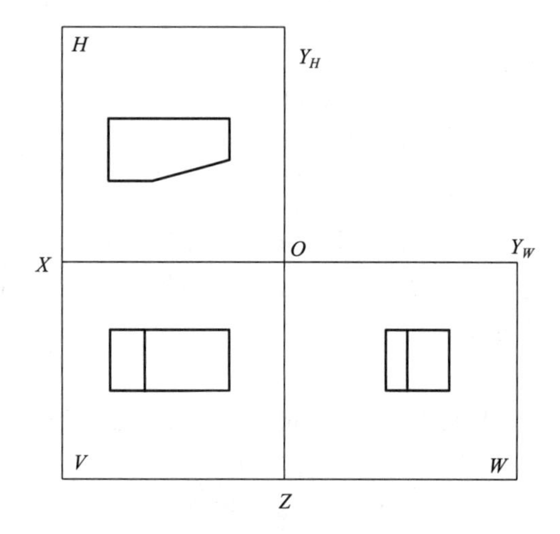

图 12-6　展开后的三视图

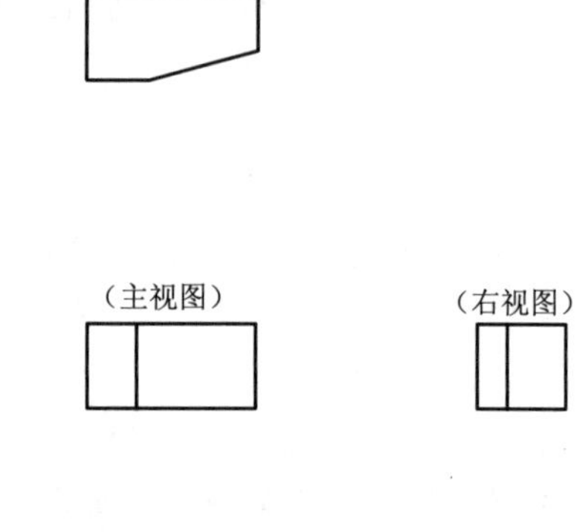

图 12-7　去边框后的三视图

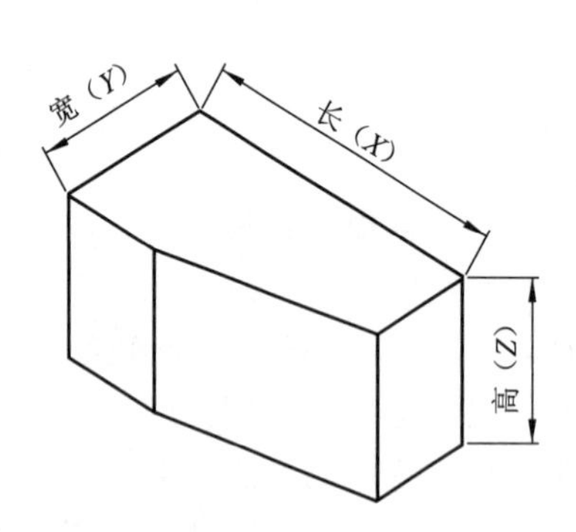

图 12-8　物体长、宽、高对应关系

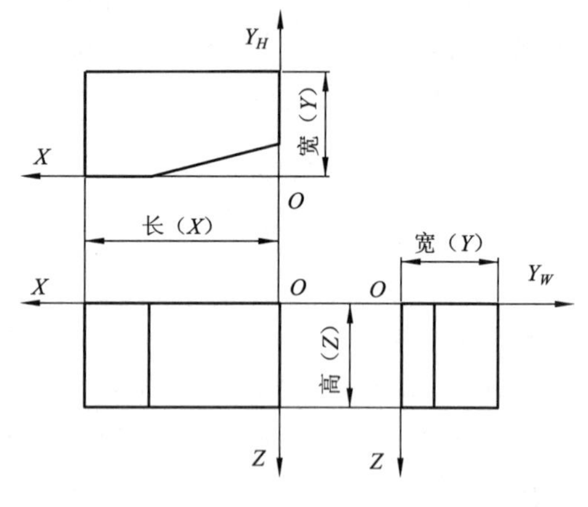

图 12-9　三视图的长、宽、高对应关系

三、三视图的方位关系

所谓方位关系，是指以观察者面正面（即主视图的投射方向）为准来观察物体，确定物体的上、下、左、右、前、后六种方位，如图 12 - 10 所示。主视图反映物体的上、下和左、右关系，前、后则重叠；俯视图反映物体的左、右和前、后关系，上、下则重叠；右视图反映物体的上、下和前、后关系，左、右则重叠。在第三角法中，俯视图、右视图与主视图的方位关系，靠近主视图的一侧表示物体的前面，远离主视图的一侧表示物体的后面，如图 12 - 11 所示。第三角投影基本视图的形成如图 12 - 12 所示。

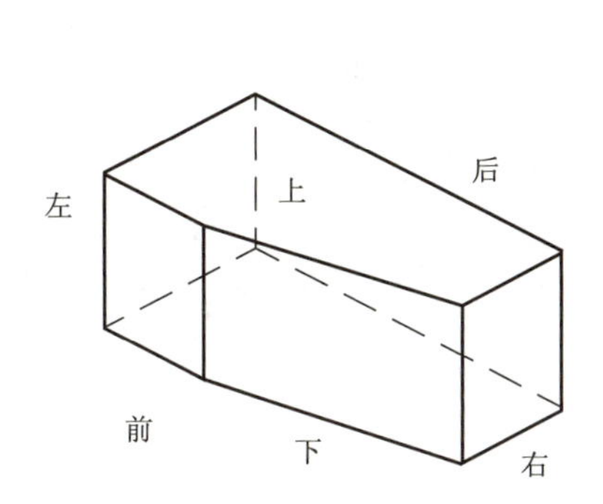

图 12 - 10　物体的空间方位

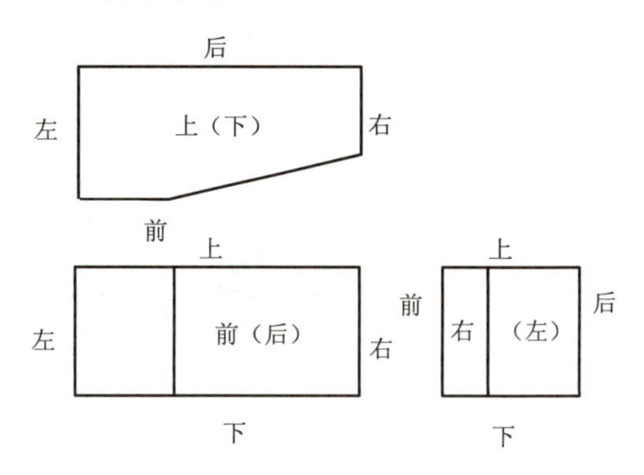

图 12 - 11　三视图的方位对应关系

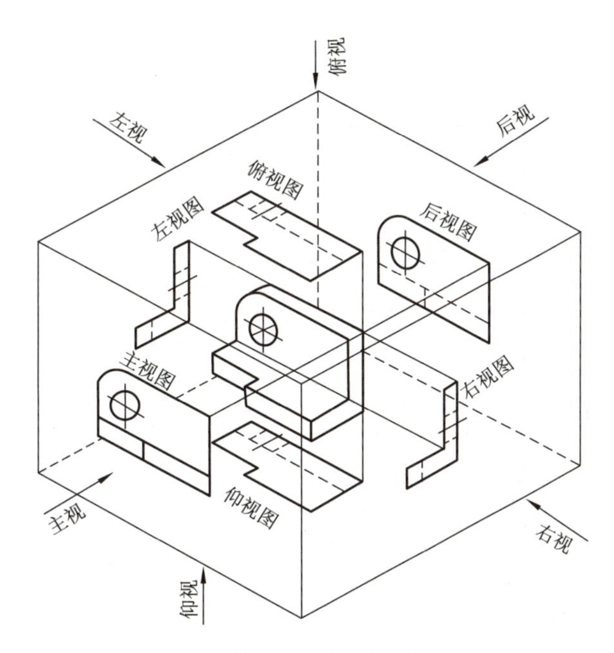

图 12 - 12　第三角投影基本视图的形成

四、第三角投影法的视图名称和配置

将机件放在一个六面体中，六面体的六个面就是六个基本投影面。按“人→投影面→物”的顺序将机件分别向六个基本投影面投射，就得到六个基本视图，它们分别是主视图、俯视图、右视图、左视图（由左向右投射在侧面上得到的视图，称为左视图）、仰视图（由下向上投射在水平面上得到的视图，称为仰视图）、后视图（由后向前投射在正面上得到的视图称为后视图）。六个基本视图的形成与展开、展开后六个基本视图的配置关系如图12-12～图12-14所示。

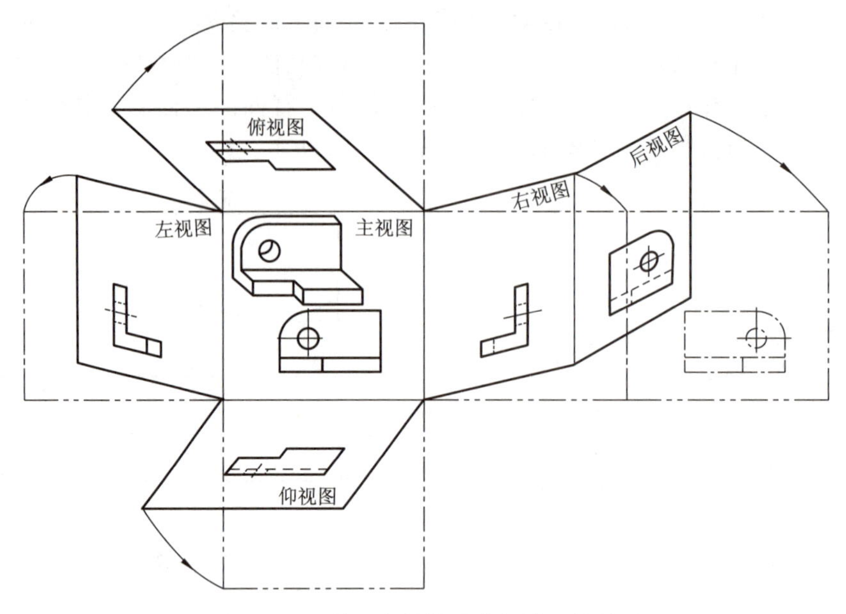

图12-13 第三角投影基本投影面的展开

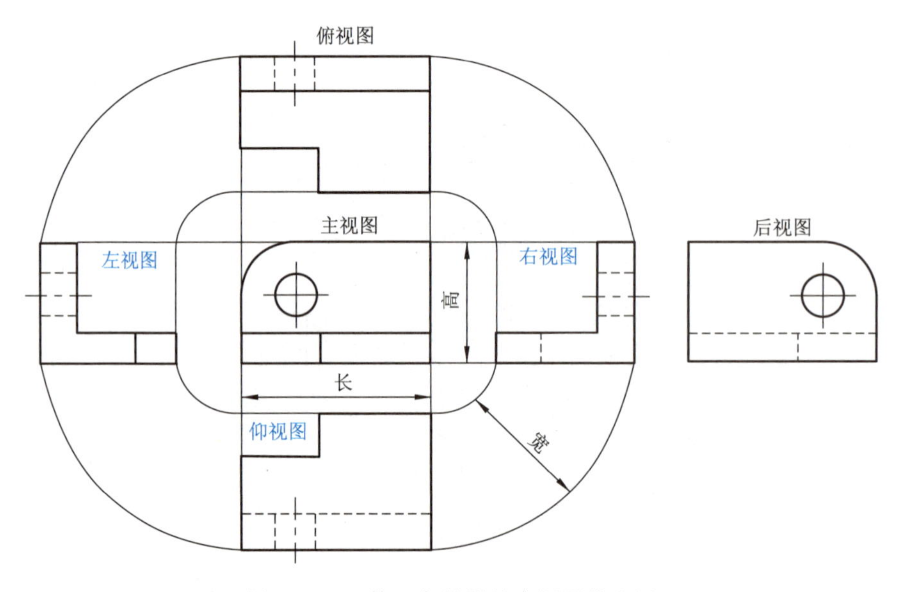

图12-14 第三角投影基本视图的配置

§12—3　第一角投影法与第三角投影法的基本区别

1. 物体摆放位置不同

第一角：物体摆放在第一象限内。

第三角：物体摆放在第三象限内。

2. 观察（投影）顺序不同

第一角投影：按“人→物→面”的顺序投影到不透明的投影面上形成视图，如图 12－15 所示。

第三角投影：按“人→面→物”的顺序投影到透明的投影面上形成视图，如图 12－16 所示。

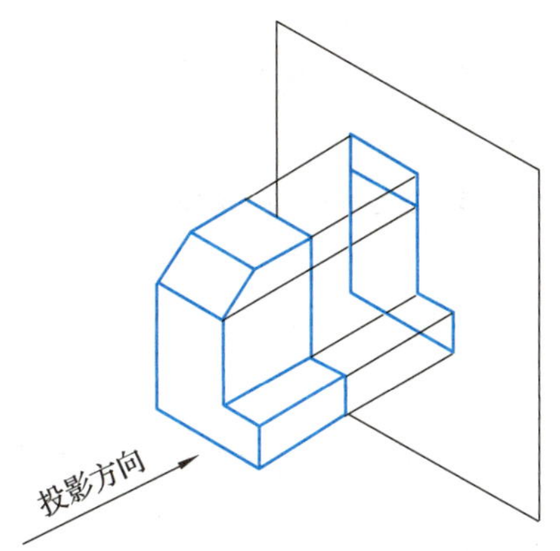

图 12－15　第一角画法中人、面、物的相对位置

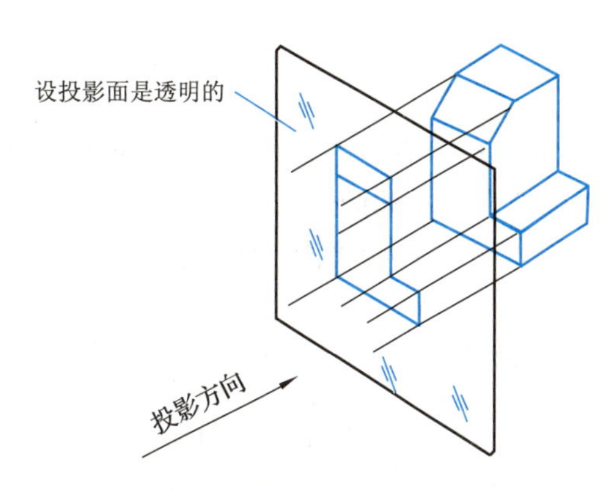

图 12－16　第三角画法中人、面、物的相对位置

3. 投影面（视图）的展开方式不同

第一角投影体系中，V 面（主视图）不动，其他投影面（视图）绕其与 V 面的交线从前往后转动展开，直至与 V 面共面，如图 6－1 所示。

第三角投影体系中，V 面不动，其他投影面绕其与 V 面的交线从后往前转动展开，直至与 V 面共面，如图 12－14 所示。

4. 视图配置关系不同

因为配置关系不同，前后、左右、上下等方位关系也不同，应注意分析比较。

因为第一角投影和第三角投影均是正投影，所以仍然符合正投影规律，且“长对正、宽相等、高对齐”的投影关系仍然成立。如图 6－2 和图 12－14 所示。

5. 视图对应空间物体的前、后方位不同

第一角画法中与主视图相邻的各视图，其靠近主视图的一边（内边）均表示机件的后面，远离主视图的一边（外边）均表示机件的前面。

第三角画法中则相反，靠近主视图的一边表示机件前面，远离主视图的一边表示机件的后面。

6. 投影的标记不同

第一角投影与第三角投影的标记如图 12－17 所示。采用第一角画法时，在图样中一般不必画出第一角投影的识别符号。当采用第三角画法时，必须在图样中标题栏内画出第三角投影的识别符号，读图时应加以注意方可避免误解。参见图 12-22。

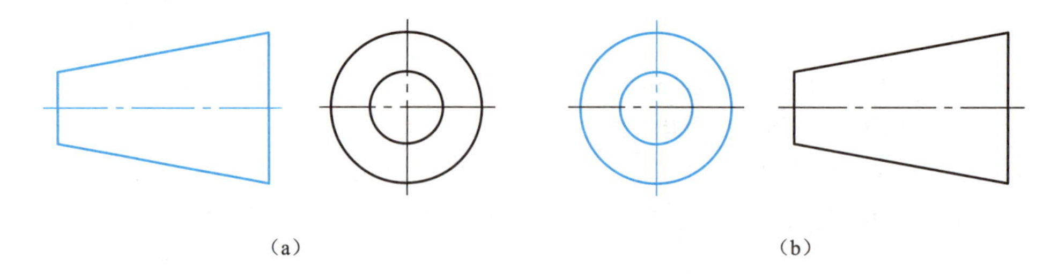

图 12-17　第一角投影和第三角投影的识别符号

(a) 第一角投影识别符号；(b) 第三角投影识别符号

§12—4　第三角投影法画图举例

【例 1】根据图 12-18（a）所示 V 形块，按第三角投影法绘制其三视图。

（1）分析物体的形状。

把该 V 形块看成长方体切去一个三棱柱，如图 12-18（b）和图 12-18（c）所示。

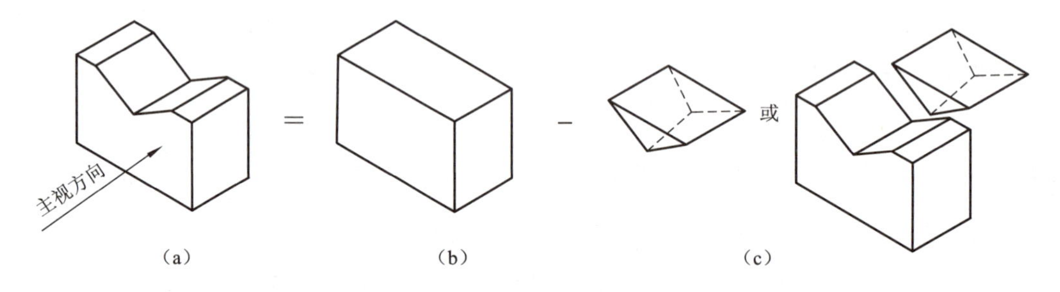

图 12-18　分析 V 形块的形状

（2）选择主视图。

为了便于作图，应选择反映物体形状特征最明显的方向作为主视图的投射方向。将 V 形块的 V 形面作为主视图，放正 V 形块的位置，使 V 形块的前面与 *V* 面平行；V 形块的右面与 *W* 面平行；V 形块的上面与 *H* 面平行，并考虑到其余两个视图简单易画，虚线少，如图 12-18（a）所示。

（3）作图。

① 画基准线，如图 12-19（a）所示。

② 按总体尺寸画长方体的三视图，如图 12-19（b）所示。

③ 画切除的三棱柱的三视图：按 V 形槽的尺寸，首先在主视图上画出切去的三棱柱的积聚投影，完成主视图；其次，根据"长对正"关系，画出俯视图；最后，根据"高平齐"关系，画出 V 形槽的右视图，该平面不可见，故用虚线表示，如图 12-20（c）所示。

④ 校正底稿，擦去多余的图线，线形描深加粗，完成三视图，如图 12-20（d）所示。

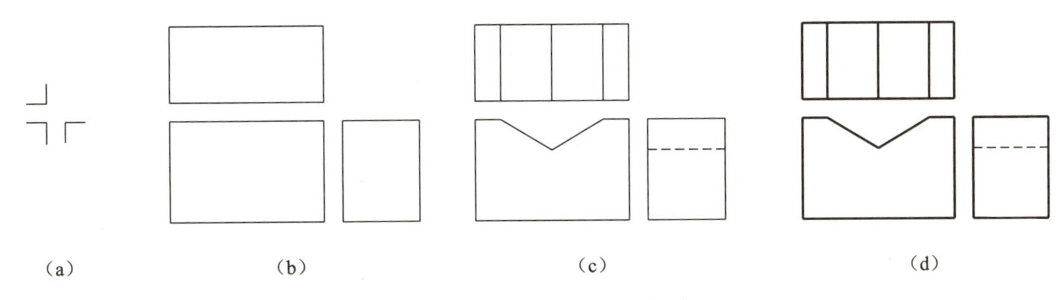

图 12-19 V 形块作图步骤

【例 2】 根据图 12-20 (a) 所示 U 形体，绘制其三视图。

(1) 分析物体的形状。

把该 U 形体看成 U 形的左竖板中切去一个圆孔，右竖板上前方向切去一个角，如图 12-20 所示。

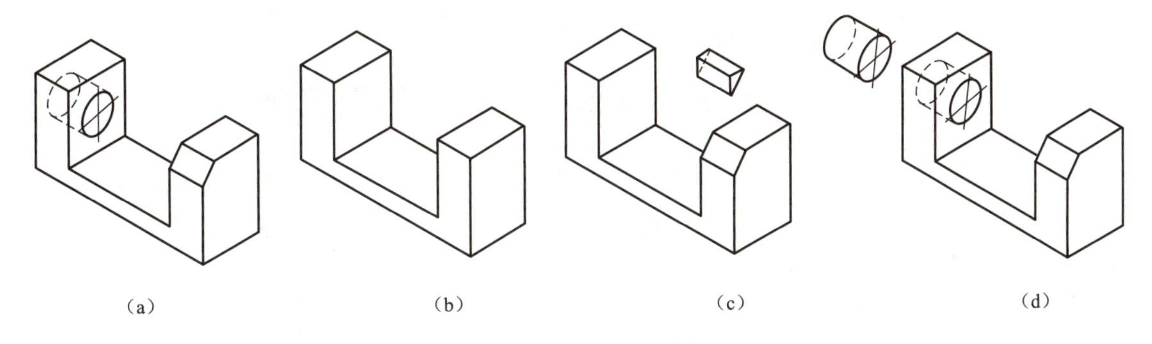

图 12-20 U 形块形体分析

(2) 选择主视图。

为了便于作图，选择反映物体形状特征最明显的方向作为主视图的投射方向。将 U 形体的 U 形面作为主视图，放正 U 形体的位置，使 U 形体的前面与 V 面平行；U 形体的右面与 W 面平行；U 形体的上面与 H 面平行，并考虑到其余两个视图简单易画，虚线少，如图 12-20 (a) 所示。

(3) 作图。

① 画基准线。

② 按 U 形体的尺寸画 U 形的三视图，量取 U 形体的长和高，画出反映特征轮廓的主视图；按视图的“三等”关系，量取 U 形体的宽度画出其余两个视图，如图 12-21 (a) 所示。

③ 画切角的三视图：按切角的尺寸，首先在右视图上画出切角的积聚投影，完成 U 形体切角后的右视图；其次，根据“宽相等”关系，量取角的宽度，画出俯视图；最后，根据“高平齐”关系，画出主视图，如图 12-21 (b) 所示。

④ 画圆柱孔的三视图：按圆柱孔的尺寸，首先在右视图上画出圆柱孔的积聚投影，该轮廓在右视图中不可见，故用虚线表示；其次，根据“长对正、宽相等”的关系，画出圆柱孔的主、俯视图，它们均为虚线，如图 12-21 (c) 所示。

⑤ 校正底稿，擦去多余的图线，线形描深加粗，完成三视图，如图 12-21 (d) 所示。

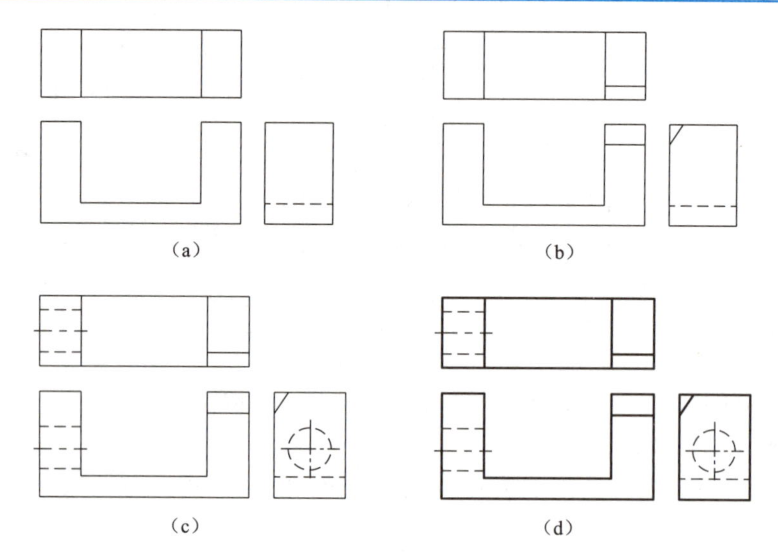

图 12－21 U 形块作图步骤

§12—5 第三角投影法零件图的识读举例

由上几例看出，只要较好地掌握了第一角画法，第三角画法也是容易学会的。对于第三角画法的零件图和装配图的识读，除在看图上要运用第三角投影分析方法外，其余内容的识读方法与前面各章所述方法相同。

【例 3】 连接圆盘零件图的识读（见图 12－22）。

（1）看标题栏。由标题栏可知零件的名称为连接圆盘，材料为 HT200（铸铁），从投影法标记符号可知该零件图形采用第三角投影法绘制。从零件材料可知，该零件由铸造毛坯经切削加工而成。连接圆盘属于圆盘类零件，在机器中起着连接的作用，因此其两端面上均有连接螺纹孔。

（2）视图分析。从视图方案来看，因连接盘主要在车床上加工，所以其主视图将轴线置于水平位置，以符合零件加工的位置。为表达连接盘的内形，在主视图采用了旋转剖的表达方法表达了锥孔、$\phi 29$ 的圆柱孔、右端面上 M4 的螺纹孔以及环形槽等内部结构。同时，为了表达左端面上的环形槽及其上的 M4 螺纹孔，又在前视图上作了一局部剖。除主视图外，该零件图还采用了左视图和右视图以表达连接盘端面外形、螺纹孔的分布情况。

（3）尺寸分析。连接盘以其轴线为径向基准，以其重要的装配端面（$\phi 58^{+0.5}_{0}$ 的右端面）为轴向基准。在前视图，大部分尺寸是从该端面标出的。

由于连接盘为回转体类零件，且主视图较多地反映了其内部结构，故大部分尺寸在主视中标注，看图比较方便。

（4）技术要求分析。连接盘零件中大多数尺寸标有极限偏差，结合尺寸大小和公差可以分析出左端面的环形槽的精度稍低于右端面的槽的精度。再从表面粗糙度来看，连接盘上要求表面粗糙度 $Ra1.6\ \mu m$ 的表面有左端面环形槽的槽底、右端面环形槽的槽底及其侧面、$\phi 58^{+0.5}_{0}$ 的右端面，其余均为 $Ra6.3\ \mu m$。

综合以上分析可知，该零件的右端面的环形槽及其端面有较高的质量要求。

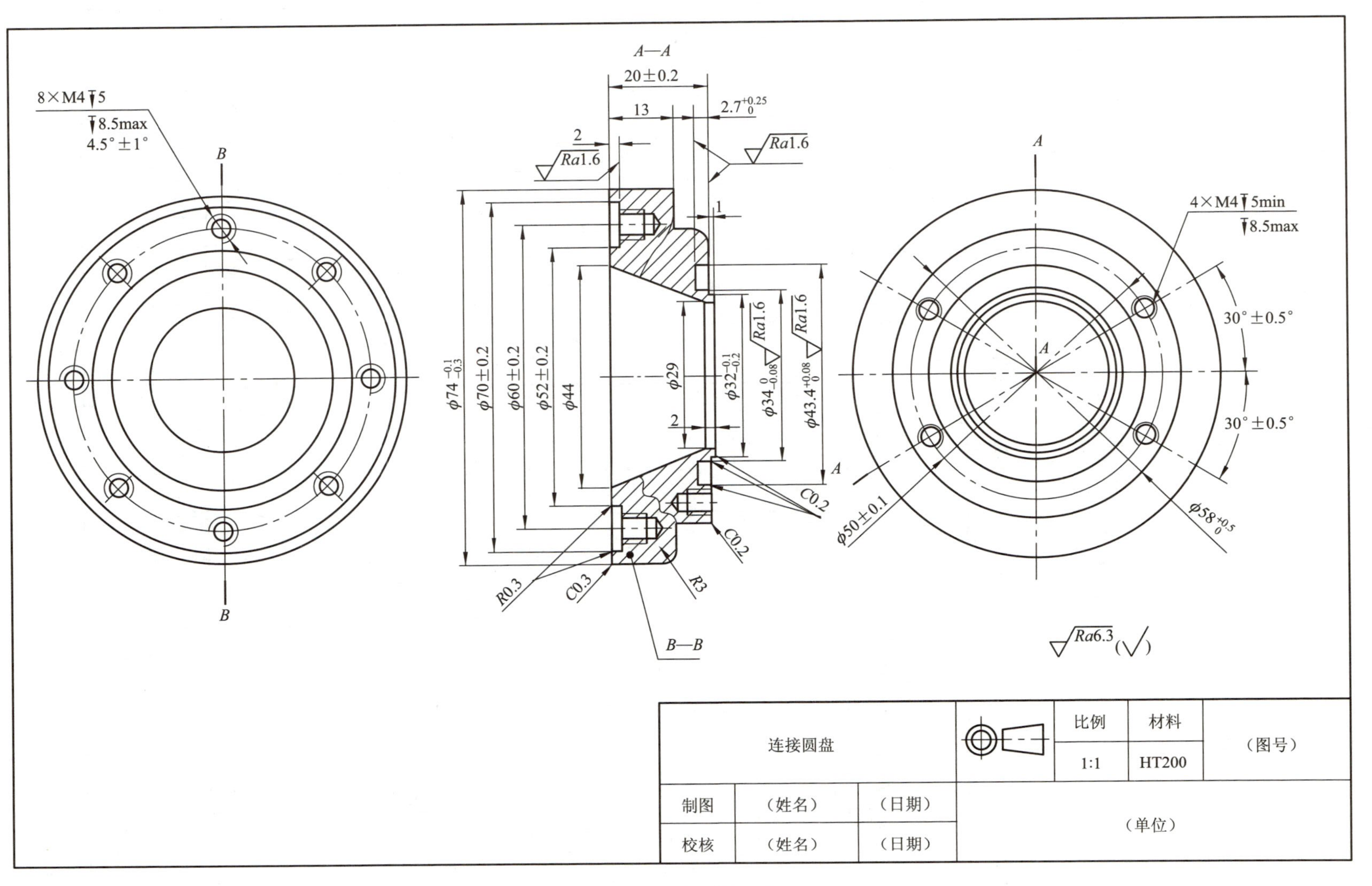

图 12-22　连接圆盘零件图

附　　录

附录一　极限与配合

1. 标准公差数值（见附表 1-1）

附表 1-1　标准公差数值

基本尺寸/mm		公差等级																			
		IT01	IT0	IT1	IT2	IT3	IT4	IT5	IT6	IT7	IT8	IT9	IT10	IT11	IT12	IT13	IT14	IT15	IT16	IT17	IT18
大于	至	μm													mm						
—	3	0.3	0.5	0.8	1.2	2	3	4	6	10	14	25	40	60	0.10	0.14	0.25	0.40	0.60	1.0	1.4
3	6	0.4	0.6	1	1.5	2.5	4	5	8	12	18	30	48	75	0.12	0.18	0.30	0.48	0.75	1.2	1.8
6	10	0.4	0.6	1	1.5	2.5	4	6	9	15	22	36	50	90	0.15	0.22	0.36	0.58	0.90	1.5	2.2
10	18	0.5	0.8	1.2	2	3	5	8	11	18	27	43	70	110	0.18	0.27	0.43	0.70	1.10	1.8	2.7
18	30	0.6	1	1.5	2.5	4	6	9	13	21	33	52	84	130	0.21	0.33	0.52	0.84	1.30	2.1	3.3
30	50	0.6	1	1.5	2.5	4	7	11	16	25	39	62	100	160	0.25	0.39	0.62	1.00	1.60	2.5	3.9
50	80	0.8	1.2	2	3	5	8	13	19	30	46	74	120	190	0.30	0.46	0.74	1.20	1.90	3.0	4.6
80	120	1	1.5	2.5	4	6	10	15	22	35	54	87	140	220	0.35	0.54	0.87	1.40	2.20	3.5	5.4
120	180	1.2	2	3.5	5	8	12	18	25	40	63	100	160	250	0.40	0.63	1.00	1.60	2.50	4.0	6.3
180	250	2	3	4.5	7	10	14	20	29	46	72	115	185	290	0.46	0.72	1.15	1.85	2.90	4.6	7.2
250	315	2.5	4	6	8	12	16	23	32	52	81	136	210	320	0.52	0.81	1.30	2.10	3.20	5.2	8.1
315	400	3	5	7	9	13	18	25	36	57	89	140	230	360	0.57	0.89	1.40	2.30	3.60	5.7	8.9

注：基本尺寸小于 1 mm 时，无 IT14 至 IT18。

2. 优先选用及其次选用（常用）公差带极限偏差数值表（摘自 GB/T 1800.4—1999）

（1）轴（见附表 1－2）。

附表 1－2　常用及优先轴公差极限偏差

基本尺寸/mm		常用及优先公差带（带圈者为优先公差带）/μm												
		a	b		c			d				e		
大于	至	11	11	12	9	10	⑪	8	⑨	10	11	7	8	9
—	3	−270 −330	−140 −200	−140 −240	−60 −85	−60 −100	−60 −120	−20 −34	−20 −45	−20 −60	−20 −80	−14 −24	−14 −28	−14 −39
3	6	−270 −345	−140 −215	−140 −260	−70 −100	−70 −118	−70 −145	−30 −48	−30 −60	−30 −78	−30 −105	−20 −32	−20 −38	−20 −50
6	10	−280 −370	−150 −240	−150 −300	−80 −116	−80 −138	−80 −170	−40 −62	−40 −76	−40 −98	−40 −130	−25 −40	−25 −47	−25 −61
10 14	14 18	−290 −400	−150 −260	−150 −330	−95 −138	−95 −165	−95 −205	−50 −77	−50 −93	−50 −120	−50 −160	−32 −50	−32 −59	−32 −75
18 24	24 30	−300 −430	−160 −290	−160 −370	−110 −162	−110 −194	−110 −240	−65 −98	−65 −117	−65 −149	−65 −195	−40 −61	−40 −73	−40 −92
30	40	−310 −470	−170 −330	−170 −420	−120 −182	−120 −220	−120 −280	−80 −119	−80 −142	−80 −180	−80 −240	−50 −75	−50 −89	−50 −112
40	50	−320 −480	−180 −340	−180 −430	−130 −192	−130 −230	−130 −290							
50	65	−340 −530	−190 −380	−190 −490	−140 −214	−140 −260	−140 −330	−100 −146	−100 −174	−100 −220	−100 −290	−60 −90	−60 −106	−60 −134
65	80	−360 −550	−200 −390	−200 −500	−150 −224	−150 −270	−150 −340							
80	100	−380 −600	−220 −440	−220 −570	−170 −257	−170 −310	−170 −390	−120 −174	−120 −207	−120 −260	−120 −340	−72 −107	−72 −126	−72 −159
100	120	−410 −630	−240 −460	−240 −590	−180 −267	−180 −320	−180 −400							
120	140	−460 −710	−260 −510	−260 −660	−200 −300	−200 −360	−200 −450	−145 −208	−145 −245	−145 −305	−145 −395	−85 −125	−85 −148	−85 −185
140	160	−520 −770	−280 −530	−280 −680	−210 −310	−210 −370	−210 −460							
160	180	−580 −830	−310 −560	−310 −710	−230 −330	−230 −390	−230 −480							

续表

基本尺寸/mm		常用及优先公差带（带圈者为优先公差带）/μm												
		a	b		c			d				e		
大于	至	11	11	12	9	10	⑪	8	⑨	10	11	7	8	9
180	200	-660 -950	-340 -630	-340 -800	-240 -355	-240 -425	-240 -530	-170 -242	-170 -285	-170 -355	-170 -460	-100 -146	-100 -172	-100 -215
200	225	-740 -1030	-380 -670	-380 -840	-260 -375	-260 -445	-260 -550							
225	250	-820 -1110	-420 -710	-420 -880	-280 -395	-280 -465	-280 -570							
250	280	-920 -1240	-480 -800	-480 -1000	-300 -430	-300 -510	-300 -620	-190 -271	-190 -320	-190 -400	-190 -510	-110 -162	-110 -191	-110 -240
280	315	-1050 -1370	-540 -860	-540 -1060	-330 -460	-330 -540	-330 -650							
315	355	-1200 -1560	-600 -960	-600 -1170	-360 -500	-360 -590	-360 -720	-210 -299	-210 -350	-210 -440	-210 -570	-125 -182	-125 -214	-125 -265
355	400	-1350 -1710	-680 -1040	-680 -1250	-400 -540	-400 -630	-400 -760							
400	450	-1500 -1900	-760 -1160	-760 -1390	-440 -595	-440 -690	-440 -840	-230 -327	-230 -385	-230 -480	-230 -630	-135 -198	-135 -232	-135 -290
450	500	-1650 -2050	-840 -1240	-840 -1470	-480 -635	-480 -730	-480 -880							

基本尺寸/mm		常用及优先公差带（带圈者为优先公差带）/μm														
		f					g			h						
大于	至	5	6	⑦	8	9	5	⑥	7	5	⑥	7	9	⑨	10	⑪	12
—	3	-6 -10	-6 -12	-6 -16	-6 -20	-6 -31	-2 -6	-2 -8	-2 -12	0 -4	0 -6	0 -10	0 -14	0 -25	0 -40	0 -60	0 -100
3	6	-10 -15	-10 -18	-10 -22	-10 -28	-10 -40	-4 -9	-4 -12	-4 -16	0 -5	0 -8	0 -12	0 -18	0 -30	0 -48	0 -75	0 -120
6	10	-13 -19	-13 -22	-13 -28	-13 -35	-13 -49	-5 -11	-5 -14	-5 -20	0 -6	0 -9	0 -15	0 -22	0 -36	0 -58	0 -90	0 -150
10	14	-16 -24	-16 -27	-16 -34	-16 -43	-16 -59	-6 -14	-6 -17	-6 -24	0 -8	0 -11	0 -18	0 -27	0 -43	0 -70	0 -110	0 -180
14	18																
18	24	-20 -29	-20 -33	-20 -41	-20 -53	-20 -72	-7 -16	-7 -20	-7 -28	0 -9	0 -13	0 -21	0 -33	0 -52	0 -84	0 -130	0 -210
24	30																
30	40	-25 -36	-25 -41	-25 -50	-25 -64	-25 -87	-9 -20	-9 -25	-9 -34	0 -11	0 -16	0 -25	0 -39	0 -62	0 -100	0 -160	0 -250
40	50																

续表

基本尺寸/mm		常用及优先公差带（带圈者为优先公差带）/μm															
		f					g			h							
大于	至	5	6	⑦	8	9	5	⑥	7	5	⑥	7	9	⑨	10	⑪	12
50	65	−30 −43	−30 −49	−30 −60	−30 −76	−30 −104	−10 −23	−10 −29	−10 −40	0 −13	0 −19	0 −30	0 −46	0 −74	0 −120	0 −190	0 −300
65	80																
80	100	−36 −51	−36 −58	−36 −71	−36 −90	−36 −123	−12 −27	−12 −34	−12 −47	0 −15	0 −22	0 −35	0 −54	0 −87	0 −140	0 −220	0 −350
100	120																
120	140	−43 −61	−43 −68	−43 −83	−43 −106	−43 −143	−14 −32	−14 −39	−14 −54	0 −18	0 −25	0 −40	0 −63	0 −100	0 −160	0 −250	0 −400
140	160																
160	180																
180	200	−50 −70	−50 −79	−50 −96	−50 −122	−50 −165	−15 −35	−15 −44	−15 −61	0 −20	0 −29	0 −46	0 −72	0 −115	0 −185	0 −290	0 −460
200	225																
225	250																
250	280	−56 −79	−56 −88	−56 −108	−56 −137	−56 −186	−17 −40	−17 −49	−17 −69	0 −23	0 −32	0 −52	0 −81	0 −130	0 −210	0 −320	0 −520
280	315																
315	355	−62 −87	−62 −98	−62 −119	−62 −151	−62 −202	−18 −43	−18 −54	−18 −75	0 −25	0 −36	0 −57	0 −89	0 −140	0 −230	0 −360	0 −570
355	400																
400	450	−68 −95	−68 −108	−68 −131	−68 −165	−68 −223	−20 −47	−20 −60	−20 −83	0 −27	0 −40	0 −63	0 −97	0 −155	0 −250	0 −400	0 −630
450	500																

基本尺寸/mm		常用及优先公差带（带圈者为优先公差带）/μm														
		js			k			m			n			p		
大于	至	5	6	7	5	⑥	7	5	6	7	5	⑥	7	5	⑥	7
—	3	±2	±3	±5	+4 0	+6 0	+10 0	+6 +2	+8 +2	+12 +2	+8 +4	+10 +4	+14 +4	+10 +6	+12 +6	+16 +6
3	6	±2.5	±4	±6	+6 +1	+9 +1	+13 +1	+9 +4	+12 +4	+16 +4	+13 +8	+16 +8	+20 +8	+17 +12	+20 +12	+24 +12
6	10	±3	±4.5	±7	+7 +1	+10 +1	+16 +1	+12 +6	+15 +6	+21 +6	+16 +10	+19 +10	+25 +10	+21 +15	+24 +15	+30 +15
10	14	±4	±5.5	±9	+9 +1	+12 +1	+19 +1	+15 +7	+18 +7	+25 +7	+20 +12	+23 +12	+30 +12	+26 +18	+29 +18	+36 +18
14	18															
18	24	±4.5	±6.5	±10	+11 +2	+15 +2	+23 +2	+17 +8	+21 +8	+29 +8	+24 +15	+28 +15	+36 +15	+31 +22	+35 +22	+43 +22
24	30															

续表

基本尺寸/mm		常用及优先公差带（带圈者为优先公差带）/μm														
		js			k			m			n			p		
大于	至	5	6	7	5	⑥	7	5	6	7	5	⑥	7	5	⑥	7
30	40	±5.5	±8	±12	+13 +2	+18 +2	+27 +2	+20 +9	+25 +9	+34 +9	+28 +17	+33 +17	+42 +17	+37 +26	+42 +26	+51 +26
40	50															
50	65	±6.5	±9.5	±15	+15 +2	+21 +2	+32 +2	+24 +11	+30 +11	+41 +11	+33 +20	+39 +20	+50 +20	+45 +32	+51 +32	+62 +32
65	80															
80	100	±7.5	±11	±17	+18 +3	+25 +3	+38 +3	+28 +13	+35 +13	+48 +13	+38 +23	+45 +23	+58 +23	+52 +37	+59 +37	+72 +37
100	120															
120	140	±9	±12.5	±20	+21 +3	+28 +3	+43 +3	+33 +15	+40 +15	+55 +15	+45 +27	+52 +27	+67 +27	+61 +43	+68 +43	+83 +43
140	160															
160	180															
180	200	±10	±14.5	±23	+24 +4	+33 +4	+50 +4	+37 +17	+46 +17	+63 +17	+54 +31	+60 +31	+77 +31	+70 +50	+79 +50	+96 +50
200	225															
225	250															
250	280	±11.5	±16	±26	+27 +4	+36 +4	+56 +4	+43 +20	+52 +20	+72 +20	+57 +34	+66 +34	+86 +34	+79 +56	+88 +56	+108 +56
280	315															
315	355	±12.5	±18	±28	+29 +4	+40 +4	+61 +4	+46 +21	+57 +21	+78 +21	+62 +37	+73 +37	+94 +37	+87 +62	+98 +62	+119 +62
355	400															
400	450	±13.5	±20	±31	+32 +5	+45 +5	+68 +5	+50 +23	+63 +23	+86 +23	+67 +40	+80 +40	+103 +40	+95 +68	+108 +68	+131 +68
450	500															

基本尺寸/mm		常用及优先公差带（带圈者为优先公差带）/μm														
		r			s			t			u		v	x	y	z
大于	至	5	6	7	5	⑥	7	5	6	7	⑥	7	6	6	6	6
—	3	+14 +10	+16 +10	+20 +10	+18 +14	+20 +14	+24 +14	—	—	—	+24 +18	+28 +18	—	+26 +20	—	+32 +26
3	6	+20 +15	+23 +15	+27 +15	+24 +19	+27 +19	+31 +19	—	—	—	+31 +23	+35 +23	—	+36 +28	—	+43 +35
6	10	+25 +19	+28 +19	+34 +19	+29 +23	+32 +23	+38 +23	—	—	—	+37 +28	+43 +28	—	+43 +34	—	+51 +42
10	14	+31 +23	+34 +23	+41 +23	+36 +28	+39 +28	+46 +28	—	—	—	+44 +33	+51 +33	—	+51 +40	—	+61 +50
14	18							—	—	—			+50 +39	+56 +45	—	+71 +60

续表

基本尺寸/mm		常用及优先公差带（带圈者为优先公差带）/μm														
		r			s			t			u		v	x	y	z
大于	至	5	6	7	5	⑥	7	5	6	7	⑥	7	6	6	6	6
18	24	+37 +28	+41 +28	+49 +28	+44 +35	+48 +35	+56 +35	—	—	—	+54 +41	+62 +41	+60 +47	+67 +54	+76 +63	+86 +73
24	30							+50 +41	+54 +41	+62 +41	+61 +43	+69 +48	+68 +55	+77 +64	+88 +75	+101 +88
30	40	+45 +34	+50 +34	+59 +34	+54 +43	+59 +43	+68 +43	+59 +48	+64 +48	+73 +48	+76 +60	+85 +60	+84 +68	+96 +80	+110 +94	+128 +112
40	50							+65 +54	+70 +54	+79 +54	+86 +70	+95 +70	+97 +81	+113 +97	+130 +114	+152 +136
50	65	+54 +41	+60 +41	+71 +41	+66 +53	+72 +53	+83 +53	+79 +66	+85 +66	+96 +66	+106 +87	+117 +87	+121 +102	+141 +122	+163 +144	+191 +172
65	80	+56 +43	+62 +43	+73 +43	+72 +59	+78 +59	+89 +59	+88 +75	+94 +75	+105 +75	+121 +102	+132 +102	+139 +120	+165 +146	+193 +174	+229 +210
80	100	+66 +51	+73 +51	+86 +51	+86 +71	+93 +71	+106 +71	+106 +91	+113 +91	+126 +91	+146 +124	+159 +124	+168 +146	+200 +178	+236 +214	+280 +258
100	120	+69 +54	+76 +54	+89 +54	+94 +79	+101 +79	+114 +79	+110 +104	+126 +104	+139 +104	+166 +144	+179 +144	+194 +172	+232 +210	+276 +254	+332 +310
120	140	+81 +63	+88 +63	+103 +63	+110 +92	+117 +92	+132 +92	+140 +122	+147 +122	+162 +122	+195 +170	+210 +170	+227 +202	+273 +248	+325 +300	+390 +365
140	160	+83 +65	+90 +65	+105 +65	+118 +100	+125 +100	+140 +100	+152 +134	+159 +134	+174 +134	+215 +190	+230 +190	+253 +228	+305 +280	+365 +340	+440 +415
160	180	+86 +68	+93 +68	+108 +68	+126 +108	+133 +108	+148 +108	+164 +146	+171 +146	+186 +146	+235 +210	+250 +210	+277 +252	+335 +310	+405 +380	+490 +465
180	200	+97 +77	+106 +77	+123 +77	+142 +122	+151 +122	+168 +122	+186 +166	+195 +166	+212 +166	+265 +236	+282 +236	+313 +284	+379 +350	+454 +425	+549 +520
200	225	+100 +80	+109 +80	+126 +80	+150 +130	+159 +130	+176 +130	+200 +180	+209 +180	+226 +180	+287 +258	+304 +258	+339 +310	+414 +385	+499 +470	+604 +575
225	250	+104 +84	+113 +84	+130 +84	+160 +140	+169 +140	+186 +140	+216 +196	+225 +196	+242 +196	+313 +284	+330 +284	+369 +340	+454 +425	+549 +520	+669 +640
250	280	+117 +94	+126 +94	+146 +94	+181 +158	+290 +158	+210 +158	+241 +218	+250 +218	+270 +218	+347 +315	+367 +315	+417 +385	+507 +475	+612 +580	+742 +710

续表

基本尺寸/mm		常用及优先公差带（带圈者为优先公差带）/μm														
		r			s			t			u		v	x	y	z
大于	至	5	6	7	5	⑥	7	5	6	7	⑥	7	6	6	6	6
280	315	+121 +98	+130 +98	+150 +98	+193 +170	+202 +170	+222 +170	+263 +240	+272 +240	+292 +240	+382 +350	+402 +350	+457 +425	+557 +525	+682 +650	+322 +790
315	355	+133 +108	+144 +108	+165 +108	+215 +190	+226 +190	+247 +190	+293 +268	+304 +268	+325 +268	+426 +390	+447 +390	+511 +475	+626 +590	+766 +730	+936 +900
355	400	+139 +114	+150 +114	+171 +114	+233 +208	+244 +208	+265 +208	+319 +294	+330 +294	+351 +294	+471 +435	+492 +435	+566 +530	+696 +660	+856 +820	+1036 +1000
400	450	+153 +126	+166 +126	+189 +126	+259 +232	+272 +232	+295 +232	+357 +330	+370 +330	+393 +330	+530 +490	+553 +490	+635 +595	+780 +740	+960 +920	+1140 +1100
450	500	+159 +132	+172 +132	+195 +132	+279 +252	+292 +252	+315 +252	+387 +360	+400 +360	+423 +360	+580 +540	+603 +540	+700 +660	+860 +820	+1040 +1000	+1290 +1250
注：基本尺寸小于 1 mm 时，各级的 a 和 b 均不采用。																

（2）孔（见附表 1－3）。

附表 1－3　常用及优先孔公差带的极限偏差

基本尺寸/mm		常用及优先公差带（带圈者为优先公差带）/μm													
		A	B		C	D				E		F			
大于	至	11	11	12	⑪	8	⑨	10	11	8	9	6	7	⑧	9
—	3	+330 +270	+200 +140	+240 +140	+120 +60	+34 +20	+45 +20	+60 +20	+80 +20	+28 +14	+39 +14	+12 +6	+16 +6	20 +6	+31 +6
3	6	+345 +270	+215 +140	+260 +140	+145 +70	+48 +30	+60 +30	+78 +30	+105 +30	+38 +20	+50 +20	+18 +10	+22 +10	28 +10	+40 +10
6	10	+370 +280	+240 +150	+300 +150	+170 +80	+62 +40	+76 +40	+98 +40	+130 +40	+47 +25	+61 +25	+22 +13	+28 +13	35 +13	+49 +13
10	14	+400 +290	+260 +150	+330 +150	+205 +95	+77 +50	+93 +50	+120 +50	+160 +50	+59 +32	+75 +32	+27 +16	+34 +16	+43 +16	+59 +16
14	18														
18	24	+430 +300	+290 +160	+370 +160	+240 +110	+98 +65	+117 +65	+149 +65	+195 +65	+73 +40	+92 +40	+33 +20	+41 +20	+53 +20	+72 +20
24	30														
30	40	+470 +310	+330 +170	+420 +170	+280 +120	+119 +80	+142 +80	+180 +80	+240 +80	+89 +50	+112 +50	+41 +25	+50 +25	+64 +25	+87 +25
40	50	+480 +320	+340 +180	+430 +180	+290 +130										

续表

基本尺寸/mm		常用及优先公差带（带圈者为优先公差带）/μm													
		A	B		C	D				E		F			
大于	至	11	11	12	⑪	8	⑨	10	11	8	9	6	7	⑧	9
50	65	+530 +340	+380 +190	+490 +190	+330 +140	+146 +100	+170 +100	+220 +100	+290 +100	+106 +60	+134 +60	+49 +30	+60 +30	+76 +30	+104 +30
65	80	+550 +360	+390 +200	+500 +200	+340 +150										
80	100	+600 +380	+440 +220	+570 +220	+390 +170	+174 +120	+207 +120	+260 +120	+340 +120	+126 +72	+159 +72	+58 +36	+71 +36	+90 +36	+123 +36
100	120	+630 +410	+460 +240	+590 +240	+400 +180										
120	140	+710 +460	+510 +260	+660 +260	+450 +200	+208 +145	+245 +145	+305 +145	+395 +145	+148 +85	+185 +85	+68 +43	+83 +43	+106 +43	+143 +43
140	160	+770 +520	+530 +280	+680 +280	+460 +210										
160	180	+830 +580	+560 +310	+710 +310	+480 +230										
180	200	+950 +660	+630 +340	+800 +340	+530 +240	+242 +170	+285 +170	+355 +170	+460 +170	+172 +100	+215 +100	+79 +50	+96 +50	+122 +50	+165 +50
200	225	+1030 +740	+670 +380	+840 +380	+550 +260										
225	250	+1110 +820	+710 +420	+880 +420	+570 +280										
250	280	+1240 +920	+800 +480	+1000 +480	+620 +300	+271 +190	+320 +190	+400 +190	+510 +190	+191 +110	+240 +110	+88 +56	+108 +56	+137 +56	+186 +56
280	315	+1370 +1050	+860 +540	+1060 +540	+650 +330										
315	355	+1560 +1200	+960 +600	+1170 +600	+720 +360	+299 +210	+350 +210	+440 +210	+570 +210	+214 +125	+265 +125	+98 +62	+119 +62	+151 +62	+202 +62
355	400	+1710 +1350	+1040 +680	+1250 +680	+760 +400										
400	450	+1900 +1500	+1160 +760	+1390 +760	+840 +440	+327 +230	+385 +230	+480 +230	+630 +230	+232 +135	+290 +135	+108 +68	+131 +68	+165 +68	+223 +68
450	500	+2050 +1650	+1240 +840	+1470 +840	+880 +480										

续表

基本尺寸/mm		常用及优先公差带（带圈者为优先公差带）/μm																	
		G		H							Js		K		M				
大于	至	6	⑦	6	⑦	⑧	⑨	10	⑪	12	6	7	8	6	⑦	8	6	7	8
—	3	+8 +2	+12 +2	+6 0	+10 0	+14 0	+25 0	+40 0	+60 0	+100 0	±3	±5	±7	0 −6	0 −10	0 −14	−2 −8	−2 −12	−2 −16
3	6	+12 +4	+16 +4	+8 0	+12 0	+18 0	+30 0	+48 0	+75 0	+120 0	±4	±6	±9	+2 −6	+3 −9	+5 −13	−1 −9	0 −12	+2 −16
6	10	+14 +5	+20 +5	+9 0	+15 0	+22 0	+36 0	+58 0	+90 0	+150 0	±4.5	±7	±11	+2 −7	+5 −10	+6 −16	−3 −12	0 −15	+1 −21
10	14	+17 +6	+24 +6	+11 0	+18 0	+27 0	+43 0	+70 0	+110 0	+180 0	±5.5	±9	±13	+2 −9	+6 −12	+8 −19	−4 −15	0 −18	+2 −25
14	18																		
18	24	+20 +7	+28 +7	+13 0	+21 0	+33 0	+52 0	+84 0	+130 0	+210 0	±6.5	±10	±16	+2 −11	+6 −15	+10 −23	−4 −17	0 −21	+4 −29
24	30																		
30	40	+25 +9	+34 +9	+16 0	+25 0	+39 0	+62 0	+100 0	+160 0	+250 0	±8	±12	±19	+3 −13	+7 −18	+12 −27	−4 −20	0 −25	+5 −34
40	50																		
50	65	+29 +10	+40 +10	+19 0	+30 0	+46 0	+74 0	+120 0	+190 0	+300 0	±9.5	±15	±23	+4 −15	+9 −21	+14 −32	−5 −24	0 −30	+5 −41
65	80																		
80	100	+34 +12	+47 +12	+22 0	+35 0	+54 0	+87 0	+140 0	+220 0	+350 0	±11	±17	±27	+4 −18	+10 −25	+16 −38	−6 −28	0 −35	+6 −48
100	120																		
120	140	+39 +14	+54 +14	+25 0	+40 0	+63 0	+100 0	+160 0	+250 0	+400 0	±12.5	±20	±31	+4 −21	+12 −28	+20 −43	−8 −33	0 −40	+8 −55
140	160																		
160	180																		
180	200	+44 +15	+61 +15	+29 0	+46 0	+72 0	+115 0	+185 0	+290 0	+460 0	±14.5	±23	±36	+5 −24	+13 −33	+22 −50	−8 −37	0 −46	+9 −63
200	225																		
225	250																		
250	280	+49 +17	+69 +17	+32 0	+52 0	+81 0	+130 0	+210 0	+320 0	+520 0	±16	±26	±40	+5 −27	+16 −36	+25 −56	−9 −41	0 −52	+9 −72
280	315																		
315	355	+54 +18	+75 +18	+36 0	+57 0	+89 0	+140 0	+230 0	+360 0	+570 0	±18	±28	±44	+7 −29	+17 −40	+28 −61	−10 −46	0 −57	+11 −78
355	400																		
400	450	+60 +20	+83 +20	+40 0	+63 0	+97 0	+155 0	+250 0	+400 0	+630 0	±20	±31	±48	+8 −32	+18 −45	+29 −68	−10 −50	0 −63	+11 −86
450	500																		

续表

基本尺寸/mm		常用及优先公差带（带圈者为优先公差带）/μm											
		N			P		R		S		T		U
大于	至	6	⑦	8	6	⑦	6	7	9	⑦	6	7	⑦
—	3	−4 −10	−4 −14	−4 −18	−6 −12	−6 −16	−10 −16	−10 −20	−14 −20	−14 −24	—	—	−18 −28
3	6	−5 −13	−4 −16	−2 −20	−9 −17	−8 −20	−12 −20	−11 −23	−16 −24	−15 −27	—	—	−19 −31
6	10	−7 −16	−4 −19	−3 −25	−12 −21	−9 −24	−16 −25	−13 −28	−20 −29	−17 −32	—	—	−22 −37
10	14	−9 −20	−5 −23	−3 −30	−15 −26	−11 −29	−20 −31	−16 −34	−25 −36	−21 −39	—	—	−26 −44
14	18												
18	24	−11 −24	−7 −28	−3 −36	−18 −31	−14 −35	−24 −37	−20 −41	−31 −44	−27 −48	—	—	−33 −54
24	30										−37 −50	−33 −54	−40 −61
30	40	−12 −28	−8 −33	−3 −42	−21 −37	−17 −42	−29 −45	−25 −50	−38 −54	−34 −59	−43 −59	−39 −64	−51 −76
40	50										−49 −65	−45 −70	−61 −86
50	65	−14 −33	−9 −39	−4 −50	−26 −45	−21 −51	−35 −54	−30 −60	−47 −66	−42 −72	−60 −79	−55 −85	−76 −106
65	80						−37 −56	−32 −62	−53 −72	−48 −78	−69 −88	−64 −94	−91 −121
80	100	−16 −38	−10 −45	−4 −58	−30 −52	−24 −59	−44 −66	−38 −73	−64 −86	−58 −93	−84 −106	−78 −113	−111 −146
100	120						−47 −69	−41 −76	−72 −94	−66 −101	−97 −119	−91 −126	−131 −166
120	140	−20 −45	−12 −52	−4 −67	−36 −61	−28 −68	−56 −81	−48 −88	−85 −110	−77 −117	−115 −140	−104 −147	−155 −195
140	160						−58 −83	−50 −90	−93 −118	−85 −125	−127 −152	−119 −159	−175 −215
160	180						−61 −86	−53 −93	−101 −126	−93 −133	−139 −164	−131 −171	−195 −235
180	200	−22 −51	−14 −60	−5 −77	−41 −70	−33 −79	−68 −97	−60 −106	−113 −142	−105 −151	−157 −186	−149 −195	−219 −265
200	225						−71 −100	−63 −109	−121 −150	−113 −159	−171 −200	−163 −209	−241 −287
225	250						−75 −104	−67 −113	−131 −160	−123 −169	−187 −216	−179 −225	−267 −313

续表

基本尺寸/mm		常用及优先公差带（带圈者为优先公差带）/μm											
		N			P		R		S		T		U
大于	至	6	⑦	8	6	⑦	6	7	9	⑦	6	7	⑦
250	280	−25 −57	−14 −66	−5 −86	−47 −79	−36 −88	−85 −117	−74 −126	−149 −181	−138 −190	−209 −241	−198 −250	−295 −347
280	315						−89 −121	−78 −130	−161 −193	−150 −202	−231 −263	−220 −272	−330 −382
315	355	−26 −62	−16 −73	−5 −94	−51 −87	−41 −98	−97 −133	−87 −144	−179 −215	−169 −226	−257 −293	−247 −304	−369 −426
335	400						−103 −139	−93 −150	−197 −233	−187 −244	−283 −319	−273 −330	−414 −471
400	450	−27 −67	−17 −80	−6 −103	−55 −95	−45 −108	−113 −153	−103 −166	−219 −259	−209 −272	−317 −357	−307 −370	−467 −530
450	500						−119 −159	−109 −172	−239 −279	−229 −292	−347 −387	−337 −400	−517 −580
注：基本尺寸小于1 mm时，各级的A和B均不采用。													

3. 优先和常用配合（摘自GB/T 1801—1999）

（1）基本尺寸至500 mm的基孔制优先和常用配合（见附表1－4）。

附表1－4　基孔制优先、常用配合

基准孔	轴																				
	a	b	c	d	e	f	g	h	js	k	m	n	p	r	s	t	u	v	x	y	z
	间隙配合								过渡配合			过盈配合									
H6						H6/f5	H6/g5	H6/h5	H6/js5	H6/k5	H6/m5	H6/n5	H6/p5	H6/r5	H6/s5	H6/t5					
H7						H7/f6	H7/g6	H7/h6	H7/js6	H7/k6	H7/m6	H7/n6	H7/p6	H7/r6	H7/s6	H7/t6	H7/u6	H7/v6	H7/x6	H7/y6	H7/z6
H8					H8/e7	H8/f7	H8/g7	H8/h7	H8/js7	H8/k7	H8/m7	H8/n7	H8/p7	H8/r7	H8/s7	H8/t7	H8/u7				
				H8/d8	H8/e8	H8/f8		H8/h8													
H9			H9/c9	H9/d9	H9/e9	H9/f9		H9/h9													

续表

基准孔	轴																				
	a	b	c	d	e	f	g	h	js	k	m	n	p	r	s	t	u	v	x	y	z
	间隙配合								过渡配合			过盈配合									
H10			$\frac{H10}{c10}$	$\frac{H10}{d10}$				$\frac{H10}{h10}$													
H11	$\frac{H11}{a11}$	$\frac{H11}{b11}$	◤$\frac{H11}{c11}$	$\frac{H11}{d11}$				◤$\frac{H11}{h11}$													
H12		$\frac{H12}{b12}$						$\frac{H12}{h12}$													

注：① $\frac{H6}{n5}$、$\frac{H7}{p6}$在基本尺寸小于或等于 3 mm 和$\frac{H8}{r7}$在小于或等于 100 mm 时，为过渡配合。

② 标注◤的配合为优先配合。

（2）基本尺寸至 500 mm 的基轴制优先和常用配合（见附表 1-5）。

附表 1-5　基孔制优先、常用配合

基准轴	孔																				
	A	B	C	D	E	F	G	H	JS	K	M	N	P	R	S	T	U	V	X	Y	Z
	间隙配合								过渡配合			过盈配合									
h5						$\frac{F6}{h5}$	$\frac{C6}{h5}$	$\frac{H6}{h5}$	$\frac{JS6}{h5}$	$\frac{K6}{h5}$	$\frac{M6}{h5}$	$\frac{N6}{h5}$	$\frac{P6}{h5}$	$\frac{R6}{h5}$	$\frac{S6}{h5}$	$\frac{T6}{h5}$					
h6						$\frac{F7}{h6}$	◤$\frac{G7}{h6}$	◤$\frac{H7}{h6}$	$\frac{JS7}{h6}$	◤$\frac{K7}{h6}$	$\frac{M7}{h6}$	◤$\frac{N7}{h6}$	◤$\frac{P7}{h6}$	$\frac{R7}{h6}$	◤$\frac{S7}{h6}$	$\frac{T7}{h6}$	◤$\frac{U7}{h6}$				
h7					$\frac{E8}{h7}$	◤$\frac{F8}{h7}$		◤$\frac{H8}{h7}$	$\frac{JS8}{h7}$	$\frac{K8}{h7}$	$\frac{M8}{h7}$	$\frac{N8}{h7}$									
h8				$\frac{D8}{h8}$	$\frac{E8}{h8}$	$\frac{F8}{h8}$		$\frac{H8}{h8}$													
h9				◤$\frac{D9}{h9}$	$\frac{E9}{h9}$	$\frac{F9}{h9}$		◤$\frac{H9}{h9}$													
h10				$\frac{D10}{h10}$				$\frac{H10}{h10}$													
h11	$\frac{A11}{h11}$	$\frac{B11}{h11}$	◤$\frac{C11}{h11}$	$\frac{D11}{h11}$				◤$\frac{H11}{h11}$													
h12		$\frac{B12}{h12}$						$\frac{H12}{h12}$													

注：标注◤的配合为优先配合。

（3）配合的应用（见附表1-6）。

附表1-6　优先配合特性及应用举例

基孔制	基轴制	优先配合特性及应用举例
$\frac{H11}{c11}$	$\frac{C11}{h11}$	间隙非常大，用于很松的、转动很慢的动配合，或要求大公差与大间隙的外露组件，或要求装配方便的、很松的配合
$\frac{H9}{d9}$	$\frac{D9}{h9}$	间隙很大的自由转动配合，用于精度非主要要求时，或有大的温度变动、高转速或大的轴颈压力时
$\frac{H8}{f7}$	$\frac{F8}{h7}$	间隙不大的转动配合，用于中等转速与中等轴颈压力的精确转动，也用于装配较易的中等定位配合
$\frac{H7}{g6}$	$\frac{G7}{h6}$	间隙很小的滑动配合，用于不希望自由转动，但可自由移动和滑动并精密定位时，也可用于要求明确的定位配合
$\frac{H7}{h6}$ $\frac{H8}{h7}$ $\frac{H9}{h9}$ $\frac{H11}{h11}$	$\frac{H7}{h6}$ $\frac{H8}{h7}$ $\frac{H9}{h9}$ $\frac{H11}{h11}$	均为间隙定位配合，零件可自由装拆，而工作时一般相对静止不动。在最大实体条件下的间隙为零，在最小实体条件下的间隙由公差等级决定
$\frac{H7}{k6}$	$\frac{K7}{h6}$	过渡配合，用于精密定位
$\frac{H7}{n6}$	$\frac{N7}{h6}$	过渡配合，允许有较大过盈的更精密定位
$\frac{H7^{*}}{p6}$	$\frac{P7}{h6}$	过盈定位配合，即小过盈配合，用于定位精度特别重要时，能以最好的定位精度达到部件的刚性及对中性要求，而对内孔承受压力无特殊要求，不依靠配合的紧固性传递摩擦负荷
$\frac{H7}{s6}$	$\frac{S7}{h6}$	中等压入配合，适用于一般钢件，或用于薄壁件的冷缩配合，用于铸铁件可得到最紧的配合
$\frac{H7}{u6}$	$\frac{U7}{h6}$	压入配合，适用于可以承受大压入力的零件或不宜承受大压入力的冷缩配合
注：* 基本尺寸小于或等于3 mm为过渡配合。		

4. 公差等级与加工方法的关系（见附表1-7）

附表1-7　公差等级与加工方法的关系

加工方法	公差等级（IT）																
	01	0	1	2	3	4	5	6	7	8	9	10	11	12	13	14	15	16
研磨	—	—	—	—	—	—	—											
珩						—	—	—	—									
圆磨、平磨							—	—	—	—								

续表

加工方法	公差等级（IT）																	
	01	0	1	2	3	4	5	6	7	8	9	10	11	12	13	14	15	16
金刚石车、金刚石镗							—	—	—									
拉削							—	—	—	—								
铰孔								—	—	—	—	—						
车、镗									—	—	—	—	—					
铣										—	—	—	—					
刨、插												—	—					
钻孔												—	—	—	—			
滚压、挤压												—	—					
冲压												—	—	—	—	—		
压铸													—	—	—	—		
粉末冶金成形								—	—	—								
粉末冶金烧结									—	—	—	—						
砂型铸造、气割																		—
锻造																	—	

附录二　几何公差带定义、图例和解释（摘自 GB/T 1182—2001）

几何公差带定义、图例和解释见附表 2－1。

附录 2－1　几何公差带定义、图例和解释

分类	项目	公差带定义	标注和解释
形状公差	直线度公差	在给定平面内，公差带是距离为公差值 t 的两平行直线之间的区域	被测表面的素线，必须位于平行于图样所示投影面且距离为公差值 0.1 的两平行直线内
	平面度公差	公差带是距离为公差值 t 的两平行平面之间的区域	被测表面必须位于距离为公差 0.08 的两平行平面内

续表

分类	项目	公差带定义	标注和解释
形状公差	圆度公差	公差带是在同一正截面上，半径差为公差值 t 的两同心圆之间的区域 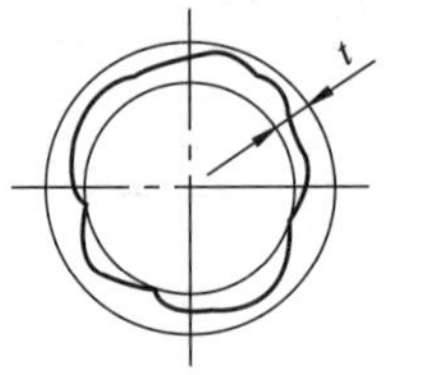 t	被测圆柱面任一正截面的圆周，必须位于半径差为公差值 0.03 的同心圆之间 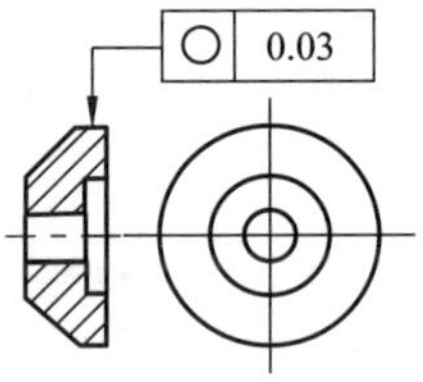 0.03
	圆柱度公差	公差带是半径差为公差值 t 的两同轴圆柱面之间的区域 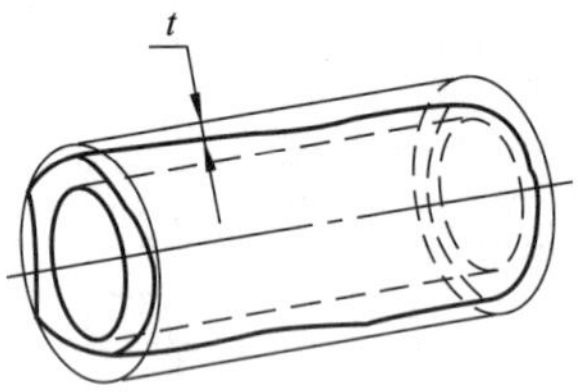 t	被测圆柱面，必须位于半径差为公差值 0.1 的两同轴圆柱面之间 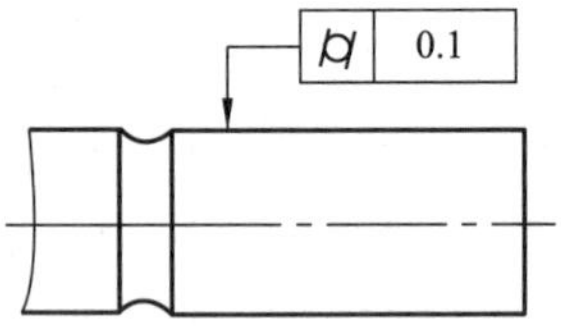 0.1
形状或位置公差	线轮廓度公差	公差带是包络一系列直径为公差值 t 的圆的两包络线之间的区域。诸圆的圆心位于具有理论正确几何形状的线上（右图为无基准要求的线轮廓度公差） 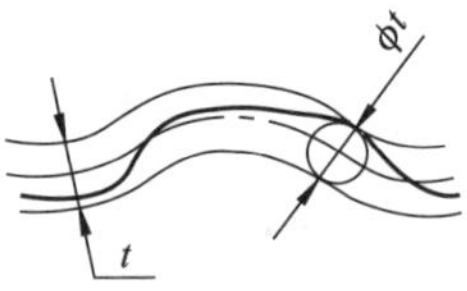 φt t d=t	在平行于图样所示投影面的任一截面上，被测轮廓线必须位于包络一系列直径为公差值 0.04、且圆心位于具有理论正确几何形状的线上的两包络线之间 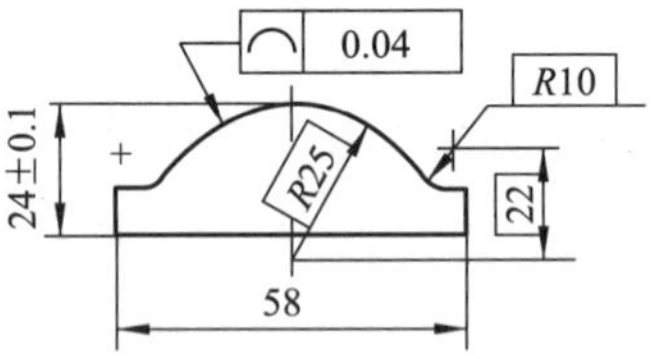 0.04 R10 24±0.1 R25 22 58
	面轮廓度公差	公差带是包络一系列直径为公差值 t 的球的两包络面之间的区域，诸球的球心应位于具有理论正确几何形状的面上（右图为有基准要求面轮廓度公差） 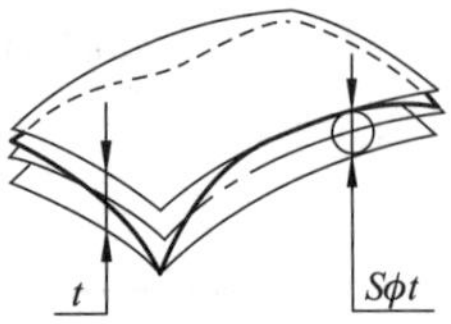 t Sφt d=t	被测轮廓面必须位于包络一系列球的两包络面之间，诸球的直径为公差值 0.1，且球心位于具有理论正确几何形状的面上的两包络面之间 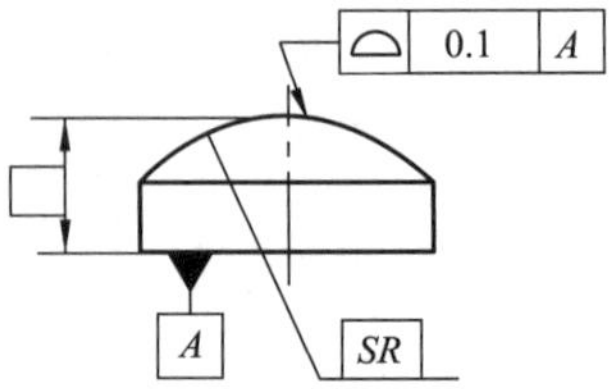 0.1 A A SR

续表

分类	项目	公差带定义	标注和解释
位置公差	平行度公差	公差带是距离为公差值 t 且平行于基准面的两平行平面之间的区域 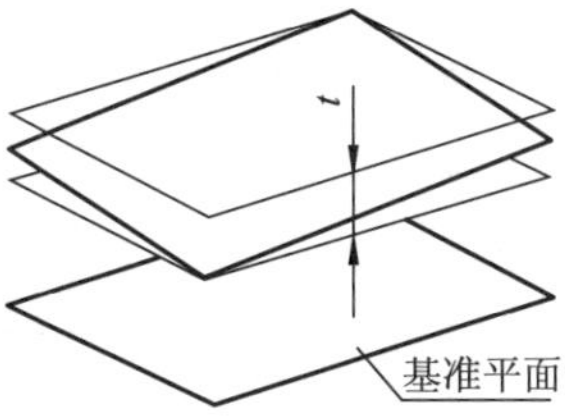 基准平面	被测表面必须位于距离为公差值 0.01 且平行于基准表面 D（基准平面）的两平行平面之间 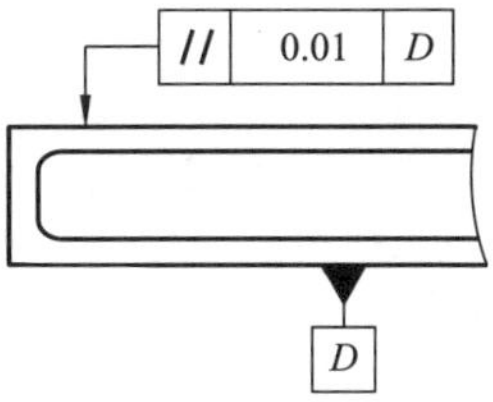 // 0.01 D D
	垂直度公差	如果公差值前加注 ϕ，则公差带是直径为公差值 t 且垂直于基准面的圆柱面内的区域 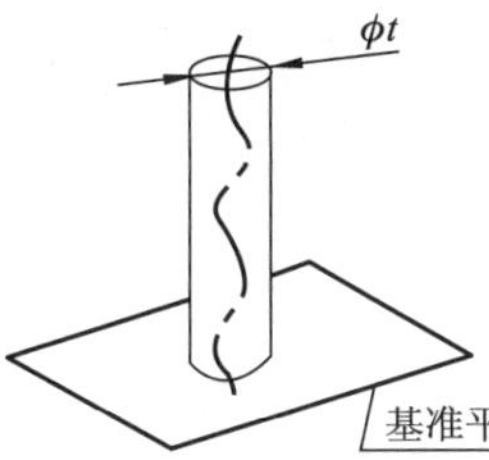 ϕt 基准平面	被测轴线必须位于直径为公差值 ϕ0.01 且垂直于基准面 A（基准平面）的圆柱面内 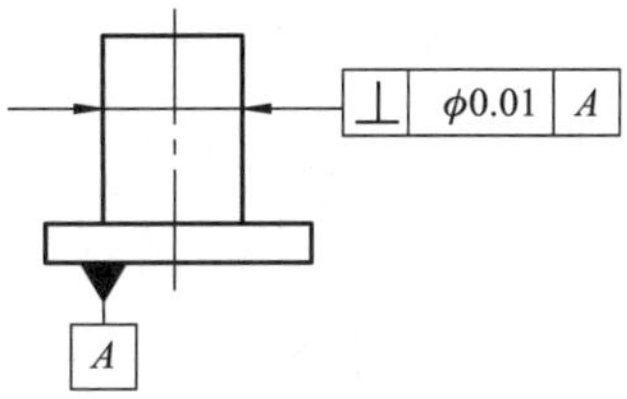 ⊥ ϕ0.01 A A
	倾斜度公差	被测线与基准线在同一平面内：公差带是距离为公差值 t 且与基准线成一给定角度的两平行平面之间的区域 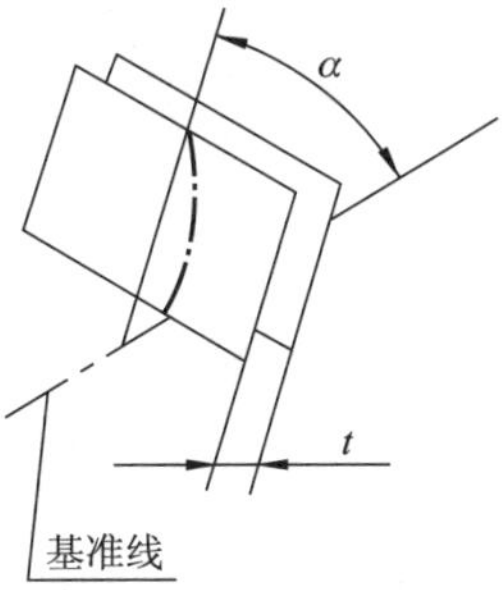 α t 基准线	被测轴线必须位于距离为公差值 0.08 且与 A—B 公共基准线成一理论正确角度的两平行平面之间 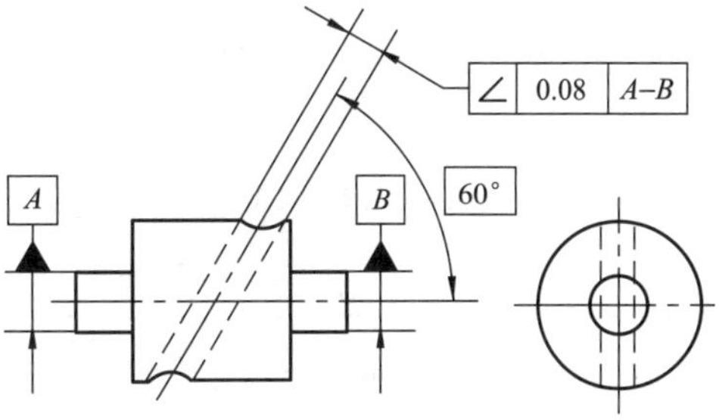 ∠ 0.08 A–B A B 60°
	位置度公差	如果公差值前加注 ϕ，则公差带是直径为公差值 t 的圆内的区域。圆公差带的中心点的位置，由相对于基准 A 和 B 的理论正确尺寸确定 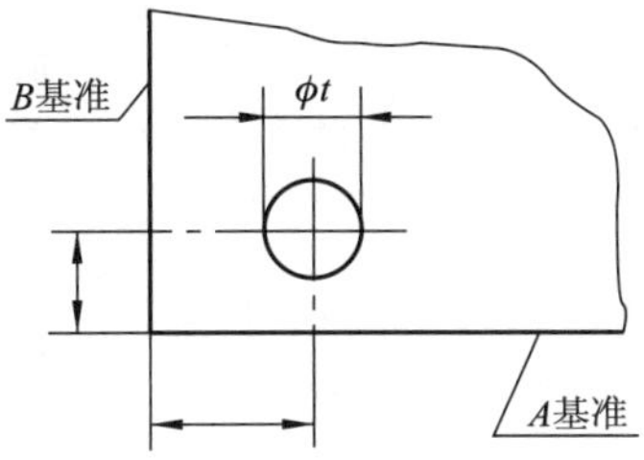 B基准 ϕt A基准	两个中心线的交点，必须位于直径为公差 值 0.3 的圆内，该圆的圆心位于由相对基准 A 和 B（基准直线）的理论正确尺寸所确定的点的理想位置上 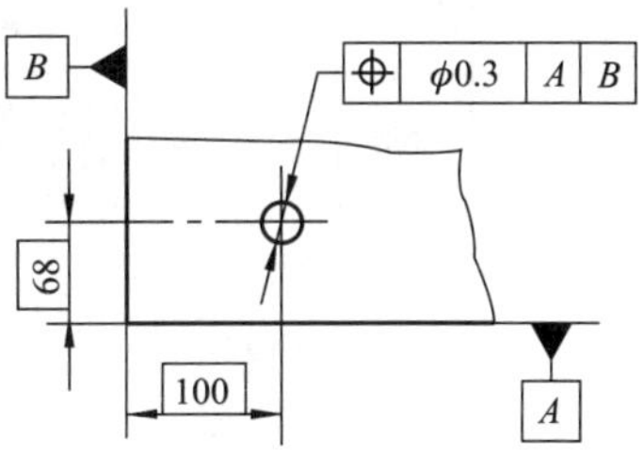 B ⌖ ϕ0.3 A B 68 100 A

续表

分类	项目	公差带定义	标注和解释
位置公差	同轴度公差	公差带是直径为公差值 ϕt 的圆柱面内的区域，该圆柱面的轴线与基准轴线同轴 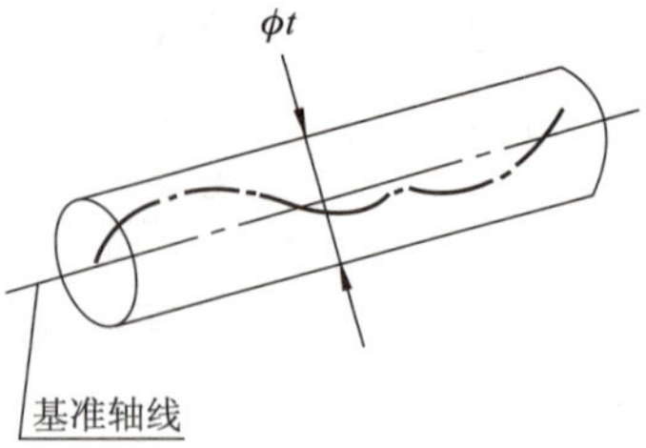 ϕt 基准轴线	大圆柱面的轴线，必须位于直径为公差值 ϕ0.08 且与公共基准线 A—B（公共基准轴线）同轴的圆柱面内 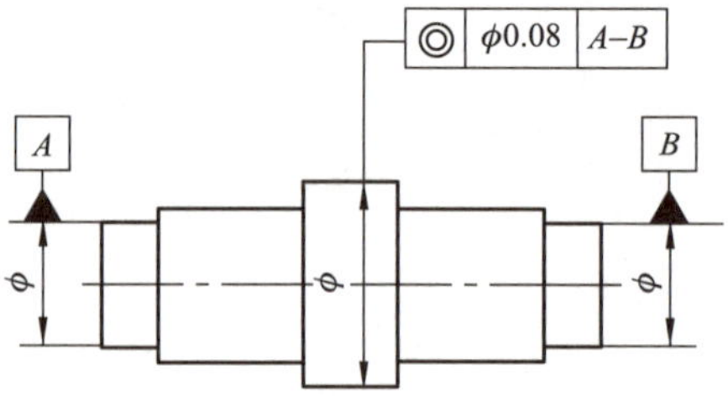 ◎ ϕ0.08 A–B A B ϕ ϕ ϕ
	对称度公差	公差带是距离为公差值 t 且相对基准的中心平面对称配置的两平行平面之间的区域 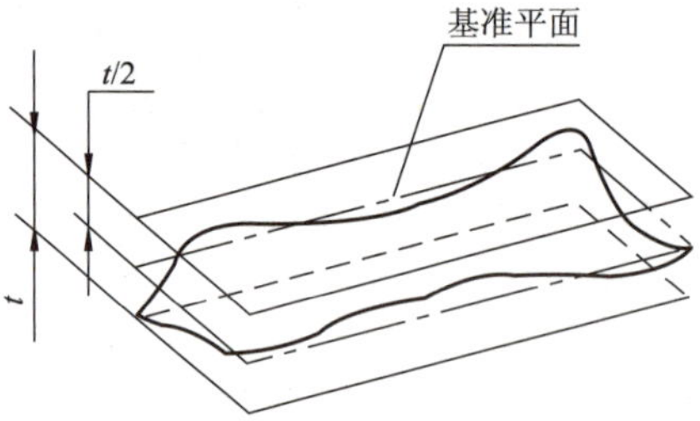 基准平面 $t/2$ t	被测中心平面，必须位于距离为公差值 0.08 且相对于基准中心平面 A 对称配置的两平行平面之间 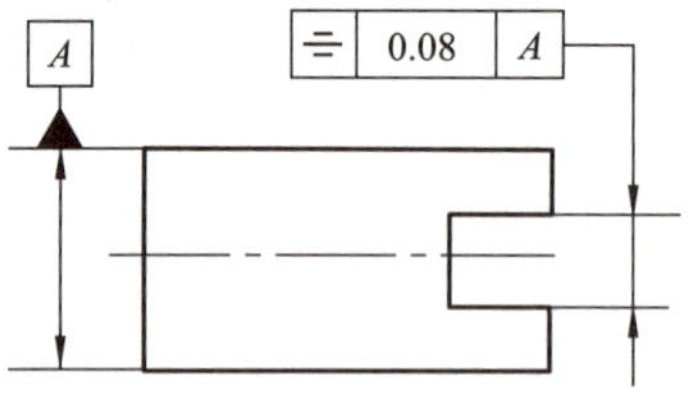 A ⌯ 0.08 A

附录三　常用材料及热处理

常用金属材料名称及应用见附表 3 - 1。

附表 3 - 1　常用金属材料名称及应用

标准	名称	牌号	应用举例		说　明
GB/T700—1988	普通碳素结构钢	Q215	A 级	金属结构件、拉杆、套圈、铆钉、螺栓。短轴、心轴、凸轮（载荷不大的）、垫圈、渗碳零件及焊接件	“Q”为碳素结构钢屈服点“屈”字的汉语拼音首位字母，后面的数字表示屈服点的数值。如 Q235 表示碳素结构钢的屈服点为 235 N/mm^2 新旧牌号对照： Q215—A2 Q235—A3 Q275—A5
			B 级		
		Q235	A 级	金属结构件，心部强度要求不高的渗碳或氰化零件，吊钩、拉杆、套圈、气缸、齿轮、螺栓、螺母、连杆、轮轴、楔、盖及焊接件	
			B 级		
			C 级		
			D 级		
		Q275	轴、轴销、刹车杆、螺母、螺栓、垫圈、连杆、齿轮以及其他强度较高的零件		

续表

标准	名称	牌号	应用举例	说　明
GB/T 699—1999	优质碳素结构钢	10	用作拉杆、卡头、垫圈、铆钉及用作焊接零件	牌号的两位数字表示平均碳的质量分数，45号钢即表示碳的质量分数为0.45% 碳的质量分数≤0.25%的碳钢属低碳钢（渗碳钢） 碳的质量分数在(0.25～0.6)%之间的碳钢属中碳钢（调质钢） 碳的质量分数>0.6%的碳钢属高碳钢 锰的质量分数较高的钢，须加注化学元素符号“Mn”
		15	用于受力不大和韧性较高的零件、渗碳零件及紧固件（如螺栓、螺钉）、法兰盘和化工贮器	
		35	用于制造曲轴、转轴、轴销、杠杆、连杆、螺栓、螺母、垫圈、飞轮（多在正火、调质下使用）	
		45	用作要求综合力学性能高的各种零件，通常经正火或调质处理后使用。用于制造轴、齿轮、齿条、链轮、螺栓、螺母、销钉、键、拉杆等	
		60	用于制造弹簧、弹簧垫圈、凸轮、轧辊等	
		15Mn	制作心部力学性能要求较高且需渗碳的零件	
		65Mn	用作要求耐磨性高的圆盘、衬板、齿轮、花键轴、弹簧等	
GB/T 3077—1999	合金结构钢	20Mn2	用作渗碳小齿轮、小轴、活塞销、柴油机套筒、气门推杆、缸套等	钢中加入一定量的合金元素，提高了钢的力学性能和耐磨性，也提高了钢的淬透性，保证金属在较大截面上获得高的力学性能
		15Cr	用于要求心部韧性较高的渗碳零件，如船舶主机用螺栓，活塞销，凸轮，凸轮轴，汽轮机套环，机车小零件等	
		40Cr	用于受变载、中速、中载、强烈磨损而无很大冲击的重要零件，如重要的齿轮、轴、曲轴、连杆、螺栓、螺母等	
		35SiMn	耐磨、耐疲劳性均佳，适用于小型轴类、齿轮及430 ℃以下的重要紧固件等	
		20CrMnTi	工艺性特优，强度、韧性均高，可用于承受高速、中等或重负荷以及冲击、磨损等的重要零件，如渗碳齿轮、凸轮等	
GB/T 11352—1989	铸钢	ZG230—450	轧机机架、铁道车辆摇枕、侧梁、铁铮台、机座、箱体、锤轮、450 ℃以下的管路附件等	“ZG”为铸钢汉语拼音的首位字母，后面的数字表示屈服点和抗拉强度。如ZG230—450表示屈服点为230 N/mm^2、抗拉强度为450 N/mm^2
		ZG310—570	适用于各种形状的零件，如联轴器、齿轮、气缸、轴、机架、齿圈等	

续表

标准	名称	牌号	应用举例	说　明
GB/T 9439—1988	灰铸铁	HT150	用于小负荷和对耐磨性无特殊要求的零件，如端盖、外罩、手轮、一般机床的底座、床身及其复杂零件、滑台、工作台和低压管件等	“HT”为“灰铁”的汉语拼音的首位字母，后面的数字表示抗拉强度。如HT200表示抗拉强度为200 N/mm^2 的灰铸铁
		HT200	用于中等负荷和对耐磨性有一定要求的零件，如机床床身、立柱、飞轮、气缸、泵体、轴承座、活塞、齿轮箱、阀体等	
		HT250	用于中等负荷和对耐磨性有一定要求的零件，如阀壳、油缸、气缸、联轴器、机体、齿轮、齿轮箱外壳、飞轮、液压泵和滑阀的壳体等	
GB/T 1176—1987	5-5-5锡青铜	ZCuSn5Pb5Zn5	耐磨性和耐蚀性均好，易加工，铸造性和气密性较好。用于较高负荷、中等滑动速度下工作的耐磨、耐腐蚀零件，如轴瓦、衬套、缸套、活塞、离合器、蜗轮等	“Z”为铸造汉语拼音的首位字母，各化学元素后面的数字表示该元素含量的百分数，如ZCuAl10Fe3表示含：w（Al）=8.1%～11% w（Fe）=2%～4% 其余为Cu的铸造铝青铜
	10-3铝青铜	ZCuAl10Fe3	力学性能高、耐磨性、耐蚀性、抗氧化性好，可以焊接，不易钎焊，大型铸件自700 ℃空冷可防止变脆。可用于制造强度高、耐磨、耐蚀的零件，如蜗轮、轴承，衬套、管嘴、耐热管配件等	
	25-6-3-3铝黄铜	ZCuZn25A16Fe3Mn3	有很高的力学性能，铸造性良好、耐蚀性较好，有应力腐蚀开裂倾向，可以焊接。适用于高强耐磨零件，如桥梁支承板、螺母、螺杆、耐磨板、滑块、蜗轮等	
	58-2-2锰黄铜	ZCZn38Mr2Pb2	有较高的力学性能和耐蚀性，耐磨性较好，切削性良好。可用于一般用途的构件，船舶仪表等使用的外形简单的铸件，如套筒、衬套、轴瓦、滑块等	
GB/T 1173—1995	铸造铝合金	ZAlSi12 代号 ZL102	用于制造形状复杂，负荷小、耐腐蚀的薄壁零件和工作温度≤200 ℃的高气密性零件	w（Si）=10%～13%的铝硅合金

续表

标准	名称	牌号	应用举例	说　　明
GB/T 3190—1996	硬铝	2A12（原LY12）	焊接性能好，适于制作高载荷的零件及构件（不包括冲压件和锻件）	2A12表示 w（Cu）=3.8%～4.9%、w（Mg）=1.2%～1.8%、w（Mn）=0.3%～0.9%的硬铝
	工业纯铝	1060（代L2）	塑性、耐腐蚀性高，焊接性好，强度低。适于制作贮槽、热交换器、防污染及深冷设备等	1060表示含杂质≤0.4%的工业纯铝

常用非金属材料名称及应用见附表3-2。

附表3-2　常用非金属材料名称及应用

标　准	名　称	牌　号	说　明	应用举例
GB/T 359—1995	耐油石棉橡胶板	NY250 HNY300	有0.4～3.0 mm的十种厚度规格	供航空发动机用的煤油、润滑油及冷气系统结合处的密封衬垫材料
GB/T 5574—1994	耐酸碱橡胶板	2707 2807 2709	较高硬度 中等硬度	具有耐酸碱性能，在温度（−30～+60）℃的20%浓度的酸碱液体中工作，用于冲制密封性能较好的垫圈
	耐油橡胶板	3707 3807 3709 3809	较高硬度	可在一定温度的全损耗系统用油、变压器油、汽油等介质中工作，适用于冲制各种形状的垫圈
	耐热橡胶板	4708 4808 4710	较高硬度 中等硬度	可在（−30～+100）℃且压力不大的条件下，于热空气、蒸汽介质中工作，用于冲制各种垫圈及隔热垫板

常用材料热处理和表面热处理名词解释见附表3-3。

附表3-3　常用材料热处理和表面热处理名词解释

名　称	代　号	说　　明	目　　的
退火	5111	将钢件加热到适当温度，保温一段时间，然后以一定速度缓慢冷却	实现材料在性能和显微组织上的预期变化，如细化晶粒、消除应力等。并为下道工序进行显微组织准备
正火	5121	将钢件加热到临界温度以上，保温一段时间，然后在空气中冷却	调整钢件硬度，细化晶粒，改善加工性能，为淬火或球化退火作好显微组织准备
淬火	5131	将钢件加热到临界温度以上，保温一段时间，然后急剧冷却	提高机件强度及耐磨性。但淬火后会引起内应力，使钢变脆，所以淬火后必须回火

续表

名称	代号	说明	目的
回火	5141	将淬火后的钢件重新加热到临界温度以下某一温度，保温一段时间冷却	降低淬火后的内应力和脆性，保证零件尺寸稳定性
调质	5151	淬火后在500 ℃～700 ℃进行高温回火	提高韧性及强度。重要的齿轮、轴及丝杠等零件需调质
感应加热淬火	5132	用高频电流将零件表面迅速加热到临界温度以上，急速冷却	提高机件表面的硬度及耐磨性、而芯部又保持一定的韧性，使零件既耐磨又能承受冲击，常用来处理齿轮等
渗碳及直接淬火	5311g	将零件在渗碳剂中加热，使碳渗入钢的表面后，再淬火回火	提高机件表面的硬度、耐磨性、抗拉强度等。主要适用于低碳结构钢的中小型零件
渗氮	5330	将零件放入氨气内加热，使渗氮工作表面获得含氮强化层	提高机件表面的硬度、耐磨性、疲劳强度和抗蚀能力。适用于合金钢、碳钢、铸铁件，如机床主轴、丝杠、重要液压元件中的零件
时效处理	时效	机件精加工前，加热到100 ℃～150 ℃后，保温5～20 h，空气冷却；铸件可天然时效露天放一年以上	消除内应力，稳定机件形状和尺寸，常用于处理精密机件，如精密轴承、精密丝杠等
发蓝 发黑	发蓝或 发黑	将零件置于氧化性介质内加热氧化，使表面形成一层氧化铁保护膜	防腐蚀、美化，如用于螺纹连接件
镀镍	镀镍	用电解方法，在钢件表面镀一层镍	防腐蚀、美化
镀铬	镀铬	用电解方法，在钢件表面镀一层铬	提高机件表面的硬度、耐磨性和耐蚀能力，也用于修复零件上磨损的表面
硬度	HB（布氏硬度） HIRC（洛氏硬度） HV（维氏硬度）	材料抵抗硬物压入其表面的能力，依测定方法不同有布氏、洛氏、维氏硬度等几种	用于检验材料经热处理后的硬度。HB用于退火、正火、调质的零件及铸件；HRC用于经淬火、回火及表面渗碳、渗氮等处理的零件；HV用于薄层硬化零件

附录四　常用螺纹及螺纹紧固件

1. 普通螺纹（摘自 GB/T 193—2003、GB/T 196—2003）（见附表 4－1 和附表 4－2）

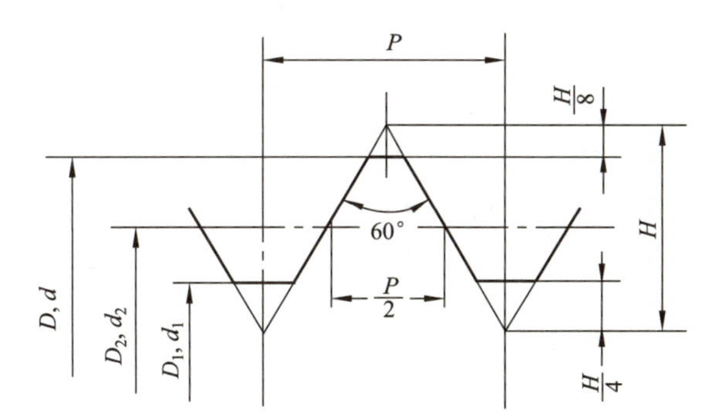

$$H=\frac{\sqrt{3}}{2}P$$

附表 4－1　普通螺纹

mm

公称直径 D、d		螺距 P		粗牙小径 D_1、d_1
第一系列	第二系列	粗牙	细牙	
3		0.5	0.35	2.459
	3.5	(0.6)		2.850
4		0.7	0.5	3.242
	4.5	(0.75)		3.688
5		0.8		4.134
6		1	0.75，(0.5)	4.917
8		1.25	1，0.75，(0.5)	6.647
10		1.5	1.25，1，0.75，(0.5)	8.376
12		1.75	1.5，1.25，1，(0.75)，(0.5)	10.106
	14	2	1.5，(125)，1，(0.75)，(0.5)	11.835
16		2	1.5,1,(0.75),(0.5)	13.835
	18	2.5	2，1.5，1，(0.75)，(0.5)	15.294
20		2.5		17.294

公称直径 D、d		螺距 P		粗牙小径 D_1、d_1
第一系列	第二系列	粗牙	细牙	
	22	2.5	2，1.5，1，(0.75)，(0.5)	19.294
24		3	2，1，5，1，(0.75)	20.752
	27	3	2，1.5，1，(0.75)	23.752
30		3.5	(3)，2，1.5，1，(0.75)	26.211
	33	3.5	(3)，2，15，(1)，(0.75)	29.211
36		4	3，2，1.5，(1)	31.670
	39	4		34.670
42		4.5	(4)，3，2，1.5 (1)	37.129
	45	4.5		40.129
48		5		42.587
	52	5		46.587
56		5.5	4，3，2，1.5 (1)	50.046

注：① 优先选用第一系列，括号内尺寸尽可能不用。第三系列未列入。
② 中径 D_2、d_2 未列入。

附表 4－2　细牙普通螺纹螺距与小径的关系　　mm

螺距 P	小径 D_1、d_1	螺距 P	小径 D_1、d_1	螺距 P	小径 D_1、d_1
0.35	$d-1+0.621$	1	$d-2+0.918$	2	$d-3+0.835$
0.5	$d-1+0.459$	1.25	$d-2+0.647$	3	$d-4+0.752$
0.75	$d-1+0.188$	1.5	$d-2+0.376$	4	$d-5+0.670$

注：表中的小径按 $D_1=d_1=d-2\times\frac{5}{8}H$，$H=\frac{\sqrt{3}}{2}P$ 计算得出。

2. 梯形螺纹（摘自 GB/T 5796.2—2005、GB/T 5796.3—2005）（见附表 4－3）

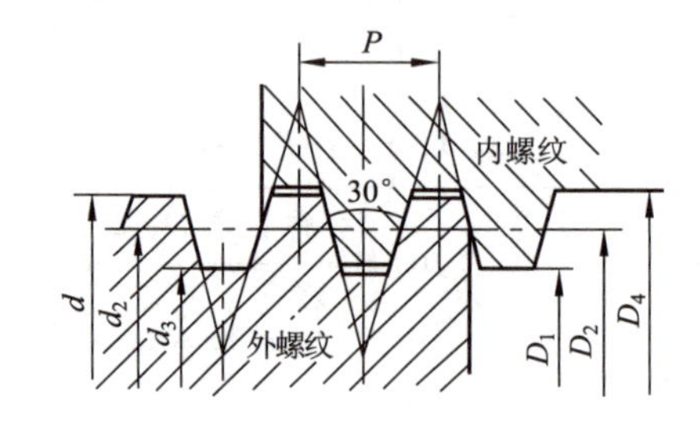

附表 4－3　梯形螺纹　　mm

公称直径 d		螺距	中径	大径	小径		公称直径 d		螺距	中径	大径	小径	
第一系列	第二系列	P	$d_2=D_2$	D_4	d_3	D_1	第一系列	第二系列	P	$d_2=D_2$	D_4	d_3	D_1
8		1.5	7.25	8.30	6.20	6.50		26	3	24.50	26.50	22.50	23.00
	9	1.5	8.25	9.30	7.20	7.50			5	23.50	26.50	20.50	21.00
		2	8.00	9.50	6.50	7.00			8	22.00	27.50	17.50	18.00
10		1.5	9.25	10.30	8.20	8.50	28		3	26.50	28.50	24.50	25.00
		2	9.00	10.50	7.50	8.00			5	25.50	28.50	22.50	23.00
	11	2	10.00	11.50	8.50	9.00			8	24.00	29.00	19.00	20.00
		3	9.50	11.50	7.50	8.00		30	3	28.50	30.50	26.50	29.00
12		2	11.00	12.50	9.50	10.00			6	27.00	31.00	23.00	24.00
		3	10.50	12.50	8.50	9.00			10	25.00	31.00	19.00	20.00
	14	2	13.00	14.50	11.50	12.00	32		3	30.50	32.50	28.50	29.00
		3	12.50	14.50	10.50	11.00			6	29.00	33.00	25.00	26.00
16		2	15.00	16.50	13.50	14.00			10	27.00	33.00	21.00	22.00
		4	14.00	16.50	11.50	12.00		34	3	32.50	34.50	30.50	31.00
	18	2	17.00	18.50	15.50	16.00			6	31.00	35.00	27.00	28.00
		4	16.00	18.50	13.50	14.00			10	29.00	35.00	23.00	24.00

续表

公称直径 d 第一系列	公称直径 d 第二系列	螺距 P	中径 $d_2=D_2$	大径 D_4	小径 d_3	小径 D_1
20		2	19.00	20.50	17.50	18.00
		4	18.00	20.50	15.50	16.00
	22	3	20.50	22.50	18.50	19.00
		5	19.50	22.50	16.50	17.00
		8	18.00	23.00	13.00	14.00
24		3	22.50	24.50	20.50	21.00
		5	21.50	24.50	18.50	19.00
		8	20.00	25.00	15.00	16.00

公称直径 d 第一系列	公称直径 d 第二系列	螺距 P	中径 $d_2=D_2$	大径 D_4	小径 d_3	小径 D_1
36		3	34.50	36.50	32.50	33.00
		6	33.00	37.00	29.00	30.00
		10	31.00	37.00	25.00	26.00
	38	3	36.50	38.50	34.50	35.00
		7	34.50	39.00	30.00	31.00
		10	33.00	39.00	27.00	28.00
40		3	38.50	40.50	36.50	37.00
		7	36.50	41.00	32.00	33.00
		10	35.00	41.00	29.00	30.00

3. 非螺纹密封的管螺纹（摘自 GB/T 7307—2001）（见附表 4－4）

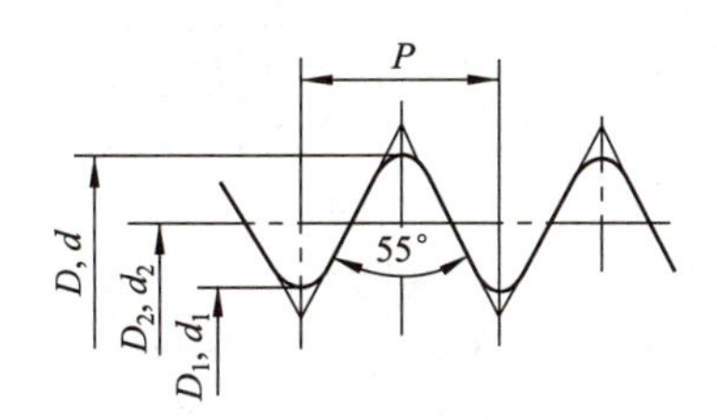

附表 4－4　非螺纹密封的管螺纹　　mm

尺寸代号	每 25.4 mm 内的牙数 n	螺距 P	基本直径 大径 D、d	基本直径 小径 D_1、d_1
$\frac{1}{8}$	28	0.907	9.728	8.566
$\frac{1}{4}$	19	1.337	13.157	11.445
$\frac{3}{8}$	19	1.337	16.662	14.950
$\frac{1}{2}$	14	1.814	20.955	18.631
$\frac{5}{8}$	14	1.814	22.911	20.587
$\frac{3}{4}$	14	1.814	26.441	24.117
$\frac{7}{8}$	14	1.814	30.201	27.877
1	11	2.309	33.249	30.291
$1\frac{1}{8}$	11	2.309	37.897	34.939
$1\frac{1}{4}$	11	2.309	41.910	38.952
$1\frac{1}{2}$	11	2.309	47.803	44.845
$1\frac{3}{4}$	11	2.309	53.746	50.788

续表

尺寸代号	每25.4 mm内的牙数 n	螺距 P	基本直径	
			大径 D、d	小径 D_1、d_1
2	11	2.309	59.614	56.656
$2\frac{1}{4}$	11	2.309	65.710	62.752
$2\frac{1}{2}$	11	2.309	75.184	72.226
$2\frac{3}{4}$	11	2.309	81.534	78.576
3	11	2.309	87.884	84.926

4. 螺栓（见附表4－5）

六角头螺栓—C级（GB/T 5780—2000）、六角头螺栓—A和B级（GB/T 5782—2000）

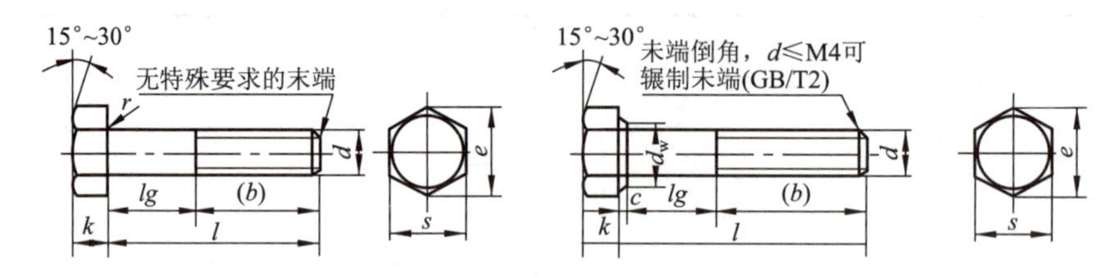

标记示例

螺纹规格 d＝M12、公称长度 l＝80、性能等级为8.8级，表面氧化、A级的六角头螺栓：

螺栓　GB/T 5782　M12×80

附表4－5　螺栓　　mm

螺纹规格 d			M3	M4	M5	M6	M8	M10	M12	M16	M20	M24	M30	M36	M42
b 参考	l≤125		12	14	16	18	22	26	30	38	46	54	66	—	—
	125＜l≤200		18	20	22	24	28	32	36	44	52	60	72	84	96
	l＞200		31	33	35	37	41	45	49	57	65	73	85	97	109
c			0.4	0.4	0.5	0.5	0.6	0.6	0.6	0.8	0.8	0.8	0.8	0.8	1
d_w	产品等级	A	4.57	5.88	6.88	8.88	11.63	14.63	16.63	22.49	28.19	33.61	—	—	—
		B、C	4.45	5.74	6.74	8.74	11.47	14.47	16.47	22	27.7	33.25	42.75	51.11	59.95
e	产品等级	A	6.01	7.66	8.79	11.05	14.38	17.77	20.03	26.75	33.53	39.98	—	—	—
		B、C	5.88	7.50	8.63	10.89	14.20	17.59	19.85	26.17	32.95	39.55	50.85	60.79	72.02
k	公称		2	2.8	3.5	4	5.3	6.4	7.5	10	12.5	15	18.7	22.5	26
r			0.1	0.2	0.2	0.25	0.4	0.4	0.6	0.6	0.8	0.8	1	1	1.2
s	公称		5.5	7	8	10	13	16	18	24	30	36	46	55	65
l（商品规格范围）			20～30	25～40	25～50	30～60	40～80	45～100	50～120	65～160	80～200	90～240	110～300	140～360	160～440
l 系列			12，16，20，25，30，35，40，45，50，55，60，65，70，80，90，100，110，120，130，140，150，160，180，200，220，240，260，280，300，320，340，360，380，400，420，440，460，480，500												

注：① A级用于 d≤24和 l≤10d 或≤150的螺栓；
B级用于 d＞24和 l＞10d 或＞150的螺栓。
② 螺纹规格 d 范围：GB/T 5780为M5～M64；GB/T 5782为M1.6～M64。
③ 公称长度范围：GB/T 5780为25～500；GB/T 5782为12～500。

5. 双头螺柱（见附表 4-6）

双头螺柱—b_m＝1d（GB/T 897—1988）

双头螺柱—b_m＝1.25d（GB/T 898—1988）

双头螺柱—b_m＝1.5d（GB/T 899—1988）

双头螺柱—b_m＝2d（GB/T 900—1988）

A型

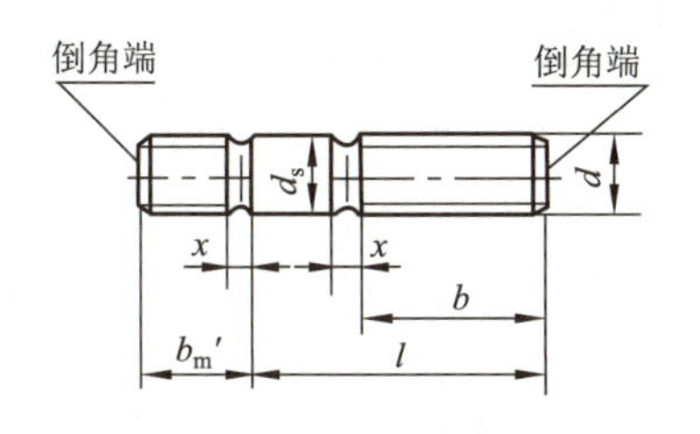

B型

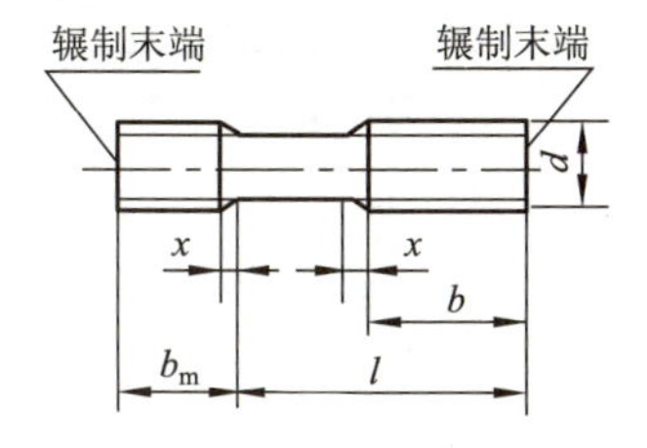

标记示例

两端均为粗牙普通螺纹、d＝10、l＝50、性能等级为 4.8 级、B 型、b_m＝1d 的双头螺柱：螺柱　GB/T 897　M10×50

旋入机体一端为粗牙普通螺纹、旋螺母一端为螺距 1 的细牙普通螺纹、d＝10、l＝50、性能等级为 4.8 级、A 型、b_m＝1d 的双头螺柱：螺柱　GB/T 897　AM10－M10×1×50

附表 4-6　螺柱　　mm

螺纹规格		M5	M6	M8	M10	M12	M16	M20	M24	M30	M36	M42
b_m（公称）	GB/T 897	5	6	8	10	12	16	20	24	30	36	42
	GB/T 898	6	8	10	12	15	20	25	30	38	45	52
	GB/T 899	8	10	12	15	18	24	30	36	45	54	65
	GB/T 900	10	12	16	20	24	32	40	48	60	72	84
d_s（max）		5	6	8	10	12	16	20	24	30	36	42
x（max）		2.5P										
$\frac{l}{b}$		16～22/10 25～50/16	20～22/10 25～30/14 32～75/18	20～22/12 25～30/16 32～90/22	25～28/14 30～38/16 40～120/26 130/32	25～30/16 32～40/20 45～120/30 130～180/36	30～38/20 40～55/30 60～120/38 130～200/44	35～40/25 45～65/35 70～120/46 130～200/52	45～50/30 55～75/45 80～120/54 130～200/60	60～65/40 70～90/50 95～120/60 130～200/72 210～250/85	65～75/45 80～110/60 120/78 130～200/84 210～300/91	65～80/50 85～110/70 120/90 130～200/96 210～300/109
l 系列		16，(18)，20 (22)，25 (28)，30，(32)，35，(38)，40，45，50，(55)，60，(65)，70，(75)，80，(85)，90，(95)，100，110，120，130，140，150，160，170，180，190，200，210，220，230，240，250，260，280，300										
注：P 是粗牙螺纹的螺距。												

6. 螺钉（见附表 4-7）

（1）开槽圆柱头螺钉（摘自 GB/T 65—2000）。

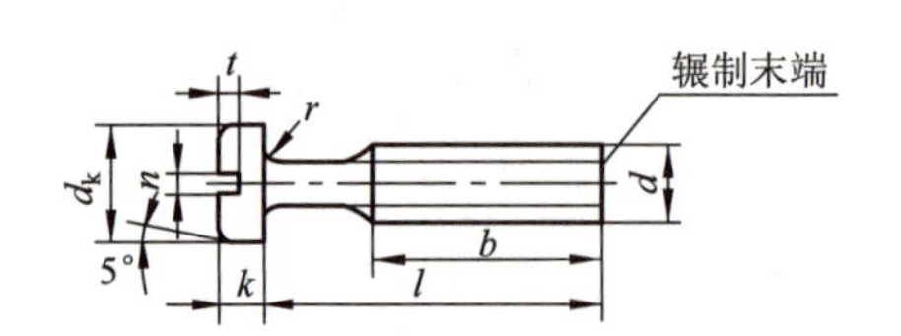

标记示例

螺纹规格 d=M5、公称长度 l=20、性能等级为 4.8 级、不经表面处理的 A 级开槽圆柱头螺钉：

螺钉　GB/T 65　M5×20

附表 4-7　开槽圆柱头螺钉　　mm

螺纹规格 d	M4	M5	M6	M8	M10
P（螺距）	0.7	0.8	1	1.25	1.5
b	38	38	38	38	38
d_k	7	8.5	10	13	16
k	2.6	3.3	3.9	5	6
n	1.2	1.2	1.6	2	2.5
r	0.2	0.2	0.25	0.4	0.4
t	1.1	1.3	1.6	2	2.4
公称长度 l	5～40	6～50	8～60	10～80	12～80
l 系列	5，6，8，10，12，(14)，16，20，25，30，35，40，45，50，(55)，60，(65)，70，(75)，80				

注：① 公称长度 $l \leqslant 40$ 的螺钉，制出全螺纹。
② 括号内的规格尽可能不采用。
③ 螺纹规格 d=M1.6～M10；公称长度 l=2～80。

（2）开槽盘头螺钉（摘自 GB/T 67—2000）（见附表 4-8）。

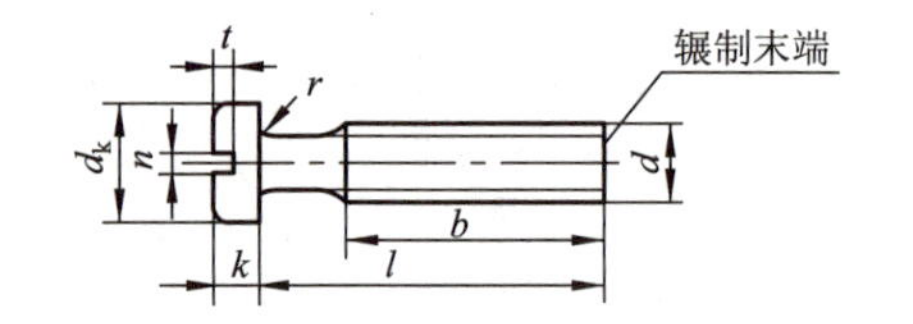

标记示例

螺纹规格 d=M5、公称长度 l=20、性能等级为 4.8 级、不经表面处理的 A 级开槽盘头螺钉：

螺钉　GB/T 67　M5×20

附表 4-8　开槽盘头螺钉　　mm

螺纹规格 d	M1.6	M2	M2.5	M3	M4	M5	M6	M8	M10
P（螺距）	0.35	0.4	0.45	0.5	0.7	0.8	1	1.25	1.5
b	25	25	25	25	38	38	38	38	38
d_k	3.2	4	5	5.6	8	9.5	12	16	20
k	1	1.3	1.5	1.8	2.4	3	3.6	4.8	6
n	0.4	0.5	0.6	0.8	1.2	1.2	1.6	2	2.5
r	0.1	0.1	0.1	0.1	0.2	0.2	0.25	0.4	0.4
t	0.35	0.5	0.6	0.7	1	1.2	1.4	1.9	2.4
公称长度 l	2～16	2.5～20	3～25	4～30	5～40	6～50	8～60	10～80	12～80
l 系列	2，2.5，3，4，5，6，8，10，12，(14)，16，20，25，30，35，40，45，50，(55)，60，(65)，70，(75)，80								

注：① 括号内的规格尽可能不采用。
② M1.6～M3 的螺钉，公称长度 $l \leqslant 30$ 的，制出全螺纹；
M4～M10 的螺钉，公称长度 $l \leqslant 40$ 的，制出全螺纹。

（3）开槽沉头螺钉（摘自 GB/T 68—2000）（见附表 4－9）。

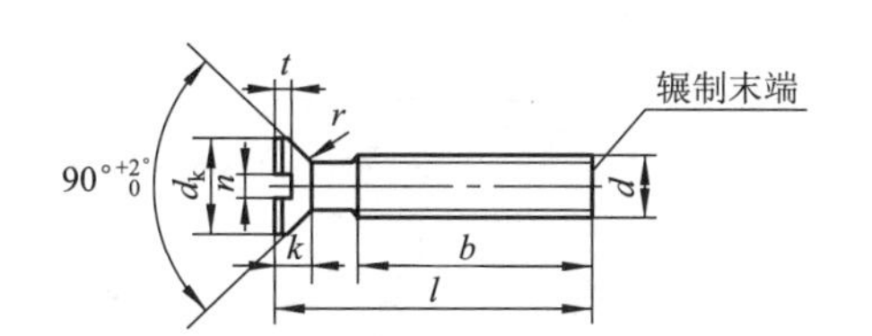

标记示例

螺纹规格 d＝M5、公称长度 l＝20、性能等级为 4.8 级，不经表面处理的 A 级开槽沉头螺钉：

螺钉　GB/T 68　M5×20

附表 4－9　开槽沉头螺钉　　mm

螺纹规格 d	M1.6	M2	M2.5	M3	M4	M5	M6	M8	M10
P（螺距）	0.35	0.4	0.45	0.5	0.7	0.8	1	1.25	1.5
b	25	25	25	25	38	38	38	38	38
d_k	3.6	4.4	5.5	6.3	9.4	10.4	12.6	17.3	20
k	1	1.2	1.5	1.65	2.7	2.7	3.3	4.65	5
n	0.4	0.5	0.6	0.8	1.2	1.2	1.6	2	2.5
r	0.4	0.5	0.6	0.8	1	1.3	1.5	2	2.5
t	0.5	0.6	0.75	0.85	1.3	1.4	1.6	2.3	2.6
公称长度 l	2.5～16	3～20	4～25	5～30	6～40	8～50	8～60	10～80	12～80
l 系列	2.5，3，4，5，6，8，10，12，(14)，16，20，25，30，35，40，45，50，(55)，60，(65)，70，(75)，80								
注：① 括号内的规格尽可能不采用。 ② M1.6～M3 的螺钉、公称长度 l≤30 的，制出全螺纹；M4～M10 的螺钉、公称长度 l≤45 的，制出全螺纹。									

（4）内六角圆柱头螺钉（摘自 GB/T 70.1—2000）（见附表 4－10）。

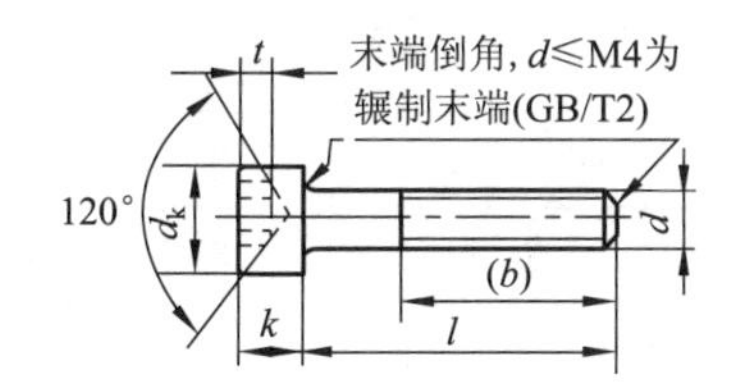

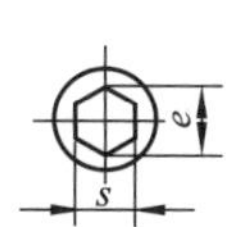

标记示例

螺纹规格 d＝M5、公称长度 l＝20、性能等级为 8.8 级、表面氧化的内六角圆柱头螺钉：

螺钉　GB/T 70.1　M5×20

附表 4－10　内六角圆柱头螺钉　　mm

螺纹规格 d	M3	M4	M5	M6	M8	M10	M12	M14	M16	M20
P（螺距）	0.5	0.7	0.8	1	1.25	1.5	1.75	2	2	2.5
b 参考	18	20	22	24	28	32	36	40	44	52
d_k	5.5	7	8.5	10	13	16	18	21	24	30
k	3	4	5	6	8	10	12	14	16	20
t	1.3	2	2.5	3	4	5	6	7	8	10
s	2.5	3	4	5	6	8	10	12	14	17
e	2.87	3.44	4.58	5.72	6.86	9.15	11.43	13.72	16.00	19.44
r	0.1	0.2	0.2	0.25	0.4	0.4	0.6	0.6	0.6	0.8
公称长度 l	5～30	6～40	8～50	10～60	12～80	16～100	20～120	25～140	25～160	30～200
l≤表中数值时，制出全螺纹	20	25	25	30	35	40	45	55	55	65

续表

螺纹规格 d	M3	M4	M5	M6	M8	M10	M12	M14	M16	M20
l 系列	2.5，3，4，5，6，8，10，12，16，20，25，30，35，40，45，50，55，60，65，70，80，90，100，110，120，130，140，150，160，180，200，220，240，260，280，300									
注：螺纹规格 d＝M1.6～M64。										

（5）十字槽沉头螺钉（摘自 GB/T 819.1—2000）（见附表 4-11）。

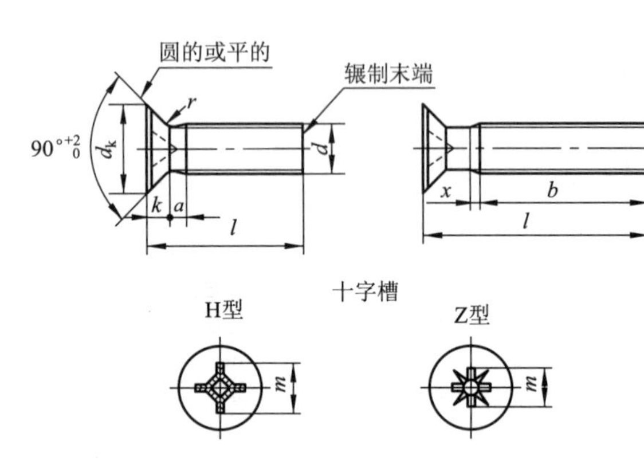

标记示例

螺纹规格 d＝M5，公称长度 l＝20，性能等级为 4.8 级、不经表面处理的 H 型十字槽沉头螺钉的标记：

螺钉　GB/T 819.1　M5×20

附表 4-11　十字槽沉头螺钉　　mm

螺纹规格 d		M1.6	M2	M2.5	M3	M4	M5	M6	M8	M10
P		0.35	0.4	0.45	0.5	0.7	0.8	1	1.25	1.5
a	max	0.7	0.8	0.9	1	1.4	1.6	2	2.5	3
b	min	25	25	25	25	38	38	38	38	38
d_k 理论值	max	3.6	4.4	5.5	6.3	9.4	10.4	12.6	17.3	20
d_k 实际值	max	3	3.8	4.7	5.5	8.4	9.3	11.3	15.8	18.3
d_k 实际值	min	2.7	3.5	4.4	5.2	8	8.9	10.9	15.4	17.8
k	max	1	1.2	1.5	1.65	2.7	2.7	3.3	4.65	5
r	max	0.4	0.5	0.6	0.8	1	1.3	1.5	2	2.5
X	max	0.9	1	1.1	1.25	1.75	2	2.5	3.2	3.8
十字槽 槽号 No.		0		1		2		3	4	
十字槽 H型	m 参考	1.6	1.9	2.9	3.2	4.6	5.2	6.8	8.9	10
十字槽 H型 插入深度	min	0.6	0.9	1.4	1.7	2.1	2.7	3	4	5.1
十字槽 H型 插入深度	max	0.9	1.2	1.8	2.1	2.6	3.2	3.5	4.6	5.7
十字槽 Z型	m 参考	1.6	1.9	2.8	3	4.4	4.9	6.6	8.8	9.8
十字槽 Z型 插入深度	min	0.7	0.95	1.45	1.6	2.05	2.6	3	4.15	5.2
十字槽 Z型 插入深度	max	0.95	1.2	1.75	2	2.5	3.05	3.45	4.6	5.65

续表

螺纹规格 d			M1.6	M2	M2.5	M3	M4	M5	M6	M8	M10
l											
公称	min	max									
3	2.8	3.2									
4	3.7	4.3									
5	4.7	5.3									
6	5.7	6.3									
8	7.7	8.3									
10	9.7	10.3									
12	11.6	12.4									
(14)	13.6	14.4									
16	15.6	16.4					规格				
20	19.6	20.4									
25	24.6	25.4									
30	29.6	30.4							范围		
35	34.5	35.5									
40	39.5	40.5									
45	44.5	45.5									
50	49.5	50.5									
(55)	54.4	55.6									
60	59.4	60.6									

注：① 尽可能不采用括号内的规格。

② P——螺距。

③ d_k 的理论值按 GB/T 5279—1985 规定。

④ 公称长度在虚线以上的螺钉，制出全螺纹[$b=l-(k+a)$]。

（6）紧定螺钉（见附表 4 - 12）。

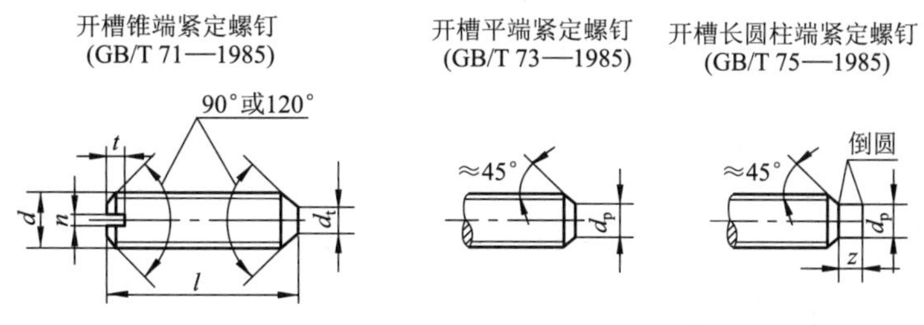

标记示例

螺纹规格 d=M5、公称长度 l=12、性能等级为 14H 级、表面氧化的开槽长圆柱端紧定螺钉：

螺钉　GB/T 75　M5×12

附表 4-12 紧定螺钉 mm

螺纹规格 d		M1.6	M2	M2.5	M3	M4	M5	M6	M8	M10	M12
P（螺距）		0.35	0.4	0.45	0.5	0.7	0.8	1	1.25	1.5	1.75
n		0.25	0.25	0.4	0.4	0.6	0.8	1	1.2	1.6	2
l		0.74	0.84	0.95	1.05	1.42	1.63	2	2.5	3	3.6
d_t		0.16	0.2	0.25	0.3	0.4	0.5	1.5	2	2.5	3
d_p		0.8	1	1.5	2	2.5	3.5	4	5.5	7	8.5
z		1.05	1.25	1.5	1.75	2.25	2.75	3.25	4.3	5.3	6.3
l	GB/T 71—1985	2～8	3～10	3～12	4～16	6～20	8～25	8～30	10～40	12～50	14～60
	GB/T 73—1985	2～8	2～10	2.5～12	3～16	4～20	5～25	6～30	8～40	10～50	12～60
	GB/T 75—1985	2.5～8	3～10	4～12	5～16	6～20	8～25	10～30	10～40	12～50	14～60
l 系列		2，2.5，3，4，5，6，8，10，12，(14)，16，20，25，30，35，40，45，50，(55)，60									

注：① l 为公称长度。

② 括号内的规格尽可能不采用。

7. 螺母（见附表 4-13）

六角螺母—C级（GB/T 41—2000）　1型六角螺母—A和B级（GB/T 6170—2000）　六角薄螺母（GB/T 6172.1—2000）

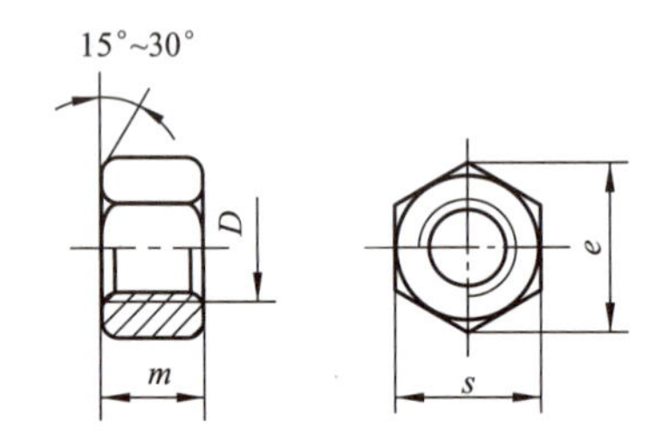

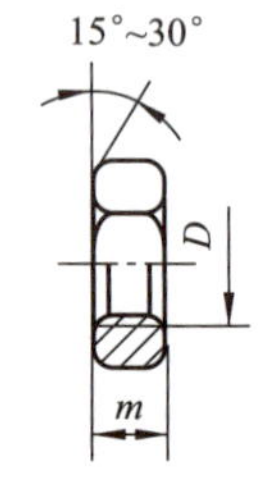

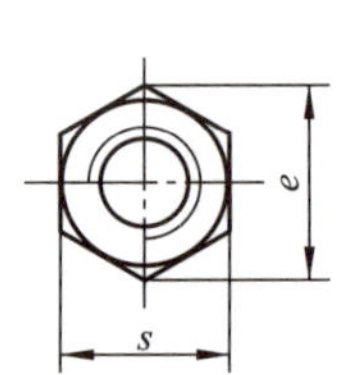

标记示例

螺纹规格 D=M12、性能等级为5级、不经表面处理、C级的六角螺母：

螺母　GB/T 41　M12

螺纹规格 D=M12、性能等级为8级、不经表面处理、A级的1型六角螺母：

螺母　GB/T 6170　M12

附表 4-13 螺母 mm

螺纹规格 D		M3	M4	M5	M6	M8	M10	M12	M16	M20	M24	M30	M36	M42
e	GB/T 41	—	—	8.63	10.89	14.20	17.59	19.85	26.17	32.95	39.55	50.85	60.79	72.02
	GB/T 6170	6.01	7.66	8.79	11.05	14.38	17.77	20.03	26.75	32.95	39.55	50.85	60.79	72.02
	GB/T 6172.1	6.01	7.66	8.79	11.05	14.38	17.77	20.03	26.75	32.95	39.55	50.85	60.79	72.02
s	GB/T 41	—	—	8	10	13	16	18	24	30	36	46	55	65
	GB/T 6170	5.5	7	8	10	13	16	18	24	30	36	46	55	65
	GB/T 6172.1	5.5	7	8	10	13	16	18	24	30	36	46	55	65

续表

螺纹规格 D		M3	M4	M5	M6	M8	M10	M12	M16	M20	M24	M30	M36	M42
m	GB/T 41	—	—	5.6	6.1	7.9	9.5	12.2	15.9	18.7	22.3	26.4	31.5	34.9
	GB/T 6170	2.4	3.2	4.7	5.2	6.8	8.4	10.8	14.8	18	21.5	25.6	31	34
	GB/T 6172.1	1.8	2.2	2.7	3.2	4	5	6	8	10	12	15	18	21
注：A级用于 $D \leqslant 16$；B级用于 $D>16$。														

8. 垫圈（见附表 4－14）

（1）平垫圈。

小垫圈—A级（GB/T 848—2002）

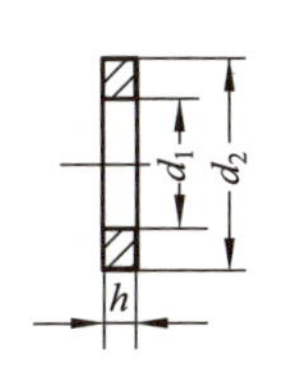

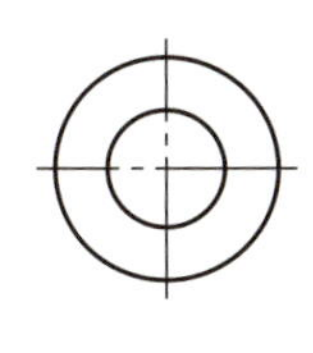

平垫圈—A级（GB/T 97.1—2002）

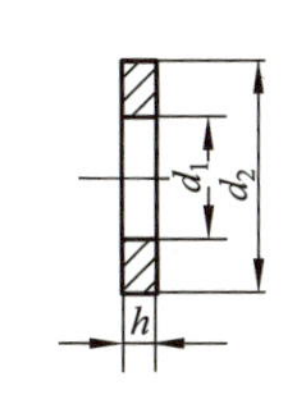

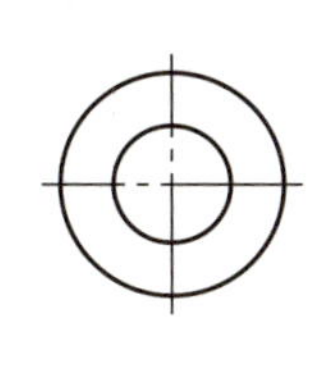

平垫圈　倒角型—A级（GB/T 97.2—2002）

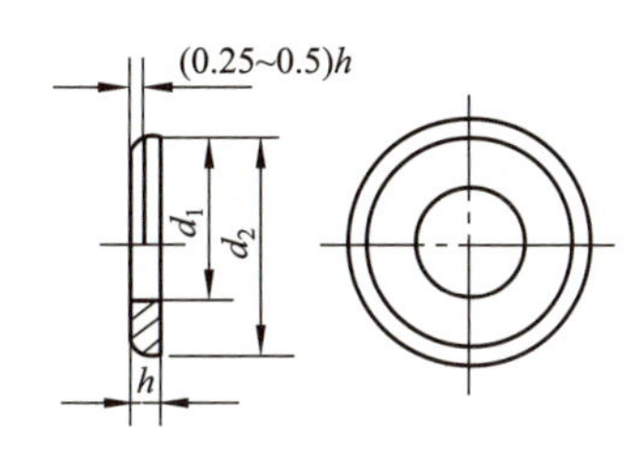

标记示例

标准系列、公称规格 8、性能等级为 200HV 级、不经表面处理、产品等级为 A 级的平垫圈：

垫圈　GB/T 97.1　8

附表 4－14　垫圈　　mm

公称规格（螺纹大径 d）		1.6	2	2.5	3	4	5	6	8	10	12	14	16	20	24	30	36
d_1	GB/T 848	1.7	2.2	2.7	3.2	4.3	5.3	6.4	8.4	10.5	13	15	17	21	25	31	37
	GB/T 97.1	1.7	2.2	2.7	3.2	4.3	5.3	6.4	8.4	10.5	13	15	17	21	25	31	37
	GB/T 97.2	—	—	—	—	—	5.3	6.4	8.4	10.5	13	15	17	21	25	31	37
d_2	GB/T 848	3.5	4.5	5	6	8	9	11	15	18	20	24	28	34	39	50	60
	GB/T 97.1	4	5	6	7	9	10	12	16	20	24	28	30	37	44	56	66
	GB/T 97.2	—	—	—	—	—	10	12	16	20	24	28	30	37	44	56	66
h	GB/T 848	0.3	0.3	0.5	0.5	0.5	1	1.6	1.6	1.6	2	2.5	2.5	3	4	4	5
	GB/T 97.1	0.3	0.3	0.5	0.5	0.8	1	1.6	1.6	2	2.5	2.5	3	3	4	4	5
	GB/T 97.2	—	—	—	—	—	1	1.6	1.6	2	2.5	2.5	3	3	4	4	5

（2）弹簧垫圈（见附表4－15）。

标准型弹簧垫圈（GB/T 93—1987）　　轻型弹簧垫圈（GB/T 859—1987）

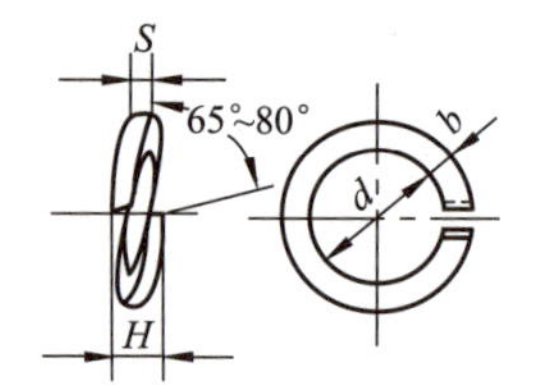

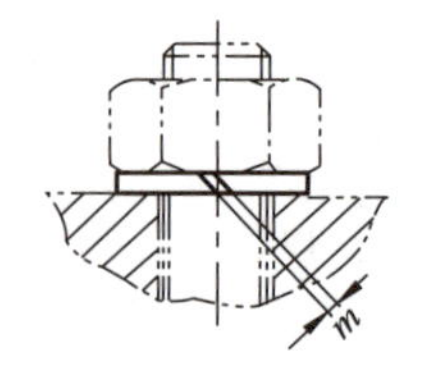

标记示例

规格16、材料为65Mn、表面氧化的标准型弹簧垫圈：

垫圈　GB/T 93　16

附表4－15　弹簧垫圈　　mm

规格（螺纹大径）		3	4	5	6	8	10	12	(14)	16	(18)	20	(22)	24	(27)	30
d		3.1	4.1	5.1	6.1	8.1	10.2	12.2	14.2	16.2	18.2	20.2	22.5	24.5	27.5	30.5
H	GB/T 93	1.6	2.2	2.6	3.2	4.2	5.2	6.2	7.2	8.2	9	10	11	12	13.6	15
	GB/T 859	1.2	1.6	2.2	2.6	3.2	4	5	6	6.4	7.2	8	9	10	11	12
$S(b)$	GB/T 93	0.8	1.1	1.3	1.6	2.1	2.6	3.1	3.6	4.1	4.5	5	5.5	6	6.8	7.5
S	GB/T 859	0.6	0.8	1.1	1.3	1.6	2	2.5	3	3.2	3.6	4	4.5	5	5.5	6
$m\leqslant$	GB/T 93	0.4	0.55	0.65	0.8	1.05	1.3	1.55	1.8	2.05	2.25	2.5	2.75	3	3.4	3.75
	GB/T 859	0.3	0.4	0.55	0.65	0.8	1	1.25	1.5	1.6	1.8	2	2.25	2.5	2.75	3
b	GB/T 859	1	1.2	1.5	2	2.5	3	3.5	4	4.5	5	5.5	6	7	8	9

注：① 括号内的规格尽可能不采用。
② m 应大于零。

附录五　常用键与销

1. 键

（1）平键和键槽的剖面尺寸（GB/T 1095—2003）（见附表5－1）。

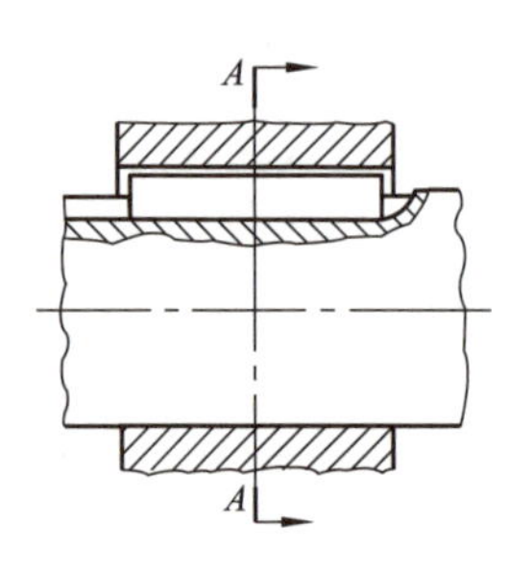

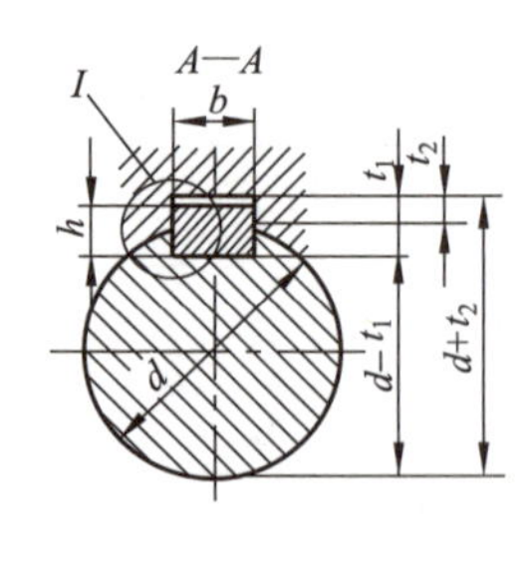

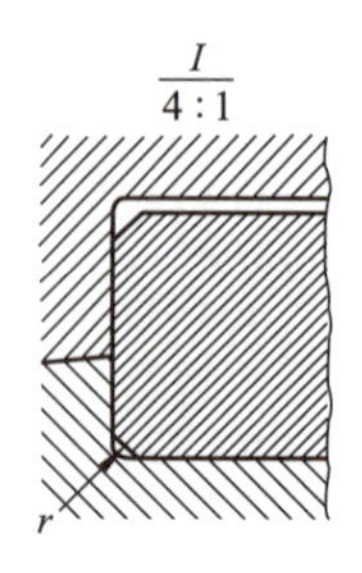

附表 5-1　平键和键槽的剖面尺寸　　mm

轴径 d	键尺寸 $b \times h$	键槽 宽度 b 基本尺寸	极限偏差 正常连接 轴 N9	极限偏差 正常连接 毂 js9	极限偏差 紧密连接 轴和毂 P9	极限偏差 松连接 轴 H9	极限偏差 松连接 毂 D10	深度 轴 t_1 基本尺寸	深度 轴 t_1 极限偏差	深度 毂 t_2 基本尺寸	深度 毂 t_2 极限偏差	半径 r min	半径 r max
6～8	2×2	2	−0.004 −0.029	±0.0125	0.006 −0.031	+0.025 0	+0.060 +0.020	1.2	+0.10	1.0	+0.10	0.08	0.16
>8～10	3×3	3						1.8		1.4			
>10～12	4×4	4	0 −0.030	±0.015	−0.012 −0.042	+0.030 0	+0.078 +0.030	2.5		1.8			
>12～17	5×5	5						3.0		2.3		0.16	0.25
>17～22	6×6	6						3.5		2.8			
>22～30	8×7	8	0 −0.036	±0.018	−0.015 −0.051	+0.036 0	+0.098 +0.040	4.0	+0.20	3.3	+0.20		
>30～38	10×8	10						5.0		3.3		0.25	0.40
>38～44	12×8	12	0 −0.043	±0.0215	0.018 −0.061	+0.043 0	0.120 +0.050	5.0		3.3			
>44～50	14×9	14						5.5		3.8			
>50～58	16×10	16						6.0		4.3			
>58～65	18×11	18						7.0		4.4			

（2）普通平键的型式尺寸（GB/T 1096—2003）（见附表 5-2）。

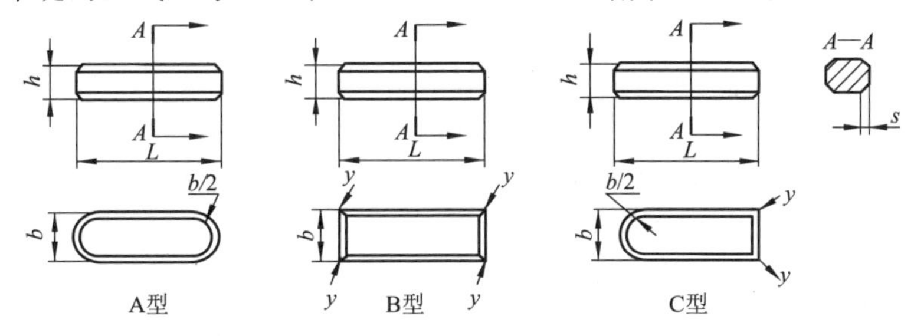

标记示例

宽度 b=6 mm，高度 h=6 mm，长度 L=16 mm 的平键，标记为

GB/T 1096　键 6×6×16

附表 5-2　普通平键的型式尺寸　　mm

宽度 b	基本尺寸	2	3	4	5	6	8	10	12	14	16	18	20	22
	极限偏差（h8）	0 −0.014		0 −0.018			0 −0.022		0 −0.027				0 −0.033	
高度 h	基本尺寸	2	3	4	5	6	7	8	8	9	10	11	12	14
	极限偏差 矩形（h11）	—		—			0 −0.090					0 −0.110		
	极限偏差 方形（h8）	0 −0.014		0 −0.018			—					—		

续表

倒角或倒圆 s		0.16～0.25			0.25～0.40			0.40～0.60					0.60～0.80	
长度 L														
基本尺寸	极限偏差 (h14)													
6	0 −0.36			—	—	—	—	—	—	—	—	—	—	—
8					—	—	—	—	—	—	—	—	—	—
10						—	—	—	—	—	—	—	—	—
12	0 −0.43					—	—	—	—	—	—	—	—	—
14							—	—	—	—	—	—	—	—
16							—	—	—	—	—	—	—	—
18								—	—	—	—	—	—	—
20	0 −0.52							—	—	—	—	—	—	—
22		—			标准				—	—	—	—	—	—
25		—							—	—	—	—	—	—
28		—								—	—	—	—	—
32	0 −0.62	—								—	—	—	—	—
36		—									—	—	—	—
40		—	—								—	—	—	—
45		—	—					长度				—	—	—
50		—	—	—									—	—
56	0 −0.74	—	—	—										—
63		—	—	—	—									
70		—	—	—	—									
80		—	—	—	—	—								
90	0 −0.87	—	—	—	—	—					范围			
100		—	—	—	—	—	—							
110		—	—	—	—	—	—							

2. 销

（1）圆柱销（GB/T 119.1—2000）——不淬硬钢和奥氏体不锈钢（见附表5-3）。

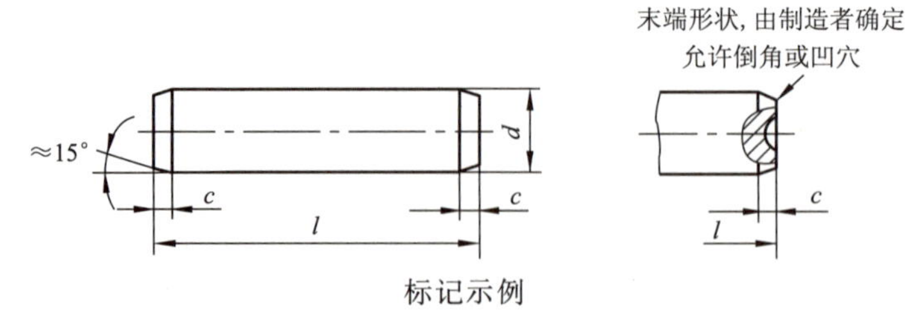

标记示例

公称直径 d=6、公差为m6、公称长度 l=30、材料为钢、不经淬火、不经表面处理的圆柱销的标记：

销 GB/T 119.1 6m6×30

附表 5-3　圆柱销　　mm

公称直径 d (m6/h8)	0.6	0.8	1	1.2	1.5	2	2.5	3	4	5
$c\approx$	0.12	0.16	0.20	0.25	0.30	0.35	0.40	0.50	0.63	0.80
l（商品规格范围公称长度）	2～6	2～8	4～10	4～12	4～16	6～20	6～24	8～30	8～40	10～50
公称直径 d (m6/h8)	6	8	10	12	16	20	25	30	40	50
$c\approx$	1.2	1.6	2.0	2.5	3.0	3.5	4.0	5.0	6.3	8.0
l（商品规格范围公称长度）	12～60	14～80	18～95	22～140	26～180	35～200	50～200	60～200	80～200	95～200
l 系列	2，3，4，5，6，8，10，12，14，16，18，20，22，24，26，28，30，32，35，40，45，50，55，60，65，70，75，80，85，90，95，100，120，140，160，180，200									

注：① 材料用钢时硬度要求为 125～245 HV30，用奥氏体不锈钢 Al（GB/T 3098.6）时硬度要求 210～280 HV30。
② 公差 m6：$Ra\leqslant 0.8\ \mu m$；
公差 h8：$Ra\leqslant 1.6\ \mu m$。

（2）圆锥销（GB/T 117—2000）（见附表 5-4）。

A 型（磨削）　　　　B 型（切削或冷镦）

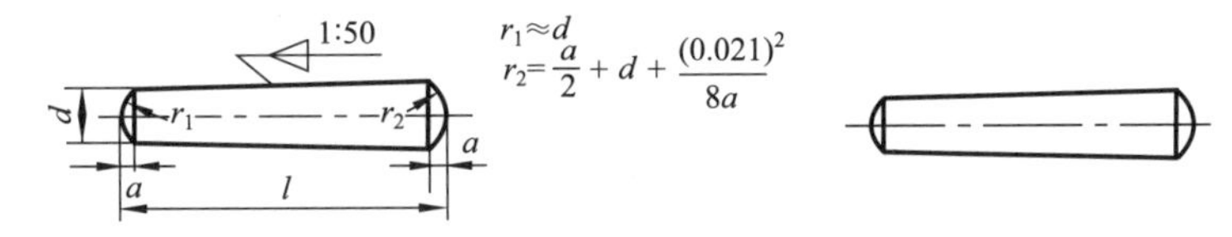

标记示例

公称直径 $d=10$、长度 $l=60$、材料为 35 钢、热处理硬度 28～38 HRC、表面氧化处理的 A 型圆锥销：

销　GB/T 117　10×60

附表 5-4　圆锥销　　mm

d（公称）	0.6	0.8	1	1.2	1.5	2	2.5	3	4	5
$a\approx$	0.08	0.1	0.12	0.16	0.2	0.25	0.3	0.4	0.5	0.63
l（商品规格范围公称长度）	4～8	5～12	6～16	6～20	8～24	10～35	10～35	12～45	14～55	18～60
d（公称）	6	8	10	12	16	20	25	30	40	50
$a\approx$	0.8	1	1.2	1.6	2	2.5	3	4	5	6.3
l（商品规格范围公称长度）	22～90	22～120	26～160	32～180	40～200	45～200	50～200	55～200	60～200	65～200
l 系列	2，3，4，5，6，8，10，12，14，16，18，20，22，24，26，28，30，32，35，40，45，50，55，60，65，70，75，80，85，90，95，100，120，140，160，180，200									

附录六　常用滚动轴承

1. 深沟球轴承（GB/T 276—1994）（见附表6-1）

60000型

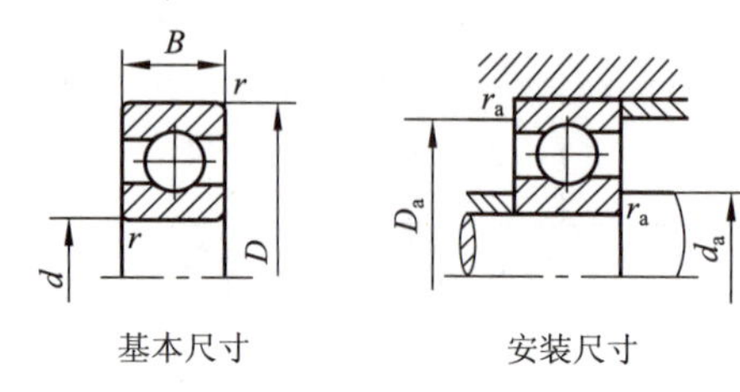

基本尺寸　　安装尺寸

标记示例

内径 d=20 的 60000 型深沟球轴承，尺寸系列为（0）2，组合代号为 62：

滚动轴承　6204　GB/T 276—1994

附表6-1　深沟球轴承

mm

轴承代号	基本尺寸				安装尺寸		
	d	D	B	r_s min	d_a min	D_a max	r_{as} max
（0）1尺寸系列							
6000	10	26	8	0.3	12.4	23.6	0.3
6001	12	28	8	0.3	14.4	25.6	0.3
6002	15	32	9	0.3	17.4	29.6	0.3
6003	17	35	10	0.3	19.4	32.6	0.3
6004	20	42	12	0.6	25	37	0.6
6005	25	47	12	0.6	30	42	0.6
6006	30	55	13	1	36	49	1
6007	35	62	14	1	41	56	1
6008	40	68	15	1	46	62	1
6009	45	75	16	1	51	69	1
6010	50	80	16	1	56	74	1
6011	55	90	18	1.1	62	83	1
6012	60	95	18	1.1	67	88	1
6013	65	100	18	1.1	72	93	1
6014	70	110	20	1.1	71	103	1
6015	75	115	20	1.1	82	108	1
6016	80	125	22	1.1	87	118	1
6017	85	130	22	1.1	92	123	1
6018	90	140	24	1.5	99	131	1.5
6019	95	145	24	1.5	104	136	1.5
6020	100	150	24	1.5	109	141	1.5

续表

轴承代号	基本尺寸				安装尺寸		
	d	D	B	r_s min	d_a min	D_a max	r_{as} max
(0) 2 尺寸系列							
6200	10	30	9	0.6	15	25	0.6
6201	12	32	10	0.6	17	27	0.6
6202	15	35	11	0.6	20	30	0.6
6203	17	40	12	0.6	22	35	0.6
6204	20	47	14	1	26	41	1
6205	25	52	15	1	31	46	1
6206	30	62	16	1	36	56	1
6207	35	72	17	1.1	42	65	1
6208	40	80	18	1.1	47	73	1
6209	45	85	19	1.1	52	78	1
6210	50	90	20	1.1	57	83	1
6211	55	100	21	1.5	64	91	1.5
6212	60	110	22	1.5	69	101	1.5
6213	65	120	23	1.5	74	111	1.5
6214	70	125	24	1.5	79	116	1.5
6215	75	130	25	1.5	84	121	1.5
6216	80	140	26	2	90	130	2
6217	85	150	28	2	95	140	2
6218	90	160	30	2	100	150	2
6219	95	170	32	2.1	107	158	2.1
6220	100	180	34	2.1	112	168	2.1
(0) 3 尺寸系列							
6300	10	35	11	0.6	15	30	0.6
6301	12	37	12	1	18	31	1
6302	15	42	13	1	21	36	1
6303	17	47	14	1	23	41	1
6304	20	52	15	1.1	27	45	1
6305	25	62	17	1.1	32	55	1
6306	30	72	19	1.1	37	65	1
6307	35	80	21	1.5	44	71	1.5
6308	40	90	23	1.5	49	81	1.5
6309	45	100	25	1.5	54	91	1.5
6310	50	110	27	2	60	100	2

续表

轴承代号	基本尺寸				安装尺寸		
	d	D	B	r_s min	d_a min	D_a max	r_{as} max
（0）3尺寸系列							
6311	55	120	29	2	65	110	2
6312	60	130	31	2.1	72	118	2.1
6313	65	140	33	2.1	77	128	2.1
6314	70	150	35	2.1	82	138	2.1
6315	75	160	37	2.1	87	148	2.1
6316	80	170	39	2.1	92	158	2.1
6317	85	180	41	3	99	166	2.5
6318	90	190	43	3	104	176	2.5
6319	95	200	45	3	109	186	2.5
6320	100	215	47	3	114	201	2.5
（0）4尺寸系列							
6403	17	62	17	1.1	24	55	1
6404	20	72	19	1.1	27	65	1
6405	25	80	21	1.5	34	71	1.5
6406	30	90	23	1.5	39	81	1.5
6407	35	100	25	1.5	44	91	1.5
6408	40	110	27	2	50	100	2
6409	45	120	29	2	55	110	2
6410	50	130	31	2.1	62	118	2.1
6411	55	140	33	2.1	67	128	2.1
6412	60	150	35	2.1	72	138	2.1
6413	65	160	37	2.1	77	148	2.1
6414	70	180	42	3	84	166	2.5
6415	75	190	45	3	89	176	2.5
6416	80	200	48	3	94	186	2.5
6417	85	210	52	4	103	192	3
6418	90	225	54	4	108	207	3
6420	100	250	58	4	118	232	3

注：r_{smin}为r的单向最小倒角尺寸；r_{asmax}为r_{as}的单向最大倒角尺寸。

2. 圆锥滚子轴承（GB/T 297—1994）（见附表 6-2）

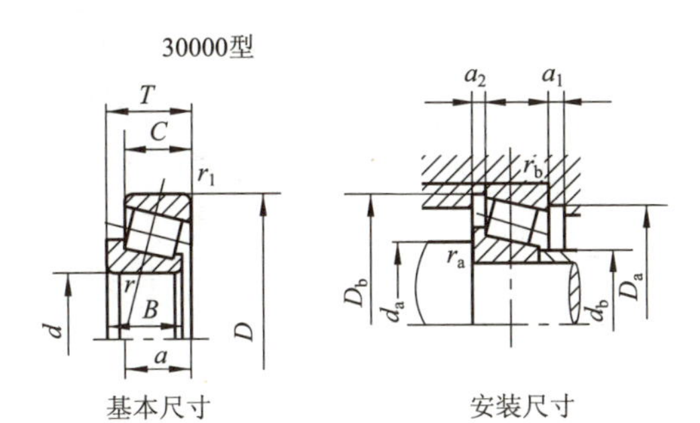

标记示例

内径 d=20 mm，尺寸系列代号为 02 的圆锥滚子轴承：

滚动轴承　30204　GB/T 297—1994

附表 6-2　圆锥滚子轴承　　mm

轴承代号	基本尺寸								安装尺寸								
	d	D	T	B	C	r_s min	r_{1s} min	a ≈	d_a min	d_b max	D_a min	D_a max	D_b min	a_1 min	a_2 min	r_{as} max	r_{bs} max
02 尺寸系列																	
30203	17	40	13.25	12	11	1	1	9.9	23	23	34	34	37	2	2.5	1	1
30204	20	47	15.25	14	12	1	1	11.2	26	27	40	41	43	2	3.5	1	1
30205	25	52	16.25	15	13	1	1	12.5	31	31	44	46	48	2	3.5	1	1
30206	30	62	17.25	16	14	1	1	13.8	36	37	53	56	58	2	3.5	1	1
30207	35	72	18.25	17	15	1.5	1.5	15.3	42	44	62	65	67	3	3.5	1.5	1.5
30208	40	80	19.75	18	16	1.5	1.5	16.9	47	49	69	73	75	3	4	1.5	1.5
30209	45	85	20.75	19	16	1.5	1.5	18.6	52	53	74	78	80	3	5	1.5	1.5
30210	50	90	21.75	20	17	1.5	1.5	20	57	58	79	83	86	3	5	1.5	1.5
30211	55	100	22.75	21	18	2	1.5	21	64	64	88	91	95	4	5	2	1.5
30212	60	110	23.75	22	19	2	1.5	22.3	69	69	96	101	103	4	5	2	1.5
30213	65	120	24.75	23	20	2	1.5	23.8	74	77	106	111	114	4	5	2	1.5
30214	70	125	26.25	24	21	2	1.5	25.8	79	81	110	116	119	4	5.5	2	1.5
30215	75	130	27.25	25	22	2	1.5	27.4	84	85	115	121	125	4	5.5	2	1.5
30216	80	140	28.25	26	22	2.5	2	28.1	90	90	124	130	133	4	6	2.1	2
30217	85	150	30.5	28	24	2.5	2	30.3	95	96	132	140	142	5	6.5	2.1	2
30218	90	160	32.5	30	26	2.5	2	32.3	100	102	140	150	151	5	6.5	2.1	2
30219	95	170	34.5	32	27	3	2.5	34.2	107	108	149	158	160	5	7.5	2.5	2.1
30220	100	180	37	34	29	3	2.5	36.4	112	114	157	168	169	5	8	2.5	2.1
03 尺寸系列																	
30302	15	42	14.25	13	11	1	1	9.6	21	22	36	36	38	2	3.5	1	1
30303	17	47	15.25	14	12	1	1	10.4	23	25	40	41	43	3	3.5	1	1
30304	20	52	16.25	15	13	1.5	1.5	11.1	27	28	44	45	48	3	3.5	1.5	1.5
30305	25	62	18.25	17	15	1.5	1.5	13	32	34	54	55	58	3	3.5	1.5	1.5
30306	30	72	20.75	19	16	1.5	1.5	15.3	37	40	62	65	66	3	5	1.5	1.5

续表

轴承代号	基本尺寸								安装尺寸								
	d	D	T	B	C	r_s min	r_{1s} min	a ≈	d_a min	d_b max	D_a min	D_a max	D_b min	a_1 min	a_2 min	r_{as} max	r_{bs} max
03尺寸系列																	
30307	35	80	22.75	21	18	2	1.5	16.8	44	45	70	71	74	3	5	2	1.5
30308	40	90	25.25	23	20	2	1.5	19.5	49	52	77	81	84	3	5.5	2	1.5
30309	45	100	27.25	25	22	2	1.5	21.3	54	59	86	91	94	3	5.5	2	1.5
30310	50	110	29.25	27	23	2.5	2	23	60	65	95	100	103	4	6.5	2	2
30311	55	120	31.5	29	25	2.5	2	24.9	65	70	104	110	112	4	6.5	2.5	2
30312	60	130	33.5	31	26	3	2.5	26.6	72	76	112	118	121	5	7.5	2.5	2.1
30313	65	140	36	33	28	3	2.5	28.7	77	83	122	128	131	5	8	2.5	2.1
30314	70	150	38	35	30	3	2.5	30.7	82	89	130	138	141	5	8	2.5	2.1
30315	75	160	40	37	31	3	2.5	32	87	95	139	148	150	5	9	2.5	2.1
30316	80	170	42.5	39	33	3	2.5	34.4	92	102	148	158	160	5	9.5	2.5	2.1
30317	85	180	44.5	41	34	4	3	35.9	99	107	156	166	168	6	10.5	3	2.5
30318	90	190	46.5	43	36	4	3	37.5	104	113	165	176	178	6	10.5	3	2.5
30319	95	200	49.5	45	38	4	3	40.1	109	118	172	186	185	6	11.5	3	2.5
30320	100	215	51.5	47	39	4	3	42.2	114	127	184	201	199	6	12.5	3	2.5
22尺寸系列																	
32206	30	62	21.25	20	17	1	1	15.6	36	36	52	56	58	3	4.5	1	1
32207	35	72	24.25	23	19	1.5	1.5	17.9	42	42	61	65	68	3	5.5	1.5	1.5
32208	40	80	24.75	23	19	1.5	1.5	18.9	47	48	68	73	75	3	6	1.5	1.5
32209	45	85	24.75	23	19	1.5	1.5	20.1	52	53	73	78	81	3	6	1.5	1.5
32210	50	90	24.75	23	19	1.5	1.5	21	57	57	78	83	86	3	6	1.5	1.5
32211	55	100	26.75	25	21	2	1.5	22.8	64	62	87	91	96	4	6	2	1.5
32212	60	110	29.75	28	24	2	1.5	25	69	68	95	101	105	4	6	2	1.5
32213	65	120	32.75	31	27	2	1.5	27.3	74	75	104	111	115	4	6	2	1.5
32214	70	125	33.25	31	27	2	1.5	28.8	79	79	108	116	120	4	6.5	2	1.5
32215	75	130	33.25	31	27	2	1.5	30	84	84	115	121	126	4	6.5	2	1.5
32216	80	140	35.25	33	28	2.5	2	31.4	90	89	122	130	135	5	7.5	2.1	2
32217	85	150	38.5	36	30	2.5	2	33.9	95	95	130	140	143	5	8.5	2.1	2
32218	90	160	42.5	40	34	2.5	2	36.8	100	101	138	150	153	5	8.5	2.1	2
32219	95	170	45.5	43	37	3	2.5	39.2	107	106	145	158	163	5	8.5	2.5	2.1
32220	100	180	49	46	39	3	2.5	41.9	112	113	154	168	172	5	10	2.5	2.1

续表

轴承代号	基本尺寸								安装尺寸								
	d	D	T	B	C	r_s min	r_{1s} min	a ≈	d_a min	d_b max	D_a min	D_a max	D_b min	a_1 min	a_2 min	r_{as} max	r_{bs} max
23尺寸系列																	
32303	17	47	20.25	19	16	1	1	12.3	23	24	39	41	43	3	4.5	1	1
32304	20	52	22.25	21	18	1.5	1.5	13.6	27	26	43	45	48	3	4.5	1.5	1.5
32305	25	62	25.25	24	20	1.5	1.5	15.9	32	32	52	55	58	3	5.5	1.5	1.5
32306	30	72	28.75	27	23	1.5	1.5	18.9	37	38	59	65	66	4	6	1.5	1.5
32307	35	80	32.75	31	25	2	1.5	20.4	44	43	66	71	74	4	8.5	2	1.5
32308	40	90	35.25	33	27	2	1.5	23.3	49	49	73	81	83	4	8.5	2	1.5
32309	45	100	38.25	36	30	2	1.5	25.6	54	56	82	91	93	4	8.5	2	1.5
32310	50	110	42.25	40	33	2.5	2	28.2	60	61	90	100	102	5	9.5	2	2
32311	55	120	45.5	43	35	2.5	2	30.4	65	66	99	110	111	5	10	2.5	2
32312	60	130	48.5	46	37	3	2.5	32	72	72	107	118	122	6	11.5	2.5	2.1
32313	65	140	51	48	39	3	2.5	34.3	77	79	117	128	131	6	12	2.5	2.1
32314	70	150	54	51	42	3	2.5	36.5	82	84	125	138	141	6	12	2.5	2.1
32315	75	160	58	55	45	3	2.5	39.4	87	91	133	148	150	7	13	2.5	2.1
32316	80	170	61.5	58	48	3	2.5	42.1	92	97	142	158	160	7	13.5	2.5	2.1
32317	85	180	63.5	60	49	4	3	43.5	99	102	150	166	168	8	14.5	3	2.5
32318	90	190	67.5	64	53	4	3	46.2	104	107	157	176	178	8	14.5	3	2.5
32319	95	200	71.5	67	55	4	3	49	109	114	166	186	187	8	16.5	3	2.5
32320	100	215	77.5	73	60	4	3	52.9	114	122	177	201	201	8	17.5	3	2.5
注：r_{smin}等含义同上表。																	

3. 推力球轴承（GB/T 301—1995）（见附表 6 - 3）

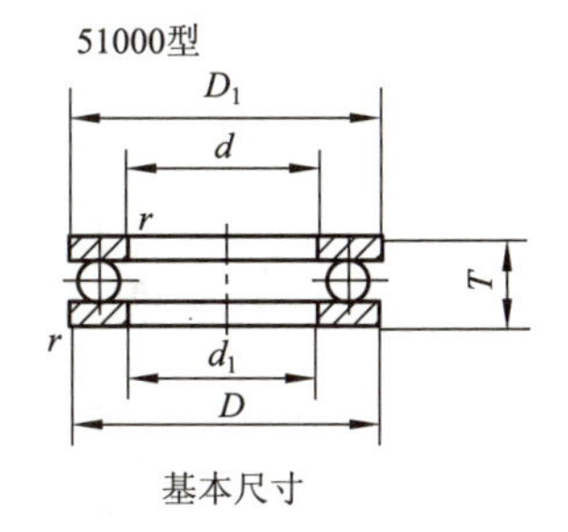

基本尺寸

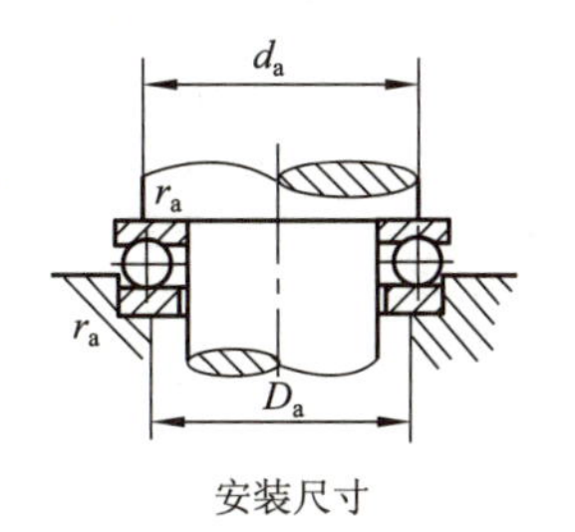

安装尺寸

标记示例

内径 $d = 20$ mm，51000 型推力球轴承，12 尺寸系列：

滚动轴承　51204　GB/T 301—1995

附表 6-3 推力球轴承 mm

轴承代号		基本尺寸											安装尺寸					
		d	d_2	D	T	T_1	d_1 min	D_1 max	D_2 max	B	r_a min	r_{1a} min	d_a min	D_a max	D_b min	d_b max	r_{as} max	r_{1as} max
12（51000型）、22（52000型）尺寸系列																		
51200	—	10	—	26	11	—	12	26	—	—	0.6	—	20	16		—	0.6	—
51201	—	12	—	28	11	—	14	28	—	—	0.6	—	22	18		—	0.6	—
51202	52202	15	10	32	12	22	17	32	32	5	0.6	0.3	25	22		15	0.6	0.3
51203	—	17	—	35	12	—	19	35	—	—	0.6	—	28	24		—	0.6	—
51204	52204	20	15	40	14	26	22	40	40	6	0.6	0.3	32	28		20	0.6	0.3
51205	52205	25	20	47	15	28	27	47	47	7	0.6	0.3	38	35		25	0.6	0.3
51206	52206	30	25	52	16	29	32	52	52	7	0.6	0.3	43	39		30	0.6	0.3
51207	52207	35	30	62	18	34	37	62	62	8	1	0.3	51	46		35	1	0.3
51208	52208	40	30	68	19	36	42	68	68	9	1	0.6	57	51		40	1	0.6
51209	52209	45	35	73	20	37	47	73	73	9	1	0.6	62	56		45	1	0.6
51210	52210	50	40	78	22	39	52	78	78	9	1	0.6	67	61		50	1	0.6
51211	52211	55	45	90	25	45	57	90	90	10	1	0.6	76	69		55	1	0.6
51212	52212	60	50	95	26	46	62	95	95	10	1	0.6	81	74		60	1	0.6
51213	52213	65	55	100	27	47	67	100	10		1	0.6	86	79	79	65	1	0.6
51214	52214	70	55	105	27	47	72	105	10		1	1	91	84	84	70	1	1
51215	52215	75	60	110	27	47	77	110	10		1	1	96	89	89	75	1	1
51216	52216	80	65	115	28	48	82	115	10		1	1	101	94	94	80	1	1
51217	52217	85	70	125	31	55	88	125	12		1	1	109	101	109	85	1	1
51218	52218	90	75	135	35	62	93	135	14		1.1	1	117	108	108	90	1	1
51220	52220	100	85	150	38	67	103	150	15		1.1	1	130	120	120	100	1	1
13（51000型）、23（52000型）尺寸系列																		
51304	—	20	—	47	18	—	22	47	—		1	—	36	31	—	—	1	—
51305	52305	25	20	52	18	34	27	52	8		1	0.3	41	36	36	25	1	0.3
51306	52306	30	25	60	21	38	32	60	9		1	0.3	48	42	42	30	1	0.3
51307	52307	35	30	68	24	44	37	68	10		1	0.3	55	48	48	35	1	0.3
51308	52308	40	30	78	26	49	42	78	12		1	0.6	63	55	55	40	1	0.6
51309	52309	45	35	85	28	52	47	85	12		1	0.6	69	61	61	45	1	0.6
51310	52310	50	40	95	31	58	52	95	14		1.1	0.6	77	68	68	50	1	0.6
51311	52311	55	45	105	35	64	57	105	15		1.1	0.6	85	75	75	55	1	0.6

续表

轴承代号		基本尺寸											安装尺寸					
		d	d_2	D	T	T_1	d_1 min	D_1 max	D_2 max	B	r_a min	r_{1a} min	d_a min	D_a max	D_b min	d_b max	r_{as} max	r_{1as} max
13（51000 型）、23（52000 型）尺寸系列																		
51312	52312	60	50	110	35	64	62	110	15		1.1	0.6	90	80	80	60	1	0.6
51313	52313	65	55	115	36	65	67	115	15		1.1	0.6	95	85	85	65	1	0.6
51314	52314	70	55	125	40	72	72	125	16		1.1	1	103	92	92	70	1	1
51315	52315	75	60	135	44	79	77	135	18		1.5	1	111	99	99	75	1.5	1
51316	52316	80	65	140	44	79	82	140	18		1.5	1	116	104	104	80	1.5	1
51317	52317	85	70	150	49	87	88	150	19		1.5	1	124	111	114	85	1.5	1
51318	52318	90	75	155	50	88	93	155	19		1.5	1	129	116	116	90	1.5	1
51320	52320	100	85	170	55	97	103	170	21		1.5	1	142	128	128	100	1.5	1
14（51000 型）、24（52000 型）尺寸系列																		
51405	52405	25	15	60	24	45	27	60	11		1	0.6	46	39	25		1	0.6
51406	52406	30	20	70	28	52	32	70	12		1	0.6	54	46	30		1	0.6
51407	52407	35	25	80	32	59	37	80	14		1.1	0.6	62	53	35		1	0.6
51408	52408	40	30	90	36	65	42	90	15		1.1	0.6	70	60	40		1	0.6
51409	52409	45	35	100	39	72	47	100	17		1.1	0.6	78	67	45		1	0.6
51410	52410	50	40	110	43	78	52	110	18		1.5	0.6	86	74	50		1.5	0.6
51411	52411	55	45	120	48	87	57	120	20		1.5	0.6	94	81	55		1.5	0.6
51412	52412	60	50	130	51	93	62	130	21		1.5	0.6	102	88	60		1.5	0.6
51413	52413	65	50	140	56	101	68	140	23		2	1	110	95	65		2.0	1
51414	52414	70	55	150	60	107	73	150	24		2	1	118	102	70		2.0	1
51415	52415	75	60	160	65	115	78	160	160	26	2	1	125	110		75	2.0	1
51416	—	80	—	170	68	—	83	170	—	—	2.1	—	133	117		—	2.1	—
51417	52417	85	65	180	72	128	88	177	179.5	29	2.1	1.1	141	124		85	2.1	1
51418	52418	90	70	190	77	135	93	187	189.5	30	2.1	1.1	149	131		90	2.1	1
51420	52420	100	80	210	85	150	103	205	209.5	33	3	1.1	165	145		100	2.5	1

注：r_{smin} 等含义同上表。